接触熔化分析

陈文振　著

中国原子能出版社

图书在版编目（CIP）数据

接触熔化分析 / 陈文振著. —北京：中国原子能出版社，
2022.11

ISBN 978-7-5221-2246-5

Ⅰ. ①接… Ⅱ. ①陈… Ⅲ. ①传热过程–研究 Ⅳ.
①TK124

中国版本图书馆 CIP 数据核字（2022）第 217964 号

接触熔化分析

出版发行	中国原子能出版社（北京市海淀区阜成路 43 号 100048）
责任编辑	刘 岩
装帧设计	侯怡璇
责任校对	冯莲凤
责任印制	赵 明
印 刷	北京九州迅驰传媒文化有限公司
经 销	全国新华书店
开 本	787 mm×1092 mm 1/16
印 张	16.5
字 数	401 千字
版 次	2022 年 11 月第 1 版 2022 年 11 月第 1 次印刷
书 号	ISBN 978-7-5221-2246-5 定 价 **80.00** 元

网址：**http://www.aep.com.cn** E-mail：**atomep123@126.com**
发行电话：**010-68452845**

前　言

接触熔化（contact melting，close contact melting 或 direct contact melting）现象广泛存在于自然界和许多生产技术过程中，如融冰、铸造、焊接、冶金、地质勘探、航天器热控制、热能储存、核废料自埋、核反应堆严重事故等等。从传热学角度来探讨接触熔化现象与规律始于 20 世纪 80 年代，对它的研究已引起众多学者的兴趣和关注，且一直没有间断过。目前它已发展成为传热传质研究中的一个独立分支和研究热点。本书是作者在华中科技大学的博士论文、上海交通大学的博士后出站报告、指导的博士与硕士论文，以及多年来的教学与科研实践的基础上撰写的，目的是使读者能够较为全面地掌握接触熔化中的基本理论和基本的计算、分析方法，为读者以后的学习、科研和工程实践打下一定的基础。

本书共分八章。涉及传热学基础，固体绕热源的熔化传热，加热容器内的熔化传热，均匀定壁温热源内的接触熔化，不均匀壁温热源的接触熔化，定热流热源的接触熔化，压力、摩擦与混合驱动的熔化，接触熔化的有限时间热力学分析，反应堆严重事故与核废料自埋中的接触熔化。第一章简要介绍了传热学中热传导、热对流和热辐射的理论基础，固体相变传热研究的一般方法，接触熔化的特征及其研究内容。第二章介绍固体在水平平板上、在倾斜平板上下滑的接触熔化，固体围绕等温圆柱、等温椭圆柱与椭球体热源的接触熔化。第三章介绍固体在矩形腔内、椭圆管内、对称与旋转体热源内的接触熔化，熔化界面法向角的影响。第四章介绍固体在不均匀定壁温圆管内、椭圆管内接触熔化，以及固体围绕不均匀壁温圆柱、椭圆柱热源的接触熔化。第五章介绍围绕定热流水平圆柱、球、水平椭圆柱与旋转抛物体热源的接触熔化，定热流圆管、椭圆管、球内热源的接触熔化。第六章介绍冰围绕球与水平圆柱的压力熔化，冰绕圆柱有限长接触以及轴对称水平柱的压力熔化，混合驱动条件下接触熔化基本方程，平板下冰的温度与压力混合熔化与滑动平板下摩擦与温差驱动熔化。第七章介绍矩形腔内、圆管内与圆球内接触熔化的热力学优化。第八章介绍严重事故过程堆芯构件与下封头发生的接触熔化，核废料处置中所涉及的接触熔化现象以及围绕衰变热源的自埋熔化。本书可作为工程热物理、核能科学与工程专业的研究生教材，也可供动力、能源、制冷及相关专业的高年级本科生、研究生、工程技术人员和科研人员参考。

本书受国家自然科学基金项目（12175311）资助，编写过程吸收了赵元松、陈志云博士和宫淼硕士的部分研究成果，并曾得到国家自然科学基金（50376074）、湖北省自然科学基金（2000J123）和国家博士后科学基金等项目的资助。李明芮、马俊杰博士也对本书做了大量的校对、编辑工作，在此一并表示衷心的感谢！

限于作者的水平，加之编写时间的仓促，书中难免存在缺点和错误，敬请读者批评指正。

著　者

2022 年 5 月

目　录

第一章 传热学基础

热力学第二定律指出：热量总是自发地、不可逆地从高温处传向低温处，即：有温差就有热量的传递。通常认为传热可以有三种不同的基本方式：热传导、热对流和热辐射，下面作简要介绍。

第一节 导 热

一、导热的基本定律和导热系数

"热传导"简称"导热"，是指温度不同的各部分物体仅仅由于接触且没有相对宏观运动时所发生的能量传递现象。导热是物质的本能，是连续介质就地传递热量而又并没有各部分物体之间宏观的相对位移的一种传热方式，属于接触传热。导热也是物体内部温度场不均匀分布的必然结果。在 x、y、z 直角坐标系中，连续介质不同地点在同一时刻 t 的温度分布，亦即所谓的"温度场"。温度场有稳态温度场和非稳态温度场之分，如果温度场不随时间而变，称为稳态温度场；反之称为非稳态温度场。温度场一般的数学表达式为[1]

$$T = f(x, y, z, t) \tag{1-1-1}$$

负的温度梯度叫"温度降"或"温降"，表示朝着温度降低方向的温度变化率。在任何时刻 t，均匀连续介质不同地点间传递的"热流密度" q，单位为 W/m²，正比于当地的温降，即

$$q = \lambda(-\mathrm{grad}T) = -\lambda\mathrm{grad}T \tag{1-1-2}$$

式子中负号表明：导热的方向与温度梯度的方向相反，永远沿着温度降低的方向。（1-1-2）式就是 1822 年傅里叶提出的导热基本定律——傅里叶定律的数学表达式。式中的比例系数 λ，称为"导热系数"，单位为 W/m·℃，用于表征物质的宏观性质，是一种表明物质导热能力的热物性参数，即温度每降 1 度所通过的热流密度。稳定导热时，通过任何地点的 q 都不会随时间发生变化。

实际上，（1-1-2）式也提供了表征物质导热能力 λ 的定义式。不同物质的 λ 值可以不相同，甚至很低，例如从高真空（压力低于 $1×10^{-4}$ mmHg）时气体的 λ 将近为零，直到天然铜晶体在极低温（–253 ℃）出现超导特性时 λ 大约为 $1.2×10^{-4}$ W/（m·K）。同一种物质的 λ 值则取决于它的化学纯度、物理状态（温度、压力、成分、容积重量、吸湿性等）和结构特点。一般说来，从微观的角度，气体分子间的距离远比液体和固体的大，分子的

1

自由程长，分子的运动又是乱运动，因此沿给定方向传递能量的宏观能力必然比较小。同样是气体，分子量愈小和温度愈高时，分子运动速度越快，也就越容易导热。例如，空气在 0 ℃和 500 ℃时的 λ 值分别为 0.024 和 0.058 W/（m·K）。液体的 λ 值随温度升高而减小，但 0～120 ℃的水，以及甘油是例外。在液体和不导电固体中，不仅分子密集，能量的传递将依靠弹性振荡，λ 值通常比气体大。不过，在液体和非结晶固体中，这种弹性波的作用多少会受分子和原子不规则排列的阻碍影响。晶体由于增加了晶格振动的传递形式，导热系数比非晶体的高。金属还由于更依靠分子间自由电子的扩散和碰撞作用，导热系数高于非金属。

导热系数各个方向相同的均匀物质，叫"各向同性体"，否则称为"各向异性体"。例如，变压器层叠的硅钢片芯，沿层叠方向的 λ 值小于层叠的垂直方向的 λ 值；用纤维、树脂等增强、黏合的复合材料等等，也都是"各向异性体"。

导热时，沿途温度不一样，所以分析计算总要牵涉到导热系数受温度影响的问题。经验表明，在一定的温度范围内，多数物质可以取作：$\lambda = \lambda_0(1 + \beta_\lambda T)$，$\lambda_0$ 为一定值，β_λ 是 λ 的温度系数，1/ ℃。

二、导热微分方程

只要知道任何时候物体内温度分布式 $T = f(x, y, z, t)$，则物体内任何地点（x, y, z）和任何时刻 t 的热流密度 $q(x, y, z, t)$ 将是

$$q = q_x + q_y + q_z = \left(-\lambda_x \frac{\partial T}{\partial x}\right) + \left(-\lambda_y \frac{\partial T}{\partial y}\right) + \left(-\lambda_z \frac{\partial T}{\partial z}\right) \tag{1-1-3}$$

对于各向同性体，$\lambda_x = \lambda_y = \lambda_z = \lambda$，则

$$q = -\lambda \mathrm{grad} T = -\lambda \nabla T \tag{1-1-4}$$

在导热基本定律的基础上，根据能量守恒定律，可以建立起温度场的通用微分方程，即"导热微分方程"。以直角坐标系为例，在导热物体中取一微元体 dxdydz，如图 1-1-1 所示，可以建立导热微分方程：

$$\rho c_p \frac{\mathrm{D}T}{\mathrm{D}t} = \frac{\partial}{\partial x}\left(\lambda_x \frac{\partial T}{\partial x}\right) + \frac{\partial}{\partial y}\left(\lambda_y \frac{\partial T}{\partial y}\right) + \frac{\partial}{\partial z}\left(\lambda_z \frac{\partial T}{\partial z}\right) + q_v \tag{1-1-5}$$

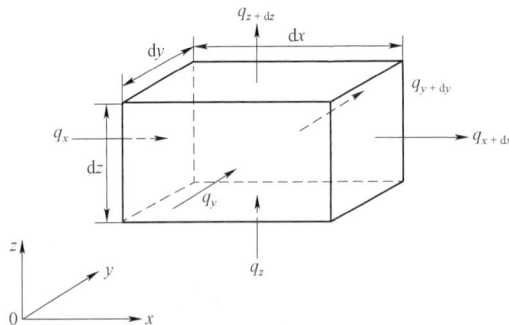

图 1-1-1 微元体的导热分析的模型

式中：ρ 为物质密度，kg/m^3；c_p 为物质定压比热，$kJ/(kg \cdot ℃)$；$\dfrac{DT}{Dt}$ 表示流动物质的温度随时间的总变化率，它包含两个方面的内容：温度的局部变化 $\dfrac{\partial T}{\partial t}$ 和由于位置迁移的对流变化 $\left(u_x\dfrac{\partial T}{\partial x} + u_y\dfrac{\partial T}{\partial y} + u_z\dfrac{\partial T}{\partial z}\right)$；方程右边前三项表示由于导热传进微元体的热量，$W/m^3$，最后一项 q_v 表示内热源强度，W/m^3。

如果是流体，或者是各向同性固体，$\lambda_x = \lambda_y = \lambda_z = \lambda$，则 λ 可被当作常量处理，（1-1-5）式可以进一步简化为：

$$\rho c_p \frac{DT}{Dt} = \lambda\left(\frac{\partial^2 T}{\partial x^2} + \frac{\partial^2 T}{\partial y^2} + \frac{\partial^2 T}{\partial z^2}\right) + q_v \qquad （1-1-6）$$

对于固体内部的导热过程，或不出现对流（$u_x = 0$，$u_y = 0$，$u_z = 0$）的流体纯导热过程，$\dfrac{DT}{Dt} = \dfrac{\partial T}{\partial t}$，且没有内热源 $q_v = 0$ 时。此时，各向同性体的导热方程将是

$$\frac{\partial T}{\partial t} = \frac{\lambda}{\rho c_p}\left(\frac{\partial^2 T}{\partial x^2} + \frac{\partial^2 T}{\partial y^2} + \frac{\partial^2 T}{\partial z^2}\right) \qquad （1-1-7）$$

或记作

$$\frac{\partial T}{\partial t} = a\nabla^2 T \qquad （1-1-8）$$

式中：$\nabla^2 = \nabla \cdot \nabla$，为"拉普拉斯算子"；$a = \dfrac{\lambda}{\rho c_p}$，单位 m^2/s，叫作"热扩散率"或"导温系数"，与 λ、ρ、c_p 一样，它也是一个重要的热物性参数，表征材料在非稳态导热过程中扩散热量的能力。

最简单的情况是当 λ 为常量、没有内热源时各向同性体的一维稳定导热（$\dfrac{\partial T}{\partial t} \equiv 0$）过程。此时，$T$ 是单变量 x 的函数，由

$$\frac{d^2 T}{dx^2} = 0 \qquad （1-1-9）$$

可求得

$$T = C_1 x + C_2 \qquad （1-1-10）$$

相应地有

$$q = -\lambda\frac{dT}{dx} = -C_1\lambda \qquad （1-1-11）$$

可见，x 轴向的温度分布线是直线，至于待定的积分常量 C_1 和 C_2，要由所给出的具体边界条件确定。而对于不稳定导热，我们经常会遇到"比奥数"Bi 这个概念。$Bi = \dfrac{\alpha l_0}{\lambda}$ 是一个无因次量，代表材料内部导热热阻与外部换热热阻之比。l_0 为描述材料几何尺寸的

特征长度，可以简单地直接取典型尺寸，例如大平板厚度的一半或长圆柱体或球的半径或直径，也可以取作 $l_0 = \dfrac{V}{F}$，即体积 V 与表面积 F 之比。当 $Bi \geqslant 100$ 时，内热阻起主导作用，温差主要发生在物体内部；当 $Bi \ll 1$ 时，外热阻起主导作用，内部温度趋向于均匀。Bi 中等大小，即数量级为 1 时，内、外热阻都起作用，温降同时分布在外侧和内部。另外任何不稳定导热过程的表达式中，总包含有时间和温度传播速率的因素，因此无量纲的变换结果将出现一个综合量 $\dfrac{at}{l_0^2} = Fo$，叫作"傅里叶数"，代表一种无因次的时间。因为物体内部温度传播的速率正比于物体热扩散率 a，可以认为，Fo 在某种程度上说明 t 时刻传入物体内部的温度的传播深度与物体特征尺寸的相对大小[2]。

三、定解条件

导热微分方程揭示了导热物体内部不均匀温度场的内在规律，是描述导热过程共性的数学表达式，求解导热微分方程可以得到通解。但要获得某一具体导热过程的特解，还必须给出表征该特定问题的一些附加条件，这些附加条件称为定解条件（或单值性条件）。因此，导热微分方程和定解条件才能构成一个具体导热问题的完整数学描述。一般来说，导热问题的定解条件有 4 类，即物理条件、几何条件、时间条件和边界条件[3]。

1. 物理条件

物理条件说明导热物体的热物性特点。常物性时，物性参数为常数；而变物性时，则需给出物性参数随温度变化的函数关系。

2. 几何条件

几何条件说明导热物体的形状和尺寸，确定了所研究问题的空间范围。

3. 时间条件

时间条件说明导热过程随时间变化的特点。稳态导热过程不随时间变化，因此没有时间条件；非稳态导热过程则需给出初始时刻的值，如导热物体的温度分布、热源强度等，称为初始条件。

4. 边界条件

边界条件说明导热物体边界处的温度或传热情况,反映了所研究的导热过程与外界环境的相互影响。导热问题中常见的边界条件可以归纳为以下三类：

第一类边界条件：给出导热物体边界上任何时刻的温度分布，即

$$\tau > 0 \text{ 时}, \quad T_w = f_1(x, y, z, \tau) \tag{1-1-12}$$

第二类边界条件：给出导热物体边界上任何时刻的热流密度分布，即

$$\tau > 0 \text{ 时}, \quad -\lambda \left(\frac{\partial T}{\partial n} \right)_w = f_2(x, y, z, \tau) \tag{1-1-13}$$

第三类边界条件：导热物体表面与流体相接触，给出表面传热系数 a 和周围流体温度 T_f，T_f 可以随时间而变化，也可以为确定值。a 可以是局部值或者表面的平均值。此时，固体壁导热量与表面传热量相等，即

$$-\lambda_s \left(\frac{\partial T}{\partial n} \right)_w = \alpha(T_w - T_f) \tag{1-1-14}$$

式中，α 及 T_f 均可为时间和空间坐标的函数；下标 w、f、s 分别表示壁面、流体、固体。

以上三类边界条件之间有一定的联系，在一定条件下，第三类边界条件可以转化成第一、二类边界条件。由式

$$\left(\frac{\partial T}{\partial n} \right)_w = -\frac{\alpha}{\lambda_s}(T_w - T_f) \tag{1-1-15}$$

可知，当 $\frac{\alpha}{\lambda_s} \to +\infty$ 时，由于边界温度变化率 $\left(\frac{\partial T}{\partial n} \right)_w$ 只能是有限值，由（1-1-15）式得 $(T_w - T_f) \to 0$，即 $T_w = T_f$（已知），第三类边界条件变为第一类边界条件；而当 $\frac{\alpha}{\lambda_s} \to 0$ 时，则 $\left(\frac{\partial T}{\partial n} \right)_w = 0$，即 $q_w = -\lambda_s \left(\frac{\partial T}{\partial n} \right)_w = 0$，物体边界面绝热，第三类边界条件变为特殊的第二类边界条件。

第二节 对流换热

由于流体中温度不同的各个部分之间发生相对位移而引起的热量传递现象称为热对流。流体温度分布不均匀时，也将产生导热。因此，热对流总是和流体的导热同时发生，可以看作是流体流动时的导热。工程上经常遇到的是流动着的流体与所接触的物体表面之间由于存在温度差而引起的热量传递现象，称为表面对流换热。对流换热是流体宏观热运动（对流）与微观热运动（导热）联合作用的结果，因而必然受到热量传递规律和流体流动规律的共同支配，是一种十分复杂的传热过程。对流传热的研究离不开流体的导热和流体力学的基础[4]。

对流换热的基本计算式是牛顿冷却公式：

$$q = \alpha(T_w - T_f) \tag{1-2-1}$$

式中的符号同上。以上关系式也给出了换热系数 α 的定义式，实际上影响 α 的因素有很多，此式并未完整反映对流换热内在的规律性。对流换热的主要特点是作为传热介质的流体在流动，而且各部分之间有温度的差异。从传热机理上讲，对流换热实际上是处在运动状态下流体的导热。换热系数取决于流体的导热能力，有无相变，以及壁面处流体温度梯度等流动条件。而流动条件又表现为流速的大小、分布情况、流动的结构是否出现涡旋，这些又是与流体流动的动力、壁面形状和位置、尺寸和表面状况以及流体的性质等有关。所以影响 α 的因素众多而复杂。由于对流换热和流体流动紧密相连，所以在求解所有实际的对流换热问题时，必须先了解流体的特征和求解流体力学相关的问题。

一、流体流动的基本类型

按流体运动产生的原因，流动分为"强迫对流"和"自然对流"。如果流体运动是由

于外部力量产生的，通常称为强迫对流；如果运动是外力场（如重力场）的作用下产生的，则称为自然对流。从流动的形态上分，运动还可以分为"层流""湍流"或处于并存状态的"混合流"或"过渡流"。

（1）层流：其流体各部分运动都成"层"地平行于壁面，层与层之间不掺和混合，沿壁面法线方向热量传递只能依靠流体分子的迁移扩散，即宏观的导热方式。

（2）湍流：其流场充满着许多不同尺度的互相掺混的涡旋，单个流体质点类似于分子运动具有完全不规则的瞬息变化的运动特征。在空间某一点观察流动，各种物理量如流速、压力、温度随时间均有不规则的连续脉动。湍流场中各种物理量虽然都是随时间空间而变化的随机量，但是它们在一定程度上却符合概率规律，即具有某种规律的统计学特征。湍流场中任意两个空间点的物理量彼此具有某种程度的关联。如两点的速度关联，压力和速度的关联等等。而不同的关联特征（即称湍流的"相关性"）依赖于不同的湍流结构和边界条件。湍流中各种涡旋尺寸有大有小，而大涡旋尺度与湍流的条件有关，决定了湍流的主要力学特征，而小尺度的涡旋在流体黏性作用下将湍流能量转化为热而耗散[5]。

层流和湍流之间在能量和动量传递机理上是不同的。湍流由于混合，其热量的传递不仅依靠分子的迁移扩散，而且有横向流体微团的迁移扩散，所以传热量比层流时大。

二、流动边界层和热边界层

（一）流动边界层

当流体以均匀流速 u_∞ 纵掠一平壁时，如图 1-2-1 所示。由于壁面的存在和流体黏性的影响，紧贴在固体表面上的流体被制止，速度等于零。壁面摩擦阻力的滞止作用将通过流体的黏性，朝着远离壁面的 y 轴方向传递，影响的程度则迅速减小，这样就在壁面附近形成了一个流体速度明显减小的区域。这种固体壁面附近流体速度变化剧烈的薄层称为流动边界层或速度边界层。通常定义流体速度 u 达到主流速度 u_∞ 的 99%处的距离 y 为流动边界层厚度，记为 δ。

根据牛顿黏性定律，黏性力 τ 与垂直于运动方向的速度变化率成正比，即

$$\tau = \mu \frac{\partial u}{\partial y} \qquad (1\text{-}2\text{-}2)$$

式中：μ 为流体的动力黏度，kg/（m·s）或 Pa·s。在流动边界层内，因 δ 很小、速度梯度较大，即使对于黏度很小的流体，也存在着较大的黏性力，所以边界层内的黏性影响不容忽视。边界层以外的区域称为主流区，其速度梯度几乎为零，所以可以认为在主流区流体的黏性不起作用。

流体纵掠等温平壁时流动边界层的形成和发展如图 1-2-1 所示。在平壁前缘 $x=0$ 处，边界层厚度 $\delta=0$。随着 x 的增加，由于壁面黏性力的影响逐渐向流体内部传递，边界层逐渐加厚。但在某一距离 x_c 以前会一直保持层流的性质，此时流体有秩序地分层向前滑动，各层互不干扰，相邻两层之间只有分子间的相互扩散，称为层流边界层。随着层流边界层的不断增厚，从 x_c 起，层流朝着湍流过渡，最终过渡到旺盛湍流。此时边界层内出

现漩涡，流体在整体沿 x 方向流动的同时，沿 y 方向除了分子间的相互扩散，还有流体微团的不规则掺混，称为湍流边界层。需要注意的是，湍流边界层的主体核心虽处于湍流流动状态，但紧贴壁面的极薄层内，黏性力仍占主导地位，致使层内流动状态仍保持层流，称为层流底层。所以，可以近似地认为，湍流边界层由层流底层和湍流核心组成。

与流动状态相对应，流动边界层内的速度分布曲线如图 1-2-1 所示。层流边界层的速度分布呈抛物线状。在湍流边界层中，层流底层的速度梯度较大，速度分布近于直线，而在湍流核心，流体的横向脉动强化了动量传递，速度变化较为平缓。

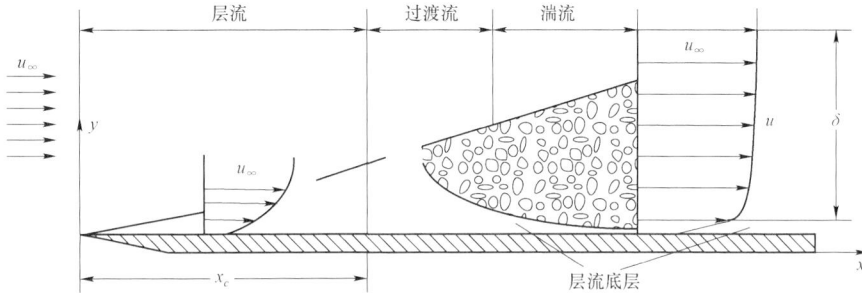

图 1-2-1 流体纵掠平壁时流动边界层的形成和发展

在强迫对流中，一般采用雷诺数 Re 作为流体流动状态的定量判据。雷诺数 Re 是个无量纲特征数，其定义式及物理含义为

$$Re = \frac{ul}{\upsilon} = \frac{\rho ul}{\mu} = \frac{惯性力}{黏性力} \tag{1-2-3}$$

式中：l 为特征尺寸，m；u_c 为流体的特征流速，m/s，对"有界"流动（如管内、流道内）取截面平均流速，对无界流动取自由流或来流流速 u_∞；υ 为运动黏性系数（或运动黏度），m²/s；ρ 为流体密度，kg/m³；μ 为动力黏性系数（或动力黏度），kg/（m·s）。通常定义临界雷诺数 Re_c 为

$$Re_c = \frac{u_\infty x_c}{\upsilon} = \frac{\rho u_\infty x_c}{\mu} \approx 5 \times 10^5 \tag{1-2-4}$$

研究表明，当 $Re_x < Re_c$ 时，为层流边界层；而当 $Re_x > Re_c$ 时，为湍流边界层。

综合以上讨论，流动边界层有下列特点：

（1）当黏性流体流过固体壁面时，流场可划分为边界层区和主流区。边界层内应考虑黏性的影响，在垂直于壁面的方向上，流速变化剧烈。而主流区可视为理想流体的流动，黏性不起作用，在垂直于壁面的方向上，流速几乎不变。

（2）除高黏性流体外，当雷诺数较大时，边界层厚度 δ 与壁面特征尺寸 l 相比是个极小值。

（3）在边界层中垂直于壁面的方向上，流体压力可视为不变，即 $\partial p / \partial y = 0$。

（4）当雷诺数大于一定数值（临界雷诺数 Re_c）时，边界层内的流体状态可分为层流和湍流。前部为层流边界层，后部为湍流边界层。而湍流边界层内紧靠壁面处有层流底层。

7

（二）热边界层

当均匀温度 T_∞ 的流体纵掠一平壁时，若壁温 T_w 与之不同，两者将发生对流换热。试验观测同样发现，在壁面附近的一个薄层内，流体温度在壁面的法线方向上发生剧烈的变化，而在此薄层之外，流体的温度梯度几乎等于零。我们把这种壁面附近流体温度变化剧烈的薄层称为热边界层或温度边界层。通常定义流体过余温度 $(T-T_w)$ 达到主流过余温度 $(T_\infty - T_w)$ 的 99%处的距离 y 为热边界层厚度，记为 δ_T。除液态金属及高黏性流体外，热边界层厚度 δ_T 在数量级上是个与流体边界层厚度 δ 相当的小量。这样，以热边界层外缘为界，对流体热问题的温度场也可划分为两个区域：沿壁面法线方向有温度变化的热边界层和温度几乎不变的等温流动区。

流体纵掠等温平壁时热边界层的形成和发展与流动边界层相似，如图 1-2-2 所示。在层流边界层中，沿 y 方向的热量传递主要依靠导热，对一般流体而言，dT/dy 比较大，也就是说，在层流对流传热中，主要热阻来自热边界层。但这是对流条件下的导热，各层流体的速度不一样，邻层间有相对滑动，所以层流边界层中的温度分布不是直线型，而是抛物线型。在湍流边界层中，层流底层在 y 方向上热量传递也靠导热方式。由于层流底层极薄，其温度分布近似为一直线，湍流核心沿 y 方向的热量传递主要依靠流体微团的脉动引起的混合作用。因此，对于热导率不大的流体（液态金属除外），湍流核心的温度变化比较平缓，湍流边界层的热阻主要在层流底层。根据温度分布可知，热阻主要存在于热边界层内层流部分。理论和实验已证明，热边界层越薄，其热阻越小；反之，热边界层越厚，其热阻越大，传热越弱。

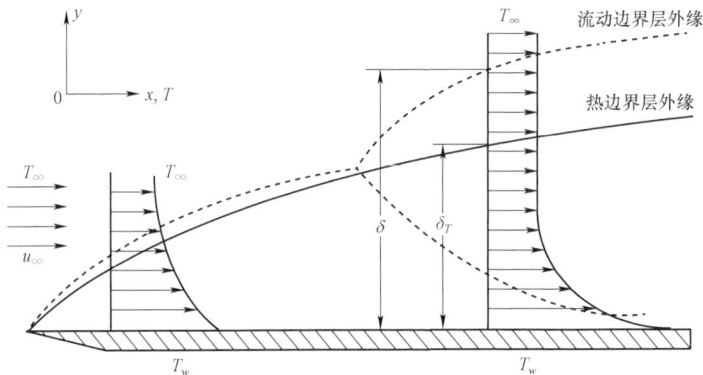

图 1-2-2　流体纵掠平壁时热边界层的形成和发展

（三）热边界层厚度与流体边界层厚度的关系

由上述讨论可知，热边界层厚度 δ_T 由流通中垂直于壁面方向上的温度分布确定，而流动边界层厚度 δ 由流体中垂直于壁面方向上的速度分布确定。当壁面温度 T_w 等于流体温度 T_∞ 时，流体沿壁面流动时只存在流动边界层，而不存在热边界层。热边界层厚度 δ_T 与流动边界层厚度 δ 既有区别，又有联系。流动边界层厚度 δ 反映流体分子扩散动量的能力，

与运动黏度 v 有关；而热边界层厚度 δ_T 反映流体分子扩散热量的能力，与热扩散率 a 有关。所以，$\dfrac{\delta_T}{\delta}$ 应该与 $\dfrac{a}{v}$ 有关，即与普朗特数 Pr 有关。普朗特数 Pr 是个无量纲综合物性特征数，其定义式及物理含义为

$$Pr = \frac{v}{a} = \frac{\dfrac{\mu}{\rho}}{\dfrac{\lambda}{c_p \rho}} = \frac{c_p \mu}{\lambda} = \frac{\text{动量扩散能力}}{\text{热量扩散能力}} \tag{1-2-5}$$

一般而言，对于高普朗特数的流体，如机油、变压器油等高黏性油，其 Pr 数为 $10^2 \sim 10^3$ 数量级，流动边界层厚度 δ 远大于热边界层厚度 δ_T；而对于低普朗特数的流体，如液态金属，其 Pr 数为 10^{-2} 数量级，流动边界层厚度远小于热边界层厚度 δ_T；对于 $Pr \approx 1$ 的流体，如各种气体，其 Pr 数为 $0.6 \sim 1.0$，则 δ 与 δ_T 大致相等。

当流体纵掠等温平壁时，若两种边界层同时形成于平壁前缘，且为层流状态，采用积分近似解法可得 δ_T 与 δ 的关系式为

$$\frac{\delta_T}{\delta} = \frac{1}{1.026\sqrt[3]{Pr}} \approx Pr^{-\frac{1}{3}} \tag{1-2-6}$$

上式适用于 $Pr \geqslant 1$ 的流体，对于 $Pr < 1$ 的流体则不适用。常用流体的 Pr 数为 $0.6 \sim 4\,000$，因此，上式适用于多数流体。

三、对流换热微分方程组

对流换热是流体热对流和导热联合作用的热量传递过程，由于牵涉到质量、动量、热量等的传递，所以需用一组微分方程式来描述。方程组具体包括描述对流换热系数本质的对流换热微分方程、描述流体流动状态的连续性微分方程和动量微分方程，以及描述流体中温度场的能量微分方程。下面简要介绍对流换热微分方程组、定解条件及边界层对流换热微分方程组[6]。为方便起见，以常物性、流速不太高、无内热源的不可压缩牛顿型流体的二维稳态对流换热为例进行讨论。

1. 对流换热微分方程

对流换热量无论从壁面传给流体还是从流体传给壁面，都要通过紧贴壁面的流体层，此处流体速度为零，热传递完全依靠导热。因此，对流换热量就等于贴壁流体层的导热量。对贴壁流体层应用傅里叶定律

$$q_x = -\lambda_f \left(\frac{\partial T_x}{\partial y} \right)_{y=0} \tag{1-2-7}$$

又根据牛顿冷却公式有

$$q_x = \alpha_x (T_w - T_f)_x = \alpha_x \Delta T_x$$

所以

$$\alpha_x = -\frac{\lambda_f}{(T_w - T_f)_x} \left(\frac{\partial T_x}{\partial y} \right)_{y=0} = -\frac{\lambda_f}{\Delta T_x} \left(\frac{\partial T_x}{\partial y} \right)_{y=0} \tag{1-2-8}$$

式中，α_x 为 x 处的局部对流换热系数；λ_f 为流体的导热系数；$\left(\dfrac{\partial T_x}{\partial y}\right)_{y=0}$ 为 x 处壁面上流体的法向温度变化率；T_f 为流体温度，纵掠平壁时取主流温度 T_∞，而管内对流换热时常取为流道 x 处流动截面上的平均温度；ΔT_x 为 x 处的局部对流换热温差，$\Delta T_x = (T_w - T_f)_x$。

（1-2-8）式将对流换热系数与流体温度梯度联系了起来，也是获得对流换热系数的基本关系式，称为对流换热微分方程。从换热机理来看，对流换热实际上就是处在运动状态下的流体导热。要想求取对流换热系数，就必须知道流体内部的温度分布。

由（1-2-8）式求出局部对流换热系数 α_x 后，即可由下式求平均对流换热系数 α：

$$\alpha = \frac{1}{A\Delta T}\int_A \alpha_x \Delta T_x \mathrm{d}A_x \tag{1-2-9}$$

当局部对流换热温差 ΔT_x 和对流换热面宽度不变时，（1-2-9）式可简化为

$$\alpha = \frac{1}{l}\int_0^l \alpha_x \mathrm{d}x \tag{1-2-10}$$

注意，（1-2-8）式与导热问题的第三类边界条件形式上相同，但是有区别的，其中 λ 为流体的热导率，$\partial T / \partial y$ 为近壁流体的温度梯度，α 待求，而在第三类边界条件下的 λ 为导热固体的热导率，$\partial T / \partial y$ 为近壁固体的温度梯度，且 α 一般为已知。

2. 连续性方程

利用质量守恒定律可推导得连续性方程为

$$\frac{\partial u}{\partial x} + \frac{\partial v}{\partial y} = 0 \tag{1-2-11}$$

式中，u、v 分别为 x、y 方向得分速度。

3. 动量微分方程

利用质量守恒定律可推导得 x 和 y 方向的动量微分方程为

$$\rho\left(\frac{\partial u}{\partial t} + u\frac{\partial u}{\partial x} + v\frac{\partial u}{\partial y}\right) = F_x - \frac{\partial p}{\partial x} + \eta\left(\frac{\partial^2 u}{\partial x^2} + \frac{\partial^2 u}{\partial y^2}\right) \tag{1-2-12}$$

$$\rho\left(\frac{\partial v}{\partial t} + u\frac{\partial v}{\partial x} + v\frac{\partial v}{\partial y}\right) = F_y - \frac{\partial p}{\partial y} + \eta\left(\frac{\partial^2 v}{\partial x^2} + \frac{\partial^2 v}{\partial y^2}\right) \tag{1-2-13}$$

上式即为流体力学中著名的纳维-斯托克斯（Navier-Stokes）方程，其中，左边为惯性力项，右边三项依次为体积力项、压力项、黏性力项。

4. 能量微分方程

利用能量守恒定律可推导得能量微分方程为

$$\frac{\partial T}{\partial t} + u\frac{\partial T}{\partial x} + v\frac{\partial T}{\partial y} = a\left(\frac{\partial^2 T}{\partial x^2} + \frac{\partial^2 T}{\partial y^2}\right) \tag{1-2-14}$$

式中：$\dfrac{\partial T}{\partial t}$ 为流体温度 T 的变化；$u\dfrac{\partial T}{\partial x} + v\dfrac{\partial T}{\partial y}$ 为对流项，表示由流体得宏观运动引起的热量转移；$a\left(\dfrac{\partial^2 T}{\partial x^2} + \dfrac{\partial^2 T}{\partial y^2}\right)$ 为导热项，表示由流体的导热引起的热量转移。能量微分方程中

同时出现后面这两项，从物理意义上表明，对流换热现象的确是流体的对流和流体的导热联合作用的结果。如果流体静止，即 $u=v=0$，则能量微分方程就退化为导热微分方程。上述对流换热微分方程组既适用于层流，也适用于湍流。

同导热问题一样，上述对流换热微分方程组的定解条件亦可分为几何条件、物理条件、时间条件和边界条件，主要包括初始时刻的条件和边界上与速度、压力及温度等有关的条件，但对流换热问题一般只有第一类（给定温度）和第二类（给定热流密度）边界条件，没有第三类边界条件。

（1-2-8）式及（1-2-11）式～（1-2-14）式共 5 个方程，包含 5 个未知量（α，T，u，v，p），方程组封闭，理论上讲是可以分析求解的。然而由于纳维-斯托克斯方程的复杂性和非线性的特点，要针对实际问题在整个流场内数学上求解上述方程组是非常困难的。

四、边界层对流换热微分方程组

应用边界层概念，可以把研究区域缩小到边界层内（主流区视为理想流体），进一步利用边界层特点，通过数量级分析法，上述对流换热微分方程组可简化为边界层对流换热微分方程组。

1. 对流换热微分方程

$$\alpha_x = -\frac{\lambda}{(T_w - T_f)_x}\left(\frac{\partial T_x}{\partial y}\right)_{y=0} \tag{1-2-15}$$

2. 连续性方程

$$\frac{\partial u}{\partial x} + \frac{\partial v}{\partial y} = 0 \tag{1-2-16}$$

3. 动量微分方程

$$u\frac{\partial u}{\partial x} + v\frac{\partial u}{\partial y} = -\frac{1}{\rho}\frac{\partial p}{\partial x} + \upsilon\frac{\partial^2 u}{\partial y^2} \tag{1-2-17}$$

4. 能量微分方程

对不可压缩流体，不计质量力所做的功，边界层内仅有导热，忽略辐射引起的换热，流动也接近定压的二维定常流动，其能量方程可简化为

$$u\frac{\partial T}{\partial x} + v\frac{\partial T}{\partial y} = a\frac{\partial^2 T}{\partial y^2} + \frac{\mu}{\rho c_p}\left(\frac{\partial u}{\partial y}\right)^2 \tag{1-2-18}$$

式中：$\frac{\mu}{\rho c_p}\left(\frac{\partial u}{\partial y}\right)^2$ 是耗散热项，是由流体黏性摩擦引起的，对于流速不大的一般工程问题，常可以忽略不计，此时将其简化为

$$u\frac{\partial T}{\partial x} + v\frac{\partial T}{\partial y} = a\frac{\partial^2 T}{\partial y^2} \tag{1-2-19}$$

注意，（1-2-19）式是在边界层理论指导下推导出来的，凡是不符合流动边界层和热边界层特性的场合都不适用，例如黏性油、液态金属、流体纵掠平壁时 Re 数很小以及流

体横掠圆管时流体分离区等[7]。

五、对流换热常用特征数

稳态单相对流换热的常用特征数主要有努谢尔数 Nu、雷诺数 Re、格拉晓夫数 Gr、普朗特数 Pr。

1. 努谢尔（Nusselt）数 Nu

$$Nu = \frac{\alpha l}{\lambda} = \frac{l/\lambda}{1/\alpha} = \frac{流体层导热热阻}{对流传热热阻} \qquad (1\text{-}2\text{-}20)$$

式中：l 为流场中物体的特征尺度，m；λ 为流体的热导率，W/（m·K）；α 为换热系数。当特征尺寸 l 一定时，对同种流体，Nu 数的大小表征换热系数 α 的大小，反映了对流换热的强弱。必须注意：Nu 数与 Bi 数的形式虽然相同，但 Nu 数中的 λ 是流体的热导率，而 Bi 数中的 λ 是固体的热导率；Nu 数一般是待定特征数（α 未知），而 Bi 数通常是已定特征数（α 已知）。

2. 雷诺数 Re

雷诺数 Re 的定义见（1-2-3）式，它反映了流体惯性力与黏性力的相对大小。如前所述，由 Re 数的大小可以判断强迫对流换热中流体处于何种流态（层流、湍流还是过渡流）。

3. 格拉晓夫数 Gr

$$Gr = \frac{g\beta\Delta T l^3}{v^2} = \frac{浮升力}{黏性力} \times \frac{惯性力}{黏性力} \qquad (1\text{-}2\text{-}21)$$

式中：β 为体胀系数，1/K；g 为重力加速度，m/s²。自然对流换热中，惯性力较小且变化不大，因此，格拉晓夫数 Gr 反映了流体浮升力与黏性力的相对大小，其作用相当于强迫对流换热中的 Re 数。

4. 普朗特数 Pr

普朗特数 Pr 的定义见（1-2-5）式，它是个综合物性特征数，反映了流体动量扩散能力与热量扩散能力的相对大小，也反映了流体边界层厚度 δ_r 与热边界层厚度 δ 的相对大小。

第三节　热辐射

"热辐射"是指物质对外发射波长 $0.1\sim100\ \mu m$ 的"热射线"在空间传递能量的现象。波长从单色紫光的 $0.38\ \mu m$ 到单色红光的 $0.76\ \mu m$ 之间热射线是人眼能分辨的可见射线，即通常所说的可见"光"；波长超过 $0.76\ \mu m$ 的射线是红外线，而波长短于 $0.38\ \mu m$ 的则是紫外线。习惯上，"辐射"常被用来概括电磁波的发射。电磁波所载运的能量称为"辐射能"，是以光速前进、依靠光（量）子传递的能量。热射线传递的辐射能则称为"辐射热"。任何物体都在连续向外发射辐射热。温度越高，不仅辐射热越强，而且辐射能量按波长分布的比重，将从红外部分更多地向可见射线部分转移。热辐射，不同于导热和热对流，是不接触的传热方式，不依赖常规物质的中间媒介作用，所以是高度真空中唯一能够传递热量的方式。两个不接触的物体表面，或者固体或液体表面与周围气体间的相互辐射和吸收，就构成"辐射换热"或"辐射传热"过程，引起净热量从温度较高的一方朝着温度较低的一方转移。物体的温度越高辐射能力越强[3]。

辐射能力最强的理想辐射体，称为"黑体"。它向周围空间发射的辐射能为

$$Q_r = \sigma_b A T^4 \tag{1-3-1}$$

式中：Q_r 为辐射能（辐射热流量），W；A 为物体参与辐射的表面积，m²；T 为表面温度，K；σ_b 为黑体辐射常数，其值为 5.67×10^{-8} W/（m²·K）。（1-3-1）式称为斯蒂芬-玻尔兹曼定律，仅适用于黑体的热辐射。

自然界中各物体的温度都高于 0 K，所以均会向外界发射辐射能，其辐射热流量的计算可以采用斯蒂芬-波耳兹曼定律的经验修正形式

$$Q_r = \varepsilon \sigma_b A T^4 \tag{1-3-2}$$

式中：ε 称为该物体的黑度，其值小于 1，表示物体辐射能力接近黑体的程度。

斯蒂芬-波耳兹曼（Stefan-Boltzmann）定律表明黑体辐射热流量与其热力学温度的四次方成正比，所以又称四次方定律，是分析计算辐射传热的基础。注意，（1-3-2）式中的 Q 仅是物体自身向外辐射的热流量，并非辐射传热热流量。要计算辐射传热热流量还必须考虑物体对外来辐射的吸收情况。例如，两个互相平行且十分接近的黑体表面（面积均为 A）间的辐射传热热流量可按下式计算

$$Q_r = \sigma_b A (T_1^4 - T_2^4) \tag{1-3-3}$$

而一非凹小物体与外围大空腔之间的辐射传热热流量计算式则为：

$$Q_r = \varepsilon_1 \sigma_b A_1 (T_1^4 - T_2^4) \tag{1-3-4}$$

式中：A_1 为小物体表面积；T_1 为小物体表面温度；ε_1 为小物体表面发射率；T_2 为外围大空腔内表面温度。

工程实际中，一个物体表面常常既有对流换热又有辐射传热，这种对流与辐射同时存在的复合传热现象统称为表面传热。为计算方便，通常把辐射传热热流量折合成对流换热热流量，即先按有关辐射传热的公式算出辐射传热热流量，然后将它表示成牛顿冷却公式的形式

$$Q_r = \alpha_r A \Delta T \tag{1-3-5}$$

式中：α_r 为表面辐射传热系数，简称辐射传热系数，W/（m²·K）。

于是，对于对流换热与辐射传热互不干扰的表面传热，总热流量可表示为

$$Q = \alpha_z A \Delta T \tag{1-3-6}$$

式中：α_z 为表面传热系数，W/（m²·K）。表面传热系数 α_z 等于对流换热系数 α 与辐射传热系数 α_r 之和，即

$$\alpha_z = \alpha + \alpha_r \tag{1-3-7}$$

工程实际问题是比较复杂的，除非存在空气夹层或者气隙，在不透明的固体内部只能由导热传递热量。对于液体和气体，各处温度不一致时，如果不是液体层和气体层非常薄，总会在发生导热的同时，以密度的差异出现"自然对流"。气体中，还可以有热辐射起作

用。但无论导热、对流换热或辐射换热，都需要有传热温差，这是它们的共同点。工程上遇到的传热问题，往往是导热、热对流和热辐射三种基本方式同时作用的结果。分析实际传热问题，不仅需要弄清有哪些基本方式在起作用，还应该搞明白传热过程属于"稳定"，还是"不稳定"。通常不稳定传热比稳定传热要复杂得多。

第四节　固液相变传热基础

相变是自然界和工程领域常见的一种物理现象，冰层的形成，大地的融冻，钢锭及铸件的凝固，食品的冷冻都是一些典型的实例。近年来，由于航天技术、能量贮存技术及生物工程技术的推动，促进了相变问题的研究和发展。对于像水这样的纯物质，以及一定组分下的合金，在适当的条件下，固液相变将在一定的温度下进行。而对于非共晶态合金，固熔体合金，固液相变不是发生在某一确定的温度下而是发生在一个温度范围内。所以在研究相变导热时，必须事先确定相平衡图[7]。

相变导热问题有两个共同的特点：

（1）固、液两相之间存在着一个将固液两个具有不同热物性、运动的分界面或分界区域，直至相变过程结束。

（2）在相变过程中，有相变潜热的释放（凝固）或吸收（熔化）。

相变导热问题比单纯的导热复杂得多。特别是因为相变导热是一个非线性的导热问题，线性叠加原理不再适用。因此，对不同的情况必须分别进行处理。

如图 1-4-1 以熔化过程为例，讨论一维相变过程。图中 T_m 表示相变温度，相变过程从 $x=0$ 处开始发生，然后向其内部推进，直至相变完全完成为止。在相变过程中，相界面沿 x 轴移动，其位置是时间的函数 $s(t)$。相界面把研究区域分为液相和固相两个区域。用 $T_s(x,t)$ 和 $T_l(x,t)$ 分别表示固相和液相区的温度，设固相及液相的物性各为不同的常量，并忽略液相的对流。固相区及液相区的导热微分方程分别为

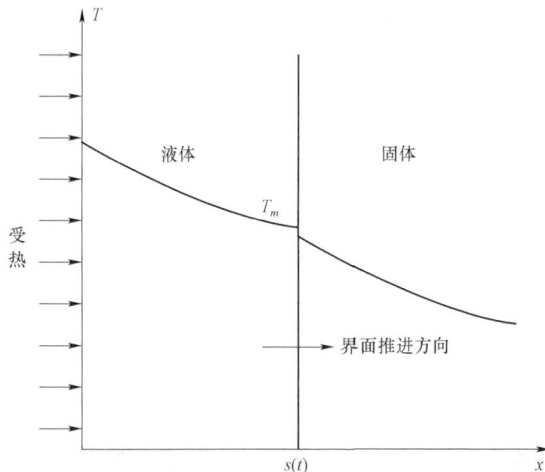

图 1-4-1　一维相变过程示意图（熔化）

$$\frac{\partial T_s}{\partial t} = a_s \frac{\partial^2 T_s}{\partial x^2} \qquad 0 \leqslant x < s(t) \tag{1-4-1}$$

$$\frac{\partial T_l}{\partial t} = a_l \frac{\partial^2 T_l}{\partial x^2} \qquad s(t) < x < L \tag{1-4-2}$$

微分方程除了必须满足相应的边界条件及初始条件外,还必须满足相界面上的边界条件,相界面上的边界条件包括

(1)温度连续性条件。即固、液两相在界面处的温度相等,且等于相变状态下的相变温度 T_m,表示为

$$T_s(x,t) = T_l(x,t) = T_m \qquad x = s(t) \tag{1-4-3}$$

(2)能量平衡条件。对于相界面上单位截面积的微元控制容积,能量守恒定律可表示为导出控制容积的净热量等于熔化过程的吸热量,由此得

$$\lambda_s \frac{\partial T_s}{\partial x} - \lambda_l \frac{\partial T_l}{\partial x} = \rho_s L \frac{\mathrm{d}s(t)}{\mathrm{d}t} \tag{1-4-4}$$

上式中,L 是单位质量物质的相变潜热。当液相密度与固相密度相等时,即 $\rho_s = \rho_l = \rho$,(1-4-4)式同样适用。

如果液相区中的对流换热不可忽略时,描述液相区的温度分布应采用对流换热微分方程组,且液相区界面为对流换热所支配。如取界面处的对流换热系数为常量,则(1-4-4)式变为:

$$\lambda_s \frac{\partial T_s}{\partial x} - \alpha(T_\infty - T_m) = \rho_s L \frac{\mathrm{d}s(t)}{\mathrm{d}t} \tag{1-4-5}$$

(1-4-4)式与(1-4-5)式所示的界面边界条件是非线性的。

一、固体接触熔化相变现象

当固体相变材料与刚性加热体(热源)间相互挤压,且热源温度高于或等于相变材料的熔化温度时,就会出现固体熔化现象。由于受引力、浮力与张力等作用产生相互挤压,固体与热源间出现相对运动,熔化了的液体不断地产生,并通过一个薄的液体层被挤向两侧,使得固体在熔化过程能保持与热源的"接触",从而有高的熔化率。这种熔化现象称为接触熔化(contact melting)[8]。否则,如果固体与热源间没有相互运动,熔化了的液体仅仅因为自然对流作用的结果流动,且很微弱,这样的熔化称为非接触式或固定式(constrained or fixed melting)熔化。因此,接触熔化过程中固体与热源始终保持"接触"状态,和非接触(固定式)熔化过程固体与热源距离不断加大的现象,是直观中最主要的区别。不过,实际固体与热源并非接触,只是由于熔化了的液体层非常之薄,在实验中也难以观测到。因此,这种熔化有时也称为紧密接触熔化(close contact melting)或直接接触熔化(direct contact melting)。

固体熔化现象广泛存在于自然界和许多生产技术过程中,如冷冻、融冰、铸造、焊接、冶金、核技术、地质勘探、航天器热控制以及热能储存等等。自 Stean 于 1890 年研究了极地冰的融化和土壤的冻结问题以来,对熔化与凝固的相变问题的研究已引起众多学者的

兴趣和关注，且一直没有间断过，它已发展成为传热传质研究中的一个分支和研究热点[9]。

二、固液相变传热研究的一般方法

分析固液相变传热问题的主要数学困难是相变过程呈非线性的固液表面的移动。由于表面位置预先是不知道的，而问题的解又要求确定固液表面运动的规律。因此，固液相变问题仅在少数特殊情况下，有精确的数学解。一般来说，一维问题采用近似解或数值解，而多维问题则需要用数值解。已有众多的文献报道了固液相变问题的理论研究结果。不过，对以自然对流或扩散为主导的相变问题的研究，在数学上形成了较为有效和常用的两种方法：温度法（temperature-based method）与焓方法（enthalpy method），这两种方法的区别在于能量守恒方程中使用什么样的独立变量。通常在经典方法中，较多地采用温度法，即温度是唯一的决定变量，且固体与液体中的能量守恒方程分开写出。而以焓为独立变量的焓方法是在温度法后发展起来的较新的方法，它已被许多学者所采用。但焓方法仍有许多不足之处，因此，温度法实际上成为人们研究相变问题的一个可靠的方法[10]。

按温度法，固、液相中的能量守恒方程分别由以下两式给出

$$\rho_s c_s \frac{\partial T_s}{\partial t} = \nabla \cdot (\lambda_s \nabla T_s) + q_s \tag{1-4-6}$$

$$\rho_l c_l \left(\frac{\partial T_l}{\partial t} + \bar{u} \cdot \nabla T_l \right) = \nabla \cdot (\lambda_l \nabla T_l) + q_l \tag{1-4-7}$$

式中，c 表示比热；下标 s、l 分别代表固相、液相。方程（1-4-7）清楚表明，熔化液体层内的热流与流体的流场 $\bar{u}$ 有关。这也说明了问题的难点，因为流场的确定需要同时求解质量、运动、能量以及可能附加的多个守恒方程组。所幸的是有两种适合于许多实际问题的特殊情况不需要求速度场。一种是假设由于相变而产生的工质密度变化的影响可以忽略，且薄液体中的传热可以认为仅靠导热，即边界层理论。另一种是虽考虑固液相变的密度差，但假设熔化产生的液体处于熔点温度。在这两种情况下有 $\bar{u} = 0$。

当假设固液相变发生在一确定的熔点 T_m，即没有模糊区，固液表面位置可用函数

$$F(x, y, z, t) = 0 \tag{1-4-8}$$

准确表示。在 F 表面，有两个基本关系式必须满足。首先是固、液中的温度分布在固液表面上需连续，即

$$T_s(x, y, z, t) = T_l(x, y, z, t) = T_m \quad \text{当} F(x, y, z, t) = 0 \tag{1-4-9}$$

其次是固液表面上的能量要守恒，即

$$(\rho_s h_s - \rho_l h_l) v_{ln} + \rho_l h_l v_{ln} = \left(\lambda \frac{\partial T}{\partial n} \right)_s - \left(\lambda \frac{\partial T}{\partial n} \right)_l \tag{1-4-10}$$

其中 v_{ln} 与 v_{sn} 分别表示液体与固体表面法向上的速度。h_s, h_l 分别表示固、液体的焓。此外，在固液表面上质量守恒方程可写为

$$(\rho_s - \rho_l) v_{ln} + \rho_l v_{sn} = 0 \tag{1-4-11}$$

以上（1-4-10）式与（1-4-11）式是假定 $\rho_s > \rho_l$ 下得到的。由（1-4-10）式与（1-4-11）式消去 v_{ln} 可得如下关系

$$\rho_s L v_{ln} = \left(\lambda \frac{\partial T}{\partial n} \right)_l - \left(\lambda \frac{\partial T}{\partial n} \right)_s \tag{1-4-12}$$

式中，$L = h_l - h_s$ 为相变材料的熔化潜热。（1-4-12）式也是用于传统温度法中的固液表面能量守恒方程。

如果分析中需要考虑由于相变而产生固液密度的变化，那么液相中的运动方程就应附加一个边界条件：速度分量须指向固液表面的法向。要求在运动的固液表面上质量与能量守恒是固液相变传热的重要特征。在特殊条件下，可以用控制容积方法，由质量与能量守恒方程导出比前面所说的条件更一般的边界条件。

由于固液相变传热仅在几种特殊条件下能得到准确解，因此，对于大多数固液相变传热的研究，采用了近似分析解、数值计算和实验分析的方法。在近似分析中，通常有积分法，量级法、摄动法。在数值计算中，通常采用有限元法、有限差分法以及边界元法等。其中有限差分法历史最长，较为成熟，因而在固液相变传热的计算中应用普遍一些。采用有限差分法，通常的做法是将物理平面上的时变、复杂的相变区域变换成计算平面上的不变、规则区域，同时将物理平面上的控制方程及其定解条件变换成计算平面上的控制方程及其定解条件，然后将其离散化进行求解。这方面的工作以德国学者 Beer 教授及其学生的分析为典型代表。区域变换的方法有两种，一种是区域形状不太复杂情况下使用 Landau 变换，另一种是用微分方程产生附体坐标实现区域转换，这一方法具有普遍意义。另外一些学者还提出一种旨在消除 $t = 0$ 时控制方程的奇异性的变换；由于有限元法和边界元法能够适应复杂的边界形状，计算可在物理平面上进行，一般不必进行区域转换，所以它们比有限差分法更为方便，成为固液相变研究的一种较为有效的方法[11]。

实验分析则是研究固液相变传热的较为可靠的方法。大多数的实验是根据固液相变的应用背景，而采用具体不同的物质作为相变材料。主要有冰、十七烷、十八烷、二十烷、奈、无机盐、硬脂酸、岩石、镓金属等。测量方法有常规测量和光学测量方法。常规测量方法是在相变系统的不同位置布置热电偶，根据热电偶的读数并配以观测、照相的结果，确定固液界面的位置，然后确定固液相比例等有关物理量。而光学测量法中有干涉法和阴影法，它们是分别利用光的干涉原理和折射原理来确定相变问题的物理量，二者各有不足之处，可以互补。如，干涉法对于折射率随温度变化大的相变工质无法进行定量研究，而阴影法得不到固液相的温度场。

从历史上看，固液相变传热的研究经历了从易到难，从简单到复杂的过程。早期研究的是诸如平板上，竖壁上、管与圆球内外的 Stefan 问题，忽略了液相区可能存在的自然对流作用。到了 20 世纪 70 年代，液相区的流动对固液相变的影响逐渐被人们所认识。即使在高导热系数的金属或合金的熔化与凝固过程，自然对流的影响仍然存在。从相变材料的非接触熔化（固定式熔化）研究到接触式熔化的研究，则始于 20 世纪 80 年代。迄今，对于相变材料的非接触（固定式）熔化与凝固过程已进行了比较广泛的研究，涉及矩形腔内、圆管、椭圆管、圆球与椭球等内外的熔化与凝固，有等温、恒热流、变壁温、分散热源以及等温与冷却、等温与恒热流混合物作用下的边界条件。研究的相变工质种类也很多，除前述的工质外，还涉及到多孔介质，合金等多组分的相变材料[12]。不过，就目前而言，从广度和深度上讲，固液相变传热的研究水平还比不上汽液相变传热的研究水平，还有许多问题需要进一步完善与探讨，根据笔者所掌握的资料了解与整理，这些问题主要包括：

（1）相变发生在某一温度区间的固液相变。

（2）多组分系统的固液相变以及多组分工质相图的研究。

（3）多孔介质内的固液相变传热研究，包括浓度扩散和分层多孔介质中的相变。

（4）熔化与凝固过程的双扩散研究。

（5）复杂约束条件下的固液相变，包括不同结构形状热源内外的相变以及各种初始边界条件下的相变。

（6）大 Stefan 数下，固液相界面上枝晶生长机理和发展的研究。

（7）非重力驱动下的固液相变传热，包括失重状态下以及各种场力（如电、磁场）作用下的相变。

（8）固液相变过程的热力学分析，包括第二定律与有限时间热力学的分析。

（9）用于固液相变传热研究的新的、有效的数学方法。相变过程的优化与最优控制。

（10）固液相变传热的强化研究。

三、接触熔化的特征

虽然接触熔化现象早就被人们所认识并在实际中应用，但从传热学角度来探讨其现象与规律仅始于 20 世纪 80 年代。不过，由于接触熔化广泛的实际工程应用背景，且具有高的熔化率，在同样运行工况下比非接触（固定式）熔化的熔化率高出 1~7 倍，因而受到国内外许多学者的重视，在过去的四十多年里开展了大量的研究。

接触熔化有两个显著的特征不同于非接触（固定式）熔化，使得它对于在工业中的应用具有更大的吸引力。这两个特征是：

（1）对于等温加热的热源，接触熔化比非接触（固定式）熔化吸收更多的热量。对于恒热流加热的热源，接触熔化过程的表面温度比非接触（固定式）熔化时低，且热源温度分布更均匀。

（2）熔化的液体与热源间相互作用是迅速出现在固液表面上，这样，熔化的液体以低于平均值的温度离开接触层。

至于接触熔化本身，我们可根据热源与固体相对运动的方式来进行分类。即（1）热源不动，固体相对热源运动；（2）固体不动，热源在固体中运动。第一类问题研究的背景是相变材料在热能储存系统中的应用。第二类问题研究的背景则是在地质与核技术中的应用；除了上述两种类型的接触熔化外，还有相变材料在平板上滑动（包含静止）过程的接触熔化、在旋转平面上的接触熔化以及围绕移动转子的接触熔化等。一般说来，根据应用背景，对不同类型的接触熔化分析方法与结果也不同。就目前有关相变材料的接触熔化的研究来看，主要内容集中在分析求解熔化率、边界层厚度、固体变化规律（速度、大小）、传热系数、储能特性、熔化结束时间、最优熔化的途径以及对熔化影响的因素，如 Stefan 数、形状、外力、边界条件等。

发生接触熔化时，热源表面与发生熔化的固体材料之间的液膜层非常薄，其运动规律符合润滑（lubrication）流体动力学理论。1916 年，Nusselt 提出的液膜理论针对薄液膜的流动与传热建立了较合理的数理模型——Nusselt 边界层理论，该模型成为接触熔化研究的理论基础。液膜内熔化液体流动的控制方程为质量、动量和能量守恒方程，其中流体动量和能量守恒方程形式较为复杂，通过运用 Nusselt 理论对其进行简化，从而使流体控制方程的求解大大简化。固体材料的接触熔化分析，主要利用熔化的温度和速度边界条件，以及液膜压力与施加外力所满足的平衡关系，对液膜内熔化流体的控制方程进行求解，从而得到液膜厚度和压力分布，以及熔化速度等参数。接触熔化的分析模型主要基于如下假设[81]：

（1）固-液相变发生在一确定的熔点，固-液界面分明。

（2）熔化过程为稳态过程。

（3）熔化液膜内液体为牛顿流体，流动为层流。

（4）相变材料的热物性为各向同性，除密度外都视为常数。

（5）忽略熔化液膜内流体的惯性力和剪应力。

根据假设，熔化液膜内流动的控制方程为

连续方程：

$$\nabla \cdot u = 0 \tag{1-4-13}$$

动量守恒方程：

$$\nabla p = -\mu_s \nabla^2 u \tag{1-4-14}$$

能量守恒方程：

$$\frac{\mathrm{d}T}{\mathrm{d}n} = \alpha_t \nabla^2 T \tag{1-4-15}$$

控制方程的求解有两种方式，分别为等温度分布法和一维传热法。两种方法的区别主要体现在确定熔化液膜内温度场的方法不同。前者假设熔化液膜内部温度分布为一次或二次分布，利用温度边界条件得到具体的近似温度分布，后者将通过熔化液膜的传热假设为沿法向一维传热，液膜内部切向传热忽略不计。其中定温度分布法分析过程可以总结如下：

首先对动量守恒方程进行二次积分，得到切向 h 上流速 u 与压力导数 $\mathrm{d}p/\mathrm{d}h$、固体熔化速度 U 的关系为：

$$u = f\left(\frac{\mathrm{d}p}{\mathrm{d}h}, U\right) \tag{1-4-16}$$

能量平衡要求固体熔化的热量等于液体获得的热量：

$$Q_{me} = Q_f \tag{1-4-17}$$

分别建立压力分布、流速与液膜厚度 δ、熔化速度 U 的关系式为：

$$\mathrm{d}p/\mathrm{d}h = f(\delta, U) \tag{1-4-18}$$

$$u = f(\delta, U) \tag{1-4-19}$$

忽略熔化液膜切向传热，通过液膜的传热视为沿法向的一维传热，流动的能量守恒方程可化为关于温度 T 的一元二次微分方程，结合液膜的温度边界条件，求解得到温度与液膜厚度 δ 和熔化速度 U 的关系：

$$T = f(\delta, U) \tag{1-4-20}$$

联立熔化过程的能量平衡条件，可以得到液膜厚度 δ 和熔化速度 U 的关系：

$$\delta = f(U) \tag{1-4-21}$$

其余计算过程与等温度分布法相同，具体过程见（1-4-16）式～（1-4-18）式。最后将（1-4-18）式和（1-4-21）式以及受力平衡方程联立求解，得到熔化速度和熔化液膜厚度的结果。

参考文献

［1］ 俞左平，陆煜. 传热学 ［M］. 3 版. 北京：高等教育出版社，1995.

［2］ Holman J. P. Heat Transfer ［M］. 北京：机械工业出版社，2005.

［3］ 王补宣. 工程传热传质学（上册）［M］. 北京：科学出版社，1982.

［4］ D. 皮茨，L. 西索姆著. 传热学 ［M］. 葛新石等，译. 北京：科学出版社，2002.

［5］ 程尚模. 传热学 ［M］. 北京：高等教育出版社，1990.

［6］ 杨强生. 对流传热与传质 ［M］. 北京：高等教育出版社，1985.

［7］ 杨强生，浦保荣. 高等传热学 ［M］. 上海：上海交通大学出版社，1996.

［8］ Bejan A. Contact melting heat transfer and lubrication ［J］. Advance in Heat transfer，1994，24：1-38.

［9］ 陈文振. 相变材料接触熔化的研究 ［D］. 武汉：华中理工大学博士学位论文，1994.

［10］ 董志峰. 矩形腔内固液相变传热研究 ［D］. 西安：西安交通大学博士学位论文，1988.

［11］ 陈文振. 接触熔化过程固液相变传热的研究 ［D］. 上海：上海交通大学博士后研究报告，1998：1-85.

［12］ 陈文振，孙丰瑞，杨强生，等. 相变材料接触熔化的研究 ［J］. 力学进展，2003，33（4）：446-460.

第二章　固体绕热源的熔化传热

固体相变材料围绕运动热源的接触熔化在实际工程中已有广泛的应用，例如，焊接、核技术和地质勘探等领域[1]。特别是在核技术方面，已有两个重要的应用，即核废料的自理与核反应堆堆芯的"熔毁"事故的分析与预测。1983 年美国学者以核熔化为背景，开始了加热体以恒定的速度通过温度低于其熔点的固体材料接触熔化的研究[2]。此后，一些学者，对不同条件下相变材料在平板上、围绕球、水平圆柱和水平椭圆柱热源的接触熔化进行了研究，获得了一些基本规律和结果。本章从以下几个方面对围绕运动热源的接触熔化问题进行分析、介绍。

第一节　水平平板上熔化

一、模型与理论关系式

固体在水平平板上的熔化如图 2-1-1 所示，一个高度 H_0，截面半径 R 的圆柱相变固体（或者是截面为 $2W \times L$ 的矩形体，$W \ll L$）初始温度 T_i 相同，且 $T_i < T_m$（T_m 为固体的熔化温度）。在 $t = 0$ 时刻，固体被置于平面热源上，平面温度保持恒定，为 $T_w > T_m$，熔化开始。在熔化过程中，假定：（1）固体在自身重力作用下以速度 $U(t)$ 下降，同时将熔化液体挤出热源与平板之间的窄缝。（2）被熔化的液体流动为层流，则底面上接触熔化以导热为主。（3）边界层内流体的惯性力与黏性力相比可略去。（4）熔化材料热物性可视为常数。（5）熔化表面产生的液体窄缝 δ（称为液体边界层）很薄，在固体为圆柱体时有 $\delta / R \ll 1$，固体为矩形体时有 $\delta / W \ll 1$，这个假定通过实验观测已经证明是

图 2-1-1　固体在平板上接触熔化

合理的，即当 $\delta / R \ll 1$ 并且 $(\delta / R) Re < 1$（对于矩形固体为 $\delta / W \ll 1$ 并且 $(\delta / W) Re < 1$）。（6）液体边界层内惯性力项与压力梯度项相比可以忽略，同时有 $\partial^2 / \partial r^2 \ll \partial^2 / \partial z^2$，$r$ 与 z 分别为水平与高度方向上的坐标。由以上假设，则问题的控制方程可以简化为如下。连续方程：

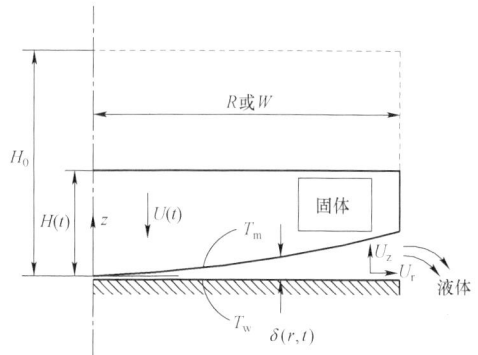

$$\frac{1}{r^n}\frac{\partial(r^n u_r)}{\partial r} + \frac{\partial u_z}{\partial z} = 0 \tag{2-1-1}$$

动量方程：

$$\mu\frac{\partial^2 u_r}{\partial z^2} = \frac{\mathrm{d}p}{\mathrm{d}r} \tag{2-1-2}$$

能量方程：

$$\frac{\partial u_r T}{\partial r} + \frac{\partial u_z T}{\partial z} = \alpha\frac{\partial^2 T}{\partial z^2} \tag{2-1-3}$$

式中，u 是流体速度；μ 是动力黏度；p 是压力；T 是温度；α 是热扩散系数。固体为矩形体时，方程中 $n=0$；为圆柱体形时，$n=1$。

在 $z=0$ 的热源表面，边界条件为：

$$u_r = u_z = 0 \text{ 和 } T = T_w \tag{2-1-4}$$

固体熔化界面上的边界条件为：

$$u_r = 0, \ u_z = -U \text{ 和 } T = T_m \tag{2-1-5}$$

而熔化界面上的能量平衡方程为：

$$-\lambda(1+\delta'^2)\frac{\partial T}{\partial z} = \rho U[L_m + c_p(T_m - T_i)] \tag{2-1-6}$$

式中，λ 为导热系数，ρ 为密度，U 为固体熔化速度，L_m 为熔化潜热，c_p 为定压比热，$\delta' = \partial\delta/\partial r$。

利用边界条件（2-1-4）和（2-1-5）式得到方程（2-1-2）的解为：

$$u_r = \frac{1}{2\mu}\frac{\mathrm{d}p}{\mathrm{d}r}z(z-\delta) \tag{2-1-7}$$

将方程（2-1-7）代入连续方程（2-1-1），对 z 积分并利用边界条件（2-1-4）与（2-1-5）式，可求得压力梯度：

$$\frac{\mathrm{d}p}{\mathrm{d}r} = \frac{-12\mu Ur}{(n+1)\delta^3} \tag{2-1-8}$$

联立方程（2-1-7）和（2-1-8）得到：

$$u_r = \frac{-6Urz(z-\delta)}{(n+1)\delta^3} \tag{2-1-9}$$

为得到熔化液体边界层内的温度分布，将能量方程（2-1-3）沿熔化边界层内 z 方向积分，并与连续方程（2-1-1）联立得到：

$$\int_0^\delta\left[\frac{\partial}{r^n\partial r}(r^n u_r T) + \frac{\partial}{\partial z}(u_z T)\right]\mathrm{d}z = \alpha\int_0^\delta\frac{\partial^2 T}{\partial z^2}\mathrm{d}z \tag{2-1-10}$$

利用边界条件（2-1-4）和（2-1-5）式，方程（2-1-10）可写为：

$$\frac{\partial}{r^n\partial r}\int_0^\delta(r^n u_r T)\mathrm{d}z - UT_m = \alpha\left[\left.\frac{\partial T}{\partial z}\right|_{z=\delta} - \left.\frac{\partial T}{\partial z}\right|_{z=0}\right] \tag{2-1-11}$$

为简化方程（2-1-11）的求解，设边界层内液体温度近似为沿 z 的二次分布，便能得到满足边界条件（2-1-4）、（2-1-5）式和熔化界面能量平衡方程（2-1-6）的温度分布为：

$$T = T_w + z\left[\frac{-2(T_w - T_m)}{\delta} + \frac{\rho L_m^* U}{\lambda(1 + \delta'^2)}\right] + z^2\left[\frac{T_w - T_m}{\delta^2} - \frac{\rho L_m^* U}{\delta\lambda(1 + \delta'^2)}\right] \qquad (2\text{-}1\text{-}12)$$

将（2-1-6），（2-1-9）和（2-1-12）式代入（2-1-11）式并无量纲化后得到：

$$\frac{1}{r^{*n}}\frac{\partial}{\partial r^*}\left[\frac{\delta^* r^{*n+1}}{1 + \delta'^2}\right] + \frac{3Ste^*}{U^*} + \frac{20}{U^*(1 + \delta'^2)} - \frac{20Ste^*}{\delta^* U^{*2}} = 0 \qquad (2\text{-}1\text{-}13)$$

其中，$L_m^* = L_m + c_p(T_m - T_i)$，$Ste^* = c_p(T_w - T_m)/L_m^*$，对圆柱体 $\delta^* = \delta/R$、$r^* = r/R$，对矩形体 $\delta^* = \delta/W$，$r^* = r/W$。（2-1-13）式有如下形式的解：$\delta^* = \sum_{i=0}^{\infty} a_i r^i$，并且 δ^* 的导数在 $r^* = 0$ 时应该有：

$$\delta^{*'} = \frac{\partial \delta^*}{\partial r^*} = 0 \qquad (2\text{-}1\text{-}14)$$

将 $\delta^* = \sum_{i=0}^{\infty} a_i r^i$ 代入方程（2-1-13）和（2-1-14），除了常数项外的所有系数 a_i 都消掉了，这说明 δ^* 与 r^* 无关，可以求得：

$$\delta^* = f(Ste^*)/U^* \qquad (2\text{-}1\text{-}15)$$

其中，$f(Ste^*)$ 是关于 Ste^* 数的函数，为：

$$f(Ste^*) = \left[\sqrt{400 + (200 + 80n)Ste^* + 9Ste^{*2}} - 3Ste^* - 20\right]/2(n+1) \qquad (2\text{-}1\text{-}16)$$

对于较小的 Ste^* 数有 $f(Ste^*) \approx Ste^*$，例如：$n = 0$ 时（矩形体），$f(0.1) \approx 0.0981$。$n = 1$ 时（圆柱体），$f(0.1) \approx 0.0976$。

固体熔化的下降速度可以通过作用于其上的力平衡得到：

$$M\left(g - \frac{dU}{dt}\right) = \int_A p\,dA \qquad (2\text{-}1\text{-}17)$$

其中，M 是固体在 t 时的质量，g 为重力加速度，A 是接触熔化的面积，对于圆柱体 M 为 $\pi R^2 H(t)\rho_s$，对于矩形体 M 为 $2LWH(t)\rho_s$。液体边界层内的压力分布是，在出口处（左右两端）的压力为大气压，即 $p(R) = p_{atm}$。基于这个条件以及 δ 与 r 的无关，对方程（2-1-8）积分得到：

$$p - p_{atm} = \frac{6\mu U(R^2 - r^2)}{(n+1)\delta^3} \qquad (2\text{-}1\text{-}18)$$

将方程（2-1-15）和（2-1-18）代入（2-1-17）式并积分得到：

$$H^* \rho^*\left(g^* - \frac{dU^*}{dF_o}\right) = C\frac{U^{*4} Pr}{Ste^{*3}} \qquad (2\text{-}1\text{-}19)$$

其中，$H^* = H/R$ 或 $H^* = H/W$，$\rho^* = \rho_s/\rho_l$，$g^* = gW^3/a^2$ 或 $g^* = gR^3/\alpha^2$，$U^* = UW/\alpha$

或 $U^* = UR/\alpha$，$F_o = \alpha t/W^2$ 或 $F_o = \alpha t/R^2$，Pr 为普朗特数，C 是一个常数，对于圆柱体，C 为 3/2，对于矩形体，C 为 4。

假定固体的加速度相对于重力加速度可以忽略（这个假设将在后文中通过一组典型参数验证），则方程（2-1-19）可求得：

$$U^* = \left[\frac{\rho^* g^* Ste^{*3}}{CPr}\right]^{0.25} H^{*0.25} \qquad （2\text{-}1\text{-}20）$$

而从图 2-1-1 可以看到

$$U^* = \mathrm{d}H^*/\mathrm{d}Fo + \mathrm{d}\delta^*/\mathrm{d}Fo \qquad （2\text{-}1\text{-}21）$$

由于 $\mathrm{d}\delta^*/\mathrm{d}Fo$ 的大小与 $\mathrm{d}H^*/\mathrm{d}Fo$ 比较可忽略，将方程（2-1-20）代入（2-1-21）式并积分，得到固体的无量纲高度：

$$H^* = \left[H_0^{*3/4} - \frac{3}{4}Fo\left(\frac{\rho^* g^* Ste^{*3}}{CPr}\right)^{1/4}\right]^{4/3} \qquad （2\text{-}1\text{-}22）$$

其中，H_0^* 是固体的初始无量纲高度，$H_0^* = H_0/R$ 或 $H_0^* = H_0/W$。

二、现象分析

一些学者对上述熔化现象进行了实验观测[3,4]，验证了理论分析的正确性。例如，通过中断实验（即在熔化过程取走固体，清除其表面熔化物）仔细观察了熔化面，发现熔化面相当平整，没有明显的曲面，这个结果与方程（2-1-15）中 δ^* 不是 r 的函数的预测是一致的。另外，Moallemi 和 Viskanta 在所做实验的边界层外的热源面上，观测到液体以约 0.8～1 mm 的有限厚度流动，熔化液体自由面流动的厚度与熔化的过程无关[3,4]。他们发现流动主要是受热源边缘的表面张力控制，而受固体熔化速度和截面积影响很小。这个表面张力还使固体竖直面上的凸面上升，达到 1.5～2 mm 的高度。当然，前面理论分析中熔化液体在边界层外流动的效应和凸面的影响都没有考虑，因为在边界层外的压力假定为环境（大气）压力。实际上，这个理想化的假定会导致固体熔化速度的计算值偏大，这个误差随着剩余固体的逐渐减少而变得很明显。

图 2-1-2 中以无量纲形式给出了实验与理论分析方程（2-1-22）给出的预测结果，两者具有相同的初始高度 H_0^*。理论结果给出的高度总是小于测量值，而且这个差值随时间逐渐增大。这说明，对于圆柱和矩形这两种固体，实际的熔化速率低于计算值。

固体的熔化速度通过瞬时高度和时间关系的微分得到。图 2-1-3 给出了不同 Ste^* 数时，圆柱形固体无量纲速度与高度的关系。对于相同的无量纲高度，测得的无量纲速度比理论推导的方程（2-1-20）计算值低 1.5%～5%，但测量值的两条线与计算值线基本平行，这是符合预期的。

为了更好地理解实验值与计算值误差的原因，并且建立更一般的关联式，将方程（2-1-20）重写为：

$$U^*/K = H^{*0.25} \qquad （2\text{-}1\text{-}23）$$

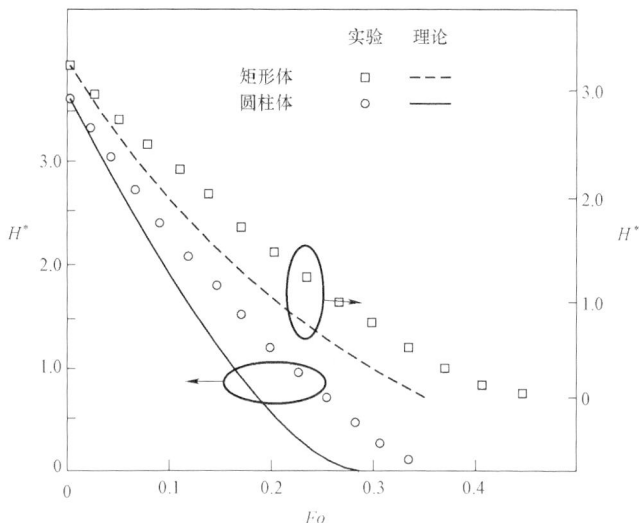

图 2-1-2 圆柱与矩形体固体无量纲高度的变化

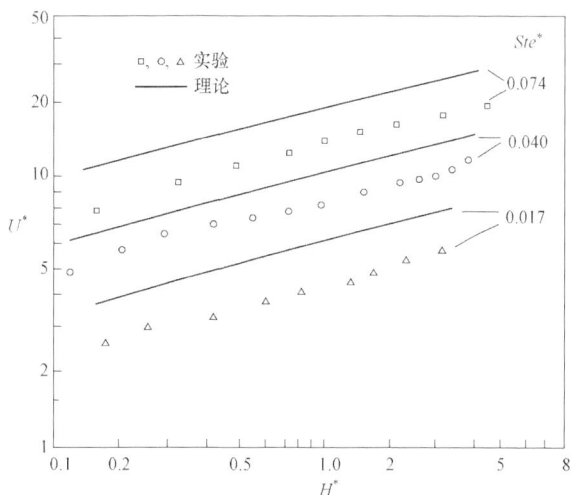

图 2-1-3 圆柱形固体无量纲熔化速度与高度的关系

其中，

$$K = \left(\frac{\rho^* g^* Ste^{*3}}{CPr} \right)^{0.25} \qquad (2\text{-}1\text{-}24)$$

图 2-1-4 中给出的实验数据（见表 2-1-1）与方程（2-1-23）具有相同的形式，这些实验数据的最小二乘回归形式为：

$$U^* / K = 0.77 H^{*0.267} \qquad (2\text{-}1\text{-}25)$$

固体的熔化速度与其瞬时高度（与质量成正比）的关系符合预期，方程（2-1-23）和（2-1-25）中 H^* 的幂次相当接近。固体熔化速度的理论预测值与实验值的差别主要体现在方程（2-1-23）和（2-1-25）中系数的不同，主要是传热造成的，而非水力学的因素。这个观点可以通过检验理论模型的主要假设进一步得到确认。在理论模型中假定：

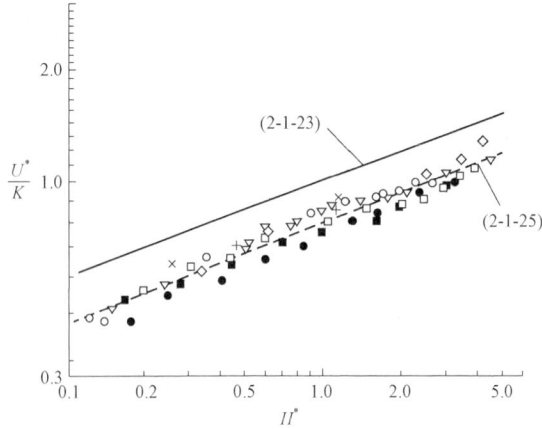

图 2-1-4　无量纲熔化速度与高度的实验与理论对比

表 2-1-1　图 2-1-4 中不同符号的实验数据[3,4]

Ste^*	0.03	0.059	0.016	0.04	0.074	0.017	0.045	0.042	0.039
尺寸(cm)	$W=1.84$	$W=1.8$	$W=1.8$	$R=2.45$	$R=2.45$	$R=2.45$	$R=1.25$	$R=1.9$	$R=2.93$
符号	+	○	■	□	△	●	×	◇	▽

$$\delta^* \ll 1, \quad \mathrm{d}\delta^* / \mathrm{d}Fo \ll U^* \text{ 和 } \mathrm{d}U^* / \mathrm{d}Fo \ll g^* \qquad (2\text{-}1\text{-}26)$$

利用方程（2-1-15）和（2-1-23），这些不等式可以用独立变量重写如下：

$$\frac{Ste^*}{KH^{*0.25}} \ll 1, \quad \frac{Ste^*}{K^2 H^{*0.5}} \ll 1 \text{ 和 } \frac{K^2}{4H^{*0.5}} \ll g^* \qquad (2\text{-}1\text{-}27)$$

实验中的结果都满足方程（2-1-27），即便 H^* 小到只有 0.1 也还满足[3,4]，例如，在 $Ste^* \leqslant 0.1$ 和 $H^* \leqslant 0.1$ 的情况下，可以从方程（2-1-27）的前两个不等式得到：

$$K \geqslant \frac{1}{5} \qquad (2\text{-}1\text{-}28)$$

（2-1-27）式是满足理论模型的假设条件，而通常情况下 K 的值在 3.5 到 18.0 之间，均能够满足（2-1-28）式[3,4]。

表面张力对于熔化液体边界层的影响，是基于端部出口压力由凸面形成的静压的考虑。方程（2-1-20）可以改为：

$$U^* = K(H^* - H_m^*)^{0.25} \qquad (2\text{-}1\text{-}29)$$

其中，H_m^* 是端部凸面的无量纲高度。显然只有当 H^* 很小时，H_m^* 的影响才会显现。例如，Moallemi 和 Viskanta[3,4]用 $R=25.5$ mm 圆柱形固体做了实验，H_m^* 的测量值约为 0.1，并在 $0.2 < H^* < 3$ 的范围内保持恒定，在这种情况下，不考虑表面张力的影响。当 $H^* = 3.0$ 时误差为 0.8%，而当 $H^* = 0.2$ 时误差为 19%。

从以上的讨论可见，理论模型中给出方程（2-1-26）的主要假设，在所研究的参数范围内是合理的。忽略端部凸面存在而产生的影响只有在 H^* 值小时才比较大。对于 H^* 值较大时（例如 $H^* \geqslant 0.5$），热源表面温度 T_w 的不均匀被认为是实验与计算误差的主要原因。T_w 不均匀的影响与 U^* 一样，随 H^* 的减小而减小，而 U^* 的减小导致了传热系数的减小。

但是，表面张力的影响随 H^* 的减小而增大。这两种影响被认为是导致在分析模型中熔化速度计算结果偏高的原因。

第二节 倾斜平板上下滑熔化

一、等温加热平板

现在来分析固体在倾斜平板上的下滑熔化问题，对等温平板，物理模型及 x-y 坐标如图 2-2-1 所示。初温为 T_i 的矩形固体放置在倾斜角为 φ 的平面上，平面保持恒温 T_w 对固体加热。假设：（1）固体以均匀速度下滑，则下滑力等于边界层内的剪切力。（2）下滑过程，固体表面保持与斜面平行，即液体边界层厚与位置无关。（3）熔化时，固体内温度由 T_i 上升，固液表面为 T_m。其他假设同上一节。则固体内热传导方程为：

$$a\frac{\partial^2 T_s}{\partial y^2} = -U\frac{\partial T_s}{\partial y} \qquad (2\text{-}2\text{-}1)$$

其中，U 是待求的熔化速度。相应的边界条件为：

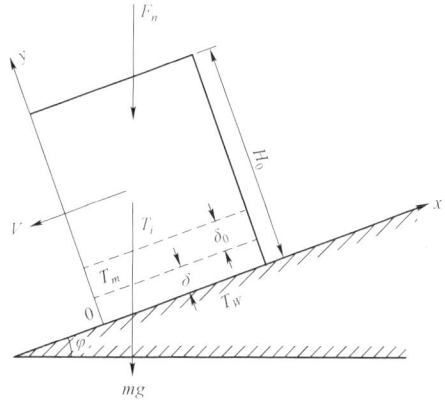

图 2-2-1 固体在等温加热面上下滑的物理模型

$$\left.\begin{array}{l} y \to \infty \quad T_s = T_i \\ y = \delta: \quad T_s = T_m \end{array}\right\} \qquad (2\text{-}2\text{-}2)$$

由（2-2-1）与（2-2-2）式得到固体内温度分布 T_s 为：

$$T_s = T_i + (T_m - T_i)\exp\left[\frac{U}{\alpha}(\delta - y)\right] \qquad (2\text{-}2\text{-}3)$$

从固液表面进入固体的热流量为：

$$q_s = -\lambda\left(\frac{\partial T_s}{\partial y}\right)_{y=\delta} = \rho c_p U(T_m - T_i) \qquad (2\text{-}2\text{-}4)$$

进入熔化边界层内液体的热流量 q_l 为：

$$q_l = \rho L_m U + q_s \qquad (2\text{-}2\text{-}5)$$

其中，L_m 为固体材料的熔化潜热。因为熔化的液体边界层内非常薄，可假设边界层内温度为线性分布，即

$$T = T_w - (T_w - T_m)\frac{y}{\delta} \qquad (2\text{-}2\text{-}6)$$

则进入熔化边界层液体的热流量也为：

$$q_l = \lambda(T_w - T_m)/\delta \qquad (2\text{-}2\text{-}7)$$

将（2-2-4）与（2-2-7）式代入（2-2-5）式得熔化的液体边界层的厚度为：

27

$$\delta = \frac{\lambda(T_w - T_m)}{\rho L_m U(1 + Ste)} \tag{2-2-8}$$

其中，$Ste = c_p(T_m - T_i)/L_m$，为考虑固体欠热时的斯蒂芬数。定义以下无量纲的参数：

$$\left. \begin{array}{ccc} \delta^* = \dfrac{\delta}{W} & U^* = \dfrac{U}{V} & x^* = \dfrac{x}{W} \\[3mm] N = \dfrac{\lambda(T_w - T_m)}{\rho L_m VW(1 + Ste)} = \dfrac{\alpha c_p(T_w - T_m)}{VW[L_m + c_p(T_m - T_i)]} \end{array} \right\} \tag{2-2-9}$$

其中 V 为固体的下滑速度，α 是热扩散系数。则（2-2-8）式可写为：

$$\delta^* = \frac{N}{U^*} \tag{2-2-10}$$

根据前面的假设，边界层内的动量方程为：

$$\mu \frac{\partial^2 u}{\partial y^2} = \frac{\mathrm{d}p}{\mathrm{d}x} \tag{2-2-11}$$

相应的边界条件为：

$$\left. \begin{array}{l} y = 0: \quad u = V \\ y = \delta: \quad u = 0 \end{array} \right\} \tag{2-2-12}$$

由（2-2-11）与（2-2-12）式得：

$$u = \frac{1}{2\mu}\frac{\mathrm{d}p}{\mathrm{d}x} y(y - \delta) + V\left(1 - \frac{y}{\delta}\right) \tag{2-2-13}$$

而液体的质量流量为：

$$\dot{m} = \int_0^\delta \rho_l u \mathrm{d}y \tag{2-2-14}$$

将（2-2-13）式代入（2-2-14）式得：

$$\dot{m} = \rho_l\left(-\frac{\delta^3}{12\mu}\frac{\mathrm{d}p}{\mathrm{d}x} + \frac{1}{2}V\delta\right) \tag{2-2-15}$$

熔化边界层内质量守恒方程为：

$$\dot{m} = \rho_l Ux - \dot{m}_o \tag{2-2-16}$$

其中，$\dot{m}_o$ 为待定系数。将（2-2-15）式代入（2-2-16）式并无量纲化后得到：

$$\mathrm{d}p^* = \left[\frac{6}{\delta^{*2}} + \frac{12U^*(\dot{m}_o^* - x^*)}{\delta^{*3}}\right]\mathrm{d}x^* \tag{2-2-17}$$

其中，

$$\left. \begin{array}{l} \dot{m}_o^* = \dfrac{\dot{m}_o}{UW} \\[3mm] p^* = \dfrac{pW}{\mu V} \end{array} \right\} \tag{2-2-18}$$

对（2-2-17）式积分得：

$$p^* = \frac{6}{\delta^{*2}} x^* + \frac{12U^*(\dot{m}_o^* - 0.5x^*)x^*}{\delta^{*3}} + A \tag{2-2-19}$$

利用边界条件 $p^*|_{x^*=0} = 0$ 及 $p^*|_{x^*=1} = 0$ 可求得上式中的系数为：

$$\left.\begin{array}{l} \dot{m}_o^* = \dfrac{1}{2}\left[1 - \dfrac{\delta^*}{U^*}\right] \\[2mm] A = 0 \end{array}\right\} \tag{2-2-20}$$

熔化边界层内 y 方向力平衡方程为：

$$F_y = \int_0^w p\,\mathrm{d}x \tag{2-2-21}$$

其中，$F_y = (F_n + mg)\cos\varphi$ 为作用在固体上的正压力，将（2-2-21）式无量纲化，并把（2-2-19）与（2-2-20）式代入积分后得：

$$F_y^* = \frac{F_y}{\mu V} = \frac{U^*}{\delta^{*3}} \tag{2-2-22}$$

将（2-2-10）式代入（2-2-22）式得：

$$U^* = F_y^{*1/4} N^{3/4} \tag{2-2-23}$$

熔化边界层内 x 方向力平衡方程为：

$$F_x = -\int_0^w \mu\left(\frac{\partial u}{\partial y}\right)_{y=o} \mathrm{d}x \tag{2-2-24}$$

$F_x = (F_n + mg)\sin\varphi$ 为作用在固体上的切向力。由将（2-2-13）式代入（2-2-24）式积分与无量纲化后得：

$$F_x^* = \frac{F_x}{\mu V} = \left[\frac{F_y^*}{N}\right]^{1/4} = \frac{U^*}{N} = \frac{1}{\delta^*} \tag{2-2-25}$$

显然，当 $\varphi = 0$ 时，以上各式就是水平平板上滑动熔化过程的结果，但是与平板下的滑动熔化[5]不同。

二、有限热容平板

（一）理论模型与公式推导

前面我们讨论了固体在等温（或无限热容）的斜面上下滑的接触熔化。这里将着重考虑斜面内部由于沿 y 方向有热传导（不等温）对下滑熔化的影响。如图 2-2-2 所示，基本假设同上一节，则方程（2-2-1）至（2-2-8）式在这里成立。又假设在斜面内热传导的距离 δ_1 为 x 的函数，且远小于固体宽 W。其内部温度分布与表面的热流密度 q_w 关系可由下式来表示[6]：

$$T_h - T_w(x) = \frac{q_w / \lambda_h}{0.886}\left(\frac{\alpha_h x}{V}\right)^{1/2} \tag{2-2-26}$$

式中，下标 h 表示为有限热容加热平板的量。T_h 为斜面下在 δ_1 处及以下的温度，大于或

等于 T_w。由（2-2-8）与（2-2-26）两式消去 T_w 得：

$$T_h - T_m = \frac{\delta \rho L U (1 + Ste)}{\lambda} + \frac{q_w}{0.886\lambda_h}\left(\frac{\alpha_h x}{V}\right)^{1/2}$$

（2-2-27）

将（2-2-27）式无量纲化后得：

$$\delta^* = \frac{N}{U^*} - \pi x^{*1/2} \qquad (2\text{-}2\text{-}28)$$

其中，无量纲参量 π 为：

$$\pi = \frac{\lambda}{0.886\lambda_h}\left(\frac{\alpha_h}{VW}\right)^{1/2} \qquad (2\text{-}2\text{-}29)$$

（2-2-28）式表明无量纲的边界层厚度是随着 x 的增加而减小，即 δ^* 不再是一个与位置无关的量。将（2-2-28）式代入（2-2-17）式积分得：

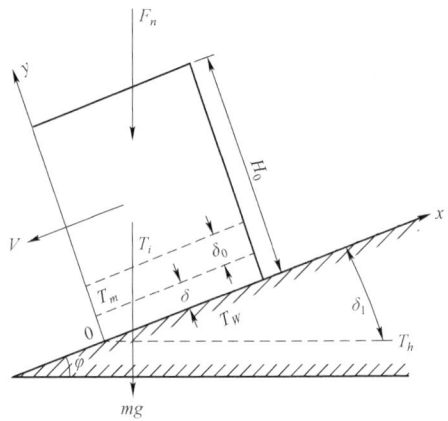

图 2-2-2 固体在有限热容的斜面上下滑的物理模型

$$p^* = \int_0^{x^*}\left[\frac{6}{(N_1 - \pi\sqrt{x^*})^2} + \frac{12U^*(Q_o - x^*)}{(N_1 - \pi\sqrt{x^*})^3}\right]dx^* \qquad (2\text{-}2\text{-}30)$$

其中，$N_1 = \dfrac{N}{U^*}$；（2-2-30）式的第一项积分为：

$$\int \frac{6}{(N_1 - \pi\sqrt{x^*})^2}dx^* = \frac{12}{\pi^2}\left[\ln(N_1 - \pi\sqrt{x^*}) + \frac{N_1}{(N_1 - \pi\sqrt{x^*})}\right]_0^{x^*}$$

（2-2-30）式第二项积分为：

$$\int\left[\frac{12U^*(Q_o - x^*)}{(N_1 - \pi\sqrt{x^*})^3}\right]dx^* = \left[\frac{\dfrac{-72N}{\pi^4}\ln(N_1 - \pi\sqrt{x^*}) + 12U^* \times}{\dfrac{2\pi^3 x^{*3/2} + [2Q_o\pi^3 - 12(N_1)^2\pi]x^{*1/2} + 9(N_1)^3 - Q_oN_1\pi^2}{\pi^4(N_1 - \pi\sqrt{x^*})^2}}\right]_0^{x^*}$$

将以上两个积分式代入（2-2-30）式可得 p^* 的表达式，其中待定系数 Q_o 根据 p^* 在固体两端的边界条件求得：

$$Q_o = \left\{\begin{array}{l}9N - \dfrac{2\pi^3 U^* - 12(N_1)^2\pi U^* + 9(N_1)^3 U^*}{(N_1 - \pi)^2} + 6N[\ln(N_1 - \pi) - \ln(N_1)] \\[2mm] -\pi^2\left[\ln(N_1 - \pi) + \dfrac{N}{N - \pi U^*} - \ln(N_1) - 1\right]\end{array}\right\}$$

$$\div\left[\pi^2\frac{U^{*2}}{N} + \frac{2\pi^3 U^{*2} - N\pi^2}{(N_1 - \pi)^2}\right] \qquad (2\text{-}2\text{-}31)$$

则（2-2-30）式可写为：

$$p^* = \frac{12}{\pi^2}\left[\ln(N_1 - \pi\sqrt{x^*}) + \frac{N}{N - \pi U^*\sqrt{x^*}}\right] - \frac{72N}{\pi^4}\ln(N_1 - \pi\sqrt{x^*}) +$$

$$12U^* \times \frac{2\pi^3 x^{*3/2} + [2Q_o\pi^3 - 12N_1^2\pi]x^{*1/2} + 9N_1^3 - Q_oN_1\pi^2}{\pi^4(N_1 - \pi\sqrt{x^*})^2} + \qquad (2\text{-}2\text{-}32)$$

$$\frac{72N}{\pi^4}\ln(N_1) - \frac{12}{\pi^2}[\ln(N_1) + 1] - \frac{108N^2 - 12Q_o\pi^2 U^{*2}}{N\pi^4}$$

由（2-2-21）式求得无量纲形式的固体正压力为：

$$F_y^* = \int_0^1 p^* \mathrm{d}x^* \qquad (2\text{-}2\text{-}33)$$

将（2-2-32）式代入（2-2-33）式积分可得具体的表达式。同样边界层内 x 向的剪切力由受力平衡方程（2-2-24）式求得，其无量纲的积分形式为：

$$F_x^* = \int_0^1 \left[\frac{4}{\delta^*} + 6\frac{U^*}{\delta^{*2}}(Q_o - x^*)\right]\mathrm{d}x^* \qquad (2\text{-}2\text{-}34)$$

将（2-2-28）式代入（2-2-34）式积分得：

$$F_x^* = 8\left\{\frac{N_1}{\pi^2}[\ln(N_1) - \ln(N_1 - \pi)] - \frac{1}{\pi}\right\} + \frac{12Q_oU^*}{\pi^2}\left[\frac{N_1}{N_1 - \pi} + \ln(N_1 - \pi) - \ln(N_1)\right] +$$

$$\frac{6U^*}{\pi}\left\{(N_1 - \pi)^{-1} - \frac{3N_1}{\pi^3}\left[\frac{\pi^2 - 2\pi N_1}{N_1 - \pi} + 2N_1\ln(N_1 - \pi)\right] + \frac{N_1^2}{\pi^3}\ln(N_1)\right\} \qquad (2\text{-}2\text{-}35)$$

（二）几种情况下的结果

（1）由（2-2-23）式可以看到，当斜面加热体保持恒温时，固体熔化过程的无量纲的熔化速度与无量纲的 y 向力（为重力与外载之和）的 1/4 方呈线性关系。当加热体热容量有限时，由于在其内部的热传导，使得相变材料的熔化速度与外力成一复杂的函数关系。同样，由（2-2-25）与（2-2-35）式可知，等温加热时，作用在固体相变材料上的无量纲剪切力与无量纲的熔化速度呈线性关系[7]。而不等温加热时，它们之间仍为一复杂的函数关系。另由 π 的定义式（2-2-29）可知，当斜面加热体热扩散系数 α_h 足够大时，$\pi \to 0$，此时可将其视为等温的情况，δ^* 就与 x^* 无关，由（2-2-30）式积分即可得到（2-2-19）式。

（2）当 α_h 足够大且外力 F_n 很小，即 $F_n \ll m_g$ 时，由 $m = \rho WH$ 及（2-2-23）式得：

$$U^* = \left[\frac{\rho g W}{\mu V}\cos\varphi\right]^{1/4} N^{3/4}H^{1/4} \qquad (2\text{-}2\text{-}36)$$

将（2-2-9）与（2-2-36）式代入 $U_o^* = \frac{UW}{2\alpha} = \frac{U^*VW}{2\alpha}$ 得：

$$U_o^* = \left(\frac{g^* Ste^{*3}\cos\varphi}{4Pr}\right)^{1/4} H^{*1/4} \qquad (2\text{-}2\text{-}37)$$

其中，

$$g^* = \frac{gW^3}{8\alpha^2}, \qquad H^* = \frac{2H}{W}$$

$$Ste^* = \frac{c_P(T_w - T_m)}{L_m + c_P(T_m - T_i)}$$

（2-2-38）

H 为下滑过程固体的瞬时高度。将 $U_o^* = -\dfrac{\mathrm{d}H^*}{\mathrm{d}Fo}$ 关系式代入（2-2-37）式积分，并由初值条件 $H^*\big|_{Fo=0} = H_0^*$ 得：

$$H^* = \left[H_0^{*3/4} - \frac{3}{4} Fo \left(\frac{g^* Ste^{*3} \cos\varphi}{4Pr} \right)^{1/4} \right]^{4/3}$$

（2-2-39）

其中，H_0^* 为初始的固体无量纲高度，Fo 为傅里叶数，$Fo = \dfrac{4\alpha t}{W^2}$。（2-2-39）式即为固体依靠其自身重量下滑过程的无量纲瞬时高度随时间（Fo）的变化关系，令 $H^* = 0$，得固体熔化结束的时间 t_0 为：

$$t_0 = \frac{W^2}{3a} \left(\frac{g^* Ste^{*3} \cos\varphi}{4Pr H_0^{*3}} \right)^{-1/4}$$

（2-2-40）

当 $\varphi = 0$ 时，（2-2-39）就成为上一节所得的结果（2-1-22）式的另一种表达形式。

（3）当 α_h 足够大且外力 F_n 很大时，即 $F_n \gg m_g$，由（2-2-23）式得：

$$U^* = F_n^{*1/4} N^{3/4} \cos^{1/4}\varphi$$

（2-2-41）

而熔化过程的瞬时高度随 Fo 的变化关系由 $U_o^* = -\dfrac{\mathrm{d}H^*}{\mathrm{d}Fo}$ 积分，并利用初值条件 $H^*\big|_{Fo=0} = H_0^*$ 得：

$$H^* = -U^* \frac{VW}{2\alpha} Fo + H_0^*$$

（2-2-42）

将（2-2-9）与（2-2-41）式代入上式得：

$$H^* = H_o^* - \frac{1}{2} \left(\frac{W Ste^{*3} \cos\varphi}{\alpha\mu} \right)^{1/4} Fo F_n^{1/4}$$

（2-2-43）

固体熔化结束时的时间由 $H^* = 0$ 代入上式得：

$$t_o = \frac{1}{2} H_o^* W^2 \left(\frac{\mu}{W \alpha^3 Ste^{*3} \cos\varphi} \right)^{1/4} F_n^{-1/4}$$

（2-2-44）

当 $\varphi = 0$ 时，$F_y^* = F_n^*$，如果 $T_i = T_m$，则由（2-2-9）、（2-2-25）与（2-2-41）式得：

$$N = \frac{\lambda(T_w - T_m)}{L_m VW\rho}$$

（2-2-45）

$$F_x^* = \left(\frac{F_n^*}{N} \right)^{1/4}$$

（2-2-46）

$$U^* = F_n^{*1/4} N^{3/4} \tag{2-2-47}$$

（2-2-46）与（2-2-47）式也是 Litsek 与 Bejan[8]在研究有内部传热的固体下滑熔化所得的结果。

（4）当 α_h 足够大，且 F_n 与 m_g 具有相同量级时（指某一时刻前，因为 m_g 在减小），由（2-2-23）式积分得：

$$U^* = \left(\frac{\rho g H W}{\mu V} + F_n^* \right)^{1/4} N^{3/4} \cos^{1/4} \varphi \tag{2-2-48}$$

而

$$U_o^* = \frac{UW}{2\alpha} = \frac{U^* V W}{2\alpha} \tag{2-2-49}$$

将（2-2-48）式代入（2-2-49）式，按前面两节的方法分别求得括号内的项相加后得：

$$U_o^* = \left(\frac{g^* Ste^{*3} \cos\varphi}{4Pr} \right)^{1/4} (H^* + \overline{F}_n)^{1/4} \tag{2-2-50}$$

再由 $U_o^* = -\dfrac{\mathrm{d}H^*}{\mathrm{d}Fo}$ 及 $H^*\big|_{Fo=0} = H_0^*$ 代入（2-2-50）积分得：

$$H^* = \left[(H_o^* + \overline{F}_n)^{3/4} - \frac{3}{4} \left(\frac{g^* Ste^{*3} \cos\varphi}{4Pr} \right)^{1/4} Fo \right]^{4/3} - \overline{F}_n \tag{2-2-51}$$

（2-2-50）与（2-2-51）式中，

$$\overline{F}_n = \frac{2F_n}{W^2 g \rho} \tag{2-2-52}$$

将（2-2-51）式代入（2-2-50）式得下滑过程的熔化速度为：

$$U_o^* = \left(\frac{g^* Ste^{*3} \cos\varphi}{4Pr} \right)^{1/4} \left[(H_o^* + \overline{F}_n)^{3/4} - \frac{3}{4} \left(\frac{g^* Ste^{*3} \cos\varphi}{4Pr} \right)^{1/4} F_o \right]^{1/3} \tag{2-2-53}$$

以上分析不难发现，等温加热斜面上固体下滑过程的有关公式较为简单。当加热体的热扩散系数足够大时，可视为等温过程，采用上节相应的公式计算和分析。

第三节　围绕等温圆柱热源熔化

一、无限长圆柱

（一）模型与基本关系式

本节将分析固体材料绕无限长（或半径较长度小得多）等温加热圆柱的熔化，无限长椭圆柱，取单位长度，以确定热源在相变材料中熔化的稳态速度。考虑半径为 R 的长圆柱体在固体中以恒定的速度 U 向下熔化运动（见图 2-3-1）。仍然认为热源与固体材料之间的熔化液体边界层很窄（即 $\delta / R \ll 1$），在圆柱表明建立 $x - y$ 坐标系，熔化液体的惯性

项可以省略而且 $\partial^2 / \partial x^2 \ll \partial^2 / \partial y^2$，其他假设同第二节。

液体边界层内动量和能量方程分别简化为：

$$\frac{\partial u}{\partial x} + \frac{\partial v}{\partial y} = 0 \qquad (2\text{-}3\text{-}1)$$

$$\mu \frac{\partial^2 u}{\partial y^2} = \frac{\mathrm{d}p}{\mathrm{d}x} \qquad (2\text{-}3\text{-}2)$$

$$u \frac{\partial T}{\partial x} + v \frac{\partial T}{\partial y} = \alpha \frac{\partial^2 T}{\partial y^2} \qquad (2\text{-}3\text{-}3)$$

热源表面的边界条件为：

$$y = 0 ， \quad u = v = 0, T = T_w \qquad (2\text{-}3\text{-}4)$$

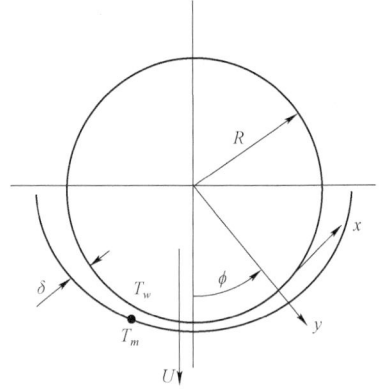

图 2-3-1 绕无限长圆柱熔化模型

而在液固交界面处边界条件为：

$$y = \delta(\phi)， \quad u = 0, v = -U\cos\phi, T = T_m \qquad (2\text{-}3\text{-}5)$$

$$\frac{\partial T}{\partial y}\Big|_{y=\delta} = -\frac{\rho U}{\lambda}\Big[L_m + c_p(T_m - T_i)\Big]\cos\phi \qquad (2\text{-}3\text{-}6)$$

其中，u, v 分别为 x, y 方向上的速度。需要指出的是，（2-3-5）式中的速度边界条件意味着相变材料的固-液体密度相等，即 $\rho_l = \rho_s = \rho$ 和 $\mathrm{d}\delta / R\mathrm{d}\phi \ll 1$ 的假定成立。利用边界条件（2-3-4）和（2-3-5）式，方程（2-3-2）的解为：

$$u = \frac{1}{2\mu}\frac{\mathrm{d}p}{\mathrm{d}x}y(y - \delta) \qquad (2\text{-}3\text{-}7)$$

将（2-3-7）式代入连续方程中，对 y 积分，得到压力梯度为：

$$\frac{\mathrm{d}p}{\mathrm{d}x} = -12\mu RU\sin\phi / \delta^3 \qquad (2\text{-}3\text{-}8)$$

联立方程（2-3-7）和（2-3-8）得到：

$$u = -6URy(y - d)\sin f / d^3 \qquad (2\text{-}3\text{-}9)$$

联立方程（2-3-1）和（2-3-3），并在边界层内积分得到：

$$\int_0^\delta \left[\frac{\partial}{\partial x}(uT) + \frac{\partial}{\partial y}(vT)\right]\mathrm{d}y = \alpha\int_0^\delta \frac{\partial^2 T}{\partial y^2}\mathrm{d}y \qquad (2\text{-}3\text{-}10)$$

应用边界条件（2-3-4）和（2-3-5）式，方程（2-3-10）简化为：

$$\frac{\mathrm{d}}{\mathrm{d}x}\int_0^\delta uT\mathrm{d}y - UT_m\cos\phi = \alpha\left[\frac{\partial T}{\partial y}\Big|_{y=\delta} - \frac{\partial T}{\partial y}\Big|_{y=0}\right] \qquad (2\text{-}3\text{-}11)$$

不失一般性，认为温度近似地沿 y 方向的二次多项式分布。则满足边界条件方程（2-3-4）、（2-3-5）、（2-3-6）的温度分布为：

$$T = T_w + y\left[-\frac{2(T_w - T_m)}{\delta} + \frac{\rho U L_m^*}{\lambda_l}\cos\phi\right] + y^2\left[\frac{(T_w - T_m)}{\delta^2} - \frac{\rho U L_m^*}{\lambda_l \delta}\cos\phi\right] \qquad (2\text{-}3\text{-}12)$$

其中，$L_m^* = L_m + c_p(T_m - T_i)$。

将（2-3-6）、（2-3-9）和（2-3-12）式代入（2-3-11）式得到：

$$\frac{\mathrm{d}}{\mathrm{d}\phi}(\delta^* \sin 2\phi) + \frac{20 + 3Ste}{U^*}\cos\phi - \frac{20Ste}{U^{*2}\delta^*} = 0 \tag{2-3-13}$$

其中，$\delta^* = \delta/R$，$Ste^* = c_p(T_w - T_m)/L_m^*$，$U^* = UR/\alpha$。在边界条件 $\phi = 0$，$\mathrm{d}\delta^*/\mathrm{d}\phi = 0$ 的情况下，（2-3-12）式具有如下形式的解：$\delta^* \cos\phi =$ 常数，将它代入（2-3-13）式得到：

$$\delta^* = \frac{f(Ste^*)}{U^* \cos\phi} \tag{2-3-14}$$

其中，

$$f(Ste^*) = \frac{1}{4}[(400 + 280Ste^* + 9Ste^{*2})^{1/2} - 20 - 3Ste^*] \tag{2-3-15}$$

对于较小的 Ste^*，$f(Ste^*) \approx Ste^*$，例如，对于 $Ste^* = 0.2$，$f(Ste^*) \approx 0.2$，误差为 4.7%。

热源的运动速度可以通过作用于其上的力平衡方程来确定：

$$Mg = \pi R^2 \rho g + 2L \int_0^\pi (p\cos\phi + \tau_{yx}\sin\phi)R\mathrm{d}\phi \tag{2-3-16}$$

其中，M 是热源的质量，其值为 $\pi R^2 \rho_H$。对于 $\delta/R \ll 1$，切应力 τ_{yx} 可以忽略。由于在 $\pi/2 \leqslant \phi \leqslant 3\pi/2$ 范围内压力是常数，为 p_{atm}，可将方程（2-3-14）代入方程（2-3-8）并积分得：

$$p - p_{atm} = \frac{3\mu R^2 U^4}{\alpha^3 f^3(Ste^*)}\cos^4\phi \tag{2-3-17}$$

将方程（2-3-17）代入方程（2-3-16），积分得到：

$$U^* \equiv \frac{UR}{\alpha} = \left[\frac{5\pi g\Delta\rho R^3 f^3(Ste^*)}{16\rho_l v\alpha}\right]^{0.25} \tag{2-3-18}$$

其中，$\Delta\rho = \rho_H - \rho$。对于 $Ste^* \leqslant 0.2$，$f(Ste^*) \approx Ste^*$，热源速度简化为：

$$U^* = \left(\frac{5\pi g R^3}{16v\alpha}\right)^{0.25}\left(\frac{\Delta\rho}{\rho_l}\right)^{0.25}(Ste^*)^{0.75} \tag{2-3-19}$$

以上各式中，熔化液体的物性参数由平均温度 $(T_w + T_m)/2$ 确定。

（二）现象分析

以下是 Moallemi 与 Viskanta[9,10]用石蜡作为相变固体，等温圆柱热源在其内进行接触熔化的实验结果和现象。

（1）热源速度

图 2-3-2 给出了不同热源温度和固体过冷度的热源速度随时间变化。热源速度在经历实验开始时的短暂下降后达到最终的常数值。其中，不同的标志符（曲线）对应的热源温度和熔点见表 2-3-1。

表 2-3-1　不同的固体熔点和壁温值

熔点 ＼ 壁温	T_w		
T_m	32 ℃	36 ℃	40 ℃
10	◇	▲	◆
23	○	★	●
27.3	□	▼	■

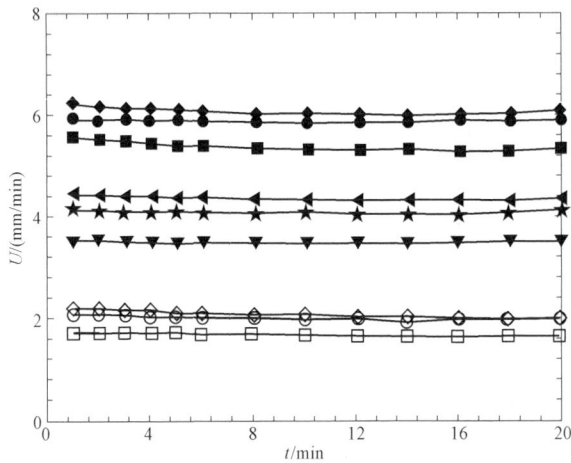

图 2-3-2　热源在不同熔点的固体中熔化速度

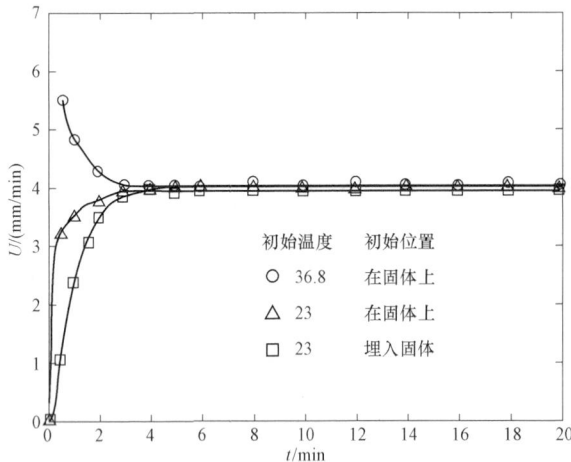

图 2-3-3　热源在不同初始温度和初始位置时熔化速度的变化

图 2-3-3 给出了热源初始表面温度和位置对于其熔化速度的影响。由该图可见，热源的最终速度与热源位置和初始表面温度无关。实验表明，热源初始位置在固体材料顶部（表面）的情况下，其被熔化液体淹没的时间大约在 4 min。而热源初始条件（初始位置和初始表面温度）的影响持续很短，最终速度在热源寖入熔化液体中之前即已达到，这也表明

热源熔化速度是由热源下固体的传热特性所决定的。换句话说，当热源与固体前沿达到准稳态，热源的速度就保持不变。热源初始位置对其最终的熔化速度没有影响。

实验获得的热源无量纲速度随 Stefan 数的变化见图 2-3-4。这些数据可以拟合为以下经验关系式：

$$U^* \approx 161.3Ste^{1.095} \tag{2-3-20}$$

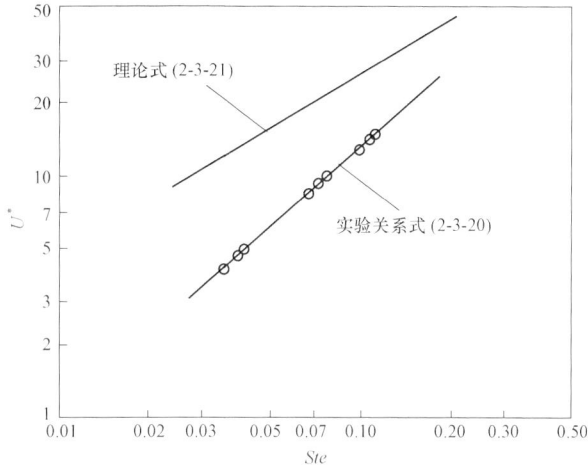

图 2-3-4　热源无量纲速度随 Stefan 数的变化

这个结果与解析式（2-3-19）差别较大，按照 Moallemi 与 Viskanta[9,10]实验的数据，解析式（2-3-19）变为：

$$U^* = 146.5Ste^{0.75} \tag{2-3-21}$$

比较（2-3-20）式与（2-3-21）式，发现实验测量得到的无量纲速度比计算得到的速度低 47%～64%。实验值与计算值存在差别的原因可以归结为（按照重要程度排序）：（a）由于实验中热源两端向玻璃壁面的传热损失。（b）热源导热量不同，导致热源表面温度不一致。（c）忽略了热源两端的剪应力作用。（d）忽略了由相变引起的材料密度变化。实验值与计算值的差别随热源表面温度（即 Ste 数）的增加而减小表明，从热源两端的热损失是最重要的因素。

（2）固体和液体的温度

熔化液体的温度通过置于热源上部的热电偶进行测量。图 2-3-5 的左侧给出了距离热源不同竖直高度的熔化液体的温度分布。在熔化液体池的中部温度变化较为平缓，离热源越远，温度曲线越为平缓。温度曲线变化趋于平缓表明，当熔化液体远离热源时浮力的影响减小。在不考虑固体过冷的情况下，熔化液体冷却后最终导致其在固体壁面上方重新凝结（对于热源预埋的情况也包括在顶部固体处凝结），不过这个温度变化过程比较缓慢，实验测量看到的是一个准稳态的熔化液体温度场。另外，用热电偶测得的结果绘制的熔化液体的等温线，见图 2-3-5 的右侧。等温线密集的区域表明接近热源处为大的温度梯度区域，这与实验中观察到的新熔化液体在热源上形成一个边界层的结果相一致。

同样，由实验得到的固体中不同时间、相对于热源不同位置的温度分布，见图 2-3-6

的左侧。与熔化液体一样，固体相对于热源也达到了准稳态。而实验得到的固体中的等温线，见图 2-3-6 的右侧。在热源前等温线较为密集，此处是热源向固体的导热最多的地方（液膜的厚度最小）。在离开热源的上部，等温线变得平行并均匀分布。

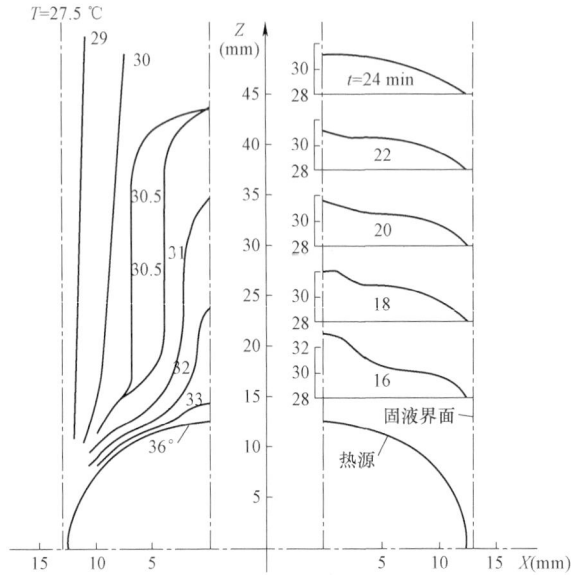

图 2-3-5　热源温度为 36 ℃、固体初始温度为 27.5 ℃时，熔化液体内的温度分布

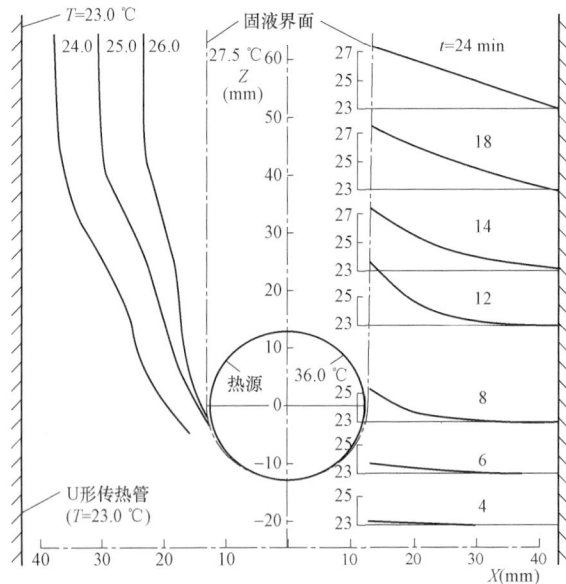

图 2-3-6　热源温度为 36 ℃、固体初始温度为 23 ℃时，固体内的温度分布

（3）熔化固体体积

由实验获得的初始阶段热源直接熔化的固体体积见图 2-3-7。开始时，由于热源和固体间的接触面积小，熔化率较小。熔化初始过程，热源逐渐深入固体（即熔化面积增加），

熔化速率增加。在这个阶段 V_D 和 V_T 几乎是相同的（V_D 是热源直接熔化的固体体积，V_T 是热源直接熔化的体积与熔化液体对流产生间接熔化的体积的和，减去再凝结的体积，即净体积），主要原因是热源和固体材料之间的相互作用很有限（只在狭窄的液膜间隙中），整个固体的温度接近于熔点，这样熔化液体对流产生间接熔化的液体体积就很小。当热源被熔化液体覆盖以后，V_T / V_0（V_0 是热源的体积）的增加率达到了恒定值，在热源附近达到了准稳态。这样的趋势对于固体不是过冷状态时是正确的，而对于初始处于过冷的固体，V_T / V_0 的增长为恒定只能说明熔化池和固液界面还远没有达到准稳态。

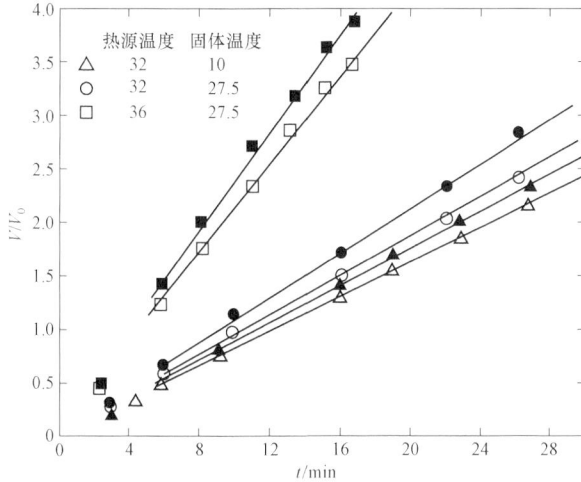

图 2-3-7 固体熔化体积随时间的变化，其中实心的是 V_T，空心的是 V_D

为了将熔化的液体体积和热源的导热联系起来，从方程（2-3-12）和（2-3-14）得到热源表面的热流密度为：

$$q_w = -\lambda \frac{\partial T}{\partial y}\Big|_{y=0} = \rho U L_m^* \left[\frac{2Ste}{f(Ste)} - 1 \right] \cos\phi \tag{2-3-22}$$

对（2-3-22）式积分得热源下半部分向固体相变材料总的导热率为：

$$Q = 2R\rho U L_m^* \left(\frac{2Ste}{f(Ste)} - 1 \right) \tag{2-3-23}$$

t 时间内，我们有：

$$\int_0^t Q \mathrm{d}t = \rho V_D L_m^* \tag{2-3-24}$$

在准稳态条件下，U 是常数，由上两式积分得到：

$$\frac{V_D / V_0}{U^*} = \frac{2}{\pi} Fo \left(\frac{2Ste}{f(Ste)} - 1 \right) \tag{2-3-25}$$

对于较小的 Ste，（2-3-25）式简化为：

$$\frac{V_D / V_0}{U^*} = \frac{2}{\pi} Fo \tag{2-3-26}$$

无量纲熔化体积与 U^* 的比值随无量纲时间 Fo 变化的关系见图 2-3-8。除了初始阶段外（热源下半部少量熔入固体中），直接熔化体积与方程（2-3-26）符合较好。这也说明熔化液体以接近熔点的温度离开液膜边界层，而在流经热源上半部时实际上是被加热的。总的熔化体积变化趋势与方程（2-3-26）相同，但随时间和 Ste 数的增加两者逐渐偏离。这是因为总的熔化体积不仅与热源的移动和速度有关，还和其他过程有关（即固体的对流间接熔化，熔化物的再凝结和熔化池内自然对流的发展）。对于较大的 Ste 数，熔化液体流经热源后获得了更高的温度，导致了更高的对流间接熔化率。然而，对于固体初始处于熔化温度的情况，总（净）熔化体积与直接熔化体积的比较表明，从热源上半部传走的热量比从热源下半部传走的热量要小得多。对于 $T_w = 36\ ℃$ 和 $T_i = 27.5\ ℃$ 的实验（图 2-3-7 和图 2-3-8 中的方形图标），从热源上半部传走的热量只相当于下半部传热量的 19%（比较图 2-3-8 中连接空心和实心方形图标的连线的斜率）。

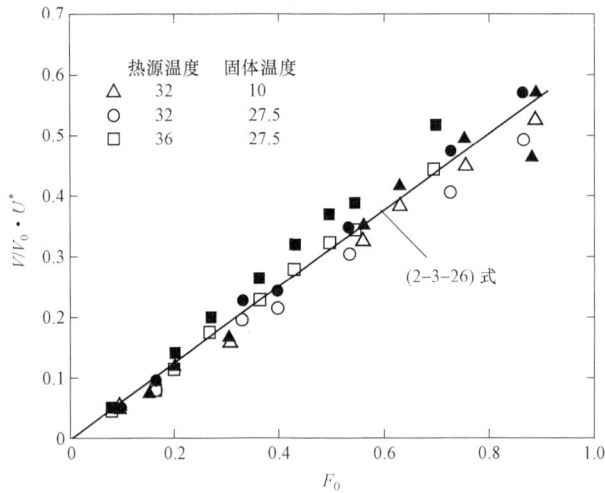

图 2-3-8　固体熔化体积随无量纲时间的变化，其中实心的是 V_T，空心的是 V_D

二、短圆柱

前面我们介绍了无限长圆柱的熔化，本节将介绍另一情况下的熔化，即有限长圆柱的熔化。考虑如图 2-3-9 所示的熔化过程，圆柱的半径为 R，与熔化材料接触的长为 W，且 $W/R \ll 1$。在圆周上建立坐标 (h, s)。假设：（1）熔化的液体只沿轴向 z 流动，由于 $W/R \ll 1$，可忽略在 $h(\phi)$ 方向的流动；（2）熔化过程，边界层内液体压力分布分别以 $z=0$ 与 $\phi=0$ 为对称；（3）熔化液体边界层内温度由圆柱壁的 T_w 到熔化前沿（表面）的 T_m，为线性分布；（4）其他假设同前，则由边界层内控制方程与边界条件可求得：

$$\mu \frac{\partial^2 u}{\partial s^2} = \frac{\partial p}{\partial z} \tag{2-3-27}$$

其中，μ 为动力黏度，p 为压力，u 为 z 向速度。对式（2-3-27）积分两次，并利用边界条件：$s=0$ 与 $s=\delta$ 时，$u=0$ 得：

$$u = \frac{1}{2\mu} \frac{\partial p}{\partial z} s(s - \delta) \tag{2-3-28}$$

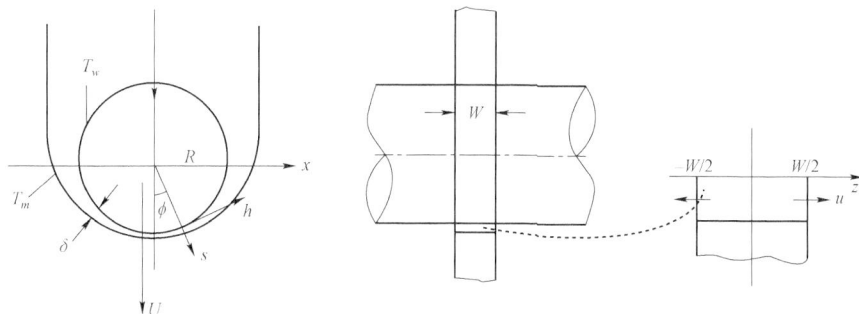

图 2-3-9 绕有限长圆柱熔化示意图与坐标

而边界层内质量守恒方程为：

$$\frac{\pi}{2}R\int_0^\delta u\mathrm{d}s = z\int_0^{\pi/2} U\frac{\cos\phi\mathrm{d}h}{d\phi}\mathrm{d}\phi \tag{2-3-29}$$

式中，U 为圆柱的熔化速度。将式（2-3-28）代入式（2-3-29）得：

$$\frac{\partial p}{\partial z} = -24\frac{\mu}{\pi\delta^3}Uz \tag{2-3-30}$$

熔化主要由边界层内准稳态的导热产生。先忽略相变材料的显热，则能量守恒方程为：

$$\lambda(T_w - T_m)/\delta = \rho U L_m \cos\phi \quad (\phi \neq \pi/2)$$

或写为：

$$\delta = \frac{\lambda(T_w - T_m)}{\rho U L_m \cos\phi} \tag{2-3-31}$$

将（2-3-28）式代入（2-3-27）式积分，并利用边界条件：$p|_{z=\pm W/2} = p_{atm}$ 得

$$p - p_{atm} = \frac{12\mu U^4}{\pi}\left(\frac{\rho L_m}{\lambda\Delta T}\right)^3\left(\frac{W^2}{4} - z^2\right)\cos^3\phi \tag{2-3-32}$$

式 p_{atm} 为液体流出时的环境压力。$\Delta T = T_w - T_m$。在 z 方向上的平均压力为

$$p_{avg} = \frac{\int_{-w/2}^{w/2}(p - p_{atm})\mathrm{d}z}{W} = \frac{2\mu U^4 W^2}{\pi}\left(\frac{\rho L_m}{\lambda\Delta T}\right)^3\cos^3\phi \tag{2-3-33}$$

作用在圆柱上的力为

$$F_n = 2W\int_0^{\pi/2} p_{avg}\cos\phi\,\mathrm{d}h \tag{2-3-34}$$

将（2-3-33）式代入（2-3-34）式得

$$F_n = \frac{3\mu U^4 W^3 R}{4}\left(\frac{\rho L_m}{\lambda\Delta T}\right)^3 \tag{2-3-35}$$

令 $\widehat{F} = F_n/W$，为单位长度的力；$F^{//} = F_n/2RW$ 为平均压力，则

$$\widehat{F}\left(\frac{R}{W}\right)^2 = \frac{3\mu U^4}{4}\left(\frac{\rho L_m R}{\lambda\Delta T}\right)^3 \tag{2-3-36}$$

$$F^{//} = \frac{3\mu U^4 W^2}{8}\left(\frac{\rho L_m}{\lambda \Delta T}\right) \qquad (2\text{-}3\text{-}37)$$

或

$$U = \left(\frac{8F^{//}}{3\mu W^2}\right)^{1/4}\left(\frac{\lambda \Delta T}{\rho L_m}\right)^{3/4} = \left[\frac{4\pi R g \Delta \rho}{3\mu W^2}\right]^{1/4}\left(\frac{\lambda \Delta T}{\rho L_m}\right)^{3/4} \qquad (2\text{-}3\text{-}38)$$

$$U^* = \frac{UR}{\alpha} = \left[\frac{4\pi R^5 g}{3\alpha v W^2}\right]^{1/4}\left(\frac{\Delta \rho}{\rho}\right)^{1/4}(Ste)^{3/4} \qquad (2\text{-}3\text{-}39)$$

由（2-3-39）式可见，对围绕固体材料的有限长接触熔化，其熔化速度随 Ste 与密度的变化与无限长接触熔化的结果（2-3-19）式具有相同的形式。

三、绕圆柱与球熔化界面法向角的影响

（一）圆柱

前面，我们认为圆柱热源的法向角与熔化界面的法向角是一致的，由（2-3-14）式不难发现，如果按照这个假设，液体边界层厚度 δ 在圆柱的两端（$\phi = \pm \pi / 2$）就会趋于无穷大。实际上，圆柱热源的法向角与熔化界面的法向角仅仅在 $\phi = 0$ 是一致的，随 ϕ 的增加，这种差别就会变得明显。本节我们就来讨论这个问题。

所考虑问题的物理模型及坐标如图 2-3-10 所示，半径为 R、温度为 T_w 的水平圆柱在温度为 T_i 的相变材料上并受外力 F_n 作用下以均匀速度 U 向下运动，其中 ϕ 与 θ 分别是圆柱热源的法向角与熔化界面的法向角。其他假设与基本方程同上两节，利用动量、质量守恒方程可以求得：

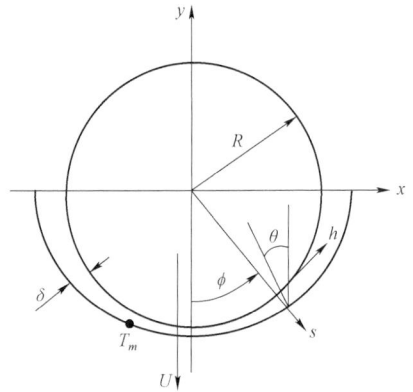

图 2-3-10　法向角不同的物理模型

$$\frac{\mathrm{d}p}{\mathrm{d}\phi} = -\left(\frac{12\mu U R^2}{\delta^3}\int_0^\phi \cos\theta \mathrm{d}\phi\right) \qquad (2\text{-}3\text{-}40)$$

而在熔化界面上热平衡方程为：

$$-\lambda\left(\frac{\partial T}{\partial s}\right)_{s=\delta}\cos(\phi-\theta) = \rho L_m U \cos\theta \qquad (2\text{-}3\text{-}41)$$

为了研究 θ 的影响，假定边界层内温度线性分布，则由上式求得：

$$\delta = \alpha Ste\frac{\cos(\phi-\theta)}{U\cos\theta} \qquad (2\text{-}3\text{-}42)$$

其中：$Ste = c_p(T_w - T_m)/L_m$。如果边界层内温度为非线性的二次分布，则 Ste 用下式代替：

$$f(Ste) = (\sqrt{9Ste^2 + 280Ste + 400} - 3Ste - 20)/4 \tag{2-3-43}$$

作用在圆柱上的力 F_n 为：

$$F_n = 2\int_0^{\pi/2} pR\cos\phi \, \mathrm{d}\phi \tag{2-3-44}$$

当圆柱上没有外加作用力时，F_n 为圆柱的重量。图 2-3-10 中的几何条件还要满足：

$$\delta = \alpha f(Ste)\frac{\cos(\phi - \theta)}{U\cos\theta} \tag{2-3-45}$$

引入以下无量纲参数：

$$\delta^* = \frac{\delta}{R}; \quad p^* = \frac{pR^2}{\mu\alpha}; \quad U^* = \frac{UR}{\alpha}; \quad F_n^* = \frac{F_n}{\mu\alpha}$$

则（2-3-40）、（2-3-42）、（2-3-44）与（2-3-45）式可写为：

$$\mathrm{d}p^*/\mathrm{d}\phi = -\left(12U^*\int_0^\phi \cos\theta \, \mathrm{d}\phi\right)/\delta^{*3} \tag{2-3-46}$$

$$\delta^* = Ste\cos(\phi - \theta)/(U^*\cos\phi) \tag{2-3-47}$$

$$F_n^* = 2\int_0^{\pi/2} p^*\cos\phi \, \mathrm{d}\phi \tag{2-3-48}$$

$$\mathrm{d}\delta^*/\mathrm{d}\phi = (1 + \delta^*)\tan(\phi - \theta) \tag{2-3-49}$$

（2-3-46）～（2-3-49）式与 Moallemi 与 Viskanta[9,10]模型的水平圆柱温差接触熔化的基本方程不同，包含四个未知数 δ^*、p^*、θ、U^*，其边界条件为 $\phi = \pm 90$ 时，$p^* = 0$；$\phi = 0$ 时，$\phi = \theta = 0$，由此可得边界层厚度与压力分布，以及熔化运动速度的值。

如果假设 $\phi = \theta$，则由（2-3-46）～（2-3-49）式可得

$$p^* = 3U^{*4}(\cos\phi)^4/Ste^3 \tag{2-3-50}$$

$$\delta^* = Ste/(U^*\cos\phi) \tag{2-3-51}$$

$$U^* = (5F_n^*Ste^3/16)^{1/4} \tag{2-3-52}$$

（2-3-50）～（2-3-52）式即为按 Moallemi 与 Viskanta[9,10]模型所得的压力分布、边界层厚度与熔化运动速度的解析表达式。

$\phi \neq \theta$ 时，（2-3-50）～（2-3-52）式没有解析解，需要数值计算。图 2-3-11～图 2-3-18 给出了各种条件下 p^*、δ^*、θ、U^* 的变化曲线[11]。

图 2-3-11 与图 2-3-12（其中，从下到上的 4 组曲线已经分别放大了 25、20、6、4 倍）给出了由（2-3-50）与（2-3-52）式计算结果得到的压力曲线群。从图可以看到，考虑了熔化界面的法向角的变化对边界层的压力分布规律没有明显的影响[11]。

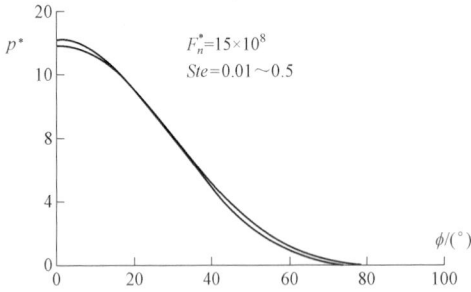

图 2-3-11　Ste 数对压力分布的影响（×10^{-8}）

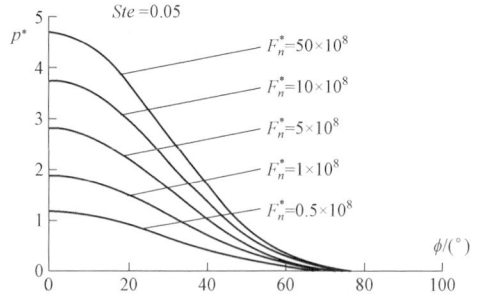

图 2-3-12　外力对压力分布的影响（×10^{-9}）

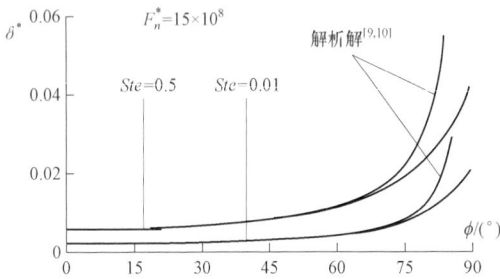

图 2-3-13　Ste 数对边界层厚度分布的影响

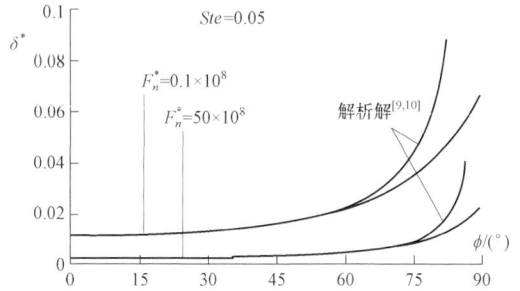

图 2-3-14　外力对边界层厚度分布的影响

图 2-3-13 与图 2-3-14 给出的边界层厚度变化曲线表明，ϕ 在一定角 ϕ_0 范围内，考虑熔化界面的法向角影响所得结果与不考虑熔化界面的法向角影响[9,10]所得结果一致，但当 $\phi > \phi_0$ 开始本节所得计算值较 Moallemi 与 Viskanta[9,10]的解析值要小，并在 90°收敛于一确定值，其大小和 ϕ_0 值与 Ste 数和外力有关。即 Ste 数越大和外力越小，ϕ_0 值越小、熔化两端的边界层厚度越大。

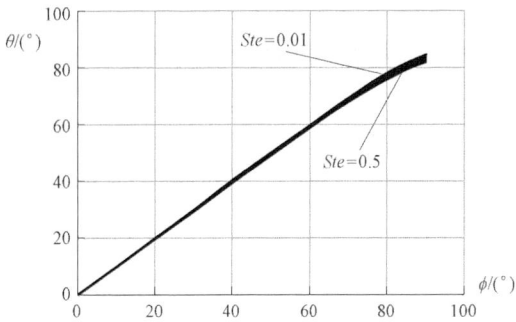

图 2-3-15　$F^* = 15 \times 10^8$，$Ste = 0.01 \sim 0.5$ 时　θ 随 ϕ 的变化

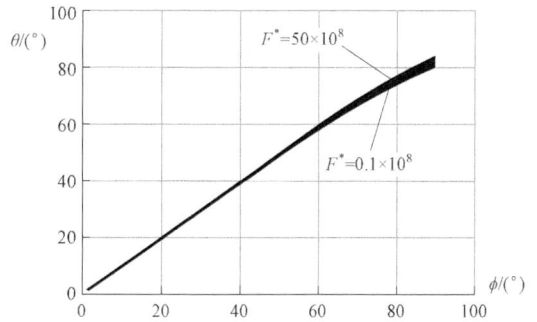

图 2-3-16　$Ste = 0.05$，$F^* = (0.1 \sim 50) \times 10^8$ 时　θ 随 ϕ 的变化

图 2-3-15 与图 2-3-16 给出多种条件下 θ 随 ϕ 的变化也说明了这一现象。ϕ 在一定角 ϕ_0 范围内，$\theta \approx \phi$。当 $\phi > \phi_0$ 时，$\phi - \theta > 0$ 并在 $\phi = 90°$ 达到最大，且与 Ste 数和外力有关。图中条件下 θ 在 $\phi = 90°$ 的值分别为 82.1°～84°与 80.2°～84.1°。

由图 2-3-17 和图 2-3-18 还可见，按照本节模型得到熔化速度随外力和 Ste 数的变化与 Moallemi 与 Viskanta[9,10]的结果没有明显的差别。

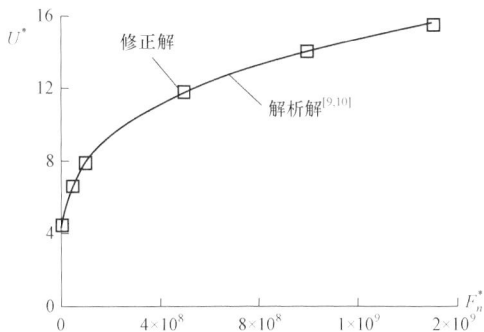

图 2-3-17　$Ste = 0.05$ 时 U^* 随 F_n^* 的变化　　　　图 2-3-18　$F_n^* = 15 \times 10^8$ 时 U^* 随 Ste 的变化

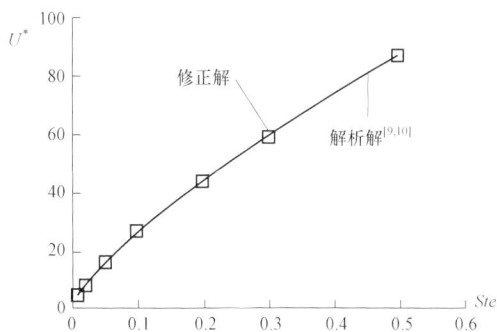

上面分析结果表明，考虑了固液相界面法向角的影响后，在接近圆的两侧，边界层厚度为一有限值，这与不考虑法向角影响得到的趋于无限大结果有明显的差别，更符合实际情况。分析还表明，Moallemi 与 Viskanta[9,10]所建立的模型结果在很大的范围内与本节是一致的，由于 Moallemi 与 Viskanta[9,10]的模型结果为解析解，分析使用简单方便，因此，我们建议除了靠近圆柱两侧的边界层厚度外，其他参数和问题的分析采用本节介绍的方法。

（二）圆球

半径为 R、温度为 T_w 的圆球在温度为 T_i 的相变材料上并受外力 F_n 作用下以均匀速度 U 向下运动，其物理模型及坐标如图 2-3-10 所示，按照前面的分析方法可以得到与圆柱类似的式子

$$\frac{\mathrm{d}p}{\mathrm{d}\phi} = -\left(\frac{12\mu UR^2}{\delta^3 \sin\phi} \int_0^\phi \sin\phi\cos\theta\mathrm{d}\phi \right) \tag{2-3-53}$$

$$\delta = \alpha f(Ste)\frac{\cos(\phi - \theta)}{U\cos\theta} \tag{2-3-54}$$

其中，

$$f(Ste) = \left(\sqrt{9Ste^2 + 280Ste + 400} - 3Ste - 20 \right)\Big/4 \tag{2-3-55}$$

$$F_n = 2\pi R^2 \int_0^\phi p\sin\phi\cos\phi\mathrm{d}\phi \tag{2-3-56}$$

$$\delta = af(Ste)\frac{\cos(\phi - \theta)}{U\cos\theta} \tag{2-3-57}$$

无量纲参数与圆柱相同，则（2-3-53）、（2-3-54）、（2-3-56）与（2-3-57）式可写为

$$\frac{\mathrm{d}p^*}{\mathrm{d}\phi} = -\frac{12U^* \int_0^\phi \sin\phi\cos\theta\mathrm{d}\phi}{\delta^{*3}\sin\phi} \tag{2-3-58}$$

$$\delta^* = \frac{f(Ste)\cos(\varphi - \theta)}{U^*\cos\theta} \tag{2-3-59}$$

$$F_n^* = 2\pi \int_0^{\pi/2} p^* \cos\phi \sin\phi \mathrm{d}\phi \qquad (2\text{-}3\text{-}60)$$

$$\frac{\mathrm{d}\delta^*}{\mathrm{d}\phi} = (1 + \delta^*)\tan(\phi - \theta) \qquad (2\text{-}3\text{-}61)$$

（2-3-58）～（2-3-61）式即为考虑圆球热源与熔化界面不同法向角时温差接触熔化的基本方程[12]，包含 4 个未知数 δ^*、p^*、θ、U^*，同样，利用边界条件：$\phi = \pm 90$ 时，$p^* = 0$；$\phi = 0$ 时，$\phi = \theta = 0$，可得 δ^*、p^*、θ、U^* 的值。

假设 $\phi = \theta$，则由（2-3-58）～（2-3-60）式可得

$$p^* = \frac{3U^{*4}(\cos\phi)^4}{2f^3(Stc)} \qquad (2\text{-}3\text{-}62)$$

$$\delta^* = \frac{f(Ste)}{U^* \cos\phi} \qquad (2\text{-}3\text{-}63)$$

$$F_n^* = \frac{\pi U^{*4}}{2f^3(Ste)} \qquad (2\text{-}3\text{-}64)$$

方程（2-3-62）～（2-3-64）就是 Emerman 与 Turcotte[2]得到的主要结果。方程（2-3-58）～（2-3-61）没有解析解，可用数值方法计算，具体步骤是：（1）将方程（2-3-59）代入方程（2-3-61）消去 δ^* 并推导得出 $\mathrm{d}\theta / \mathrm{d}\phi = f(\theta, \phi, U^*)$；（2）设一个 U^* 的值，通过隐式差分方法计算具有精度 10^{-9} 的 θ；（3）由（2-3-59）得到 δ^*；（4）用梯形求积法获得 $\int_0^\phi \sin\phi \cos\theta \mathrm{d}\phi$；（5）将 θ 与 δ^* 代入方程（2-3-58）通过显式差分方法求得 p^*；（5）将 p^* 代入方程（2-3-60）获得 F_c^*；（6）比较计算获得的 F_c^* 与已知的 F_n^*；（7）如果 $\left| F_c^* - F_n^* \right|$ 小于 10^{-6}，计算过程结束，否则重新设 U^* 值并再次从步骤（2）到（7）的计算，直到获得满意的结果。p^*、δ^*、θ、U^* 在不同条件下的变化规律见图 2-3-19～图 2-3-26。

由（2-3-62）解析式与方程（2-3-58）～（2-3-61）得到的 p^* 见图 2-3-19～图 2-3-20。

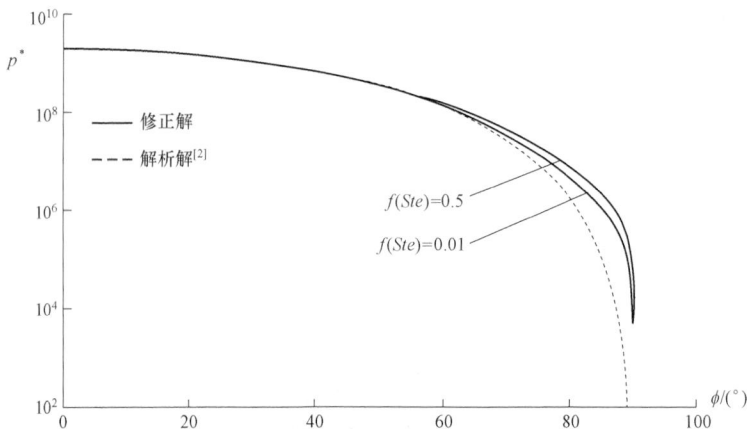

图 2-3-19 Ste 数对压力分布的影响（$F_n^* = 2.1 \times 10^9$）

方程（2-3-62）与（2-3-64）表明，当认为热源的法向角与熔化界面的法向角是一致时，p^* 与 Ste 没有直径关系，而与 F_n^* 成正比。同样，当热源的法向角与熔化界面的法向角不一致时，p^* 与 F_n^* 成正比，但受 Ste 影响较小。由图 2-3-19～图 2-3-20 可以看到 ϕ 的值在某一个范围内，如在图中所给的力与 Ste 的条件下，$\phi = 0 \sim 60°$。ϕ 对液膜内的压力分布没有明显的影响。但是，当 $\phi > \phi_0$，由方程（2-3-58）～（2-3-61）得到的修正解要大于方程（2-3-62）～（2-3-64）的解析解，大多少与 Ste 和 F_n^* 有关，即 Ste 越小及外力越大，解析解与修正解越接近。

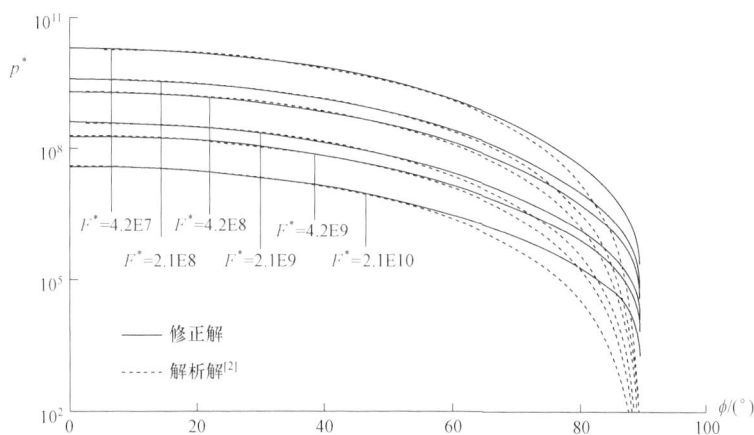

图 2-3-20 外力对压力分布的影响（$f(Ste) = 0.05$）

图 2-3-21～图 2-3-22 给出了 Emerman 与 Turcotte 的解析解[2]与修正解的无量纲液膜厚度 δ^* 随法向角 ϕ 的变化。ϕ 在某一个范围内，解析解与修正解的结果基本接近。但是，当 $\phi > \phi_0$，修正解要小于解析解，且随 ϕ 的增加而增加。当 $\phi = 90°$，修正解的无量纲液膜厚度 δ^* 收敛于一定值，这个定值的大小与 ϕ_0 或 Ste 与 F_n^* 有关，这与解析解 δ^* 在 $\phi = 90°$ 时趋于无穷大不一样。Ste 越大及外力越小，ϕ_0 值越小，在 $\phi = \pm 90°$ 处的 δ^* 值越大。

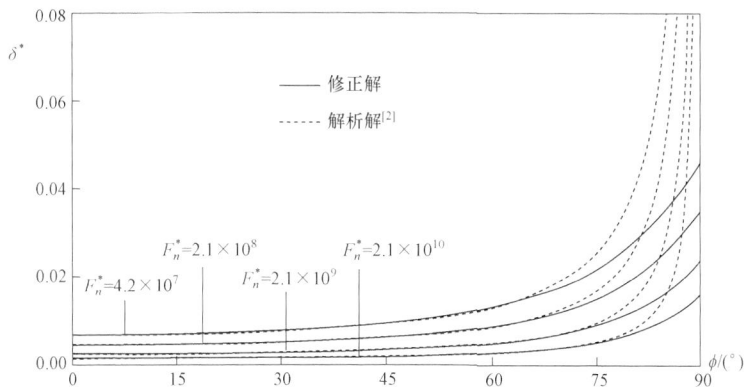

图 2-3-21 $f(Ste) = 0.05$ 时外力对边界层厚度的影响

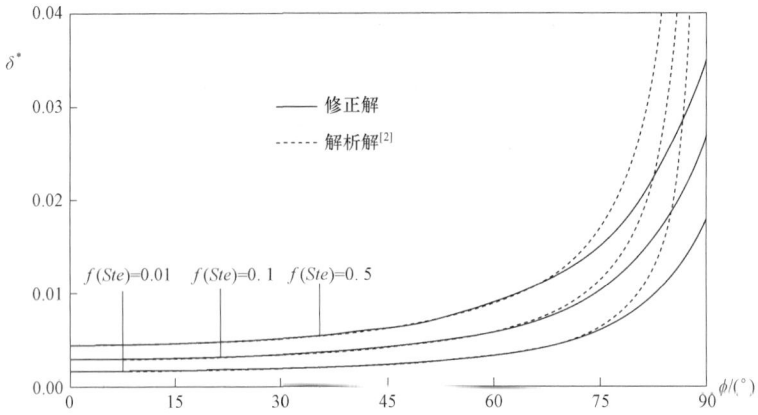

图 2-3-22 $F_n^*=2.1\times10^8$ 时 Ste 数对边界层厚度的影响

不同条件下 θ 随 ϕ 的变化可以见图 2-3-23～图 2-3-24，$\phi=90°$，θ 达到最大值，并与 Ste 与外力有关，F_n^* 与 $f(Ste)$ 在图中所示的范围内，θ 的最大值在 $81.8°$～$85.0°$。

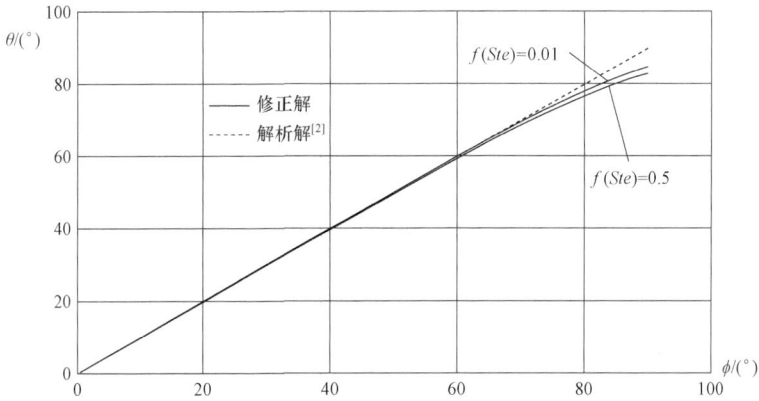

图 2-3-23 $F_n^*=21\times10^8$，$f(Ste)=0.01$ 与 0.5 时 θ 随 ϕ 的变化

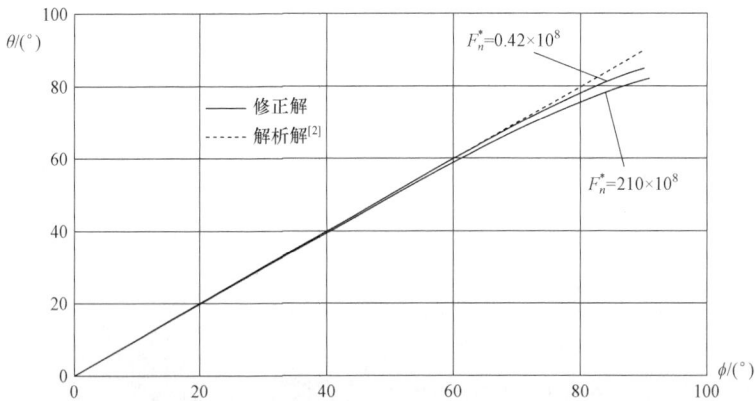

图 2-3-24 $f(Ste)=0.05$，$F_n^*=0.42\times10^8$ 与 210×10^8 时 θ 随 ϕ 的变化

图 2-3-25～图 2-3-26 分别给出了 Emerman 与 Turcotte 的解析解[21]与修正解的无量纲熔化速度随 F_n^* 与 Ste 的变化曲线，从中可以发现，在对方程（2-3-58）～（2-3-61）进行数值计算时，初始设定的 U^* 值可以用方程（2-3-64）先进行计算给出，这样能够使计算更快、更准确。

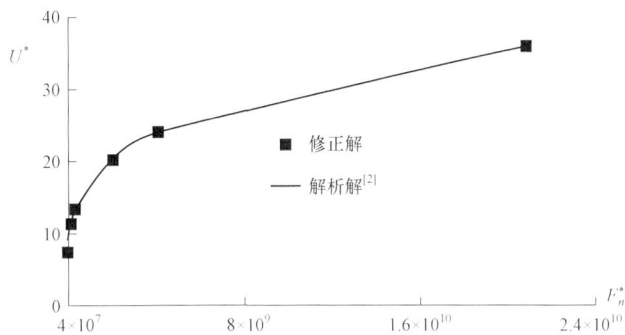

图 2-3-25　$f(Ste)=0.05$ 时 U^* 随 F_n^* 的变化

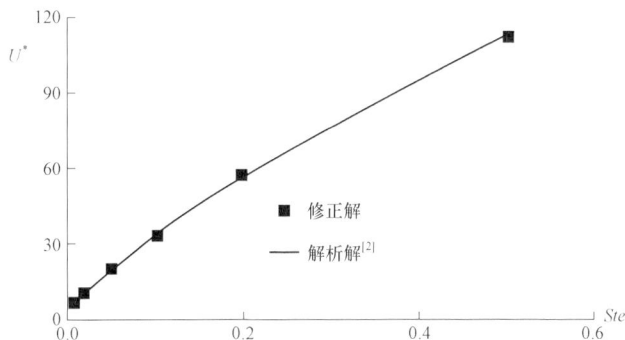

图 2-3-26　$F_n^*=15\times10^8$ 时 U^* 随 Ste 的变化

第四节　围绕等温椭圆柱与椭球体热源熔化

一、无限长椭圆柱

（一）分段圆弧法的近似解

对无限长椭圆柱，取单位长度所考虑问题的物理模型如图 2-4-1 所示。半径分别为 a，b 的椭圆柱热源保持壁温 T_w，以 U 速度在固体中向下熔化。固体开始处于均匀温度 T_i，T_i 小于其熔点 T_m。基本假设同前一节。则（2-3-1）至（2-3-6）方程在这里适用，不再重复。而边界层厚度式可写为

$$\delta = \frac{\lambda(T_w - T_m)}{L_m U \rho \, \cos\phi} \tag{2-4-1}$$

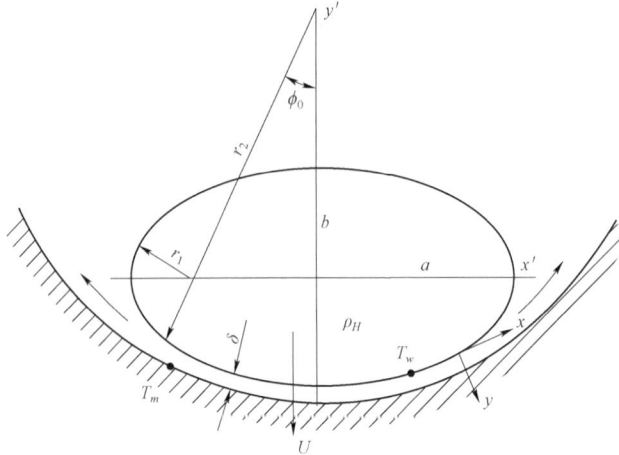

图 2-4-1　等温椭圆柱热源在固体中熔化的示意图

为使问题得到有效的解决，我们将椭圆分段圆弧化。这种方法已被程尚模等[13]用于椭圆管外的凝结换热研究，曾取得非常满意的结果。即根据椭圆作图法，它近似由半径分别为 r_1，r_2 的圆弧段连结得。根据图中的几何关系有[14]：

$$r_1 = a + \frac{b^2}{2a}\left(1 - \frac{a-b}{\sqrt{a^2+b^2}}\right) - \frac{a}{2}\left(1 + \frac{a-b}{\sqrt{a^2+b^2}}\right) \tag{2-4-2}$$

$$r_2 = b + \frac{a^2}{2b}\left(1 + \frac{a-b}{\sqrt{a^2+b^2}}\right) - \frac{b}{2}\left(1 - \frac{a-b}{\sqrt{a^2+b^2}}\right) \tag{2-4-3}$$

$$\phi_0 = \frac{\pi}{2} - \arctan\left(\frac{a}{b}\right) \tag{2-4-4}$$

设椭圆的压缩比为 $J = b/a$，则有

$$a = \frac{R}{\sqrt{J}} \quad b = R\sqrt{J} \tag{2-4-5}$$

取坐标如图 2-4-1 所示，可以做如下分析[15]：

1. 当 $\phi \leqslant \phi_0$ 时，边界层内质量守恒方程为

$$\int_0^\delta u\,\mathrm{d}y = \int_0^\phi U r_2 \cos\phi\,\mathrm{d}\phi \tag{2-4-6}$$

由（2-3-4）与（2-4-6）式求得

$$\frac{\mathrm{d}p}{\mathrm{d}\phi} = -\frac{12\mu U r_2^2}{\delta^3}\sin\phi \tag{2-4-7}$$

将（2-4-1）式代入（2-4-7）式积分得

$$p = \frac{3\mu U^4 \rho^3 r_2^2 L_m^3}{[\lambda(T_w - T_m)]^3}\cos^4\phi + A \tag{2-4-8}$$

其中，A 为待定系数。

2. 当 $\phi \geqslant \phi_0$ 时，边界层内质量守恒方程为

$$\int_0^\delta u\mathrm{d}y = \int_0^{\phi_0} Ur_2 \cos\phi\mathrm{d}\phi + \int_{\phi_0}^\phi Ur_1 \cos\phi\mathrm{d}\phi \qquad (2\text{-}4\text{-}9)$$

将（2-3-4）式代入（2-4-9）式求得

$$\frac{\mathrm{d}p}{\mathrm{d}\phi} = -\frac{12\mu Ur_1}{\delta^3}[(r_2 - r_1)\sin\phi_0 + \sin\phi] \qquad (2\text{-}4\text{-}10)$$

将（2-4-1）式代入（2-4-10）式积分，并利用边界条件 $p\Big|_{\phi=\frac{\pi}{2}} = p_{atm}$ 求得

$$p = \frac{3\mu U^4 \rho^4 r_1 L_m^{\ 3}}{[\lambda(T_w - T_m)]^3}[(r_1 - r_2)\sin\phi_o(3\sin\phi - \sin^3\phi) + r_1\cos^4\phi + 2(r_2 - r_1)\sin\phi_o]$$

$$(2\text{-}4\text{-}11)$$

因 p 在 ϕ_o 处满足连续条件，所以由（2-4-1）与（2-4-11）式求得

$$A = [(r_1^2 - r_1 r_2)\sin\phi_o(3\sin\phi_o - 2 - \sin^3\phi_o) + (r_1^2 - r_2^2)\cos^4\phi_o]/r_2^2 \qquad (2\text{-}4\text{-}12)$$

作用在热源上的力平衡方程为

$$2r_2\int_0^{\phi_0} p\cos\phi\mathrm{d}\phi + 2r_1\int_{\phi_0}^{\pi/2} p\cos\phi\mathrm{d}\phi = \pi ab(\rho_H - \rho)g \qquad (2\text{-}4\text{-}13)$$

将（2-4-8）与（2-4-11）式代入（2-4-13）式得：

$$\frac{6\mu U^4 \rho^3 L_m^{\ 3}}{[\lambda(T_w - T_m)]^3}\left\{ r_2^3\left[\frac{1}{5}\cos^4\phi_o\sin\phi_o + \frac{4}{5}\left(\sin\phi_o - \frac{1}{3}\sin^3\phi_o\right)\right] + r_1^2\left[\frac{4}{15}\right.\right.$$

$$+ r_1(r_1^2 - r_1 r_2)\sin\phi_o(3\sin\phi_o - 2 - \sin^3\phi_o)/r_2^2 + r_1(r_1^2 - r_2^2)\cos^4\phi_o/r_2^2$$

$$\left. -\frac{5}{4}(r_2 - r_1)\sin\phi_o\right] - r_1^2\left[\frac{r_1}{5}\cos^4\phi_o\sin\phi_o + \frac{4}{5}r_1\left(\sin\phi_o - \frac{1}{3}\sin^3\phi_o\right)\right.$$

$$r_1(r_1^2 - r_1 r_2)\sin^2\phi_o(3\sin\phi_o - 2 - \sin^3\phi_o)/r_2^2 + r_1(r_1^2 - r_2^2)\cos^4\phi_o/r_2^2$$

$$\left.\left. -(r_2 - r_1)\sin\phi_o\left(\frac{3}{2}\sin^2\phi_o - \frac{1}{4}\sin^4\phi_o\right)\right]\right\} = \pi abg(\rho_H - \rho) \qquad (2\text{-}4\text{-}14)$$

对上式简化，并注意到 $\sin\phi_o = b/\sqrt{a^2 + b^2}$，得到无量纲的热源运动速度为

$$U^* = \frac{UR}{\alpha} = \left(\frac{5\pi gR^3}{16v\alpha}\right)^{0.25}\left(\frac{\Delta\rho}{\rho}\right)^{0.25}Ste^{0.75}f(J) \qquad (2\text{-}4\text{-}15)$$

其中，v 为运动黏度，$\Delta\rho = \rho_H - \rho$，$Ste^* = \dfrac{c_p(T_w - T_m)}{L_m}$，而

$$f(J) = \left(\frac{8J^{1.5}}{15}\right)^{0.25}\left\{ \begin{array}{l}(r_2^{*3} - r_1^{*3})\left[1 - \dfrac{2E^2}{3} + \dfrac{E^4}{5}\right]E + \dfrac{8r_1^{*3}}{15} + \\[2mm] r_2^* r_1^*(r_1^* - r_2^*)(3E - 2 - E^3)E^2 + r_2^*(r_1^{*2} - r_2^{*2})(1 - \\[2mm] 2E^2 + E^4)E + r_1^{*2}(r_1^* - r_2^*)\left(2E + \dfrac{E^4}{4} - \dfrac{3E^2}{2} - \dfrac{3}{4}\right)E\end{array}\right\}^{-0.25}$$

$$(2\text{-}4\text{-}16)$$

式中 r_1^*,r_2^* 分别是 J 的函数，为

$$r_1^* = 1 + 0.5J^2\left[1 - \frac{1-J}{\sqrt{1+J^2}}\right] - 0.5\left[1 + \frac{1-J}{\sqrt{1+J^2}}\right] \tag{2-4-17}$$

$$r_2^* = J + \frac{1}{2J}\left(1 + \frac{1-J}{\sqrt{1+J^2}}\right) - \frac{J}{2}\left(1 - \frac{1-J}{\sqrt{1+J^2}}\right) \tag{2-4-18}$$

$$E = \frac{J}{\sqrt{1+J^2}} \tag{2-4-19}$$

由（2-3-5）与（2-4-1）式，可得热源表面上的热流为

$$q = -\lambda\frac{\partial T}{\partial y}\Big|_{y=0} = U\rho L_m\cos\phi \tag{2-4-20}$$

熔化某一时刻的能量方程为

$$\int_0^t 2\left(\int_0^{\phi_o} qr_2\mathrm{d}\phi + \int_{\phi_o}^{\pi/2} qr_1\mathrm{d}\phi\right)\mathrm{d}t = \rho V_D L_m \tag{2-4-21}$$

其中，V_D 为被熔化的固体体积。将（2-4-20）式代入（2-4-21）式得

$$V^* = \frac{V_D/V_o}{U^*} = \frac{2F_o}{\pi\sqrt{J}} \tag{2-4-22}$$

其中利用了关系式 $r_1^* + (r_2^* - r_1^*)E = 1$，$V_o$ 为热源体积。

（二）解析解

前面我们将椭圆分段圆弧化，近似分析了熔化问题，这里再介绍解析的分析方法[16]。熔化的图形、基本假设及简化的质量、动量、能量守恒方程与边界条件同上，设椭圆方程为

$$\frac{x^2}{a^2} + \frac{(y-b)^2}{b^2} = 1 \tag{2-4-23}$$

类似圆柱的分析方法，可得以下方程

$$u = \frac{1}{2\mu}\frac{\mathrm{d}p}{\mathrm{d}h}(s^2 - s\delta) \tag{2-4-24}$$

$$\int_0^\delta u\mathrm{d}s = \int_0^x U\mathrm{d}x \tag{2-4-25}$$

$$\frac{\mathrm{d}p}{\mathrm{d}h} = -\frac{12\mu Ux}{\delta^3} \tag{2-4-26}$$

$$u = -\frac{6Ux}{\delta^3}(s^2 - s\delta) \tag{2-4-27}$$

又设边界层内温度按 s 的二次方分布，则有

$$T = T_w + \left[\frac{U\rho L_m\cos\phi}{\lambda} - \frac{2(T_w - T_m)}{\delta}\right]s + \left[\frac{T_w - T_m}{\delta^2} - \frac{U\rho L_m\cos\phi}{\lambda\delta}\right]s^2 \tag{2-4-28}$$

将（2-3-1），（2-4-27）与（2-4-28）式代入（2-3-3）式对 s 积分得

$$\delta + \frac{3}{2}\left(\frac{\alpha}{U\cos\phi}\right) + \frac{10}{Ste^*}\left(\frac{\alpha}{U\cos\phi}\right) - \frac{10}{\delta Ste^*}\left(\frac{\alpha}{U\cos\phi}\right)^2 = 0 \qquad （2-4-29）$$

解（2-4-29）式得

$$\delta = f(Ste^*)\frac{\alpha}{U\cos\phi} \qquad （2-4-30）$$

其中，$f(Ste^*) = \left(\sqrt{9Ste^{*2} + 280Ste^* + 400} - 3Ste^* - 20\right)/4$。

当边界层内温度按 s 线性分布时，即 $\dfrac{\partial T}{\partial s} = \dfrac{T_w - T_m}{\delta}$，则有

$$\delta = \frac{\alpha Ste^*}{U\cos\phi} \qquad （2-4-31）$$

将（2-4-30）式代入（2-4-26）式得

$$p = \frac{-12\mu U^4}{\alpha^3 f^3(Ste^*)}\int x\cos^2\phi \mathrm{d}x \qquad （2-4-32）$$

利用关系式 $\cos\phi = -\dfrac{bx}{a^2\sqrt{1-(x/a)^2}}$ 及边界条件 $p\big|_{\phi=\frac{\pi}{2}} = p_{atm}$，积分（2-4-32）式得

$$p = \frac{-6\mu U^4 a^2}{\alpha^3 f^3(Ste^*)(1-J^2)}\left\{\frac{J^2}{1-J^2}\left[\ln\left(1 + \frac{J^2-1}{a}x\right) - 2\ln J\right] + \left(\frac{x}{a}\right)^2 - 1\right\} \qquad （2-4-33）$$

作用在热源上的力平衡方程为

$$2\int_0^a p\mathrm{d}x = \pi abg(\rho_H - \rho) \qquad （2-4-34）$$

将（2-4-33）式代入（2-4-34）式得

$$U^4 = -\frac{\alpha^3 f^3(Ste^*)(1-J^2)\pi bg(\rho_H-\rho)}{12\mu}\left\{\frac{J^2}{1-J^2}\int_0^a \ln\left(1 + \frac{J^2-1}{a^2}x^2\right)\mathrm{d}x \right.$$
$$\left. -2a\left(\frac{J^2}{1-J^2}\ln J + \frac{1}{3}\right)\right\} \qquad （2-4-35）$$

当 $J>1$ 时，由（2-4-35）式得无量纲速度

$$U^* = \frac{UR}{\alpha} = \left[\frac{\pi gR^3\Delta\rho f^3(Ste^*)(J^2-1)J^{1.5}}{24v\alpha\rho}\right]^{0.25}\left\{\frac{J^2}{J^2-1}\left[1 - \frac{\mathrm{arctg}\sqrt{J^2-1}}{\sqrt{J^2-1}}\right] - \frac{1}{3}\right\}^{-0.25} \qquad （2-4-36）$$

当 $J<1$ 时，由（2-4-35）式得

$$U^* = \left[\frac{\pi gR^3\Delta\rho f^3(Ste^*)(J^2-1)J^{1.5}}{24v\alpha\rho}\right]^{0.25}\left\{\frac{J^2}{J^2-1}\left[1 - \frac{\ln(1+\sqrt{1-J^2}) - \ln J}{\sqrt{1-J^2}}\right] - \frac{1}{3}\right\}^{-0.2} \qquad （2-4-37）$$

其中，$R=a\sqrt{J}$ 为相同面积圆的半径。对小的 Ste^* 数或线性的温度分布，（2-4-36）与（2-4-37）式可写为

$$U^* = \left[\frac{5\pi g R^3}{16v\alpha}\right]^{0.25}\left[\frac{\Delta\rho}{\rho}\right]^{0.25}(Ste^*)^{0.75}f(J) \qquad （2-4-38）$$

其中，

$$f(J)=\left[\frac{J^2}{1-J^2}\left[1-\frac{\text{arctg}\sqrt{J^2-1}}{\sqrt{J^2-1}}\right]-\frac{1}{3}\right]^{-0.25}\left[\frac{2(J^2-1).J^{1.5}}{15}\right]^{0.25} \qquad J>1 \quad （2-4-39a）$$

$$f(J)=\left\{\frac{J^2}{1-J^2}\left[1-\frac{\ln(1+\sqrt{1-J^2})-\ln J}{\sqrt{1-J^2}}\right]-\frac{1}{3}\right\}^{-0.25}\left[\frac{2(J^2-1)J^{1.5}}{15}\right]^{0.25} \qquad J<1$$

$$（2-4-39b）$$

由（2-4-28）与（2-4-29）式得

$$q=-\lambda\frac{\partial T}{\partial s}\Big|_{s=0}=U\rho L_m\left[\frac{2Ste^*}{f(Ste^*)}-1\right]\cos\phi \qquad （2-4-40）$$

t 时刻的能量平衡方程为

$$\int_0^t 2\int_0^a(q/\cos\phi)\mathrm{d}x\mathrm{d}t=\rho V_D L_m \qquad （2-4-41）$$

由（2-4-40）与（2-4-41）式得

$$V^* = \frac{V_D/V_o}{U^*}=\frac{2Fo}{\pi\sqrt{J}}\left[\frac{2Ste^*}{f(Ste^*)}-1\right] \qquad （2-4-42）$$

其中，V_D 与 V_0 同上节，分别是热源直接熔化的固体体积、热源的体积。对于小的 Ste^* 数或线性的温度分布，（2-4-42）式则简化为

$$V^* = \frac{2Fo}{\pi\sqrt{J}} \qquad （2-4-43）$$

即为前面的（2-4-22）式。

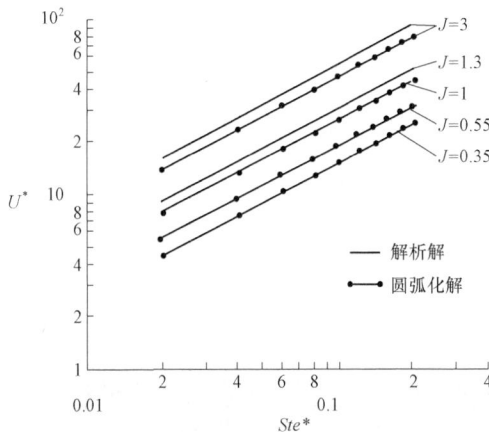

图 2-4-2　无量纲熔化速度随 Ste^* 数的变化

（三）几点讨论

（1）图 2-4-2 给出了分别由（2-4-15）式圆弧化解与（2-4-38）式解析解计算得到的无量纲的热源运动速度随 Ste^* 数变化规律。显然 U^* 的变化与压缩系数有关。实际上，由（2-4-15）与（2-4-38）式得

$$f(J) = \frac{U^*}{U_c^*} \qquad (2-4-44)$$

其中，U_c^* 为第三节中得到的圆柱体热源的无量纲速度（2-3-19）式，为

$$U_c^* = \left(\frac{5\pi g R^3}{16 v \alpha}\right)^{0.25} \left(\frac{\Delta \rho}{\rho}\right)^{0.25} (Ste^*)^{0.75} \qquad (2-4-45)$$

而 $f(J)$ 由（2-4-16）与（2-4-39）式确定。分析（2-4-16）与（2-4-39）式，发现两者的形式不同，但在 $0 < J < 2$ 范围内基本上相等。且两者都满足

$$\left.\begin{array}{l} f(J) < 1 \quad \text{当 } J < 1 \\ f(J) > 1 \quad \text{当 } J > 1 \end{array}\right\} \qquad (2-4-46)$$

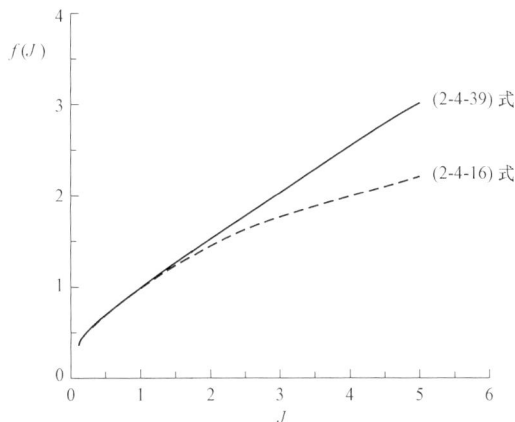

图 2-4-3　$f(J)$ 随 J 的变化

所以无量纲的椭圆柱热源运动速度或大于、或小于圆柱体热源速度，它仅取决于 J。当 $J=1$ 时，由（2-4-16）式直接得 $f(J) = 1$，而由（2-4-39）式取极限有 $\lim\limits_{J \to 1^-} f(J) = \lim\limits_{J \to 1^+} f(J) = 1$。则（2-4-15）与（2-4-38）式就演化成圆柱热源时的结果。因此，$f(J)$ 可以看成一个修正函数，它随 J 的变化关系见图 2-4-3。

（2）无量纲的熔化体积随 Fourier 数的变化规律见图 2-4-4，它们由（2-4-42）或（2-4-22）式求得。当 $J=1$ 时，由这两式得圆柱体热源时的无量纲液体体积

$$V_c^* = \frac{2Fo}{\pi} \qquad (2-4-47)$$

（2-4-47）式也是第三节中得到的圆柱结果。由（2-4-22），（2-4-42）与（2-4-47）式还可求得椭圆柱与圆柱热源所熔化的液体体积之比为

$$A = V_e / V_c = f(J) / \sqrt{J} \qquad (2\text{-}4\text{-}48)$$

其中下标 e、c 分别表示椭圆柱与圆柱，$f(J)$ 由（2-4-16）或（2-4-39）式确定。图 2-4-5 分别给出由分段弧法与解析法求得 V_e / V_c 随 J 的变化规律。不然发现，二者的变化曲线在 $0.1 < J < 2$ 范围内很接近。而在 $J > 2$ 以后，出现较大的偏差。我们认为这是由于在分段圆弧法中，当 $J > 2$ 时，用圆弧来代替椭圆曲线引起的误差（其中 r_2 起主要影响作用）。因此我们应以（2-4-39）式为准。由图 2-4-5 及（2-4-39）与（2-4-48）式分析发现，当 $0.22 < J < 1$ 时，$V_e / V_c < 1$。而当 $J > 1$ 或 $J < 0.22$ 时，$V_e / V_c > 1$。这表明在 $0.22 < J < 1$ 范围内的椭圆柱热源不仅比圆柱热源有更小的无量纲熔化速度，而且有更少的熔化体积，而当 $J > 1$ 时，椭圆柱热源比圆柱热源有更大的熔化速度 U^* 和熔化体积 V_e。可是，对 $J < 0.22$ 的椭圆热源，它比圆柱热源有更小的 U^*，却有更多的 V_e。

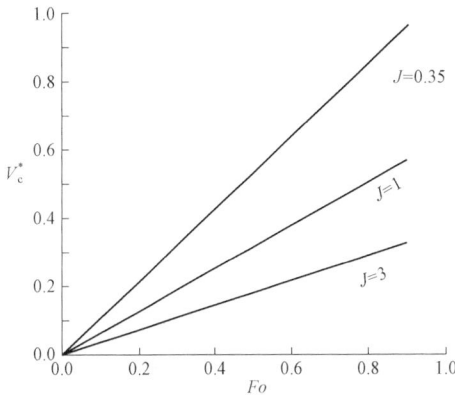

图 2-4-4　熔化体积随 Fo 的变化

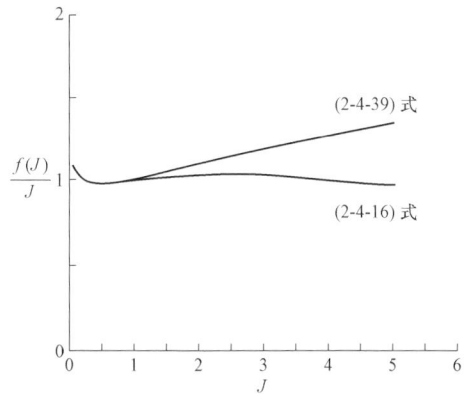

图 2-4-5　椭圆柱与圆柱热源所熔化的液体体积之比随压缩比的变化

以上分析可以得出结论：相同面积的椭圆柱，围绕其接触熔化的速度，熔化体积可能会有不同的值，这主要取决于它的熔化方向，以 $J (= b/a) > 1$ 时为佳；边界层内温度分布对结果有一定的影响，但是，对于小的 Ste^* 数，二者结果趋于一致。

二、短椭圆柱

前面我们介绍了围绕长椭圆柱热源的熔化过程，现在来分析围绕有限长椭圆柱热源的熔化[17]，其过程如图 2-4-6 所示。半径分别为 a，b 的水平椭圆柱热源保持恒壁温 T_w，与固体相变材料接触的长为 W，且 $W \ll \min(a, b)$，以 U 速度向下熔化。固体开始处于均匀温度 T_i，T_i 小于其熔点 T_m。假设：（1）熔化的液体主要沿着圆周上轴向的流动，在 $h(\phi)$ 方向的流动较小可忽略；（2）熔化过程为轴对称；（3）熔化液体边界层厚度 δ 很薄，即 $\delta \ll W$。边界层内温度由椭圆柱壁的 T_w 到熔化前沿（表面）的 T_m，为线性分布；（4）忽略边界层内的惯性力与对流换热的影响，则边界层内运动方程与边界条件同前，而能量方程为：

$$\frac{\partial^2 T}{\partial s^2} = 0 \qquad (2\text{-}4\text{-}49)$$

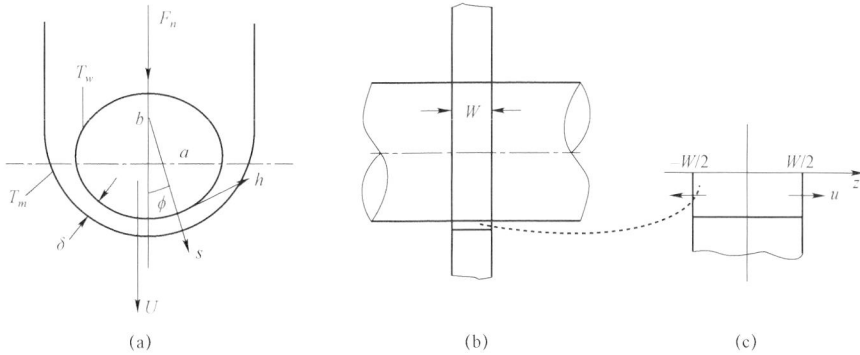

图 2-4-6 绕短椭圆柱熔化过程示意图与坐标

则可得 u 为 z 方向上的速度与 s 方向上的温度：

$$u = \frac{1}{2\mu} \frac{\mathrm{d}p}{\mathrm{d}z} s(s - \delta) \tag{2-4-50}$$

$$T = T_w + (T_m - T_w)s/\delta \tag{2-4-51}$$

边界层内质量守恒与能量守恒方程为：

$$\int_0^{l/4} \int_0^{\delta} u \mathrm{d}s \mathrm{d}h = z \int_0^{\pi/2} U \cos\phi \mathrm{d}h \tag{2-4-52}$$

$$\frac{\partial T}{\partial s}\Big|_{s=\delta} = -\frac{\rho U}{\lambda}[L_m + c_p(T_m - T_i)]\cos\phi, \quad (\phi \neq \pi/2) \tag{2-4-53}$$

（2-4-52）式中，l 为椭圆的周长，$l = \pi a[1.5(1+J) - \sqrt{J}]$。由（2-4-52），（2-4-53）式得：

$$\frac{\mathrm{d}p}{\mathrm{d}z} = -\frac{48z\mu U}{\pi[1.5(1+J) - \sqrt{J}]\delta^3} \tag{2-4-54}$$

$$\delta = \frac{\lambda(T_w - T_m)}{L_m U \rho \cos\phi} \tag{2-4-55}$$

式中，$\cos\phi = \frac{\mathrm{d}x}{\mathrm{d}h} = \left[\frac{1-(x/a)^2}{1-(1-J^2)(x/a)^2}\right]^{1/2}$。将（2-4-55）式代入（2-4-54）式积分，并利用

边界条件：$p\big|_{z=\pm W/2} = p_{atm}$ 得：

$$p - p_{atm} = \frac{24\mu U^4}{\pi[1.5(1+J) - \sqrt{J}]}\left(\frac{\rho L_m}{\lambda \Delta T}\right)^3 \left(\frac{W^2}{4} - z^2\right)\cos^3\phi \tag{2-4-56}$$

式中，$\Delta T = T_w - T_m$。在 z 方向上的平均压力为：

$$p_{avg} = \frac{\int_{-w/2}^{w/2}(p - p_{atm})\mathrm{d}z}{W} = \frac{4\mu U^4 W^2}{\pi[1.5(1+J) - \sqrt{J}]}\left(\frac{\rho L_m}{\lambda \Delta T}\right)^3 \cos^3\phi \tag{2-4-57}$$

作用在圆柱上的力为：

$$F_n = 2W \int_0^{\pi/2} p_{avg} \cos\phi \mathrm{d}h \tag{2-4-58}$$

将（2-4-57）式代入（2-4-58）式得

$$F_n = \frac{8\mu U^4 W^3 R}{\pi}\left(\frac{\rho L_m}{\lambda \Delta T}\right)^3 f(J) \tag{2-4-59a}$$

或

$$\widehat{F}\left(\frac{R}{W}\right)^2 = \frac{8\mu U^4}{\pi}\left(\frac{\rho L_m R}{\lambda \Delta T}\right)^3 f(J) \tag{2-4-59b}$$

式中，R 是与椭圆相同截面积的圆的半径，$R = a\sqrt{J}$。$\widehat{F} = F_n / W$，为单位长度的力。这里的 $f(J)$ 为与压缩比有关的修正函数，和上一节的（2-4-39）表达式不同，为：

$$f(J) = \frac{1}{\sqrt{J}[1.5(1+J) - \sqrt{J}]}\int_0^1\left[\frac{1-x^2}{1-(1-J^2)x^2}\right]^{3/2}\mathrm{d}x \tag{2-4-60}$$

式中，x 为积分变量。当热源依靠自身重量下降熔化时，有：

$$\pi a b g(\rho_H - \rho)W = \frac{8\mu U^4 W^3 R}{\pi}\left(\frac{\rho L_m}{\lambda \Delta T}\right)^3 f(J) \tag{2-4-61}$$

由（2-4-61）式可得：

$$U = \left[\frac{\pi^2 Rg(\rho_H - \rho)}{8\mu W^2 f(J)}\right]^{1/4}\left(\frac{\lambda \Delta T}{\rho L_m}\right)^{3/4} \tag{2-4-62}$$

上式还可写为无量纲的形式：

$$U^* = \frac{UR}{\alpha} = \left[\frac{\pi^2 R^5 g}{8\alpha v W^2 f(J)}\right]^{1/4}\left(\frac{\Delta\rho}{\rho}\right)^{1/4}(Ste)^{3/4} \tag{2-4-63}$$

式中，α 为热扩散系数，v 为运动粘度，$Ste = c_p(T_w - T_m) / L_m$ 为斯蒂芬数，$\Delta\rho = \rho_H - \rho$。

（1）对于长椭圆柱的接触熔化，根据上一节的分析，可以进一步推导得到的作用在热源上的单位长度的力为：

$$F_l = \frac{16}{5}\mu U^4\left[\frac{\rho L_m R}{\lambda \Delta T}\right]^3 f_l(J) \tag{2-4-64}$$

其中，f_l 为与压缩比 J 有关的修正函数。

$$f_l(J) = \frac{15J^2\left[1 - (\arctan\sqrt{J^2-1})/\sqrt{J^2-1}\right] - 5(J^2-1)}{2J^{3/2}(J^2-1)^2} \quad 当 J > 1 \tag{2-4-65}$$

$$f_l(J) = \frac{15J^2\left\{1 - \left[\ln(1+\sqrt{1-J^2}) - \ln J\right]/\sqrt{1-J^2}\right\} - 5(J^2-1)}{2J^{3/2}(J^2-1)^2} \quad 当 J < 1$$

$$\tag{2-4-66}$$

由（2-4-59b）与（2-4-64）式可知，当长、短椭圆柱以相同 U 下降时，作用力比为：

$$F_l / \widehat{F} = f^*(J)\left(\frac{R}{W}\right)^2 \qquad (2\text{-}4\text{-}67)$$

式中，$f^*(J) = \dfrac{2\pi}{5}\dfrac{f_l(J)}{f(J)}$。$f^*(J)$ 的变化曲线见

图 2-4-7。由于 $f^*(J)$ 总是大于 1，且 $R/W \gg 1$，所以，长椭圆柱所需的作用力远大于短椭圆柱，二者比值与 $(R/W)^2$ 成正比，且随 J 的减小而增大。当 $J=1$ 时，即对短圆柱，$f^*(J) = 64/15$，由（2-4-67）式得到长、短圆柱以相同 U 下降时的作用之力比为：

$$F_l / \widehat{F} = \frac{64}{15}\left(\frac{R}{W}\right)^2 \gg 1 \qquad (2\text{-}4\text{-}68)$$

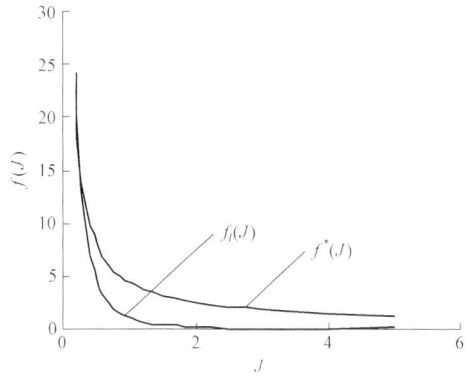

图 2-4-7　$f_l(J)$ 与 $f^*(J)$ 随 J 的变化

同样，当长、短椭圆柱作用力相同时，两者的速度比为：

$$\frac{U_S}{U_L} = \left[f^*(J)\right]^{1/4}\left(\frac{R}{W}\right)^{1/2} \qquad (2\text{-}4\text{-}69)$$

式中，U_L 与 U_S 分别为长、短椭圆柱的熔化速度。因此，短椭圆柱的速度大于长椭圆柱，二者比值与 $(R/W)^{1/2}$ 成正比。当 $J=1$ 时，（2-4-69）式成为：

$$\frac{U_S}{U_L} = \left(\frac{64}{15}\right)^{1/4}\left(\frac{R}{W}\right)^{1/2} > 1 \qquad (2\text{-}4\text{-}70)$$

（2）当 $J=1$ 时，由（2-4-60）式可得：

$$f(J) = 3\pi / 32 \qquad (2\text{-}4\text{-}71)$$

将（2-4-71）式代入（2-4-59a）、（2-4-59b）、（2-4-62）与（2-4-63）式得短圆柱接触熔化的结果为：

$$F_n = \frac{3\mu U^4 W^3 R}{4}\left(\frac{\rho L_m}{\lambda \Delta T}\right)^3 \qquad (2\text{-}4\text{-}72)$$

或

$$\widehat{F}\left(\frac{R}{W}\right)^2 = \frac{3\mu U^4}{4}\left(\frac{\rho L_m R}{\lambda \Delta T}\right)^3 \qquad (2\text{-}4\text{-}73)$$

$$U = \left(\frac{8F^{//}}{3\mu W^2}\right)^{1/4}\left(\frac{\lambda \Delta T}{\rho L_m}\right)^{3/4} = \left[\frac{4\pi Rg\Delta\rho}{3\mu W^2}\right]^{1/4}\left(\frac{\lambda \Delta T}{\rho L_m}\right)^{3/4} \qquad (2\text{-}4\text{-}74)$$

$$U^* = \frac{UR}{\alpha} = \left[\frac{4\pi^2 R^5 g}{3\alpha \nu W^2}\right]^{1/4}\left(\frac{\Delta\rho}{\rho}\right)^{1/4}(Ste)^{3/4} \qquad (2\text{-}4\text{-}75)$$

因此，（2-4-59b）、（2-4-62）与（2-4-63）式又可表示为

$$\widehat{F}\left(\frac{R}{W}\right)^2 = \widehat{F}_c\left(\frac{R}{W}\right)^2 f_s(J) \qquad (2\text{-}4\text{-}76)$$

$$U = U_c f_{s1}(J) \tag{2-4-77}$$

$$U^* = U_c^* f_{s1}(J) \tag{2-4-78}$$

其中，下标 c 表示圆柱。$\hat{F}_c(R/W)^2$、U_c 与 U_c^* 分别由（2-4-73）～（2-4-75）式求得。而

$$f_s = \frac{32}{3\pi} f(J), \quad f_{s1} = \left(\frac{3\pi}{32 f(J)}\right)^{1/4} = (f_s)^{-1/4} \tag{2-4-79}$$

（2-4-76）～（2-4-78）式表明，围绕不同压缩比短椭圆柱的熔化结果可由短圆柱的结果乘以修正函数 f_s、f_{s1} 来获得。

对于围绕长圆柱的接触熔化，根据第三节的分析可以得到单位长度的力与无量纲运动速度为

$$F = \frac{16}{5} \mu U^4 \left(\frac{\rho L_m R}{\lambda \Delta T}\right)^3 \tag{2-4-80}$$

$$U_c^* = \left[\frac{5\pi g R^3}{16\alpha\nu}\right]^{1/4} \left(\frac{\Delta\rho}{\rho}\right)^{1/4} (Ste)^{3/4} \tag{2-4-81}$$

比较（2-4-73），（2-4-75），（2-4-80）与（2-4-81）式发现，长圆柱所需的作用力远大于短圆柱，或短圆柱的熔化速度大于长圆柱。

（3）Morega[18]等通过比较温差驱动熔化与摩擦（耗散）熔化间的异同点，用摩擦熔化的结果通过相应项的替换直接得到短圆柱接触熔化的单位长度的力为

$$\hat{F}\left(\frac{R}{W}\right)^2 = \frac{3\pi\mu U^4}{8} \left(\frac{\rho L_m R}{\lambda \Delta T}\right)^3 \tag{2-4-82}$$

比较（2-4-73）与（2-4-82）式，不难发现，两者的规律完全相同，只是系数有所差别，Morega[18]等人得到的结果要大 $\pi/2$ 倍。

通过前面的分析可以得出以下结论：

（1）相同截面积与长度的椭圆柱，围绕其接触熔化的速度可能会有不同的值。这主要取决于它的熔化方向，其中以 J（$=b/a$）>1 时速度为快，并大于相应条件下的短圆柱的熔化速度。否则，J<1 时，要小于短圆柱的熔化速度。

（2）在相同作用力下，短（椭）圆柱的熔化速度总是大于长（椭）圆柱的熔化速度。反之，相同熔化速度时，短（椭）圆柱所需作用力要小于长（椭）圆柱。

（3）与长椭圆柱类似，短椭圆柱的有关结果可视为短圆柱的结果乘以与压缩比有关的修正函数来得到，但短圆柱的结果应以本节所得到的为准，Morega[18]等人的结果有误，应加以注意。

三、轴对称椭球体

椭球体与椭圆柱具有不同的几何特征，但是它们又有相近的地方。这里将介绍围绕椭球体的熔化[19]。所考虑的椭球体通过其中心的截面为一椭圆，因此也如图 2-4-6（a）所示，在 x，y 坐标上的半径分别为 a，b。椭球体由椭圆绕 y 轴旋转而成，保持恒温 T_w，以 U_T

速度在固体中向下熔化。固体开始处于熔点温度 T_m，且均匀。其他假设同前，则边界层内连续性、运动与能量方程为：

$$\frac{\partial u}{\partial h} + \frac{\partial v}{\partial s} = 0 \qquad (2\text{-}4\text{-}83)$$

$$\mu \frac{\partial^2 u}{\partial s^2} = \frac{\mathrm{d}p}{\mathrm{d}h} \qquad (2\text{-}4\text{-}84)$$

$$u \frac{\partial T}{\partial h} + v \frac{\partial T}{\partial s} = \alpha \frac{\partial^2 T}{\partial s^2} \qquad (2\text{-}4\text{-}85)$$

边界条件为：

$$s = 0, \quad u = v = 0, \quad T = T_w$$

$$s = \delta, \quad u = U_T \sin\phi, v = -U_T \cos\phi, \quad T = T_m \qquad (2\text{-}4\text{-}86)$$

式中，ϕ 为法线与 y 轴的交角。固液界面上能量方程为：

$$\frac{\partial T}{\partial s}\Big|_{s=\delta} = -\frac{\rho\, U_T}{\lambda} L \cos\phi \qquad (2\text{-}4\text{-}87)$$

由于椭圆可以近似由两个圆构成，图 2-4-6（a）中 $x-y$ 与 $h-s$ 坐标系按雅可比变换，类似圆的量级分析，可将（2-4-86）式中的第二条件写为 $s = \delta$ 时 $u = 0$。由（2-4-84）与（2-4-86）式得：

$$u = \frac{1}{2\mu} \frac{\mathrm{d}p}{\mathrm{d}h} s(s-\delta) \qquad (2\text{-}4\text{-}88)$$

液体边界层内的质量平衡方程为：

$$\int_0^\delta ux\mathrm{d}s = \int_0^l U_T x \cos\phi \mathrm{d}h \qquad (2\text{-}4\text{-}89)$$

式中，l 为椭圆曲线的弧长。将（2-4-88）式代入（2-4-89）式得：

$$\frac{\mathrm{d}p}{\mathrm{d}h} = -\frac{6x\mu U_T}{\delta^3} \qquad (2\text{-}4\text{-}90)$$

将（2-4-90）式代入（2-4-88）式得：

$$u = -3U_T xs(s-\delta)/\delta^3 \qquad (2\text{-}4\text{-}91)$$

因边界层很薄，按液膜理论可假设边界层内温度为二次方分布，则由（2-4-86）与（2-4-87）式得：

$$T = T_w + \left[\frac{\rho UL}{\lambda}\cos\phi - \frac{2(T_w - T_m)}{\delta} +\right]s + \left[\frac{(T_w - T_m)}{\delta^2} - \frac{\rho U_T L}{\lambda\delta}\cos\phi\right]s^2 \qquad (2\text{-}4\text{-}92)$$

将（2-4-83）式、（2-4-91）式与（2-4-92）式代入（2-4-85）式，并对 s 积分，整理后得：

$$u = -6U_T Ry(y-\delta)\sin\phi/\delta^3\, \delta + \frac{3}{2}\left(\frac{\alpha}{U_T \cos\phi}\right) + \frac{10}{Ste}\left(\frac{\alpha}{U_T \cos\phi}\right) - \frac{10}{\delta Ste}\left(\frac{\alpha}{U_T \cos\phi}\right)^2 = 0$$

$$(2\text{-}4\text{-}93)$$

解（2-4-93）式得：

$$\delta = \frac{f(Ste)\alpha}{U_T \cos\phi} \tag{2-4-94}$$

式中，斯蒂芬数 $Ste = c_p(T_w - T_m)/L$；$f(Ste) = (\sqrt{9Ste^2 + 280Ste + 400} - 3Ste - 20)/4$，对于小的 Ste，$f(Ste) \approx Ste$。

当边界层内温度线性分布时，直接由（2-4-86）式与（2-4-87）式得：

$$\delta = \frac{\alpha Ste}{U_T \cos\phi} \tag{2-4-95}$$

将（2-4-94）式代入（2-4-90）式，得：

$$p = -\frac{6\mu U_T^4}{\alpha^3 f^3(Ste)} \int x \cos^2\phi dx \tag{2-4-96}$$

由椭圆在 $x-y$ 上的方程及 $\cos\phi = dx/dh$，可得：

$$\cos\phi = \left[\frac{1-(x/a)^2}{1-(x/a)^2(1-J^2)}\right]^{1/2} \tag{2-4-97}$$

式中，$J = b/a$ 为椭圆的压缩比。将（2-4-97）式代入（2-4-96）式积分，利用边界条件：$p|_{f=\pi/2} = p_0$ 得：

$$p - p_0 = -\frac{3\mu U_T^4 a^2}{\alpha^3 f^3(Ste)(1-J^2)} \times \left\{\frac{J^2}{1-J^2}\{\ln[1-(1-J^2)(x/a)^2] - 2\ln J\} + (x/a)^2 - 1\right\} \tag{2-4-98}$$

作用在椭球体热源上的力平衡方程为：

$$2\int_0^a px dx = \frac{4}{3}a^2 bg(\rho_H - \rho) \tag{2-4-99}$$

将（2-4-98）式代入（2-4-99）式得：

$$U_T = \left[\frac{2g(\rho_H - \rho)\alpha^3 f^3(Ste)}{9a\mu} \times \frac{(1-J^2)^3 J}{J^2 \ln J + 0.25(1-J^4)}\right]^{1/4} \tag{2-4-100}$$

对于较小的 Ste 数，由（2-4-100）式得：

$$T_w = T_m + \frac{L}{c_p\alpha}\left\{\frac{9U_T^4 a\mu\left[J^2 \ln J + 0.25(1-J^4)\right]}{2g(\rho_H - \rho)(1-J^2)^3 J}\right\}^{1/3} \tag{2-4-101}$$

熔化过程 t 时刻的能量平衡方程为：

$$\int_0^t 2\pi \int_0^a \left(-\lambda \frac{\partial T}{\partial s}\right)_{s=0} x dh dt = \rho V_l L \tag{2-4-102}$$

式中，V_l 为被熔化后液体的体积。将（2-4-92）式代入（2-4-102）式，求得无量纲的熔化体积为：

$$V^* = \frac{V_l/V_H}{U_T R/a} = \frac{3}{4}\frac{Fo}{J^{2/3}}\left[\frac{2Ste}{f(Ste)} - 1\right] \tag{2-4-103}$$

式中，V_H 为椭球体热源的体积，R 为与椭球相同体积圆球的半径，$R = a^3\sqrt{J}$；$Fo = \alpha t / R^2$ 为傅里叶数。对小的 Ste 数或线性的温度分布，（2-4-103）式成为：

$$V^* = \frac{3Fo}{4J^{2/3}} \qquad (2\text{-}4\text{-}104)$$

设热源单位时间单位质量放出的热量为 q，则 Ste 较小时，由（2-4-100）式还可得：

$$U_T = \frac{4}{3}\frac{R\rho_H q}{\rho L} \qquad (2\text{-}4\text{-}105)$$

将（2-4-105）式代入（2-4-101）式得：

$$T_w = T_m + \frac{4}{3c_p\alpha}\left\{\frac{6R^5\rho_H^4 q^4 J^{4/3}\mu\left[J^2\ln J + 0.25(1-J^4)\right]}{g(\rho_H - \rho)(1-J^2)^3\rho^4 L}\right\}^{1/3} \qquad (2\text{-}4\text{-}106)$$

（1）由（2-4-100）式可知，椭球体熔化速度 U_T 随 Ste 数以指数形式变化。Ste 不大时，U_T 与 $Ste^{0.75}$ 成直线关系。将（2-4-100）式改写为：

$$U_T = \left[\frac{(1-J^2)^3 J^{4/3}}{12J^2\ln J + 3(1-J^4)}\right]^{1/4} U_{Tb} \qquad (2\text{-}4\text{-}107a)$$

其中，

$$U_{Tb} = \left[\frac{8g(\rho_H - \rho)\alpha^3 f^3(Ste)}{3R\mu}\right]^{1/4} \qquad (2\text{-}4\text{-}107b)$$

为绕圆球热源的熔化速度。显然椭球的 U_T 的变化与压缩比有关，它可视为相同体积的圆球速度乘以修正系数 $f_1(J)$，而：

$$f_1(J) = \left[\frac{(1-J^2)^3 J^{4/3}}{12J^2\ln J + 3(1-J^4)}\right]^{1/4} \qquad (2\text{-}4\text{-}108)$$

由（2-4-108）式求极限可知，当 $J\to 1$ 时 $f_1(J) = 1$，且 $f_1(J)$ 随 J 的增加而单调增加，所以 $f_1(J)$ 满足：

$$\left.\begin{array}{l} f_1(J) < 1 \quad (J < 1) \\ f_1(J) > 1 \quad (J > 1) \end{array}\right\} \qquad (2\text{-}4\text{-}109)$$

这表明椭球热源运动速度或大于、或小于圆球热源速度，它仅取决于 J。当 $J = 1$ 时，（2-4-100）式为圆球热源的速度。$f_1(J)$ 随 J 变化关系见图 2-4-8。

（2）热源运动过程的温度 T_w 应由（2-4-100）式与（2-4-101）式确定。由于 Ste 与 T_w 有关，因而，T_w 需由数值迭代来计算。对已知热源的热流密度，T_w 可根据（2-4-106）式来计算。将（2-4-106）式改写为：

$$\Delta T = T_w - T_m = f_2(J)(\Delta T)_b \qquad (2\text{-}4\text{-}110)$$

式中，

$$f_2(J) = \left\{\frac{3J^{4/3}\left[4J^2\ln J + (1-J^4)\right]}{(1-J^2)^3}\right\}^{1/3} \qquad (2\text{-}4\text{-}111)$$

$$(\Delta T)_b = \frac{4}{3\alpha c_p} \left[\frac{\mu R^5 \rho_H^4 q^4}{2g(\rho_H - \rho)\rho^4 L} \right]^{1/3} \qquad (2\text{-}4\text{-}112)$$

$(\Delta T)_b$ 为围绕球体热源熔化时壁面与熔点的温差。分析（2-4-111）式可知，在 $J<1$ 的范围内，$f_2(J)$ 随 J 的增加而单调减小。当 $J \to 1$ 时，$f_2(J)=1$，（2-4-106）式即为圆球的结果[2]。

（2-4-103）式和（2-4-104）式表明，无量纲的固体熔化体积 V^* 与傅里叶数呈线性关系，并随着压缩比 J 的增加而减小。当 $J=1$ 时，（2-4-103）和（2-4-104）式成为：

$$V^* = \frac{3}{4} Fo \left[\frac{2Ste}{f(Ste)} - 1 \right] \qquad (2\text{-}4\text{-}113)$$

$$V^* = \frac{3}{4} Fo \qquad (2\text{-}4\text{-}114)$$

（2-4-113）式与（2-4-114）式即为绕圆球热源熔化的结果。V^* 随 F_o 的变化见图 2-4-9。通过以上的分析可以得出结论：保持系统的表面温度，压缩比 $J>1$ 的椭球体热源接触熔化速度大于球体热源的速度；保持相同的热源下降速度，压缩比 $J>1$ 的椭球体热源的表面温度接近球体热源的表面温度；熔化区的温度分布对结果有一定的影响，其中以线性分布时的结果较为简单。当 Ste 较小时，可以用温度线性分布时推出的公式计算有关各量。

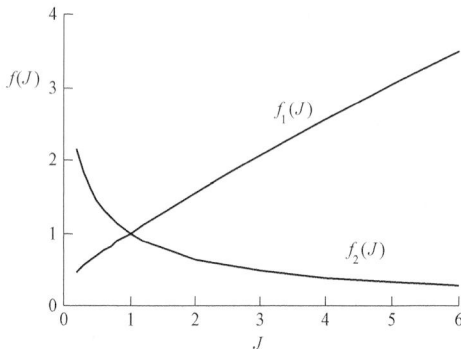

图 2-4-8　修正系数随压缩比的变化　　　图 2-4-9　无量纲熔化体积随傅里叶数的变化

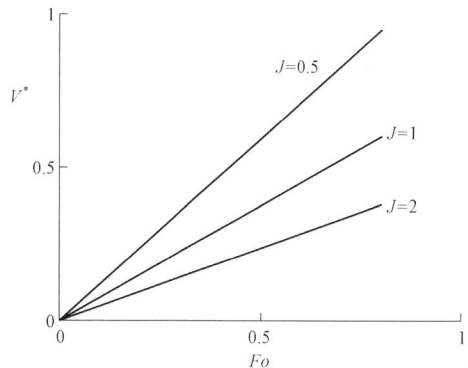

四、熔化界面法向角的影响

第三节中我们认为热源的法向角与熔化界面的法向角是一致的，其后果是，液体边界层厚度 δ 在椭圆柱的两端（$\phi = \pm\pi/2$）趋于无穷大，针对此问题，我们在上一节中对圆柱与球热源进行了分析。在此，进一步分析围绕椭圆柱热源熔化时界面法向角的影响[20]。取水平椭圆柱热源熔化过程截面，物理模型如图 2-4-10 所示，椭圆在 x、y 坐

标轴上半径分别为 a、b，其压缩系数为 J（$J=b/a$），保持壁温 T_w，在外力作用下以匀速 U 在平均温度为 T_0 的相变材料中向下熔化。ϕ 为图示第四象限内椭圆半径与 y 负半轴的夹角，从 $0°$ 变化到 $90°$。h、s 分别为椭圆半径同其边界的交点对椭圆的切线与法线，并赋予图示的方向。对法线 s 与固液相界面的交点同样取对此界面的切线与法线。图中的 φ 与 θ 分别表示两切线与水平线的夹角，其值等于各自交点处的法向角。椭圆方程为：

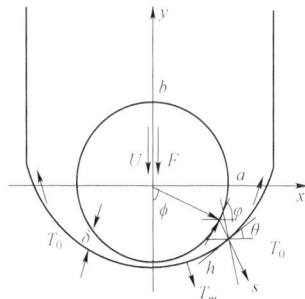

图 2-4-10　法向角不同的物理模型

$$\frac{x^2}{a^2} + \frac{y^2}{b^2} = 1 \qquad (2\text{-}4\text{-}115)$$

其熔化过程边界层内控制方程与（2-4-83）式一样：

$$\frac{\partial u}{\partial h} + \frac{\partial v}{\partial s} = 0 \qquad (2\text{-}4\text{-}116)$$

$$\mu \frac{\partial^2 u}{\partial s^2} = \frac{\mathrm{d}p}{\mathrm{d}h} \qquad (2\text{-}4\text{-}117)$$

$$u \frac{\partial T}{\partial h} + v \frac{\partial T}{\partial s} = \alpha \frac{\partial^2 T}{\partial s^2} \qquad (2\text{-}4\text{-}118)$$

对水平椭圆柱热源的接触熔化过程，则应考虑椭圆柱截面切线同水平线夹角 φ 与固液相界面切线同水平线夹角 θ 的不同。此时边界条件应为：

$$\begin{aligned} &s=0: u=v=0, \quad T=T_w \\ &s=\delta: u=0, \qquad v=-U\cos\theta, \qquad T=T_m \end{aligned} \qquad (2\text{-}4\text{-}119)$$

式中，u、v 分别为图 2-4-10 所示 h、s 方向熔化液体流速的分速度。

如图 2-4-10 所示，在固液界面上，能量方程为：

$$-\lambda \frac{\partial T}{\partial s}\Big|_{s=\delta} \cos(\varphi-\theta) = \rho L_m U \cos\theta \qquad (2\text{-}4\text{-}120)$$

认为 $\mathrm{d}p/\mathrm{d}h$ 对 s 为常数，对（2-4-117）式进行二次积分得：

$$\mu u = \frac{\mathrm{d}p}{2\mathrm{d}h} s^2 + C_1 s + C_2 \qquad (2\text{-}4\text{-}121)$$

其中，C_1 和 C_2 为待定系数，将（2-4-119）式代入得：

$$u = \frac{1}{2\mu} \frac{\mathrm{d}p}{\mathrm{d}h} (s^2 - s\delta) \qquad (2\text{-}4\text{-}122)$$

边界层内质量守恒方程应为：

$$\int_0^\delta u\,\mathrm{d}s = \int_0^\phi U\cos\theta\,\mathrm{d}h \qquad (2\text{-}4\text{-}123)$$

将（2-4-122）式代入（2-4-123）式得：

$$\frac{\mathrm{d}p}{\mathrm{d}h} = -\frac{12\mu U}{\delta^3} \int_0^\phi \cos\theta \mathrm{d}h \tag{2-4-124}$$

因边界层很薄，可设其内温度按 s 线性分布，则利用（2-4-119）式得：

$$T = T_{\mathrm{w}} + \frac{T_{\mathrm{m}} - T_{\mathrm{w}}}{\delta} s \tag{2-4-125}$$

将（2-4-119）式代入（2-4-125）式得：

$$\delta = \frac{\alpha Ste \cos(\phi - \theta)}{U \cos\theta} \tag{2-4-126}$$

作用在椭圆柱上的力 F 为：

$$F = 2\int_0^{\pi/2} p \cos\varphi \mathrm{d}h \tag{2-4-127}$$

对于椭圆，由图中几何关系可得：

$$\frac{\mathrm{d}\delta}{\mathrm{d}h} = \mathrm{tg}(\varphi - \theta) \tag{2-4-128}$$

根据椭圆内部的几何关系有：

$$\mathrm{tg}\phi = J^2 \mathrm{tg}\varphi \tag{2-4-129}$$

$$\mathrm{d}h = \sqrt{\frac{1 + J^4 \mathrm{tg}^2\varphi}{1 + J^2 \mathrm{tg}^2\varphi}} \frac{aJ}{\cos^2\varphi + J^2 \sin^2\varphi} \mathrm{d}\varphi \tag{2-4-130}$$

引入以下无量纲参数：

$$\delta^* = \delta/a; \quad p^* = pa^2 / \mu\alpha$$
$$U^* = Ua/\alpha; \quad F^* = Fa/\mu\alpha \tag{2-4-131}$$

将（2-4-129）式、（2-4-130）式和（2-4-131）式分别代入（2-4-128）式、（2-4-126）式、（2-4-124）式、（2-4-127）式，并整理后得方程组：

$$\frac{\mathrm{d}\delta^*}{\mathrm{d}\varphi} = \sqrt{\frac{1 + J^4 \mathrm{tg}^2\phi}{1 + J^2 \mathrm{tg}^2\phi}} \frac{J^2 \mathrm{tg}\phi - \mathrm{tg}\theta}{J^2 \mathrm{tg}\phi \mathrm{tg}\theta + 1} \frac{J}{\cos^2\phi + J^2 \sin^2\phi} \tag{2-4-132}$$

$$\delta^* = \frac{Ste}{U^* \sqrt{1 + J^4 \mathrm{tg}^2\phi}} (1 + J^2 \mathrm{tg}\phi \mathrm{tg}\theta) \tag{2-4-133}$$

$$\frac{\mathrm{d}p^*}{\mathrm{d}\phi} = -\frac{12U^*}{\delta^{*3}} \sqrt{\frac{1 + J^4 \mathrm{tg}^2\phi}{1 + J^2 \mathrm{tg}^2\phi}} \frac{J}{\cos^2\phi + J^2 \sin^2\phi}$$
$$\times \int_0^\phi \cos\theta \sqrt{\frac{1 + J^4 \mathrm{tg}^2\phi}{1 + J^2 \mathrm{tg}^2\phi}} \frac{J}{\cos^2\phi + J^2 \sin^2\phi} \mathrm{d}\phi \tag{2-4-134}$$

$$F^* = 2\int_0^{\frac{\pi}{2}} p^* \sqrt{\frac{1}{1 + J^2 \mathrm{tg}^2\phi}} \frac{J}{\cos^2\phi + J^2 \sin^2\phi} \mathrm{d}\phi \tag{2-4-135}$$

（2-4-132）～（2-4-135）式即为围绕椭圆柱热源熔化时，考虑界面法向角影响的无量纲方程组，为改进后的结果，其未知数有 p^*、δ^*、U^* 和 θ，边界条件为：$\phi = 0°$ 时，$\theta = 0°$；

$\phi = 90°$ 时，$p^* = 0$。

将 $J = 1$ 代入（2-4-132）～（2-4-135）式化简可得：

$$\frac{\mathrm{d}\delta^*}{\mathrm{d}\phi} = \mathrm{tg}(\phi - \theta) \qquad (2\text{-}4\text{-}136)$$

$$\delta^* = \frac{Ste}{U^*}(1 + \mathrm{tg}\phi\,\mathrm{tg}\theta)\cos\phi \qquad (2\text{-}4\text{-}137)$$

$$\frac{\mathrm{d}p^*}{\mathrm{d}\phi} = -\frac{12U^*}{\delta^{*3}}\int_0^\phi \cos\theta\mathrm{d}\phi \qquad (2\text{-}4\text{-}138)$$

$$F^* = 2\int_0^{\frac{\pi}{2}} p^* \cos\phi\mathrm{d}\phi \qquad (2\text{-}4\text{-}139)$$

（2-4-136）～（2-4-139）式即为上节围绕水平圆柱热源接触熔化过程的结果。当无量纲外力 F^* 一定时，（2-4-132）～（2-4-135）方程组的求解过程为：

根据 F^* 暂赋 U^* 估值为 U_0^*，将（2-4-133）式代入（2-4-132）式消去 δ^*，得 $\mathrm{d}\theta/\mathrm{d}\phi$ 的函数：

$$\frac{\mathrm{d}\theta}{\mathrm{d}\phi} = \frac{(U_0^*/JSte)(J^2\mathrm{tg}\phi - \mathrm{tg}\theta)(1 + J^4\mathrm{tg}^2\phi)\cos^2\theta}{\mathrm{tg}\phi(1 + J^2\mathrm{tg}\phi\,\mathrm{tg}\theta)(1 + J^2\mathrm{tg}^2\phi)(J^2\sin^2\phi + \cos^2\phi)\sqrt{1 + J^2\mathrm{tg}^2\phi}} \qquad (2\text{-}4\text{-}140)$$
$$- \frac{\mathrm{tg}\theta\cos^2\theta}{\mathrm{tg}\phi\cos^2\phi} + \frac{J^2\cos^2\theta(1 + J^2\mathrm{tg}\phi\,\mathrm{tg}\theta)}{\cos^2\phi(1 + J^4\mathrm{tg}^2\phi)}$$

采用隐式差分法对（2-4-140）式进行差分。取 ϕ 步长为 h，设置精度为 10^{-8}，结果为：

$$\frac{\theta_{i+1} - \theta_i}{\phi_{i+1} - \phi_i} = \frac{(U_0^*/JSte)(J^2\mathrm{tg}\phi_i - \mathrm{tg}\theta_i)(1 + J^4\mathrm{tg}^2\phi_i)\cos^2\theta_i}{\mathrm{tg}\phi_i(1 + J^2\mathrm{tg}\phi_i\,\mathrm{tg}\theta_i)(1 + J^2\mathrm{tg}^2\phi_i)(J^2\sin^2\phi_i + \cos^2\phi_i)\sqrt{1 + J^2\mathrm{tg}^2\phi_i}}$$
$$- \frac{\mathrm{tg}\theta_i\cos^2\theta_i}{\mathrm{tg}\phi_i\cos^2\phi_i} + \frac{J^2\cos^2\theta_i(1 + J^2\mathrm{tg}\phi\,\mathrm{tg}\theta_i)}{\cos^2\phi_i(1 + J^4\mathrm{tg}^2\phi_i)}$$

$$(2\text{-}4\text{-}141)$$

对（2-4-140）式利用初始条件求出 $\phi \to 0°$ 时 $\mathrm{d}\theta/\mathrm{d}\phi$ 的极限值得：

$$\lim_{\phi \to 0}\frac{\mathrm{d}\theta}{\mathrm{d}\phi} = \frac{J^2 U_0^* + J^3 Ste}{U_0^* + 2JSte} \qquad (2\text{-}4\text{-}142)$$

此后的解法可参照本章第三节围绕水平圆柱热源的方程组解法进行。

图 2-4-11～图 2-4-13 为数值计算的结果，分别表示椭圆柱所受无量纲外力 F^* 一定时，不同 J 情况下 p^*、θ 和 δ^* 随 ϕ 的变化规律。这里需要说明的是：外力一定的条件下，当 $J > 5$ 时，在 $\phi = 0°$ 附近，p^* 会由较高值迅速下降到较低值，再以近水平方式过渡到 $\phi = 90°$ 处；参数 θ 则迅速跃升至较高值后以近水平方式过渡到 $\phi = 90°$ 处。并且当 J 在此范围内变化时，上两个参数同 ϕ 的关系曲线在数值和形状上变化极小。当 $J < 0.2$ 时，p^*、θ 和 δ^* 三者曲线随 ϕ 变化趋势均与上述相反。对于 δ^*，其变化趋势见图 2-4-13，与图 2-3-13 与图 2-3-14 给出的围绕圆柱的结果类似，但在 $90°$ 收敛于一确定值。图 2-4-14 给出了不同 J 值对 $U^* - F^*$ 曲线的影响，不难看出，椭圆 J 值较大，则其熔化速度相对较快，边界

层内沿 ϕ 的压力值分布变化也较大。

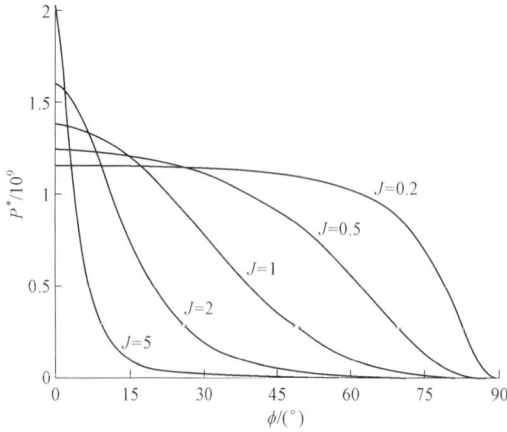

图 2-4-11　$F^*=15\times10^8$, $Ste=0.5$ 时，
不同 J 值对 $p^*-\phi$ 曲线的影响

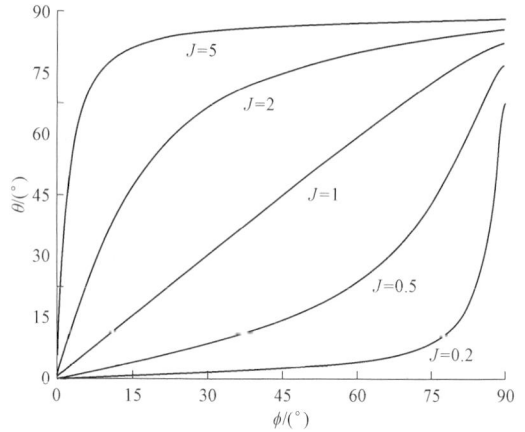

图 2-4-12　$F^*=15\times10^8$, $Ste=0.5$ 时
不同 J 值对 $\theta-\phi$ 曲线的影响

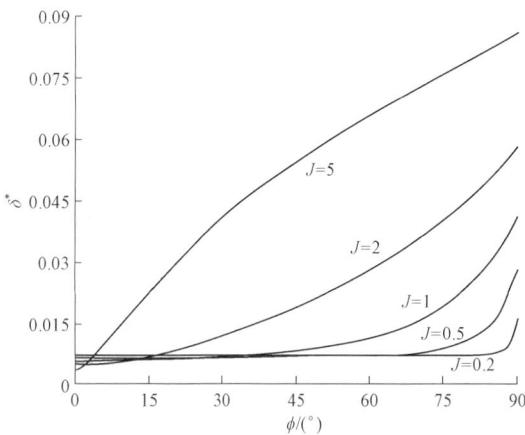

图 2-4-13　$F^*=15\times10^8$, $Ste=0.5$ 时，不同
J 值对 $\delta^*-\phi$ 曲线的影响

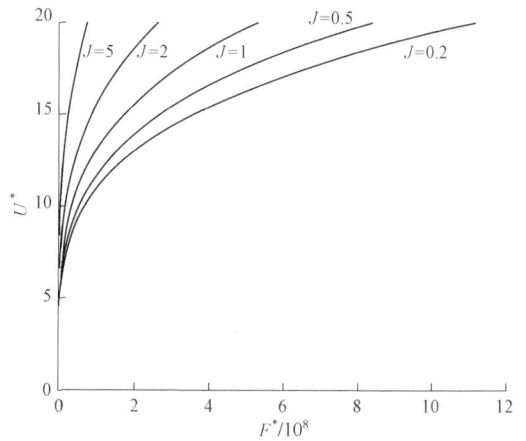

图 2-4-14　$Ste=0.1$ 时，不同 J 值对
U^*-F^* 曲线的影响

　　图 2-4-15 为 U^* 和 Ste 数相同时，考虑法向角影响与不考虑法向角影响（$\theta=\phi$）所得的 $\delta^*-\phi$ 曲线的比较图。当 $J<1$ 时，ϕ 在某一角 ϕ_o 范围内两者值保持一致，但 $\phi>\phi_o$ 时，考虑法向角影响所得曲线则在不考虑法向角影响（曲线在 ϕ 接近 90° 时瞬时趋于无穷）的上方延伸到一定值，且 ϕ_o 随 J 的减小而增大。当 $J>1$ 时，考虑法向角影响的曲线在不考虑法向角影响的下方延伸到一定值，但是后者曲线仍趋于无穷，两者值相差较大。

　　图 2-4-16 为 Ste 数相同时，U^*-F^* 曲线图。无论 J 值大小，考虑法向角影响曲线总在不考虑法向角影响的下方。通过不同 J 值曲线比较发现：在 $J<0.5$ 时，两者曲线较接近，但随着 J 值的增大，两者差异变得明显。

　　当 $J<0.1$ 时，椭圆柱已近似为平板。对相变材料围绕平板（平板下）的等温接触熔化，Bejan[7]等获得：

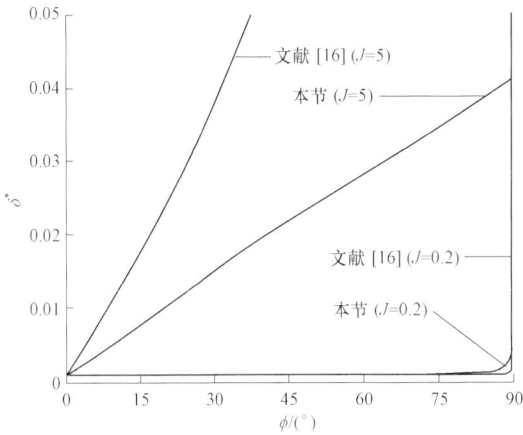

图 2-4-15　$U^* = 89.591$，$Ste = 0.1$ 时，考虑与
不考虑法向角影响的边界层厚度分布

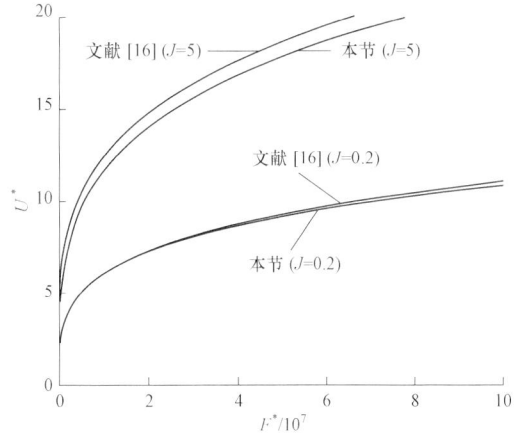

图 2-4-16　$Ste = 0.1$ 时，考虑与不考虑
法向角影响的 $U^* - F^*$ 曲线分布

$$F^* = 8U^{*4} \big/ Ste^3 \qquad (2\text{-}4\text{-}143)$$

$$\delta^* = Ste \big/ U^* \qquad (2\text{-}4\text{-}144)$$

图 2-4-17～图 2-4-18 为相同外界条件下 $J = 0.01$ 时，本节与 Bejan[7] 所得 $U^* - F^*$ 曲线。由图可以看出两者曲线基本保持重合，但经放大后发现相同 F^* 条件下本节求得 U^* 值略大于平板下的值。通过计算其他 J 值的曲线比较后发现：$J < 0.1$ 时，$U^* - F^*$ 曲线同图 2-4-18 情况近似，此时椭圆柱可作为平板近似分析；并且发现在其他条件相同情况下，当 $J < 5$ 时，在 $U^* < 4$ 的范围内，椭圆柱和平板的 $U^* - F^*$ 曲线也基本保持重合。

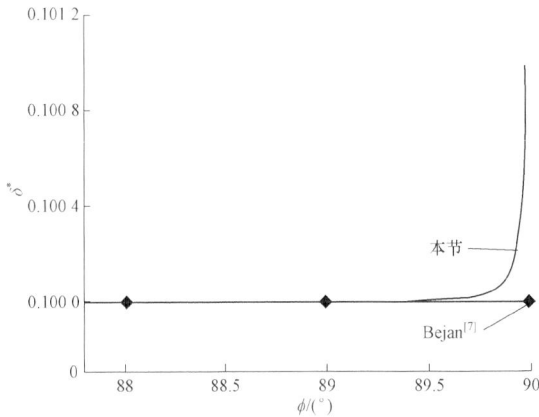

图 2-4-17　$U^* = 1$，$Ste = 0.1$ 时，改进（$J = 0.01$）
与 Bejan[7] 的边界层厚度分布

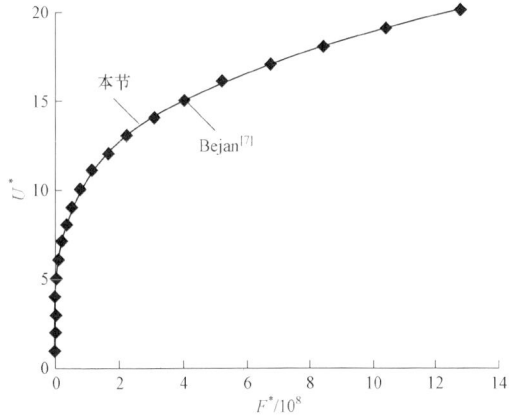

图 2-4-18　$Ste = 0.1$ 时，改进（$J = 0.01$）与
Bejan[7] 的 $U^* - F^*$ 曲线分布

Gong 等[20] 采用相变材料为纯度 98% 的正十八烷（熔点为 28 ℃）对 J 值为 0.5 的椭圆柱热源进行等温接触熔化实验，实验表明柱体在 $\phi = 90°$ 处的边界层厚度为有限值。相同条件下按本节的方法计算得 δ^* 为 0.077，而实验测量值如表 2-4-1，不难发现，两者结果较为接近。

表 2-4-1　$\phi=90°$ 时，δ^* 的实验值

测量序号	1	2	3	4	5	6
δ^*值	0.063 5	0.086 2	0.080 1	0.073 7	0.076 9	0.090 0

参考文献

［1］陈文振，孙丰瑞，杨强生，等. 相变材料接触熔化的研究［J］. 力学进展，2003，33（4）：446-460.

［2］Emerman S H，Turcotte D L. Stokes problem with melting［J］. International Journal of Heat and Mass Transfer，1983，26（11）：1625-1630.

［3］Moallemi M K，Webb B W，Viskanta R. An experimental and analytical study of close contact melting ［J］. ASME Journal of Heat Transfer，1986，108：894-899.

［4］Moallemi M K，Viskanta R. Analysis of close contact melting heat transfer［J］. International Journal of Heat and Mass Transfer，1986，29（6）：855-867.

［5］Fowler A J，Bejan A. Contact melting and friction［J］. International Journal of Heat and Mass Transer，1993，36（5）：1171-1179.

［6］Bejan A. Convection heat transfer［M］. Wiley，New York，1984.

［7］Bejan A. The Fundamentals of sliding contact melting and friction［J］. ASME Journal of Heat Transfer，1989，111：13-35.

［8］Litsek P A，Bejan A. Sliding contact melting：The effect of heat transfer in the solid parts［J］. ASME Journal of of Heat Transfer，1990，112：808-812.

［9］Moallemi M K，Viskanta R. Melting Around A Migrating Heat Source［J］. Journal of Heat Transfer，1985，107：451-459.

［10］Moallemi M K，Viskanta R. Experiments On flow induced by melting around a migrating heat source ［J］. Journal of Fluid Mechanics，1985，157：35-51.

［11］Chen Wenzhen，Zhao YuanSong，Sun Fengrui，et al. Analysis of ΔT-driven contact melting of phase change material around a horizontal cylinder［J］. Energy Conversion and Management，2008，49（5）：1002-1007.

［12］Chen Wenzhen，Zhu Bo，Chen Zhiyun，et al. New analysis of contact melting of phase change material around a hot sphere［J］. Heat and Mass Transfer，2008，44（1）：281-286.

［13］程尚模，陶金瑞. 用于椭圆管外的凝结换热的研究［J］. 华中理工大学学报，1989，17：1-6.

［14］《数学手册》编写组. 数学手册［M］. 北京：高等教育出版社，1984.

［15］Chen Wenzhen，Cheng Shangmo，Luo Zhen. An analytical solution of melting around a moving elliptical heat source［J］. Journal of Thermal Science，1994，3（1）：23-27.

［16］陈文振，简瑞民，杨强生. 围绕水平椭圆柱热源接触熔化的分析［J］. 上海交通大学学报，1998，32（4）：27-30.

［17］陈文振，李光华，朱波，等. 围绕椭圆柱温差驱动的有限长接触熔化［J］. 太阳能学报，2003，

24（3）321-324.

［18］ Morega A M，Filip A M，Bejan A，et al. Melting around a shaft rotating in a phase-change material ［J］. International Journal of Heat and Mass Transfer，1993，36：2499-2509.

［19］ Chen Wenzhen，Li Haofeng，Li Guorghua，et al. An analytical solution of contact melting around an axisymmetric ellipsoid［J］. International Journal of Power & Energy Systems，2006，26（2）：101-105.

［20］ Gong Miao，Chen Wenzhen，Zhao Yuansong，et al. Analysis of contact melting around a horizontal elliptical cylinder heat source ［J］. Progress in Natural Science，2008，18（4）：441-446.

第三章　均匀定壁温热源内的接触熔化

封闭空间内相变过程可按要求成为既是冷源又是热源的可逆系统，且无运动部件，可靠性高，特别适用于周期性热源的热控制。又因其高的能量密度与等温传递热量的特点，而在相变储能装置，太阳能利用与热泵空调系统中获得很大的应用，这些应用反过来又激发了人们对相变过程的研究，为研制设计出更好性能的装置提供完善的理论依据。

在封闭的加热容器内，固体熔化过程的传热主要受到容器壁面到固液表面所传递热量的控制。就其所观测到的现象而言可分为两种类型[1,2]，一种是容器内固体固定，熔化过程不与加热面接触，即非接触熔化，或称为固定式熔化。另一种是固体依靠其自身的重量，压在加热面上而产生的接触熔化。非接触熔化过程，热量传递首先受固体与熔化液膜内液体的导热控制，然后受熔化了的液体在封闭腔内的自然对流的控制。而接触熔化过程，热量传递主要受壁面与固体间的熔化液膜内液体的导热控制。自由固体在各种形状腔内的接触熔化[3]，诸如矩形腔[4,5]、圆管[6,7]与球[8,9]内等，从 20 世纪 80 年代以来有了大量的研究。本章介绍均匀恒定加热温度热源内的接触熔化过程。

第一节　矩形腔内的熔化

以四面受热的相变材料接触熔化作为一般问题，其物理模型如图 3-1-1 所示。初始处于均匀温度 T_i，小于熔点 T_m（$T_i < T_m$）的固体材料，在受到矩形壁面恒温 T_w 的加热下，开始熔化。假设：（1）在熔化过程，固体保持水平状态。（2）矩形长度远大于高与宽，即腔内液体的流动是二维的，且为层流。（3）相变材料的热物性为各向同性，除液体的密度与温度呈线性关系外，其他物性参数可视为常数，Boussinesq 近似成立。（4）固液表面界线分明，即无模糊区。

下文中，我们称底面接触熔化区内液体为边界层，其他位置的液体为液相或液体，则边界层内的控制方程如下。

连续方程：

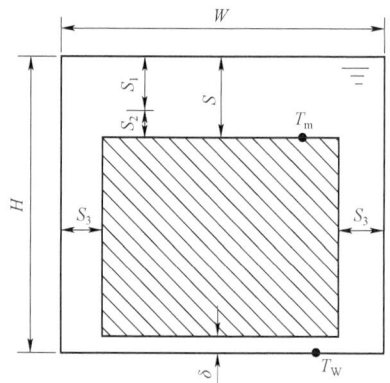

图 3-1-1　矩形腔内四面受热熔化的物理模型

$$\nabla \cdot U = 0 \tag{3-1-1}$$

动量方程：

$$\rho_l \frac{\mathrm{d}u}{\mathrm{d}t} = -\nabla p + \mu_s \nabla^2 U - \rho_l g \qquad （3\text{-}1\text{-}2）$$

能量方程：

$$\frac{\mathrm{d}T}{\mathrm{d}t} = \alpha_1 \nabla^2 T \qquad （3\text{-}1\text{-}3）$$

固液表面上热平衡方程：

$$m[L + c_\mathrm{p}(T_\mathrm{m} - T_\mathrm{i})] = -\lambda_\mathrm{s} \nabla T \big|_\mathrm{s} \qquad （3\text{-}1\text{-}4）$$

固液表面上质量平衡方程：

$$m = \rho_\mathrm{s} \frac{\mathrm{d}s_\mathrm{l}}{\mathrm{d}t} \qquad （3\text{-}1\text{-}5）$$

式中，下标 s、l 表示固体、液体；m 为底面上接触熔化的质量流率，其他符号见图 3-1-1。

一、底面加热

所考虑的矩形腔内相变材料在底面进行接触熔化过程如图 3-1-2（a）所示。两侧及顶部壁面保持绝热。接触熔化后的液体沿两侧到达顶部。进一步假设：（1）接触熔化主要通过边界层的导热。（2）边界层厚度很薄。即 $\delta \ll W$，且不随 x 变化。图 3-1-2（b）为某一时刻底面上放大的液体边界层。（3）熔化了的液体为牛顿流体。（4）动量方程中惯性力与黏性力相比可略去。（5）保持 Nusselt 液膜理论的其他假设，则（3-1-1）至（3-1-5）式可简化为：

(a)

(b)

图 3-1-2　矩形腔底面加热熔化的物理模型

$$\frac{\partial u}{\partial x} + \frac{\partial v}{\partial y} = 0 \qquad （3\text{-}1\text{-}6）$$

$$\mu_l \frac{\partial^2 u}{\partial y^2} = \frac{\mathrm{d}p}{\mathrm{d}x} \qquad （3\text{-}1\text{-}7）$$

$$\frac{\partial^2 T}{\partial y^2} = 0 \qquad （3\text{-}1\text{-}8）$$

$$-\lambda_l \frac{\partial T}{\partial y} \Big|_{y=\delta} = mL_m \qquad （3\text{-}1\text{-}9）$$

$$m = \rho_s \frac{\mathrm{d}s}{\mathrm{d}t} \qquad （3\text{-}1\text{-}10）$$

相应的边界条件为：

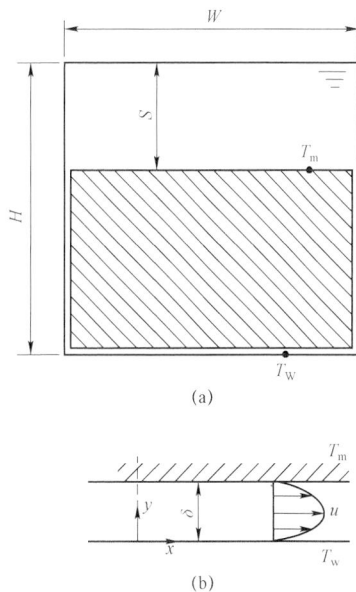

$$y = 0: \quad u = v = 0 \qquad\qquad T = T_w \\ y = \delta: \quad u = 0, \quad v = -\frac{\rho_s}{\rho_l}\frac{\mathrm{d}s}{\mathrm{d}t}, \qquad T = T_m \quad \Bigg\}$$

(3-1-11)

其中，$L_m = L + c_p(T_m - T_i)$，L 为熔化潜热，T_i 为固体初始温度，v 为 y 方向的收度。熔化液体边界层内质量平衡方程为：

$$\rho_l \int_0^\delta u\mathrm{d}y = \frac{\mathrm{d}s}{\mathrm{d}t}\rho_s x$$

(3-1-12)

而作用在固体上的力平衡方程为：

$$\int_0^{w/2} p\mathrm{d}x = \frac{1}{2}g\Delta\rho(H-S)W$$

(3-1-13)

由（3-1-7），（3-1-8）与（3-1-11）式解得：

$$u = \frac{1}{2\mu_l}(y^2 - \delta y)\frac{\mathrm{d}p}{\mathrm{d}x}$$

(3-1-14)

$$T = T_w + (T_m - T_w)y/\delta$$

(3-1-15)

将（3-1-14）与（3-1-15）式代入（3-1-12）式得：

$$\frac{\mathrm{d}p}{\mathrm{d}x} = -\frac{12r_s\mu_l}{r_l\delta^3}\frac{\mathrm{d}S}{\mathrm{d}t}x$$

(3-1-16)

将（3-1-11）、（3-1-14）及（3-1-16）式代入（3-1-6）式得：

$$v = \frac{6\rho_s}{\rho_l\delta^3}\frac{\mathrm{d}S}{\mathrm{d}t}\left(\frac{1}{3}y^3 - \frac{1}{2}\delta y^2\right)$$

(3-1-17)

将（3-1-15）式代入（3-1-9）式得：

$$\delta = \lambda_l(T_w - T_m)/mL_m$$

(3-1-18)

将（3-1-18）式代入（3-1-16）式积分，并利用边界条件 $p\big|_{x=\frac{W}{2}} = 0$ 得：

$$p = 6m^4 v_l\left(\frac{c_p}{\lambda_l Ste^*}\right)^3\left(\frac{1}{4}W^2 - x^2\right)$$

(3-1-19)

将（3-1-19）式代入（3-1-13）式化简后得：

$$m^4 v_l\left(\frac{c_p}{\lambda_l Ste^*}\right)^3 W^3 = g\Delta\rho W(H-S)$$

(3-1-20)

定义以下无量纲参数：

$$S^* = \frac{S}{W}, \qquad B = \frac{H_0}{W}, \qquad g^* = \frac{gW^3}{v_l^2}, \qquad \rho^* = \frac{\rho_l}{\rho_s} \\ Ste^* = \frac{c_p(T_w - T_m)}{L_m}, \qquad \tau = Ste^* Fo \\ Fo = \frac{at}{W^2}, \qquad V^* = \frac{S}{H_0} = \frac{S^*}{B}, \qquad H^* = \frac{H}{W} \quad \Bigg\}$$

(3-1-21)

将这些参数及（3-1-10）式代入（3-1-20）式得：

$$\frac{\mathrm{d}S^*}{\mathrm{d}\tau} = \left[\frac{g^*(1-\rho^*)\rho^{*3}PrB}{Ste^*}\right]^{1/4}\left(1-\frac{S^*}{B}\right)^{1/4} \tag{3-1-22}$$

由（3-1-10）与（3-1-18）式得无量纲的边界层厚度：

$$\delta^* = \frac{\delta}{W} = \rho^*\frac{\mathrm{d}\tau}{\mathrm{d}S^*} \tag{3-1-23}$$

由（3-1-22）式求得无量纲的固体高度与固体熔化速度的关系为：

$$U^* = \frac{\mathrm{d}S^*}{\mathrm{d}Fo} = [g^*\rho^{*3}(1-\rho^*)PrSte^{*3}]^{1/4}H^{*1/4} \tag{3-1-24}$$

由图 3-1-2 可知：

$$U^* = -\frac{\mathrm{d}H^*}{\mathrm{d}F^*} + \frac{\mathrm{d}\delta^*}{\mathrm{d}Fo} \tag{3-1-25}$$

由于 δ^* 比 H^* 小得多，因而可略去。则将（3-1-24）式代入（3-1-25）式积分后得无量纲的固体高度为：

$$H^* = \left\{B^{3/4} - \frac{3}{4}Fo\left[g^*\rho^{*3}(1-\rho^*)PrSte^{*3}\right]^{1/4}\right\}^{4/3} \tag{3-1-26}$$

由（3-1-22）式，并由边界条件 $V^*|_{\tau=0}=0$ 得：

$$\tau = \frac{4}{3}B\left[\frac{Ste^{*3}}{g^*\rho^{*3}(1-\rho^*)PrB}\right]^{1/4}\left[1-(1-V^*)^{3/4}\right] \tag{3-1-27}$$

将（3-1-27）式代入（3-1-23）式得：

$$\delta^* = \left\{1-\frac{3}{4}\left[\frac{g^*\rho^{*3}(1-\rho^*)Pr}{Ste^{*3}B^3}\right]^{1/4}\tau\right\}^{-3}\left[\frac{Ste^{*3}\rho^*}{g^*(1-\rho^*)PrB}\right]^{1/4} \tag{3-1-28}$$

（1）当不考虑作用在固体上的浮升力，或非封闭腔内的接触熔化时[10]，（3-1-13）式应为：

$$\int_0^{w/2} p\mathrm{d}x = \frac{1}{2}g\rho_s(H-S)W \tag{3-1-29}$$

按前面相同的步骤推导得以下几个关系式：

$$U^* = \frac{\mathrm{d}S^*}{\mathrm{d}Fo} = [g^*\rho^{*3}PrSte^{*3}]^{1/4}H^{*1/4} \tag{3-1-30}$$

$$H^* = \left\{ B^{3/4} - \frac{3}{4} Fo[g^* \rho^{*3} Pr Ste^{*3}]^{1/4} \right\}^{4/3} \qquad (3\text{-}1\text{-}31)$$

$$\tau = \frac{4}{3} B \left[\frac{Ste^{*3}}{g^* \rho^{*3} Pr B} \right]^{1/4} \left[1 - (1 - V^*)^{3/4} \right] \qquad (3\text{-}1\text{-}32)$$

$$\delta^* = \left[1 - \frac{3}{4} \left(\frac{Ste^{*3} B^3}{g^* \rho^{*3} Pr} \right)^{1/4} \tau \right] \left(\frac{Ste^{*3} B^3}{g^* \rho^{*3} Pr} \right)^{1/4} \qquad (3\text{-}1\text{-}33)$$

（3-1-30）至（3-1-33）式与相变材料在平板上的接触熔化所得的结果[10]略有区别。在边界条件（3-1-11）与边界层内质量平衡方程（3-1-12）中，假设 $\rho_l = \rho_s$ 时，（3 1 30）至（3-1-33）式中的 ρ^{*3} 将变成 ρ^*，此时（3-1-30）～（3-1-33）式即成为 Moallemi 等人[10]所得结果。

（2）图 3-1-3 给出了两种条件下（工况 a：$Ste^* = 0.0227$；工况 b：$Ste^* = 0.0504$）无量纲固体高度 H^* 随傅里叶数 Fo 的变化关系。其中实线为（3-1-26）式得到的解析解，其他为实验结果。为了与 Moallemi 等人[10]所得结果的比较，H^* 与 Fo 分别放大 2 和 4 倍。可以看到，分析解要低于实测的结果。这种差别可归因于模型简化（例如，$p\big|_{x=\frac{w}{2}} = 0$，$\dfrac{dU}{dt} \ll g$，$\delta \ll H$ 等）以及实验的理想化（如，固体表面上温度均匀，忽略对流的影响）。图 3-1-4 还给出了浮力没有影响时所得的结果，比较图上曲线可以发现，由于浮力的作用，固体下降的速度要慢得多，完成熔化（$Ste^* = 0.059$）所需时间要多 1 倍。此外，点划线与实线非常接近，这表明 Moallemi 等人[10]所得结果在边界条件与质量平衡方程中认为 $\rho_l = \rho_s$ 是合理的。但如果把这一假设全面推广的话，则将导致许多错误的结论，可参见（3-1-13）式，这也是 Boussinesq 假设的必要性。而图 3-1-4 中实验值大于分析解再一次表明了模型的简化与实验的理想化对结果影响的规律。

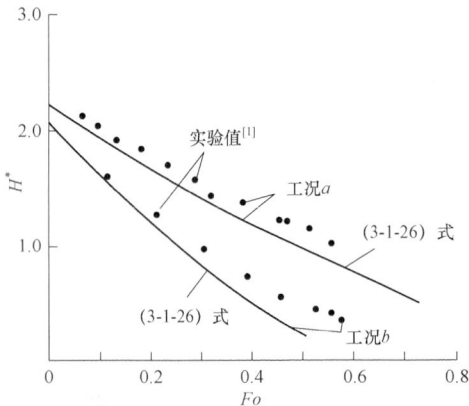

图 3-1-3 封闭矩形腔内无量纲固体
高度随傅里叶数的变化

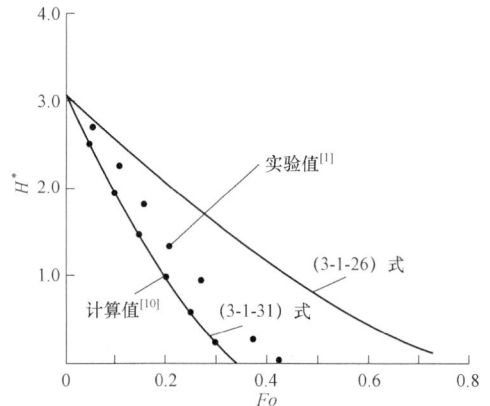

图 3-1-4 矩形腔内与平板上无量纲固体
高度随傅里叶数变化

（3）由（3-1-24）式可知，无量纲的熔化速度 U^* 与固体高 $H^{*1/4}$ 成一线性关系，见图 3-1-5。为了与实验结果的比较，图中 U^* 与 H^* 均匀放大 2 倍，且以如下形式给出：

$$U^*/K = H^{*1/4} \tag{3-1-34}$$

其中 $K = [g^* \rho^* (1 - \rho^*) Pr Ste^{*3}]^{1/4}$ 由图 3-1-5 不难看到，理论解与实验值相比，大致高 20% 左右，这与无浮力作用时的情况基本相同。实际上，由式（3-1-34）不难发现，浮力的作用结果表现在系数 K 的不同，所以图 3-1-6 给出的曲线保持平行。

图 3-1-7 给出由（3-1-27）式求得的无量纲熔化率 V^* 的变化曲线，并与实验进行了比较。结果表明，理论值要大于实验值，引起这个结果的原因仍同前。此外，Ste^* 对 V^* 有较大的影响。

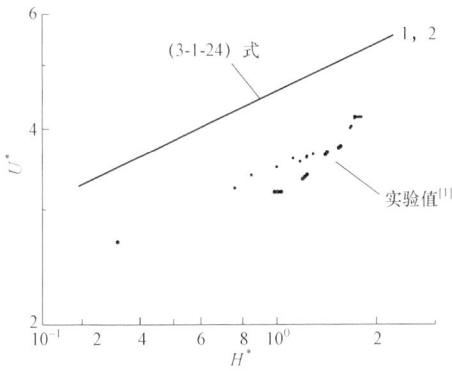

图 3-1-5　封闭矩形腔内 U^* 随 H^* 的变化

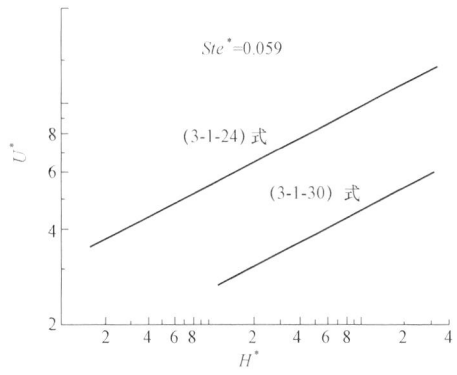

图 3-1-6　矩形腔内与平板上 U^* 随 H^* 变化的比较

（4）图 3-1-8 给出不同条件下熔化过程的熔化率的变化规律。显然，接触熔化要比非接触熔化有大得多的熔化率。而对接触熔化，浮力的作用将减弱熔化率，不过按 Moallemi

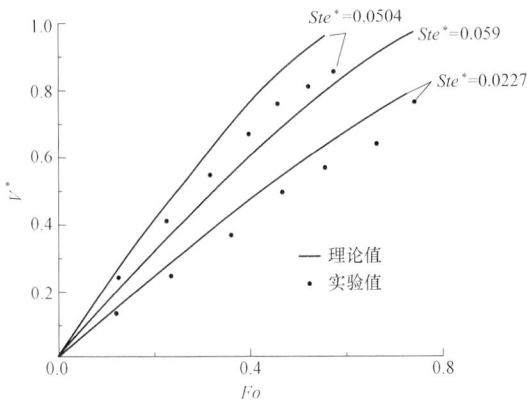

图 3-1-7　不同 Ste^* 时 V^* 随 Fo 的变化

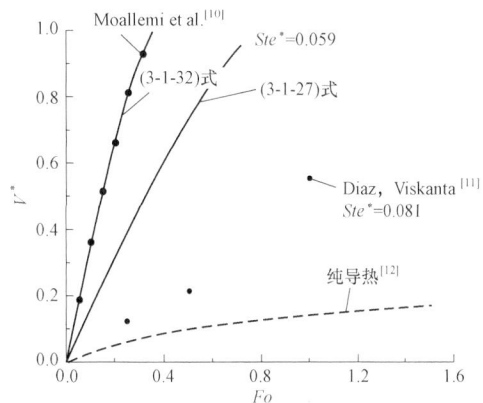

图 3-1-8　不同熔化形式下 V^* 随 Fo 的变化

等人[10]的方法计算，封闭腔内的接触熔化的熔化率（即由热源的传热量）比由自然对流控制的非接触熔化[11]仍大几倍，见图 3-1-8。

（5）图 3-1-9 与图 3-1-10 分别给出浮力及 Ste^* 对无量纲边界层厚度的影响。显然浮力的作用使得边界层厚度增加，其结果使得熔化率减小（见图 3-1-8）。而 Ste^* 数的增加使边界层厚度增加，却对应较小的熔化率（见图 3-1-7）。可见由熔化边界层厚度的大小不能确定熔化率的大小。

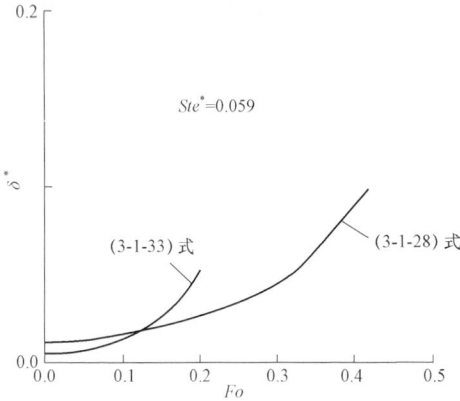

图 3-1-9　矩形腔内与平板上 δ^* 随 Fo 的变化　　　图 3-1-10　矩形腔内 δ^* 随 Fo 的变化

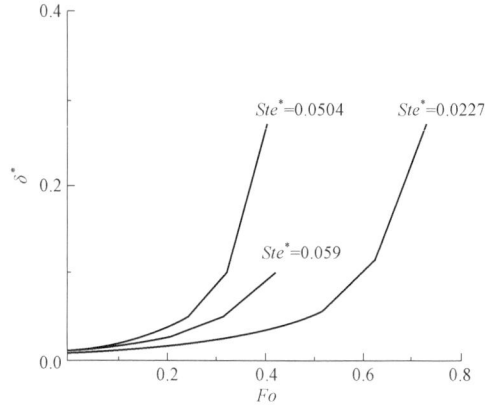

从以上分析不难得到结论：封闭矩形腔内的接触熔化，由于浮力的作用，将使传热效果减弱，但仍接触熔化有更高的熔化率；ρ^* 在以上各公式的乘积项中的影响甚小，一般情况下可认为 $\rho_l = \rho_s$。但差项中不可忽略，因此较大固液密度差（$\rho_s - \rho_l$）的相变材料有利于提高熔化率。边界层厚度的大小与熔化率没有固定必然的联系。

二、上下不等温加热

上下不等温加热的熔化过程如图 3-1-11 所示，对于底面温度为 T_{wl} 的加热熔化过程，前面的（3-1-10）～（3-1-12）式变为：

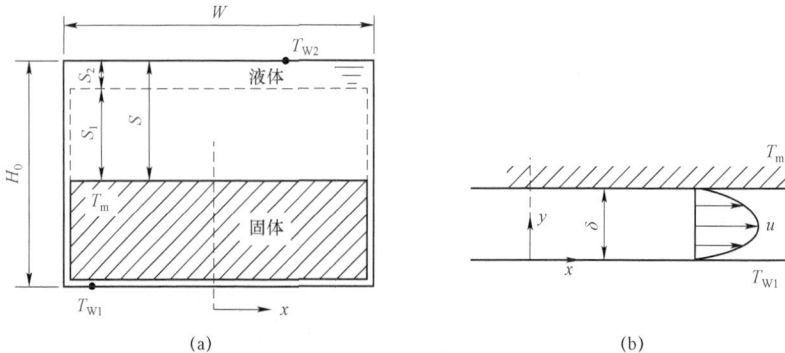

图 3-1-11　上下不等温加热熔化的物理模型

$$m = \rho_s \frac{ds_1}{dt} \qquad (3\text{-}1\text{-}35)$$

$$\left. \begin{array}{llll} y = 0: & u = v = 0 & & T = T_w \\ y = \delta: & u = 0, & v = -\dfrac{\rho_s}{\rho_l}\dfrac{ds}{dt}, & T = T_m \end{array} \right\} \qquad (3\text{-}1\text{-}36)$$

$$\rho_l \int_0^\delta u\,dy = \frac{ds_1}{dt}\rho_s x \qquad (3\text{-}1\text{-}37)$$

其他基本方程相同。以上三式中 S_1 为由接触熔化引起的液体厚度。按上一小节的推导步骤，我们可以求得：

$$\frac{d\tau}{dS^*} = \left[\frac{Ste_1^*}{g^*(1-\rho^*)\rho^{*3}PrB} \right]^{1/4} \left(1 - \frac{S^*}{B} \right)^{-1/4} \qquad (3\text{-}1\text{-}38)$$

$$\delta^* = \left[\frac{Ste_1^*\rho^*}{g^*(1-\rho^*)PrB} \right]^{1/4} \left(1 - \frac{S^*}{B} \right)^{-1/4} \qquad (3\text{-}1\text{-}39)$$

其中，Ste_1^* 以底面温度 T_{w1} 来定义。

对于顶面以恒温 T_{w2} 加热过程，我们仍假设通过顶部液体层的热传递为稳定的导热[13]，则能量方程可写为：

$$\rho_s L_m \frac{dS_2}{dt} = \lambda_l \frac{T_{w2} - T_m}{S} \qquad (3\text{-}1\text{-}40)$$

无量纲化后，得：

$$\frac{dS_2^*}{d\tau} = \frac{\rho^*}{S^*}\frac{Ste_2^*}{Ste_1^*} \qquad (3\text{-}1\text{-}41)$$

其中 Ste_2^* 为 T_{w2} 下的斯蒂芬数，S_2 为顶部非接触熔化的液体层厚度。S_1、S_2 与 S 满足如下关系：

$$\frac{dS_1^*}{d\tau} + \frac{dS_2^*}{d\tau} = \frac{dS^*}{d\tau} \qquad (3\text{-}1\text{-}42)$$

将（3-1-38）与（3-1-41）式代入（3-1-42）式得：

$$\frac{dS^*}{d\tau} = \left[\frac{g^*(1-\rho^*)\rho^{*3}PrB}{Ste^*} \right]^{1/4} \left(1 - \frac{S^*}{B} \right) + \frac{\rho^*}{S^*}\frac{Ste_2^*}{Ste_1^*} \qquad (3\text{-}1\text{-}43)$$

对上式积分得：

$$\tau = \int_x^1 \frac{4Bx^4}{ax + b/(1-x^4)}\,dx \qquad (3\text{-}1\text{-}44)$$

式中,

$$a = \left[\frac{g^*(1-\rho^*)\rho^{*3}PrB}{Ste^*} \right]^{1/4}$$

$$b = \frac{\rho^*}{S^*} \frac{Ste_2^*}{Ste_1^*}$$

$$x = \left(1 - \frac{S^*}{B} \right)^{1/4}$$

(3-1-45)

将(3-1-44)式代入(3-1-41)式并积分得:

$$S_2^* = \int_x^1 \frac{4Bb}{ax(1-x^4)+b} dx$$

(3-1-46)

而

$$S_1^* = B(1-x^4) - S_2^*$$

(3-1-47)

将(3-1-45)式代入(3-1-39)式得:

$$\delta^* = \frac{\rho^*}{ax}$$

(3-1-48)

由(3-1-44)~(3-1-48)式通过数值计算可分别求得无量纲的熔化率 $V^*(=S^*/B)$,上下面熔化液体层厚度 S_2^*,S_1^* 以及边界层厚度 δ^* 的变化规律。首先设定 S^*(或 V^*)的变化值,由(3-1-45)式求得 x 代入(3-1-44)式进行数值积分得到 τ 变化值,将它以曲线表示,即得到 V^* 的变化规律。同样,将 x 值代入(3-1-45)~(3-1-48)式,可得 S_1^*、S_2^* 与 δ^* 的变化规律。

(1)图 3-1-12 给出了十八烷 3 组 9 种工况下由(3-1-44)式得到的熔化率随傅里叶数 Fo 变化曲线。a,b,c 组分别代表温差 $T_{w1} - T_m$ = 2.2 ℃、7.1 ℃、19.6 ℃(相应的 Ste_1^* = 0.024 3,0.078 4,0.216)的工况,在每组中又分别有 $T_{w2} - T_{w1}$ = 0 ℃,5 ℃,10 ℃(相应的 Ste_2^*/Ste_1^* = 1,3.273,5.545)的工况。其中 b(2 条曲线)与 c(1 条曲线)组由于各工况之间差别很小而不能分辨出。由图 3-1-12 不难看到,熔化率随 Fo 的变化呈单调递增关系,其递增速度与熔化温度 $\Delta T = T_{w1} - T_m$(或 Ste_1^*),上下壁面温差 $\Delta T_w = T_{w2} - T_{w1}$(或 Ste_2^*/Ste_1^*)大小有关。熔化温差增加时,熔化率增加显著。而壁面温差增加时,在小的熔化温差下,对熔化率基本没有影响,图 3-1-12 中的 c 为 3 个壁面温差时的变化曲线。此外,由图 3-1-13 还可以看出,熔化率与容器的高宽比 B 有关,在相同条件下,小的高宽比对应大的熔化率,因而降低高宽比有利于提高熔化率。

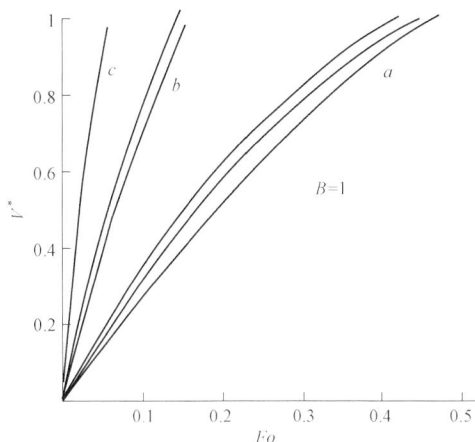

图 3-1-12 不同壁面温差时熔化率的变化

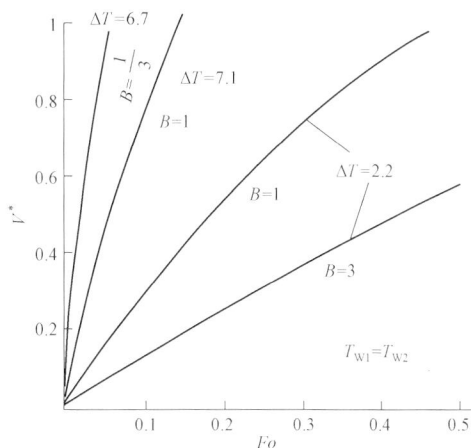

图 3-1-13 高度比对熔化率的影响

（2）图 3-1-14 给出下由（3-1-44）与（3-1-48）式计算得到的无量纲底面边界层厚度的变化曲线。其中以 c 组最大，a 组最小，熔化温差与壁面温差对 δ^* 的影响与对熔化率的影响规律相同。δ^* 随傅里叶数 Fo 增加开始缓慢增加，当 Fo 达到某一值时，δ^* 将剧增。其中以 b、c 组工况更为明显。这是由于随熔化进行到某一时刻（Fo）时，固体的重量与浮力和压力相比明显减弱所致。这个现象在上一节中同样存在，它表明，熔化进行到后续阶段，已不满足边界层理论，所得结果将出现大的误差[14,15]。此外由图 3-1-15 可以发现，边界层厚度随高宽比的增加而减小。

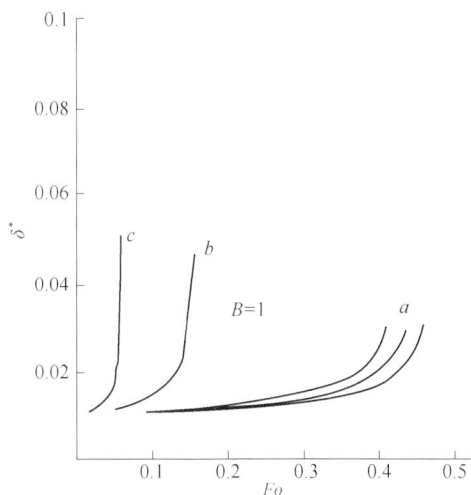

图 3-1-14 不同壁面温差时无量纲边界厚度的变化

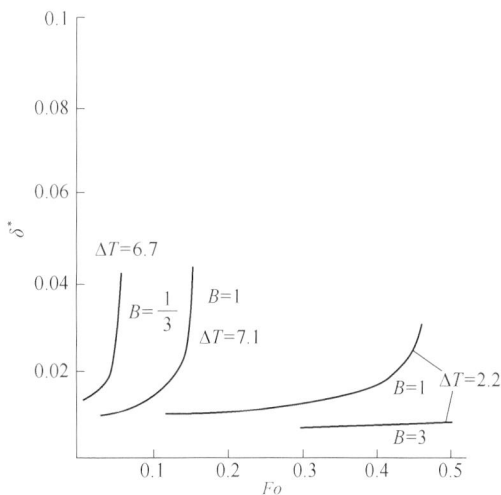

图 3-1-15 高度对液膜厚度的影响

（3）图 3-1-16 给出了由（3-1-46）与（3-1-48）式得到的无量纲上下面熔化液体层厚度 S_1^*、S_2^*。由图可见，熔化温差 ΔT 对 S_1^* 有显著的影响，其规律同 δ^*，V^* 曲线。壁面温差 ΔT_w 主要对 S_2^* 有影响（特别当 ΔT 或 Ste_1 小时），而对 S_1^* 基本没有影响。

由于矩形腔内熔化率是由底面接触熔化与顶面非接触熔化引起的，因而 S_1^*、S_2^* 分别代表了这两种熔化所产生的熔化率。图 3-1-16 表明，接触熔化率随 Fo 增加缓慢。在整个熔化过程，接触熔化占主导地位，特别对于较大的高宽比 S_2^* 所占的百分比甚小（例如：$B=3$，$\Delta T=2.2$ ℃，$\Delta T_w=0$ 时，S_1^*/S_2^* 高达 15），以致可以忽略顶面引起的熔化，用上一节情况来处理。不过，对于较小的高宽比，忽略顶面的熔化会引起较大的误差。如工况 $B=1/3$，$\Delta T=6.7$ ℃，$\Delta T_w=5$ ℃时，S_1^*/S_2^* 仅为 3。此外，图 3-1-17 还给出了高宽比 B 对的 S_1^* 影响规律，与 δ^* 和 V^* 情况不同，提高高宽比 B 值使 S_1^* 增大。

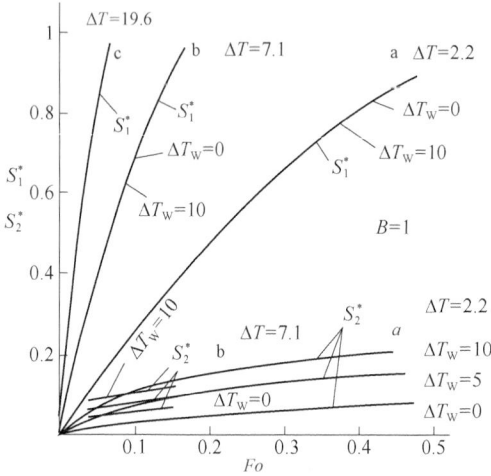

图 3-1-16　不同壁面温差对液膜厚度的影响

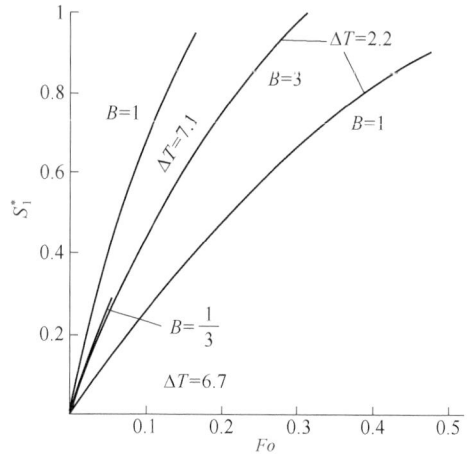

图 3-1-17　高度比对液膜厚度的影响

三、两侧加热

考虑等温的两侧壁面熔化过程如图 3-1-18 所示。基本假设与方程同上节，底面接触熔化力平衡方程为：

$$\int_0^{W/2-S_1} p\,\mathrm{d}x = \frac{1}{2}g\Delta\rho(W-2S_1)(H-S) \quad (3\text{-}1\text{-}49)$$

压力的边界条件为：

$$x=\frac{W}{2}-S_1; \qquad p=0 \quad (3\text{-}1\text{-}50)$$

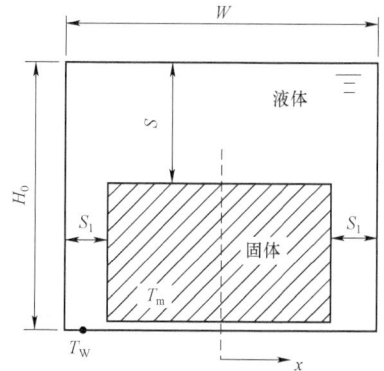

图 3-1-18　两侧加热熔化的物理模型

则得到的压力分布为：

$$p=6m^4 v_1\left(\frac{c_p}{\lambda_1 Ste^*}\right)^3\left[\left(\frac{W}{2}-S_1\right)^2-x^2\right] \quad (3\text{-}1\text{-}51)$$

定义无量纲参数：

$$W^*=\frac{W-S_1}{W}=1-2S_1^* \quad (3\text{-}1\text{-}52)$$

由 $m = \rho_s \dfrac{\mathrm{d}s}{\mathrm{d}t}$ 与（3-1-51）式代入（3-1-49）式并无量纲化后得：

$$\frac{\mathrm{d}S^*}{\mathrm{d}\tau} = \left[\frac{g^*(1-\rho^*)\rho^{*3}PrB}{Ste^*W^{*2}} \right]^{1/4} \left(1 - \frac{S^*}{B}\right)^{1/4} \tag{3-1-53}$$

将（3-1-53）式代入（3-1-23）式得：

$$\delta^* = \left[\frac{Ste^*W^{*2}\rho^*}{g^*(1-\rho^*)PrB} \right]^{1/4} \left(1 - \frac{S^*}{B}\right)^{1/4} \tag{3-1-54}$$

另一方面，对通过稳定的两侧液体层导热的熔化，在准静态假设的条件下，能量方程为：

$$\rho_s L_{\mathrm{m}} \frac{\mathrm{d}S_1}{\mathrm{d}t} = \lambda_l \frac{T_{\mathrm{w}} - T_{\mathrm{m}}}{S_1} \tag{3-1-55}$$

其无量纲的形式为：

$$\frac{\mathrm{d}S_1^*}{\mathrm{d}\tau} = \frac{\rho^*}{S_1^*} \tag{3-1-56}$$

对（3-1-56）式积分并注意到初始条件 $S_1^*|_{\tau=0} = 0$，可得：

$$S_1^* = \sqrt{2\rho^*\tau} \tag{3-1-57}$$

$$W^* = 1 - 2\sqrt{2\rho^*\tau} \tag{3-1-58}$$

将（3-1-58）式代入（3-1-53）式得：

$$\rho^*(1-2\sqrt{2\rho^*\tau})^{-1/2}\mathrm{d}\tau = \left[\frac{Ste^*\rho^*}{g^*(1-\rho^*)PrB} \right]^{1/4} \left(1 - \frac{S^*}{B}\right)^{-1/4}\mathrm{d}S^* \tag{3-1-59}$$

对式（3-1-59）积分并利用初始条件 $S^*|_{\tau=0} = 0$，求得无量纲的顶上液体层厚度：

$$S^* = B - B \left\{ 1 + \frac{\left(1+\sqrt{2\rho^*\tau}\right)\left(1-2\sqrt{2\rho^*\tau}\right)^{1/2} - 1}{4B\left[\dfrac{Ste^*\rho^*}{g^*(1-\rho^*)PrB} \right]^{1/4}} \right\}^{4/3} \tag{3-1-60}$$

将（3-1-60）式代入（3-1-54）式得：

$$\delta^* = \left[\frac{Ste^*\rho^*\left(1-2\sqrt{2\rho^*\tau}\right)^{1/2}}{g^*(1-\rho^*)PrB} \right]^{1/4} \left\{ 1 + \frac{\left(1+\sqrt{2\rho^*\tau}\right)\left(1-2\sqrt{2\rho^*\tau}\right)^{1/2} - 1}{4B\left[\dfrac{Ste^*\rho^*}{g^*(1-\rho^*)PrB} \right]^{1/4}} \right\}^{4/3} \tag{3-1-61}$$

无量纲固体的瞬时高度为：

$$H^* = B \left\{ 1 + \frac{\left(1 + \sqrt{2\rho^*\tau}\right)\left(1 - 2\sqrt{2\rho^*\tau}\right)^{1/2} - 1}{4B \left[\dfrac{Ste^*\rho^*}{g^*(1-\rho^*)PrB}\right]^{1/4}} \right\}^{4/3} \tag{3-1-62}$$

而固体的熔化率为：

$$V^* = \frac{SW + 2S_1(H-S)}{WH} = \frac{S^*}{B} + 2S_1^* \left(1 - \frac{S^*}{B}\right) \tag{3-1-63}$$

将（3-1-57）与（3-1-60）式代入（3-1-63）式得：

$$V^* = (1 - 2\sqrt{2\rho^*\tau}) \left\{ 1 - \left[1 + \frac{\left(1 + \sqrt{2\rho^*\tau}\right)\left(1 - 2\sqrt{2\rho^*\tau}\right)^{1/2} - 1}{4B \left[\dfrac{Ste^*\rho^*}{g^*(1-\rho^*)PrB}\right]^{1/4}} \right]^{4/3} \right\} + 2\sqrt{2\rho^*\tau} \tag{3-1-64}$$

在此讨论以二十烷作为相变材料的接触熔化，以便与已有的实验结果进行比较。工况 a、b、c 和 d 的参数见表 3-1-1。

表 3-1-1　二十烷作为相变材料的各工况下的参数

	Ste^*	B	T_w	T_i
a	0.093 61	0.54	48.71	32.87
b	0.063 65	0.47	45.24	28.1
c	0.088 82	1.05	48.56	28.14
d	0.039 56	1.39	42.05	27.92

（1）图 3-1-19 给出了四种工况条件下由（3-1-64）式得到的熔化率随傅里叶数 Fo 变化的曲线，以及相应工况的实验结果[14]。不难看到，二者的吻合程度良好，同时熔化率随 Fo 的递增速度与高宽比 B、斯蒂芬数 Ste^* 的大小有关。实际上，由图上的 a 与 c 曲线（Ste^* 比为 1.054）可见，熔化率随高宽比的减小而增加，对二者工况的计算表明，$Fo < 3 \times 10^{-2}$，B 相差约 0.5 倍，而熔化率 V^* 提高约 1.5 倍。因而降低高宽比有利于提高熔化率这一点同上下不等温加热时的结论一致。此外，（3-1-64）式计算表明，V^* 随 Ste^* 的增大而增加。这是由于较大的 Ste^* 具有较大传热温差（或较小欠热），从而有较大的熔化率。

（2）图 3-1-20 给出了由（3-1-61）式计算得到 δ^*，然后由 δ^* 求得的底面液体层厚度的变化曲线。其中以工况 a 最大，工况 b 最小，对于水平圆管内的接触熔化，Saito 等[16] 给出十八烷时由数值计算得到的厚度为 0.014～0.16 mm，对于矩形腔内的接触熔化，这里得到边界层厚度（二十烷）为 0.1～0.6 mm，如图 3-1-20 所示。此结果与 Hirata[4] 等对矩形腔内十八烷熔化时所得的计算结果较接近（0.1～0.4 mm）。

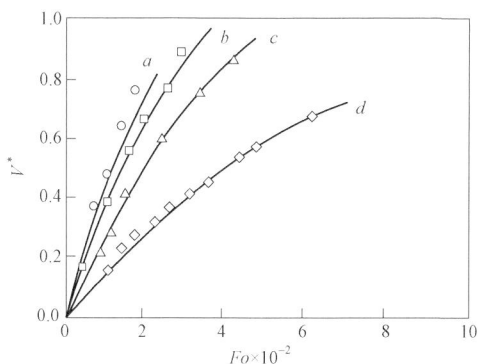

图 3-1-19　熔化率随傅里叶数的变化

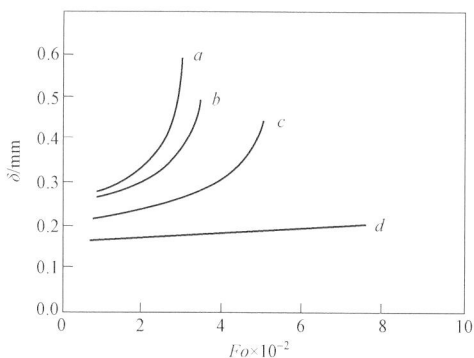

图 3-1-20　液膜厚度随傅里叶数的变化

（3）图 3-1-21 给出了两种工况下无量纲的固体瞬时高度式（3-1-62）与实测值[14]的比较，二者的结果吻合良好。其中曲线 c 的变化斜率（绝对值）略大于曲线 d。在图 3-1-19 中，相应工况下的熔化率也有类似的斜率关系，即熔化率高的工况，其瞬间高度下降得较快。

（4）矩形腔内熔化率由底面接触熔化与侧面熔化率组成。由（3-1-63）式，对图 3-1-19 中四种工况进行计算表明，由接触熔化引起的熔化率占整个熔化率的 75%以上（$Fo \geq 0.01$。

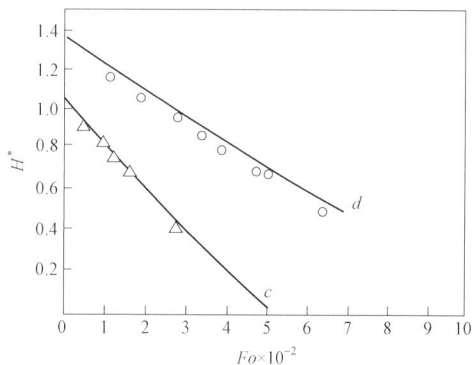

图 3-1-21　固体高度随傅里叶数的变化

工况 d 在 $Fo \geq 0.02$ 除外），且随着熔化的进行，这种比例不断增大。对 a，b，c 工况，当 $Fo = 0.02$ 时，接触熔化率所占的比例达到 90%左右，可忽略侧面熔化影响，特别对于较大的 Ste^* 数与较小的 B 值，如工况 a，$Fo \geq 0.02$ 时，接触熔化率已占 95%以上，这一结果与上下加热时的结论不同。

四、有限长矩形腔内底面加热

前面分析了不同加热条件下的接触熔化过程，它们都基于无限长（或长度远大于宽度）矩形腔内熔化，而没有考虑长度有限（或长度与宽度相当）的影响，本节则要介绍有限长矩形腔内的接触熔化[5]。

1. 模型与解析解

所考虑矩形腔内底面三维接触熔化物理模型，如图 3-1-22 所示。底面保持恒温 T_w 对固体加热，其余各面保持绝热。假设：（a）在熔化过程中固体保持水平状态；（b）底面液相区的厚度很薄，流体为层流流动；（c）熔化了的液体为牛顿流体；（d）运动方程中惯性力与黏性力相比可略去；（e）在固体表面上由熔化引起体积变化而造成的吸附影响不予考虑；（f）除密度外，相变材料热物性可视为常数，Boussinesq 假定成立；（g）边界层内流体流动以 $x = 0$，$z = 0$ 为对称。则动量与能量方程分别简化为：

$$\mu\frac{\partial^2 u}{\partial y^2}=\frac{\partial p}{\partial x}, \qquad \mu\frac{\partial^2 v}{\partial y^2}=\frac{\partial p}{\partial z} \qquad (3\text{-}1\text{-}65)$$

$$\frac{\partial^2 T}{\partial y^2}=0 \qquad (3\text{-}1\text{-}66)$$

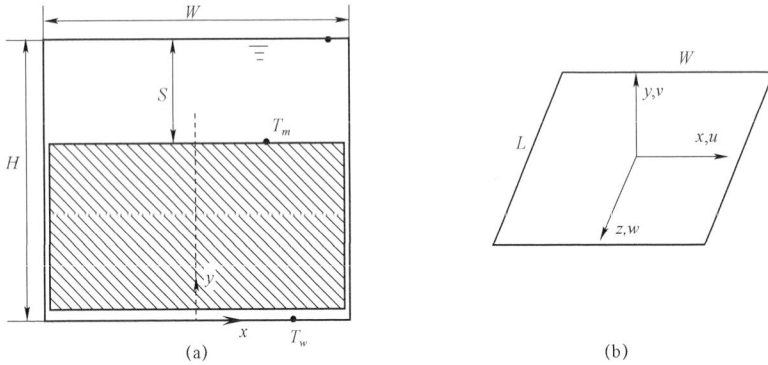

图 3-1-22　有限长矩形腔内底面加热熔化的物理模型

固液表面上的能量平衡方程为:

$$-\lambda\frac{\partial T}{\partial y}\bigg|_{y=\delta}=\rho_s L_m\frac{\mathrm{d}s}{\mathrm{d}t} \qquad (3\text{-}1\text{-}67)$$

相应的边界条件为:

$$\begin{cases} y=0: \quad u=v=0, \quad w=0, \quad T=T_w \\ y=\delta: \quad u=v=0, \quad w=-\dfrac{\rho_s}{\rho_l}\dfrac{\mathrm{d}s}{\mathrm{d}t}, \quad T=T_m \\ x=W/2: \quad p=0; \quad z=L/2: \quad p=0 \end{cases} \qquad (3\text{-}1\text{-}68)$$

式中: u, v, w 分别为 x, z, y 方向上液体速度; L, W 为矩形的长和宽。由 (3-1-65) ～ (3-1-68) 式解得:

$$T=T_w+(T_m-T_w)y/\delta \qquad (3\text{-}1\text{-}69)$$

$$u(x,y,z)=\frac{y^2-\delta y}{2\mu}\frac{\partial p}{\partial x} \qquad (3\text{-}1\text{-}70)$$

$$v(x,y,z)=\frac{y^2-\delta y}{2\mu}\frac{\partial p}{\partial z} \qquad (3\text{-}1\text{-}71)$$

$$\delta=\frac{\lambda(T_w-T_m)}{\rho_s L_m U}; \quad U=\frac{\rho_s}{\rho_l}\frac{\mathrm{d}s}{\mathrm{d}t} \qquad (3\text{-}1\text{-}72)$$

熔化边界层内的连续方程为:

$$\frac{\partial u}{\partial x}+\frac{\partial v}{\partial z}+\frac{\partial w}{\partial y}=0 \qquad (3\text{-}1\text{-}73)$$

对 (3-1-73) 式求积分得:

$$\int_0^\delta \frac{\partial u}{\partial x}\mathrm{d}y + \int_0^\delta \frac{\partial v}{\partial z}\mathrm{d}y + w\Big|_0^\delta = 0$$

或

$$\frac{\partial}{\partial x}\int_0^\delta u\mathrm{d}y + \frac{\partial}{\partial z}\int_0^\delta v\mathrm{d}y - U = 0 \tag{3-1-74}$$

将（3-1-70）和（3-1-71）式代入（3-1-74）式，化简后得：

$$\frac{\partial^2 p}{\partial x^2} + \frac{\partial^2 p}{\partial z^2} = -12\frac{\mu U}{\delta^3} \tag{3-1-75}$$

由（3-1-68）和（3-1-75）式求得：

$$p = \frac{6\mu U}{\delta^3}\left(\left|\frac{W^2}{4}\right| - x^2\right) + \sum_{n=0}^\infty \frac{48(-1)^{n+1}\mu U W^2}{(2n+1)^3\pi^3\delta^3\cosh[0.5(2n+1)\pi L/W]}\cos[(2n+1)\pi x/W]\times \tag{3-1-76}$$
$$\cosh[(2n+1)\pi z/W]$$

作用在固体上的力平衡方程为：

$$\int_0^{W/2}\int_0^{L/2} p(x,z)\mathrm{d}z\mathrm{d}x = 0.25(\rho_s - \rho_l)g(H-s)WL \tag{3-1-77}$$

定义以下无量纲量：

$$s^* = \frac{s}{W}, \quad A = \frac{L}{W}, \quad B = \frac{H}{W}, \quad g^* = \frac{gW^3}{v^2},$$

$$\rho^* = \frac{\rho_l}{\rho_s}, \quad Ste = \frac{c_p(T_w - T_m)}{L_m}, \quad Fo = \frac{\alpha t}{W^2},$$

$$\tau = FoSte, \quad U^* = \frac{\mathrm{d}s^*}{\rho^*\mathrm{d}\tau}, \quad H^* = \frac{H-s}{W}$$

其中 H 为固体初高；将（3-1-72）和（3-1-76）式代入（3-1-77）式，无量纲化后得：

$$\frac{\mathrm{d}s^*}{\mathrm{d}\tau} = \left[\frac{g^*(1-\rho^*)\rho^{*3}PrB}{Stef(A)}\right]^{1/4}\left(1 - \frac{s^*}{B}\right)^{1/4} \tag{3-1-78}$$

式中，$f(A)$ 为 A 的函数，即：

$$f(A) = 1 - \frac{192}{\pi^5 A}\sum_{n=0}^\infty \frac{\tanh[0.5(2n+1)\pi A]}{(2n+1)^5} \tag{3-1-79}$$

由（3-1-78）式求得无量纲的固体熔化率：

$$V^* = \frac{s}{H} = 1 - \left\{1 - \frac{3}{4}\left[\frac{g^*(1-\rho^*)\rho^{*3}Pr}{Stef(A)B^3}\right]^{1/4}\tau\right\}^{4/3} \tag{3-1-80}$$

（3-1-78）式还可写为：

$$U^* = \left[\frac{g^*(1-\rho^*)\rho^{*3}Pr}{Stef(A)}\right]^{1/4}H^{*1/4} \tag{3-1-81}$$

由（3-1-80）式得：

$$H^* = B \left\{ 1 - \frac{3}{4} \left[\frac{g^*(1-\rho^*)\rho^{*3}Pr}{Stef(A)B^3} \right]^{1/4} \tau \right\}^{4/3} \quad (3\text{-}1\text{-}82)$$

由（3-1-82）式得无量纲边界层厚：

$$\delta^* = \frac{\delta}{W} = \rho^* \frac{d\tau}{ds^*} \quad (3\text{-}1\text{-}83)$$

将（3-1-78），（3-1-81）和（3-1-82）式代入（3-1-83）式得：

$$\delta^* = \left\{ 1 - \frac{3}{4} \left[\frac{g^*(1-\rho^*)\rho^{*3}Pr}{Stef(A)B^3} \right]^{1/4} \tau \right\}^{-1/3} \left[\frac{\rho^* Stef(A)}{g^*(1-\rho^*)PrB} \right]^{1/4} \quad (3\text{-}1\text{-}84)$$

2. 结果分析与比较

考察（3-1-79）式不难发现 $f(A) \leqslant 1$。而

$$f(A) = \begin{cases} A^2, & A \ll 1 \\ 1, & A \to \infty \end{cases} \quad (3\text{-}1\text{-}85)$$

这表明以往对矩形腔的研究结果仅在矩形腔的长趋于无限大时成立[13,14]，即此时边界层内的流动才能看成是二维的。对（3-1-79）式的计算表明，当 $A=5$ 时，$f(A)=0.9$；$A<5$ 时，$f(A)$ 变化幅度很大；$A \geqslant 5$ 时，$f(A)$ 随 A 的变化而缓慢地变化。由此，当矩形的长宽比 $A \geqslant 5$ 时，可不考虑边界层内在长度方向上流动对熔化参数的影响。这一点在水平圆管内对接触熔化过程的实验观测中得到证实。

当不考虑作用在固体上的浮升力，或为平板上的接触熔化时，（3-1-77）式应为：

$$\int_0^{W/2} \int_0^{L/2} p(x,z)dzdx = 0.25\rho_s g(H-s)WL \quad (3\text{-}1\text{-}86)$$

按前面相同的步骤推导得以下几个关系式：

$$U_0^* = \frac{ds^*}{dFo} = \left[\frac{g^*\rho^{*3}PrSte^3}{f(A)} \right]^{1/4} H^{*1/4} \quad (3\text{-}1\text{-}87)$$

$$H^* = \left\{ B^{3/4} - \frac{3}{4} Fo \left[\frac{g^*\rho^{*3}PrSte^3}{f(A)} \right]^{1/4} \right\}^{4/3} \quad (3\text{-}1\text{-}88)$$

$$\tau = \frac{4}{3} B \left[\frac{Stef(A)}{g^*\rho^{*3}PrB} \right]^{1/4} [1-(1-V^*)^{3/4}] \quad (3\text{-}1\text{-}89)$$

$$\delta^* = \left\{ 1 - \frac{3}{4} \left[\frac{g^*\rho^{*3}Pr}{Stef(A)B^3} \right]^{1/4} \tau \right\}^{-1/3} \left[\frac{\rho^* Stef(A)}{g^*PrB} \right]^{1/4} \quad (3\text{-}1\text{-}90)$$

（3-1-87）～（3-1-90）式与 Moallemi 等人[10]的结果略有区别。当 $A \geqslant 5$，且在（3-1-68）式中假设 $\rho_1 = \rho_s$ 时，（3-1-87）～（3-1-90）式中的 $f(A) \approx 1$，且 ρ^{*3} 变成 ρ^*，此时即得 Moallemi 等人[10]的结果。

第二节　椭圆管内的熔化

前面分析了矩形腔内的相变材料接触熔化。而实际上，除了矩形腔外，还有一些常见结构内的相变材料接触熔化[17]，例如，Moore 与 Bayazitoglu[18]最早对圆球内相变材料的接触熔化进行了理论研究,随后又有Bahrami 与 Wang[19],Roy 与 Sengupta[20,21], 以及 Bariess 与 Beer[17]，Webb[22]等分别对圆球内以及水平圆管内的接触熔化进行了较深入的研究，为相变材料的熔化潜热的利用提供了更多的理论依据。由于椭圆管在长、短半径相等时就是圆管，即圆管是椭圆管的一种特殊形状结构，因此，本节将直接分析椭圆管内的接触熔化问题。事实上，接触熔化本身就是一个很复杂的换热过程，加上椭圆与球、圆的不同，没有固定的半径，因而使得椭圆管内的接触熔化问题就更难解决。另一方面，在工程实际中，现代技术对材料的高强度，轻结构的需求外，材料外形结构也就成为一个不可忽视的因素。椭圆管具有单向的高强度特性，工程实际中已有了大量的应用。因此，对其管内的接触熔化研究显得很重要。本节主要用分段圆弧法与解析法对椭圆管内的熔化问题进行分析。

一、分段圆弧法的解

管壁保持恒温 T_w 对开始处于均匀温度 T_i 的固体相变材料加热。T_i 小于熔点 T_m。熔化过程，如图 3-2-1 所示，假设：（1）固体以 U 速度熔化，并在顶部保持椭圆弧线；（2）底面接触熔化边界层厚度 δ 远小于椭圆的长，短轴，即 $\delta \ll \min(a,b)$，且在 δ 内流体流动为准稳态的层流；（3）压力梯度与流体速度等参数以椭圆中心轴为对称；（4）边界层内惯性力与压力相比可忽略；（5）Boussinesq 假定成立，固液热物性为常数；（6）保持 Nusselt理论的其他假设；（7）固体向下运动加速度与 g 相比可忽略。

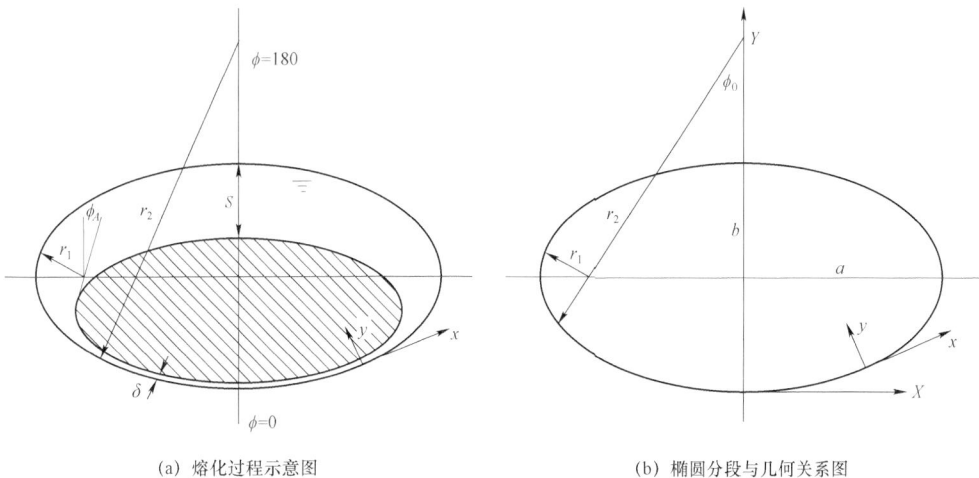

(a) 熔化过程示意图　　　　　　　　　　(b) 椭圆分段与几何关系图

图 3-2-1　椭圆管内的熔化分段圆弧法示意图

则熔化边界层内的运动与能量方程可简化为：

$$\mu_l \frac{\partial^2 u}{\partial y^2} = \frac{\mathrm{d}p}{\mathrm{d}x} \qquad (3\text{-}2\text{-}1)$$

$$\frac{\partial^2 T}{\partial y^2} = 0 \qquad (3\text{-}2\text{-}2)$$

相应的边界条件为：

$$\left.\begin{array}{l} y = 0: \quad u = 0, \quad T = T_w \\ y = \delta: \quad u = 0, \quad T = T_m \end{array}\right\} \qquad (3\text{-}2\text{-}3)$$

由（3-2-1）～（3-2-3）式得：

$$u = \frac{1}{2\mu}\frac{\mathrm{d}p}{\mathrm{d}x}(y^2 - \delta y) \qquad (3\text{-}2\text{-}4)$$

$$T = T_m - \frac{y(T_w - T_m)}{\delta} \qquad (3\text{-}2\text{-}5)$$

相界面上的能量平衡方程为：

$$L_m \rho_s \cos\phi \frac{\mathrm{d}S_1}{\mathrm{d}t} = -\lambda_1 \left(\frac{\partial T}{\partial y}\right)_{y=0} \qquad (3\text{-}2\text{-}6)$$

其中，S_1 为由接触熔化引起的液体厚。将（3-2-5）式代入（3-2-6）式求得：

$$\delta = \frac{\lambda_1(T_w - T_m)}{L_m S_1 \rho_s \cos\phi} \qquad (3\text{-}2\text{-}7)$$

与第二章处理椭圆的类似方法，由图 3-2-1，按作图法则求得的有关参数分别如下：

$$\phi_o = \operatorname{arctg}\left(\frac{a}{b}\right)$$

$$r_1 = a + 0.5\left(1 - \frac{a-b}{\sqrt{a^2+b^2}}\right)\frac{b^2}{a} - 0.5\left(1 + \frac{a-b}{\sqrt{a^2+b^2}}\right)a$$

$$r_2 = b + 0.5\left(1 + \frac{a-b}{\sqrt{a^2+b^2}}\right)\frac{a^2}{b} - 0.5\left(1 - \frac{a-b}{\sqrt{a^2+b^2}}\right)b$$

这里，我们考虑与半径为 R 的圆有相同面积的椭圆管内接触熔化，设椭圆的压缩比为 $J = b/a$ 则：

$$a = \frac{R}{\sqrt{J}} \qquad b = R\sqrt{J}$$

1. 当 $\phi_A \leqslant \phi_o$ 时，（ϕ_A 为固体在 t 时刻，端点至椭圆心与 y 轴的交角），边界层内质量守恒方程为：

$$\int_0^\delta \rho_l u \mathrm{d}y = \int_0^\phi S_1 \rho_s \cos\phi r_2 \mathrm{d}\phi \qquad (3\text{-}2\text{-}8)$$

将（3-2-4）式代入（3-2-8）式积分后得：

$$\frac{\mathrm{d}p}{\mathrm{d}\phi} = -\frac{12\mu_1 S_1 \rho_s r_2^{\ 2}}{\rho_1 \delta^3}\sin\phi \qquad (3\text{-}2\text{-}9)$$

其中利用了关系式 $\mathrm{d}x = r_2\mathrm{d}\phi$，将（3-2-7）式代入（3-2-9）式积分，并由边界条件 $p\big|_{\phi=\phi_A}=0$ 得：

$$p = \frac{3\mu_1 S_1^{\ 4}\rho_s^{\ 4} r_2^{\ 2}}{\rho_1}\left[\frac{L_m}{\lambda_1(T_w - T_m)}\right]^3 (\cos^4\phi - \cos^4\phi_A) \qquad (3\text{-}2\text{-}10)$$

固体熔化过程的力平衡方程为：

$$2r_2\int_0^{\phi_A} p\cos\phi\mathrm{d}\phi = g(\rho_s - \rho_1)V_T \qquad (3\text{-}2\text{-}11)$$

其中 V_T 为 t 时刻固体的体积，它与液体厚度有关。通过计算得其表达式为：

$$V_T = 2ab\left[\arccos\left(\frac{S}{2b}\right) - \left(\frac{S}{2b}\right)\sqrt{1-\left(\frac{S}{2b}\right)^2}\right] \qquad (3\text{-}2\text{-}12)$$

将（3-2-10）与（3-2-12）式代入（3-2-11）式，积分并简化后得：

$$\frac{\mathrm{d}S_1}{\mathrm{d}t} = \frac{0.804 a_1}{r_2}\left[PrSte^{*3}\frac{\rho_s - \rho_1}{\rho_s}\frac{gr_2}{v_1^2}\left(\frac{\rho_1}{\rho_s}\right)^3\right]^{1/4}$$

$$\left\{\frac{ab\left[\arccos\left(\frac{S}{2b}\right) - \left(\frac{S}{2b}\right)\sqrt{1-\left(\frac{S}{2b}\right)^2}\right]}{\sqrt{1-\cos^2\phi_A}\left(\frac{2}{3}+\frac{1}{3}\cos^2\phi_A - \cos^4\phi_A\right)}\right\}^{1/4} \qquad (3\text{-}2\text{-}13)$$

定义如下的无量纲参数：

$$\left.\begin{array}{l} J = b/a,\ S_1^* = \dfrac{S_1}{2b},\ S_2^* = \dfrac{S_2}{2b},\ S^* = \dfrac{S}{2b},\ r_2^* = \dfrac{r_2}{b} \\[2mm] \rho^* = \dfrac{\rho_1}{\rho_s},\ r_1^* = \dfrac{r_1}{b},\ Fo = \dfrac{a_1 t}{b^2},\ \tau = ste^* Fo \\[2mm] Ar = (1-\rho^*)\dfrac{gb^3}{v_1^2},\ Ra = \dfrac{\rho_1^{\ 2} BgS^3 c_{pl}(T_w - T_m)}{\mu_1 \lambda_1} \end{array}\right\}$$

则（3-2-13）式可写成如下的无量纲形式：

$$\frac{\mathrm{d}S_1^*}{\mathrm{d}\tau} = 0.402\left(\frac{PrAr\rho^{*3}}{JSte^* r_2^{*3}}\right)^{1/4} I \qquad (3\text{-}2\text{-}14)$$

$$I = \left\{\frac{\arccos S^* - S^*\sqrt{1-S^{*2}}}{\sqrt{1-(1-1/r_2^* + S^*/r_2^*)^2}\left[\frac{2}{3}+\frac{1}{3}(1-1/r_2^* + S^*/r_2^*)^2/3 - (1-1/r_2^* + S^*/r_2^*)^4\right]}\right\}$$

对于固体顶部的非接触熔化距离 S_2，根据 $\phi = 180°$ 的 N_u 数定义方法可得如下无量纲的表达式[17]：

$$S_2^* = D\rho^* Ra^{0.25} \tau \tag{3-2-15}$$

其中，D 可由实验确定。对 Ra 中定性尺寸为 r_2 的圆弧，D 为 0.1[17]。另考虑到 $S^* = S_1^* + S_2^*$，将（3-2-14）与（3-2-15）式代入得：

$$\frac{\mathrm{d}S^*}{\mathrm{d}\tau} = 0.1\rho^* Ra^{0.25} + 0.402\left(\frac{PrAr\rho^{*3}}{JSte^* r_2^*}\right)^{1/4} I \tag{3-2-16}$$

2. 当 $\phi_A \geqslant \phi_o$ 时，边界层内质量守恒方程为：

$$\int_0^\delta \rho_l u \mathrm{d}y = \int_0^{\phi_o} S_1 \rho_s \cos\phi r_2 \mathrm{d}\phi + \int_{\phi_o}^\phi S_1 \rho_s \cos\phi r_1 \mathrm{d}\phi \tag{3-2-17}$$

将（3-2-4）式代入（3-2-17）式得：

$$\frac{\mathrm{d}p}{\mathrm{d}\phi} = -\frac{12\mu_l S_1 \rho_s r_1}{\rho_l \delta^3}[(r_2 - r_1)\sin\phi_o - r_1\sin\phi] \tag{3-2-18}$$

其中，利用了关系式 $\mathrm{d}x = r_1 \mathrm{d}\phi$，在 $\phi \leqslant \phi_o$ 的熔化边界层内压力分布由（3-2-7）与（3-2-9）式得：

$$p = \frac{3\mu_l S_1^4 \rho_s^4 r_2^2}{\rho_l}\left[\frac{L_m}{\lambda_l(T_w - T_m)}\right]^3 (\cos^4\phi + A) \tag{3-2-19}$$

其中，A 为待定系数。在 $\phi \geqslant \phi_o$ 的边界层内压力分布由（3-2-7）与（3-2-18）式得：

$$p = \frac{3\mu_l S_1^4 \rho_s^4 r_2^2}{\rho_l}\left[\frac{L_m}{\lambda_l(T_w - T_m)}\right]^3 [(r_1 - r_2)\sin\phi_o(3\sin\phi - \sin^3\phi) + r_1\cos^4\phi + B] \tag{3-2-20}$$

其中，B 也为待定系数。由边界条件 $p|_{\phi = \phi_A} = 0$ 及 $\phi = \phi_o$ 处压力分布的连续条件，即（3-2-19）式等于（3-2-20）式，有：

$$\begin{cases} (r_1 - r_2)\sin\phi_o(3\sin\phi_A - \sin^3\phi_A) + r_1\cos^4\phi_A + B = 0 \\ r_2^2(\cos\phi_o + A) = r_1(r_1 - r_2)\sin\phi_o(3\sin\phi_o - \sin^3\phi_o) + r_1\cos^4\phi_o + B \end{cases}$$

解以上方程得：

$$\begin{aligned} A &= (r_1^2 - r_1 r_2)\sin\phi_o(3\sin\phi_o - 3\sin\phi_A + \sin^3\phi_A - \sin^3\phi_o)/r_2^2 \\ &\quad + (r_1^2 - r_2^2)\cos^4\phi_o/r_2^2 - r_2^2\cos^4\phi_A/r_2^2 \end{aligned} \tag{3-2-21}$$

$$B = (r_2 - r_1)\sin\phi_o(3\sin\phi_A - \sin^3\phi_A) - r_1\cos^4\phi_A \tag{3-2-22}$$

固体熔化过程的力平衡方程为：

$$2r_2\int_0^{\phi_o} p\cos\phi \mathrm{d}\phi + 2r_1\int_{\phi_o}^{\phi_A} p\cos\phi \mathrm{d}\phi = g(\rho_s - \rho_l)V_T \tag{3-2-23}$$

将（3-2-19）、（3-2-20）及（3-2-12）式代入（3-2-23）式，积分后得：

$$\frac{48Ste^*S_1^{*4}v_l^2}{Pr\rho^{*3}(1-\rho^*)gb^4}\{0.2r_2^3\sin\phi_o\cos\phi_o+0.8r_2^3(\sin\phi_o-\sin^3\phi_o/3)-$$

$$r_1r_2(r_1-r_2)\sin^2\phi_o(3\sin\phi_o-3\sin\phi_A+\sin^3\phi_A-\sin^3\phi_o)-r_2(r_2^2-r_1^2)$$

$$\cos^4\phi_o\sin\phi_o-r_1^2r_2\cos^4\phi_A\sin\phi_o-r_1^2(r_2-r_1)\sin\phi_o[1.5\sin^2\phi_A-1.5$$

$$\sin^2\phi_o-0.25\sin^4\phi_A+0.25\sin^4\phi_o-3\sin\phi_A(\sin\phi_A-\sin\phi_o)+\sin^3\phi_A \qquad (3\text{-}2\text{-}24)$$

$$(\sin\phi_A-\sin\phi_o)]+r_1^3[0.2\cos^4\phi_A\sin\phi_A+0.8(\sin\phi_A-\sin^3\phi_A/3-0.2$$

$$\cos^4\phi_o\sin\phi_o-0.8(\sin\phi_o-\sin^3\phi_o/3)]-r_1^3\cos^4\phi_A(\sin\phi_A-\sin\phi_o)\}$$

$$=ab\left[\arccos\left(\frac{S}{2b}\right)-\left(\frac{S}{2b}\right)\sqrt{1-\left(\frac{S}{2b}\right)^2}\right]$$

将（3-2-24）是无量纲化，并注意到 ϕ_A 满足 $\cos\phi_A=S^*/r_1^*$，整理后得：

$$\frac{dS^*}{d\tau}=\left[\frac{\arccos S^*-S^*\sqrt{1-S^{*2}}}{E}\right]0.38\left(\frac{PrAr\rho^{*3}}{JSte^*}\right)^{1/4} \qquad (3\text{-}2\text{-}25)$$

其中，E 是 S^* 的函数：

$$E=0.2(r_2^{*3}-r_1^{*3})\cos^4\phi_o\sin\phi_o+0.8(r_2^{*3}-r_1^{*3})(\sin\phi_o-\sin^3\phi_o)-$$

$$r_1^*(r_2^*-r_1^*)\sin\phi_o(3r_2^*\sin^2\phi_o-r_2^*\sin^4\phi_o+0.25r_1^*\sin^4\phi_o-1.5r_1^*\sin^2\phi_o)-$$

$$r_2^*(r_2^*-r_1^*)\cos^4\phi_o\sin\phi_o-r_1^*(r_2^*-r_1^*)\sin\phi_o\left\{r_2^*\sin\phi_o\sqrt{1-\left(\frac{S^*}{r_1^*}\right)^2}\right. \qquad (3\text{-}2\text{-}26)$$

$$\left[-2-\left(\frac{S^*}{r_1^*}\right)^2\right]-3r_1^*\left[1-\left(\frac{S^*}{r_1^*}\right)^4\right]/4+r_1^*\sqrt{1-\left(\frac{S^*}{r_1^*}\right)^2}\sin\phi_o\left(2+\left(\frac{S^*}{r_1^*}\right)^2\right)\right\}-$$

$$r_1^{*2}(r_2^*-r_1^*)\sin\phi_o\left(\frac{S^*}{r_1^*}\right)^4-0.8r_1^{*3}\sqrt{1-\left(\frac{S^*}{r_1^*}\right)^2}\left[\left(\frac{S^*}{r_1^*}\right)^4-2/3-\left(\frac{S^*}{r_1^*}\right)^2/3\right]$$

再由 $S^*=S_1^*+S_2^*$ 得：

$$\tau=\int_0^{S^*}\left(\frac{dS_1^*}{d\tau}+\frac{dS_2^*}{d\tau}\right)^{-1}dS^*,\qquad S^*\leqslant r_1\cos\phi_o \qquad (3\text{-}2\text{-}27)$$

过程的熔化率为：

$$V^*=1-\frac{V_T}{\pi ab}$$

由（3-2-12）式代入上式得：

$$V^*=2\frac{\arcsin S^*-S^*\sqrt{1-S^{*2}}}{\pi} \qquad (3\text{-}2\text{-}28)$$

由（3-2-15）式，接触熔化引起的无量纲液体厚度为：

$$S_1^*=S^*-0.1\rho^*Ra^{0.25}\tau \qquad (3\text{-}2\text{-}29)$$

无量纲的边界层厚度为：

$$\delta^* = \frac{\delta}{b} = \frac{\rho^* \mathrm{d}\tau}{2\cos\phi \mathrm{d}S_1^*} \tag{3-2-30}$$

熔化过程的平均 Nusselt 数为：

$$\overline{Nu} = \frac{(\overline{q}/\Delta T)R_D}{\lambda_l} = \frac{\rho_s R_D L_m \mathrm{d}V_T}{\pi\left[1.5(a+b) - \sqrt{ab}\right]\lambda_l(T_w - T_m)\mathrm{d}t} \tag{3-2-31}$$

其中利用了平均热流密度 $\overline{q} = \frac{\rho_s L_m}{\pi\left[1.5(a+b) - \sqrt{ab}\right]}\frac{\mathrm{d}V_T}{\mathrm{d}t}$，而 R_D 为当量半径，对于椭圆

$$R_D = \frac{2b}{1.5(1+J) - \sqrt{J}} \tag{3-2-32}$$

将（3-2-31）式化简后得：

$$\overline{Nu} = \frac{8\sqrt{1 - S^{*2}}}{\pi\rho^*\left[1.5(1+J) - \sqrt{J}\right]^2}\frac{\mathrm{d}S^*}{\mathrm{d}\tau} \tag{3-2-33}$$

以上各式均为复杂的积分或微分方程，没有显式解，因而需要通过数值计算来得。其步骤为：当 $\phi \geq \phi_o$ 时，（1）将（3-2-15）与（3-2-25）式代入（3-2-27）式，求得 $S^* \leq r_1\cos\phi_o$ 的变化规律。（2）求 $S^* = r_1\cos\phi_o$ 的 τ 值作为（3-2-16）式的积分边界条件，进而求得 $S^* \geq r_1\cos\phi_o$ 的变化规律。（3）将（1）与（2）步骤求得的 S^* 分别代入（3-2-28）、（3-2-29）及（3-2-33）式可求得熔化率 V^*、无量纲液体厚度 S_1^* 及平均 Nusselt 数 $\overline{N_u}$。（4）将（3-2-14）与（3-2-15）式代入（3-2-30）式得无量纲边界层厚度；当 $\phi \leq \phi_o$ 时，以上各量从步骤（2）开始进行。

二、理论近似解

考虑长、短半径分别为 a、b 的水平椭圆管内的接触熔化解析解，如图 3-2-2 所示。固体相变材料开始处于环境温度 T_i，小于其熔点温度 T_m。椭圆管形状满足：

$$\frac{x^2}{a^2} + \frac{(y-b)^2}{b^2} = 1 \tag{3-2-34}$$

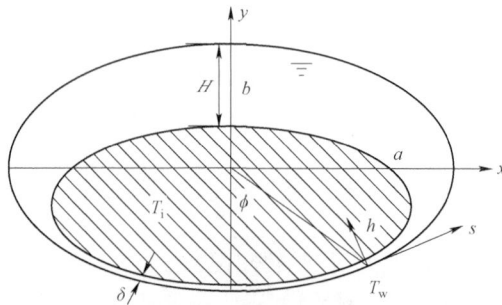

图 3-2-2　水平椭圆管内接触熔化模型

　　管壁温度 $T_w > T_m$。固体在 $t > 0$ 时开始以 U 速度向下熔化。熔化后的液体向两侧流出。固体与液体的运动可视为准静态的。如 Bariess 与 Beer[17]，Bahrami 与 Wang[19]研究以及前面所得结果，固体上表面的熔化只占整个熔化的 10%～15%，可以忽略或乘以一个修正系数。假设同前。则控制方程与边界条件可简化为：

$$\mu_l \frac{\partial^2 u}{\partial s^2} = \frac{\mathrm{d}p}{\mathrm{d}h} \tag{3-2-35}$$

$$\frac{\partial^2 T}{\partial s^2} = 0 \tag{3-2-36}$$

$$\left.\begin{array}{l} u = 0, \ T = T_w \quad 当 \ s = 0 \\ u = 0, \ T = T_m \quad 当 \ s = \delta \end{array}\right\} \tag{3-2-37}$$

$$\lambda_l \frac{\partial T}{\partial s}\bigg|_{s=0} = -\rho_s U[L_m + c_p(T_m - T_i)]\cos\phi \tag{3-2-38}$$

由（3-2-35）～（3-2-37）式可得：

$$u = \frac{1}{2\mu_l}\frac{\mathrm{d}p}{\mathrm{d}h}s(s-\delta) \tag{3-2-39}$$

$$T = T_w + (T_m - T_w)s/\delta \tag{3-2-40}$$

将（3-2-40）式代入（3-2-38）式得：

$$\delta = \frac{\lambda_l(T_w - T_m)}{UL_m^*\rho_s\cos\phi} \tag{3-2-41}$$

式中，$L_m^* = L_m + c_p(T_m - T_i)$。熔化液体边界层内的质量守恒方程为：

$$\int_0^\delta \rho_l u \mathrm{d}s = \int_0^x \rho_s U\cos\phi \mathrm{d}h \tag{3-2-42}$$

将（3-2-39）式代入（3-2-42）式，可得压力梯度为：

$$\frac{\mathrm{d}p}{\mathrm{d}h} = -12\frac{\mu_l\rho_s xU}{\rho_l\delta^3} \tag{3-2-43}$$

注意到：

$$\cos\phi = \mathrm{d}x/\mathrm{d}h = [1+(\mathrm{d}y/\mathrm{d}x)^2]^{-0.5} \tag{3-2-44}$$

并将（3-2-41）式代入（3-2-43）式，利用（3-2-34）式与边界条件：$x = x_1$ 时 $p = p_0$ 积分得：

$$p - p_0 = -\frac{6\mu_l U^4 a^2 L_m^3 \rho_s^4}{\rho_l\lambda_l^3(T_w - T_m)^3(1-J^2)} \times$$

$$\left\{\frac{J^2}{1-J^2}\{\ln[1-(1-J^2)(x/a)^2] - \ln[1-(1-J^2)(x_1/a)^2]\} - (x/a)^2 - (x_1/a)^2\right\} \tag{3-2-45}$$

这里 $J = b/a$。作用在固体相变材料上的力平衡方程为：

$$V_s g(\rho_s - \rho_l) = 2\int_0^{x_1} p \mathrm{d}x \tag{3-2-46}$$

这里 V_s 是固体相变材料的体积。正如 Prasad 与 Sengupta[23]考虑水平圆管内自然对流影响的接触熔化所得结果，固体上表面的形状仍保持圆形。此处我们也可认为固体上表面的形状仍保持椭圆形，由此可以推得 V_s 为：

$$V_s = 2ab\left[\arccos\left(\frac{H}{2b}\right) - \left(\frac{H}{2b}\right)\sqrt{1-\left(\frac{H}{2b}\right)^2}\right]$$ （3-2-47）

将（3-2-45）式代入（3-2-46）式并积分后得：

$$V_{\mathrm{s}} = -\frac{6v_l\rho_s^4 U^4 a^2 L_{\mathrm{m}}^3}{\lambda_1^3(T_{\mathrm{w}}-T_{\mathrm{m}})^3(1-J^2)} \times$$
$$\left\{\frac{2aJ^2}{1-J^2}\left\{\frac{\ln\left[1+\sqrt{1-J^2}x_1/a\right]-\ln\left[1-\sqrt{1-J^2}x/a\right]}{2\sqrt{1-J^2}}-\frac{x_1}{a}\right\}+\frac{2a}{3}(x_1/a)^3\right\} \quad (\text{当}\ J<1)$$

（3-2-48）

$$V_{\mathrm{s}} = -\frac{6v_l\rho_s^4 U^4 a^2 L_{\mathrm{m}}^3}{\lambda_1^3(T_{\mathrm{w}}-T_{\mathrm{m}})^3(J^2-1)} \times \left\{\frac{2aJ^2}{J^2-1}\left\{\frac{\arctan\left[\sqrt{J^2-1}x_1/a\right]}{\sqrt{J^2-1}}-\frac{x_1}{a}\right\}+\frac{2a}{3}\left(\frac{x_1}{a}\right)^3\right\} \quad (\text{当}\ J>1)$$

（3-2-49）

定义无量纲参数：

$$H^* = \frac{H}{2b}, \qquad \rho^* = \frac{\rho_l}{\rho_s}, \qquad Fo = \frac{\alpha_l t}{b^2},$$

$$Ste^* = \frac{c_p(T_{\mathrm{w}}-T_{\mathrm{m}})}{L_{\mathrm{m}}}, \qquad \tau = Ste^* Fo, \qquad Ar = (1-\rho^*)\frac{gb^3}{v_l^2}$$

注意到：

$$\frac{x_1}{a} = \sqrt{1-\left(\frac{H}{2b}\right)^2}$$ （3-2-50）

并将（3-2-47）式分别代入（3-2-48）与（3-2-49）式得：

$$\frac{\mathrm{d}H^*}{\mathrm{d}\tau} = \left(\frac{Ar\rho^{*3}Pr}{192Ste^*}\right)^{1/4} \times$$

$$\left[\frac{J^2(1-J^2)\left(\arccos H^* - H^*\sqrt{1-H^{*2}}\right)}{\frac{J^2}{1-J^2}\left(\sqrt{1-H^{*2}}-\frac{\ln\left(1+\sqrt{(1-J^2)(1-H^{*2})}\right)-\ln\left(1-\sqrt{(1-J^2)(1-H^{*2})}\right)}{\sqrt{1-J^2}}\right)-\frac{(1-H^{*2})^{1.5}}{3}}\right]^{1/4}$$

$$当 \quad J<1$$ （3-2-51）

$$\frac{dH^*}{d\tau} = \left(\frac{Ar\rho^{*3}Pr}{192Ste^*}\right)^{1/4} \left[\frac{J^2(J^2-1)\left(\arccos H^* - H^*\sqrt{1-H^{*2}}\right)}{\frac{J^2}{J^2-1}\left(\sqrt{1-H^{*2}} - \frac{\arctan\sqrt{(J^2-1)(1-H^{*2})}}{\sqrt{J^2-1}}\right) - \frac{(1-H^{*2})^{1.5}}{3}}\right]^{1/4} \qquad \text{当 } J>1$$

$$（3\text{-}2\text{-}52）$$

（3-2-51）与（3-2-52）式方括号内的指数函数可用二次展开式来近似替换。对 $J<1$，（3-2-51）式写成：

$$\frac{d\tau}{dH^*} = 2.49\left(\frac{Ste^*}{J^2 PrAr}\right)^{0.25} \rho^{*-0.75}[f_1(0) + f_1'(0)H^* + 0.5f_1''(0)H^{*2}] \qquad （3\text{-}2\text{-}53）$$

这里，

$$\left.\begin{array}{l} f_1(0) = \left(\dfrac{10-6J^2}{3\pi}\right)^{0.25}; \quad f_1'(0) = \dfrac{f_1(0)}{\pi} \\[4mm] f_1''(0) = \dfrac{5\left[\left(\dfrac{5}{3}-J^2\right) - (1-J^2)\left(\dfrac{\pi}{2}\right)^2\right]}{4\left(\dfrac{5}{3}-J^2\right)^{3/4}\left(\dfrac{\pi}{2}\right)^{9/4}} \end{array}\right\} \qquad （3\text{-}2\text{-}54）$$

对 $J>1$，（3-2-52）式写成：

$$\frac{d\tau}{dH^*} = 3.722\left[\frac{Ste^*}{J^2(J^2-1)PrAr}\right]^{0.25} \rho^{*-0.75}[f_2(0) + f_2'(0)H^* + 0.5f_2''(0)H^{*2}] \quad （3\text{-}2\text{-}55）$$

这里，

$$\left.\begin{array}{l} f_2(0) = \left\{\dfrac{2J^2}{(J^2-1)\pi}\left[1 - \dfrac{\arctan\sqrt{J^2-1}}{\sqrt{J^2-1}}\right] - \dfrac{2}{3\pi}\right\}^{1/4} \\[4mm] f_2'(0) = f_2(0)/\pi \\[4mm] f_2''(0) = 5f_2(0)/\pi^2 \end{array}\right\} \qquad （3\text{-}2\text{-}56）$$

分别对（3-2-53）与（3-2-55）式积分得：

$$\tau = 2.49\left(\frac{Ste^*}{PrArJ^2}\right)^{0.25} \rho^{*-0.75}\left[f_1(0) + \frac{1}{2}f_1'(0)H^* + \frac{1}{6}f_1''(0)H^{*2}\right]H^* \qquad （3\text{-}2\text{-}57）$$

$$\tau = 3.722\left[\frac{Ste^*}{J^2(J^2-1)PrAr}\right]^{0.25} \rho^{*-0.75}\left[f_2(0) + \frac{1}{2}f_2'(0)H^* + \frac{1}{6}f_2''(0)H^{*2}\right]H^* \quad （3\text{-}2\text{-}58）$$

考虑 H^* 的定义，很显然，当 $H^*=1$ 时，椭圆管内固体相变材料完全熔化，即：

$$\tau_f = 2.49\left(\frac{Ste^*}{PrArJ^2}\right)^{0.25} \rho^{*-0.75}\left[f_1(0) + \frac{1}{2}f_1'(0) + \frac{1}{6}f_1''(0)\right] \qquad （3\text{-}2\text{-}59）$$

$$\tau_f = 3.722 \left[\frac{Ste^*}{J^2(J^2-1)PrAr} \right]^{0.25} \rho^{*-0.75} \left[f_2(0) + \frac{1}{2}f_2'(0) + \frac{1}{6}f_2''(0) \right] \quad (3\text{-}2\text{-}60)$$

综合（3-2-57）～（3-2-60）式的得：

$$\tau = \tau_f \frac{f(0) + f'(0)H^*/2 + f''(0)H^{*2}/6}{f(0) + f'(0)/2 + f''(0)/6} H^* \quad (3\text{-}2\text{-}61)$$

这里 f 为 f_1 或 f_2。定义无量纲的液体边界层厚度为：

$$\delta^* = \frac{\delta}{b} = \frac{\rho^*}{2\cos\phi} \frac{d\tau}{dH^*} \quad (3\text{-}2\text{-}62)$$

将（3-2-53）与（3-2-55）式代入（3-2-62）式得：

$$\delta^* = \frac{1.245}{\cos\phi} \left(\frac{Ste^*\rho^*}{J^2 PrAr} \right)^{0.25} \left[f_1(0) + f_1'(0)H^* + 0.5 f_1''(0)H^{*2} \right] \quad (3\text{-}2\text{-}63)$$

$$\delta^* = \frac{1.861}{\cos\phi} \left(\frac{Ste^*\rho^*}{J^2(J^2-1)PrAr} \right)^{0.25} \left[f_2(0) + f_2'(0)H^* + 0.5 f_2''(0)H^{*2} \right] \quad (3\text{-}2\text{-}64)$$

熔化率为：

$$V^* = 1 - \frac{V_s}{ab\pi} = 2\frac{\arcsin H^* + H^*\sqrt{1-H^{*2}}}{\pi} \quad (3\text{-}2\text{-}65)$$

利用椭圆管壁加热面积平均的热流率及温差 $\Delta T = T_w - T_m$，平均努谢尔特数可以定义为：

$$Nu = \frac{(q/\Delta T)R_D}{\lambda_l} \quad (3\text{-}2\text{-}66)$$

这里，

$$q = \frac{\rho_s L_m}{\pi[1.5(a+b) - \sqrt{ab}]} \frac{dV_s}{dt} \quad (3\text{-}2\text{-}67)$$

R_D 为当量半径：

$$R_D = \frac{2b}{1.5(1+J) - \sqrt{J}} \quad (3\text{-}2\text{-}68)$$

将（3-2-53），（3-2-55），（3-2-67）与（3-2-68）式分别代入（3-2-66）式得：

$$Nu = \frac{3.21\sqrt{1-H^{*2}}}{\pi[1.5(1+J) - \sqrt{J}]^2} \left(\frac{Ste^*\rho^*}{Pr\,ArJ^2} \right)^{-1/4} \bigg/ \left[f_1(0) + f_1'(0)H^* + 0.5 f_1''(0)H^{*2} \right] \quad (3\text{-}2\text{-}69)$$

$$Nu = \frac{2.15[J^2(J^2-1)]^{1/4}}{\pi[1.5(1+J) - \sqrt{J}]^2} \left(\frac{Ste^*\rho^*}{Pr\,Ar} \right)^{-1/4} \bigg/ \left[f_2(0) + f_2'(0)H^* + 0.5 f_2''(0)H^{*2} \right] \quad (3\text{-}2\text{-}70)$$

利用方程（3-2-57）～（3-2-65），（3-2-72）与（3-2-70）式可进一步推得用于计算熔化过程重要参数的一系列公式。

三、熔化特点分析与讨论

此处，选择十八烷作为相变材料，为方便起见，采用 Bariess 与 Beer[17]的数据。

（1）当 $J=1$，由（3-2-53）、（3-2-54）、（3-2-57）、（3-2-59）与（3-2-69）式可得水平圆管内的相应结果为：

$$\frac{\mathrm{d}\tau}{\mathrm{d}H^*} = 2.49\left(\frac{Ste^*}{Pr\,Ar}\right)^{0.25}\rho^{*-0.75}(0.81+0.26H^*+0.2H^{*2}) \qquad (3\text{-}2\text{-}71)$$

$$\tau_f = 2.49\left(\frac{Ste^*}{Pr\,Ar}\right)^{0.25}\rho^{*-0.75} \qquad (3\text{-}2\text{-}72)$$

$$\tau = 0.805\tau_f(H^*+0.161H^{*2}+0.082H^{*3}) \qquad (3\text{-}2\text{-}73)$$

$$Nu = 0.2\left(\frac{Pr\,Ar}{Ste^*\rho^*}\right)^{0.25}\frac{\sqrt{1-H^{*2}}}{0.63+0.2H^*+0.16H^{*2}} \qquad (3\text{-}2\text{-}74)$$

方程（3-2-71）～（3-2-74）是 Bariess 与 Beer[17]忽略自然对流传热时所得的主要结果，它们也可由方程（3-2-55）～（3-2-56），（3-2-58），（3-2-60）与（3-2-70）式由极值条件 $J\Rightarrow1$ 获得。

（2）图 3-2-3 给出了熔化率 V^* 随无量纲时间 τ 的变化曲线。由图可见，V^* 是 τ 的单调递增函数，它随 τ 的变化取决于压缩比 J 与温差 ΔT。对相同椭圆管内的接触熔化因熔化方向不同而有不同的结果。$J>1$ 的熔化率大于 $J<1$ 的熔化率。因此，由引力作用，在长轴方向上的熔化有利于提高熔化率。由图 3-2-3 也可看到圆管内的熔化率可以大于或小于相同截面积的椭圆管内的熔化率。此外，V^* 还随 ΔT 的增加而增加。这是由 Ste^* 数的反向影响造成的，因为 Ste^* 数由 ΔT 形成。

（3）图 3-2-4 是由（3-2-63）与（3-2-64）式得到的在 $\phi=0$ 处的无量纲液体边界层厚度 δ_0^* 随无量纲时间 τ 的变化曲线。很明显，δ_0^* 随 ΔT 的增加而减小，这与熔化率变化规律相反。而 δ_0^* 随 J 的增加而减小，例如，$J=0.5$ 时是 $J=2$ 时的 4～5 倍。由图 3-2-3 与图 3-2-4 可见，液体边界层厚度越小，熔化率越大。这正好反映了引力作用与导热驱动熔化的模型。

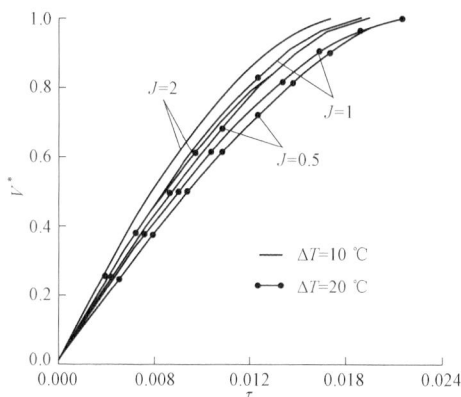

图 3-2-3　V^* 随 τ 的变化

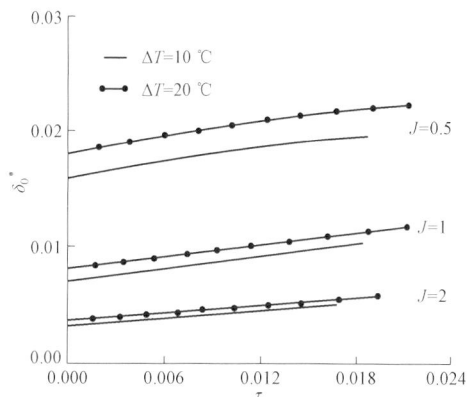

图 3-2-4　δ_0^* 随 τ 的变化

此外，由图 3-2-4 还可发现，δ_0^* 在整个熔化过程比 1 小 2～3 个量级，这也是满足假设（1）的条件。

由（3-2-63）与（3-2-64）式可知，在边界层内 δ^* 随角位置 ϕ 的增加而增加。这是由于液体通过边界层由两侧向上流动的结果。不过，即使在 $\phi=85°$ 处，δ^* 仍比 1 小 1 个量级。在熔化过程，最大的角位置 ϕ_m 是逐渐减小的，因此假设（1）是合理的。

（4）方程（3-2-61）描述了水平椭圆管内固体的向下运动。图 3-2-5 给出了移动距离 H^* 随无量纲时间 τ/τ_f 的变化曲线。由（3-2-61）式可知 H^* 随 τ/τ_f 的变化仅取决于 J。不过，图 3-2-5 表明 H^* 的变化曲线对不同的压缩系数 J（$=0.5$，1，2）是非常接近的。Bariess 与 Beer[17] 的实验证实了 H^* 与 τ/τ_f 间的关系与半径、温差、阿基米德数、普朗特数和斯蒂芬数无关，方程（3-2-61）正好反映了同样的结果。

（5）图 3-2-6 给出了由方程（3-2-69）与（3-2-70）得到的努谢尔特数 Nu 随 H^* 的变化曲线。由图可见，对不同的 J，由 Nu 反映的传热量在开始最大，在熔化结束时单调地趋于零。这是因为接触熔化的热流随接触面积的减少而减少。同时，还可发现，$J=2$ 时 Nu 值大于 $J=0.5$ 时的值，这与 V^* 的规律相同。但圆管内的 Nu 总是大于椭圆管的 Nu，这是因为 Nu 是用加热管的侧面积来定义的（见（3-2-66）～（3-2-68）式）。在相同截面积条件下，椭圆周长大于圆的周长。此外，图 3-2-6 也给出了温差 ΔT 对 Nu 的影响，Nu 是随 ΔT 的增加而减小的，这也是由于 Ste^* 数的反向影响的结果。

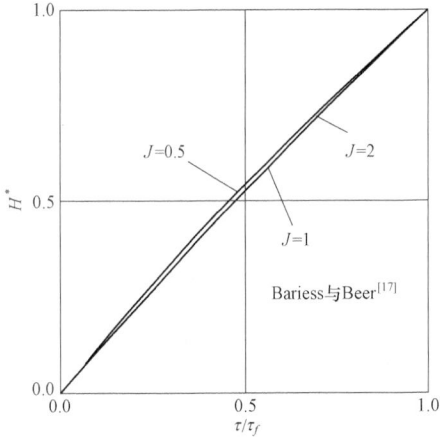

图 3-2-5　H^* 随 τ/τ_f 的变化　　　　　图 3-2-6　Nu 数随 H^* 的变化

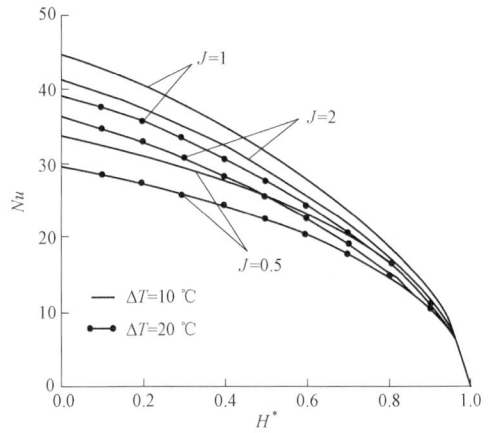

第三节　对称与旋转体热源内的熔化

一、水平轴对称容器内

考虑一个水平对称的管状热源内的接触熔化，管状热源的横截面如图 3-3-1 所示。设管状外形曲线为 $y=f(x)$。建立笛卡尔坐标原点于对称轴（y）与底切线（x）交点，并在曲线上建立切线和法线组成的坐标（h, s）。热源取单位长度，并保持恒壁温 T_w 对温度处于均匀温度 T_m 的相变材料加热。另假设：（1）在熔化过程，固体相变材料保持以 y 轴为对称，不发生偏转，且固体顶部的形状保持不变。（2）熔化边界层厚度 δ 远小于热源的外形尺寸，并忽略顶部壁面对固体非接触熔化的影响。如要考虑，可在此基础上作修正。其他假设同文献 [17，24]。则可得简化的熔化边界层运动、能量和质量守恒方程。利用相关的边界条件求得液体边界层厚度 δ（$\varphi < \pi / 2$）与压力分布 p 为[25]：

$$\delta = \frac{\lambda_1 (T_w - T_m)}{L_m \rho_s \cos\phi} \frac{\mathrm{d}t}{\mathrm{d}H} \tag{3-3-1}$$

$$p = -12 \frac{\mu_1 \rho_s^4 L_m^3}{\rho_1^4 \alpha_1^3 c_p^3 (T_w - T_m)^3} \left(\frac{\mathrm{d}H}{\mathrm{d}t}\right)^4 \int_{x_0}^x (\cos^2\phi) x \mathrm{d}x \tag{3-3-2}$$

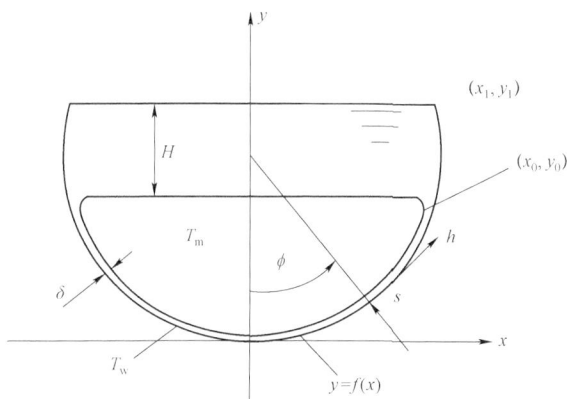

图 3-3-1 对称容器内接触熔化模型

ρ_1、μ_1、α_1、λ_1、ρ_s、H、T_m、c_p、L_m 分别为液体密度、动力黏度、热扩散系数、导热系数、固体密度、液体高度、熔点、定压比热、熔化潜热，ϕ、x_0 分别为法线 s 与 y 轴的交角、在 t 时刻固体右端点的位置。作用在固体上的力平衡方程为：

$$2\int_0^{x_0} p \mathrm{d}x = g(\rho_s - \rho_1) V_s \tag{3-3-3}$$

其中 V_s 为 t 时刻固体的体积，由下式确定：

$$V_s = 2\int_0^{y_0} x \mathrm{d}y + 2\int_{y_0}^{y_1-H} \bar{x} \mathrm{d}y \tag{3-3-4}$$

式中 $\bar{x}$ 满足 $y = f(\bar{x}) - H$，x_1、y_1 为开始时固体右端点的坐标。将（3-3-2）与（3-3-4）式代入（3-3-3）式得：

$$\frac{\mathrm{d}H}{\mathrm{d}t} = \left\{ \frac{\rho_1^4 \alpha_1^3 c_p^3 (T_w - T_m)^3 g(\rho_s - \rho_1)\left(\int_0^{y_0} x \mathrm{d}y + \int_{y_0}^{y_1-H} \bar{x} \mathrm{d}y\right)}{12 \mu_1 L_m^3 \rho_s^4 \int_0^{x_0} \int_x^{x_0} \frac{z}{1+[f'(z)]^2} \mathrm{d}z \mathrm{d}x} \right\}^{1/4} \tag{3-3-5}$$

引入以下无量纲参数：

$$H^* = \frac{H}{y_1}, \quad Ste = \frac{c_p(T_w - T_m)}{L_m}, \quad Fo = \frac{4\alpha_l t}{y_1^2}, \quad Ar = (1 - \rho^*)\frac{g y_1^3}{8\nu_l^2}, \quad \rho^* = \frac{\rho_l}{\rho_s},$$

$$Pr = \frac{\nu_l}{\alpha_l}, \quad \overline{x}^* = \frac{\overline{x}}{y_1}, \quad y^* = \frac{y}{y_1}, \quad \delta^* = \frac{\delta}{y_1}, \quad x^* = \frac{x}{y_1}, \quad z^* = \frac{z}{y_1},$$

$$x_0^* = \frac{x_0}{y_1}, \quad y_0^* = \frac{y_0}{y_1}, \quad \tau = Ste Fo$$

则（3-3-5）式可写成无量纲形式，积分后成为：

$$\frac{\mathrm{d}H^*}{\mathrm{d}\tau} = 0.226\left\{\frac{\rho^{*3} Ar Pr\left(\int_0^{y_0^*} x^*\mathrm{d}y^* + \int_{y_0^*}^{1-H^*} \overline{x}^*\mathrm{d}y^*\right)}{Ste\int_0^{x_0^*}\int_{x^*}^{x_0^*}\frac{z^*}{1+[f'(z^*)]^2}\mathrm{d}z^*\mathrm{d}x^*}\right\}^{1/4} \tag{3-3-6}$$

利用了初始条件 $H^*\big|_{\tau=0} = 0$ 积分得：

$$\tau = 4.43\left(\frac{Ste}{Pr\, Ar\rho^{*3}}\right)^{1/4}\int_0^{H^*}\left\{\int_0^{x_0^*}\int_{x^*}^{x_0^*}\frac{z^*}{1+[f'(z^*)]^2}\mathrm{d}z^*\mathrm{d}x^*\right\}^{1/4}\left(\int_0^{y_0^*} x^*\mathrm{d}y^* + \int_{y_0^*}^{1-H^*} \overline{x}^*\mathrm{d}y^*\right)^{-1/4}\mathrm{d}H^*$$

其中已无量纲的边界层厚度由（3-3-1）式得：

$$\delta^* = \frac{\rho^*}{4\cos\phi}\frac{\mathrm{d}\tau}{\mathrm{d}H^*} \tag{3-3-7}$$

过程的熔化率为：

$$V^* = 1 - \frac{\int_0^{y_0} x\mathrm{d}y + \int_{y_0}^{y_1-H} \overline{x}\mathrm{d}y}{\int_0^{y_1} x\mathrm{d}y} = 1 - \frac{\int_0^{y_0^*} x^*\mathrm{d}y^* + \int_{y_0^*}^{1-H^*} \overline{x}^*\mathrm{d}y^*}{\int_0^1 x^*\mathrm{d}y^*} \tag{3-3-8}$$

而平均努谢尔特数由平均热流密度 $\overline{q}$ 来求得，为：

$$\overline{Nu} = \frac{[\overline{q}/(T_w - T_m)]R_D}{\lambda_l} = \frac{L_m\rho_s R_D}{E\lambda_l(T_w - T_m)}\left(-\frac{\mathrm{d}V_s}{\mathrm{d}t}\right) \tag{3-3-9}$$

E、R_D 分别是对称体的周长、当量半径，为：

$$E = 2\int_0^{y_1}\{1 + 1/[f'(x)]^2\}^{1/2}\mathrm{d}y + 2x_1,$$

$$R_D = \left(4\int_0^{y_1} x\mathrm{d}y\right)/E$$

将上两式代入（3-3-9）式得：

$$\overline{Nu} = \frac{-2L_m\rho_s}{\lambda_l(T_w - T_m)}\frac{\int_0^{y_1} x\mathrm{d}y}{\left(\int_0^{y_1}\{1+1/[f'(x)]^2\}^{1/2}\mathrm{d}y + x_1\right)^2}\frac{\mathrm{d}\left(\int_0^{y_0} x\mathrm{d}y + \int_{y_0}^{y_1-H} \overline{x}\mathrm{d}y\right)}{\mathrm{d}t} \tag{3-3-10}$$

二、旋转轴对称容器内

考虑一个由满足曲率半径在一侧的连续（一阶可导）曲线对 y 轴（必须垂直）生成的旋转体热源内的接触熔化，仍然如图 3-3-1 所示。假设条件同上节，则可得简化的控制方程，利用相关的边界条件求得熔化液体边界层的厚度 δ（$\phi < \pi/2$）同上节，液体边界层内的质量平衡方程与压力分布 p 分别为：

$$\int_0^\delta \rho_l u x \mathrm{d}s = \int_0^h \rho_s U x \cos\phi \mathrm{d}h \tag{3-3-11}$$

$$p = -6\frac{\mu_l \rho_s^4 L_m^3}{\rho_l^4 \alpha_l^3 c_p^3 (T_w - T_m)^3}\left(\frac{\mathrm{d}H}{\mathrm{d}t}\right)^4 \int_{x_0}^x (\cos^2\phi) x \mathrm{d}x \tag{3-3-12}$$

其中：ρ_l、μ_l、α_l、λ_l、ρ_s、H、T_m、c_p、L_m 同上节。而 ϕ、x_0 分别为法线 s 与 y 轴的交角、t 时刻固体右端点位置。作用在固体上的力平衡方程为：

$$2\pi \int_0^{x_0} p x \mathrm{d}x = g(\rho_s - \rho_l) V_s \tag{3-3-13}$$

其中 V_s 为 t 时刻固体的体积，由下式确定：

$$V_s = \pi \left(\int_0^{y_0} x^2 \mathrm{d}y + \int_{y_0}^{y_1 - H} \overline{x}^2 \mathrm{d}y \right) \tag{3-3-14}$$

利用上节定义的无量纲参数，将（3-3-12）与（3-3-14）式代入（3-3-13）式，并写成无量纲形式，并利用初始条件 $H^*\big|_{\tau=0} = 0$。积分后得：

$$\tau = 4.43\left(\frac{Ste}{Pr\,Ar\,\rho^{*3}}\right)^{1/4} \int_0^{H^*}\left\{\int_0^{x_0^*}\int_{x^*}^{x_0^*}\frac{z^*}{1+[f'(z^*)]^2}\mathrm{d}z^* x^* \mathrm{d}x^*\right\}^{1/4}\left(\int_0^{y_0^*} x^{*2}\mathrm{d}y^* + \int_{y_0^*}^{1-H^*}\overline{x}^{*2}\mathrm{d}y^*\right)^{-1/4}\mathrm{d}H^* \tag{3-3-15}$$

无量纲熔化边界层厚度则为：

$$\delta^* = \frac{1.11}{\cos\phi}\left(\frac{Ste\,\rho^*}{Pr\,Ar}\right)^{1/4}\left\{\int_0^{x_0^*}\int_{x^*}^{x_0^*}\frac{z^*}{1+[f'(z^*)]^2}\mathrm{d}z^* x^* \mathrm{d}x^*\right\}^{1/4}\left(\int_0^{y_0^*} x^{*2}\mathrm{d}y^* + \int_{y_0^*}^{1-H^*}\overline{x}^{*2}\mathrm{d}y^*\right)^{-1/4} \tag{3-3-16}$$

过程的熔化率为：

$$V^* = 1 - \frac{\int_0^{y_0^*} x^{*2}\mathrm{d}y^* + \int_{y_0^*}^{1-H^*}\overline{x}^{*2}\mathrm{d}y^*}{\int_0^1 x^{*2}\mathrm{d}y^*} \tag{3-3-17}$$

令 $H^* = 1$，由（3-3-15）式还可求得熔化完成所需的无量纲时间。

三、几种特殊情况

1. 当水平管为一圆形管，半径为 R，其曲线在 (x, y) 坐标上的方程满足 $x^2 + (y - R)^2 = R^2$，此时有 $y_1 = 2R$、$x_1 = 0$、$y_0 = R - H/2$、$x_0 = \sqrt{R^2 - H^2}$。同时 $\overline{x}$ 还要满足方程 $\overline{x}^2 + (y - R + H)^2 = R^2$。则可求得：

$$\int_0^{y_0^*} x^* dy^* + \int_{y_0^*}^{1-H^*} \overline{x}^* dy^* = 0.5 \int_0^{y_0^*} \sqrt{1-(2y^*-1)^2} dy^* + 0.5 \int_{y_0^*}^{1-H^*} \sqrt{1-(2y^*-1+2H^*)^2} dy^*$$
$$= (\arccos H^* - H^* \sqrt{1-H^{*2}})/4 \tag{3-3-18}$$

$$\int_0^{x_0^*} \int_{x^*}^{x_0^*} \frac{z^*}{1+[f'(z^*)]^2} dz^* dx^* = \int_0^{x_*} \int_{x^*}^{x_0^*} z^*(1-4z^{*2}) dz^* dx^* = \frac{x_0^{*3}}{3} - \frac{4x_0^{*5}}{5}$$
$$= \frac{\sqrt{1-H^{*2}}}{40} \left(\frac{2}{3} + \frac{1}{3} H^{*2} - H^{*4} \right) \tag{3-3-19}$$

$$\int_0^1 x^* dy^* = \frac{\pi}{8} , \tag{3-3-20}$$

$$\int_0^{y_1} x dy = \frac{\pi R^2}{2} , \tag{3-3-21}$$

$$\frac{d\left(\int_0^{y_0} x dy + \int_{y_0}^{y_1-H} \overline{x} dy \right)}{dt} = -2R^2 \sqrt{1-H^{*2}} \frac{dH^*}{dt} , \tag{3-3-22}$$

$$\int_0^{y_1} \{1+1/[f'(x)]^2\}^{1/2} dy + x_1 = \int_0^{2R} \sqrt{\frac{R^2}{R^2-(y-R)^2}} dy = \pi R \tag{3-3-23}$$

将（3-3-18）与（3-3-19）式代入（3-3-6）式得：

$$\frac{dH^*}{d\tau} = 0.226 \left(\frac{PrAr\rho^{*3}}{Ste} \right)^{1/4} \left[\frac{\arccos H^* - H^* \sqrt{1-H^{*2}}}{4x_0^{*3} - 16x_0^{*5}/5} \right]^{1/4} \tag{3-3-24}$$

将 $x_0^* = 0.5\sqrt{1-H^{*2}}$ 代入（3-3-24）式后用级数展开，取二阶项得：

$$\frac{dH^*}{d\tau} = 0.402 \left(\frac{PrAr\rho^{*3}}{Ste} \right)^{1/4} [0.81 + 0.26H^* + 0.2H^{*2}]^{-1} \tag{3-3-25}$$

（3-3-25）式积分后得：

$$\tau = 2 \left(\frac{Ste}{PrAr} \right)^{0.25} \rho^{*-0.75} (H^* + 0.161H^{*2} + 0.057H^{*3}) \tag{3-3-26}$$

令 $H^* = 1$，由（3-3-26）式得熔化完成所需的无量纲时间为：

$$\tau_f = 2.44 \left(\frac{Ste}{PrAr} \right)^{0.25} \rho^{*-0.75} \tag{3-3-27}$$

将式（3-3-21）～（3-3-23）式代入（3-3-10）式得：

$$\overline{Nu} = 0.2 \left(\frac{PrAr}{Ste\rho^*} \right)^{0.25} \frac{\sqrt{1-H^*}}{0.63 + 0.2H^* + 0.16H^{*2}} \tag{3-3-28}$$

（3-3-25）～（3-3-28）式即为 Bareiss 和 Beer[17]在不考虑顶部非接触熔化时，对水平圆管内接触熔化的分析结果。另外，将（3-3-25）式代入（3-3-7）式得：

$$\delta^* = \frac{\rho^*}{\cos\phi} \left(\frac{Ste}{PrAr\rho^{*3}} \right)^{1/4} \left[0.5 + 0.16H^* + 0.12H^{*2} \right] \tag{3-3-29}$$

将（3-3-18）与（3-3-20）式代入（3-3-8）式得：

$$V^* = 1 - \frac{2(\arccos H^* - H^*\sqrt{1-H^{*2}})}{\pi} \tag{3-3-30}$$

2. 当水平管为一椭圆形管，y、x 轴半径分别为 b、a，其曲线在 (x, y) 坐标上的方程满足：

$$\frac{x^2}{a^2} + \frac{(y-b)^2}{b^2} = 1 \quad 或 \quad f(x) = -b\left(1 - \frac{x^2}{a^2}\right)^{1/2} \tag{3-3-31}$$

熔化边界条件为：$y_1 = 2b$，$x_1 = 0$；$y_0 = b - H/2$，$x_0 = a\sqrt{1 - (H/2b)^2}$，以及

$$\frac{\bar{x}^2}{a^2} + \frac{(y-b+H)^2}{b^2} = 1 \tag{3-3-32}$$

无量纲参数表达为：

$$H^* = \frac{H}{2b}, \quad Fo = \frac{\alpha_l t}{b^2}, \quad Ar = (1-\rho^*)\frac{gb^3}{\nu_l^2}, \quad \bar{x}^* = \frac{\bar{x}}{2b}, \quad y^* = \frac{y}{2b},$$

$$\delta^* = \frac{\delta}{2b}, \quad x^* = \frac{x}{2b}, \quad z^* = \frac{z}{2b}, \quad x_0^* = \frac{x_0}{2b}, \quad y_0^* = \frac{y_0}{2b}, \quad J = b/a$$

类似以上方法和步骤可求得 $J = b/a < 1$ 时，有：

$$\frac{dH^*}{d\tau} = \left(\frac{Ar\rho^{*3}Pr}{192Ste}\right)^{1/4} \times$$

$$\left[\frac{J^2(1-J^2)\left(\arccos H^* - H^*\sqrt{1-H^{*2}}\right)}{\dfrac{J^2}{1-J^2}\left(\sqrt{1-H^{*2}} - \dfrac{\ln\left(1+\sqrt{(1-J^2)(1-H^{*2})}\right) - \ln\left(1-\sqrt{(1-J^2)(1-H^{*2})}\right)}{\sqrt{1-J^2}}\right) - \dfrac{(1-H^{*2})^{1.5}}{3}}\right]^{1/4} \tag{3-3-33}$$

$J = b/a > 1$ 时，有

$$\frac{dH^*}{d\tau} = \left(\frac{Ar\rho^{*3}Pr}{192Ste}\right)^{1/4}\left[\frac{J^2(J^2-1)\left(\arccos H^* - H^*\sqrt{1-H^{*2}}\right)}{\dfrac{J^2}{J^2-1}\left(\sqrt{1-H^{*2}} - \dfrac{\mathrm{arctg}\sqrt{(J^2-1)(1-H^{*2})}}{\sqrt{J^2-1}}\right) - \dfrac{(1-H^{*2})^{1.5}}{3}}\right]^{1/4}$$

同样用级数展开，取二阶项积分，对 $J < 1$ 得：

$$\tau = 2.49\left(\frac{Ste}{PrArJ^2}\right)^{0.25}\rho^{*-0.75}\left[f_1(0) + \frac{1}{2}f_1'(0)H^* + \frac{1}{6}f_1''(0)H^{*2}\right]H^* \tag{3-3-34}$$

对 $J > 1$ 得：

$$\tau = 3.722\left[\frac{Ste}{J^2(J^2-1)PrAr}\right]^{0.25}\rho^{*-0.75}\left[f_2(0) + \frac{1}{2}f_2'(0)H^* + \frac{1}{6}f_2''(0)H^{*2}\right]H^* \tag{3-3-35}$$

其中，

$$f_1(0)=\left(\frac{10-6J^2}{3\pi}\right)^{0.25};\quad f_1'(0)=f_1(0)/\pi$$

$$f_1''(0)=\frac{5\left[\left(\frac{5}{3}-J^2\right)-(1-J^2)\left(\frac{\pi}{2}\right)^2\right]}{4\left(\frac{5}{3}-J^2\right)^{3/4}\left(\frac{\pi}{2}\right)^{9/4}}$$

$$f_2(0)=\left\{\frac{2J^2}{(J^2-1)\pi}\left[1-\frac{\text{arctg}\sqrt{J^2-1}}{\sqrt{J^2-1}}\right]-\frac{2}{3\pi}\right\}^{1/4}$$

$$f_2'(0)=f_2'/\pi$$

$$f_2''(0)=5f_2(0)/\pi^2$$

$$(3\text{-}3\text{-}36)$$

将 $H^*=1$ 代入方程（3-3-34）和（3-3-35）得：

$$\tau_f=2.49\left(\frac{Ste}{PrArJ^2}\right)^{0.25}\rho^{*-0.75}\left[f_1(0)+\frac{1}{2}f_1'(0)+\frac{1}{6}f_1''(0)\right]\quad 当 J<1 \quad (3\text{-}3\text{-}37)$$

$$\tau_f=3.722\left[\frac{Ste}{J^2(J^2-1)PrAr}\right]^{0.25}\rho^{*-0.75}\left[f_2(0)+\frac{1}{2}f_2'(0)+\frac{1}{6}f_2''(0)\right]\quad 当 J>1 \quad (3\text{-}3\text{-}38)$$

而平均努谢尔特数、熔化液体边界层厚度分别为：

$$\overline{Nu}=\frac{3.21\sqrt{1-H^{*2}}}{\pi[1.5(1+J)-\sqrt{J}]^2}\left(\frac{Ste\rho^*}{Pr\,ArJ^2}\right)^{-1/4}\bigg/[f_1(0)+f_1'(0)H^*+0.5f_1''(0)H^{*2}]\quad 当 J<1 \quad (3\text{-}3\text{-}39)$$

$$\overline{Nu}=\frac{2.15[J^2(J^2-1)]^{1/4}}{\pi[1.5(1+J)-\sqrt{J}]^2}\left(\frac{Ste\rho^*}{Pr\,Ar}\right)^{-1/4}\bigg/[f_2(0)+f_2'(0)H^*+0.5f_2''(0)H^{*2}]\quad 当 J>1 \quad (3\text{-}3\text{-}40)$$

$$\delta^*=\frac{1.245}{\cos\phi}\left(\frac{Ste\rho^*}{J^2Pr\,Ar}\right)^{0.25}[f_1(0)+f_1'(0)H^*+0.5f_1''(0)H^{*2}]\quad 当 J<1 \quad (3\text{-}3\text{-}41)$$

$$\delta^*=\frac{1.861}{\cos\phi}\left(\frac{Ste\rho^*}{J^2(J^2-1)Pr\,Ar}\right)^{0.25}[f_2(0)+f_2'(0)H^*+0.5f_2''(0)H^{*2}]\quad 当 J>1 \quad (3\text{-}3\text{-}42)$$

而熔化率为：

$$V^*=1-\frac{2(\arccos H^*-H^*\sqrt{1-H^{*2}})}{\pi}\quad (3\text{-}3\text{-}43)$$

以上（3-3-37）～（3-3-43）式即为不考虑顶部非接触熔化时，对水平椭圆管热源内接触熔化的分析结果[26]。

3. 当旋转体热源为一圆球，它由 $y=R\pm\sqrt{R^2-x^2}$ 绕 y 轴旋转而成，此时有 $y_1=2R$、$x_1=0$、$y_0=R-H/2$、$x_0=\sqrt{R^2-H^2}$。$\bar{x}$ 还要同时满足如下方程：

$$\bar{x}^2+(y-R+H)^2=R^2\quad (3\text{-}3\text{-}44)$$

则类似上面的方法可求得：

$$\int_0^{y_0^*} x^{*2} \mathrm{d}y^* + \int_{y_0^*}^{1-H^*} \overline{x}^{*2} \mathrm{d}y^* = H^{*3}/12 - H^*/4 + 1/6 \tag{3-3-45}$$

$$\int_0^{x_0^*} \int_{x^*}^{x_0^*} \frac{z^*}{1+[f'(z^*)]^2} \mathrm{d}z^* x^* \mathrm{d}x^* = x_0^{*4}/8 - x_0^{*6}/3 = (1-3H^{*4}+2H^{*6})/384 \tag{3-3-46}$$

$$\int_0^1 x^{*2} \mathrm{d}y^* = 1/6 \tag{3-3-47}$$

（3-3-45）式中已利用了关系式 $x_0^* = 0.5\sqrt{1-H^{*2}}$。将（3-3-45）与（3-3-46）式代入（3-3-41）式得：

$$\frac{\mathrm{d}H^*}{\mathrm{d}\tau} = \left(\frac{Pr\overline{Ar}}{12Ste}\right)^{1/4} \rho^* \left[\frac{2-3H^*+H^{*3}}{1-3H^{*4}+2H^{*6}}\right]^{1/4} \tag{3-3-48}$$

其中 $\overline{Ar}$ 定义为：$\overline{Ar} = (1-\rho^*)\dfrac{g(2R)^3}{8\rho^* v_l^2} = Ar/\rho^*$

将（3-3-48）式括号内的项倒数后用级数展开，取前三项有：

$$\frac{\mathrm{d}H^*}{\mathrm{d}\tau} = \left(\frac{Pr\overline{Ar}}{12Ste}\right)^{1/4} \rho^* [0.841 + 0.3H^* + 0.42H^{*2} - 0.147H^{*3}]^{-1} \tag{3-3-49}$$

对上式积分后得：

$$\tau = 2\left(\frac{Ste}{Pr\overline{Ar}}\right)^{1/4} \rho^{*-1}(1.56H^* + 0.279H^{*2} + 0.261H^{*3} - 0.068\,6H^{*4}) \tag{3-3-50}$$

令 $H^* = 1$，由（3-3-51）式得圆球内熔化结束的时间为：

$$\tau_f = 2.03\left(\frac{\rho_s}{\rho_l}\right)\left(\frac{Ste}{Pr\overline{Ar}}\right)^{1/4} \tag{3-3-51}$$

（3-3-48）～（3-3-51）式即为 Bahrami 和 Wang[19]分析圆球内接触熔化所得的结果。另外，将（3-3-49），（3-3-45）与（3-3-47）式分别代入（3-3-7），（3-3-8）式还可得圆球内接触熔化无量纲熔化边界层厚度与熔化率分别为：

$$\delta^* = \frac{1}{\cos\phi}\left(\frac{Ste}{Pr\overline{Ar}}\right)^{1/4}[0.39 + 0.14H^* + 0.2H^{*2} - 0.07H^{*3}] \tag{3-3-52}$$

$$V^* = (3H^* - H^{*3})/2 \tag{3-3-53}$$

对于矩形与竖圆柱体内的接触熔化，由于 $y=f(x)$ 形状简单，按以上类似步骤更容易求得问题的解，在此不再一一赘述。

对封闭腔热源内的接触熔化，固体变化形状和位置、熔化速度、熔化结束时间、边界层厚度、熔化率等参数是描述接触熔化现象和规律的基本特征参数。本节给出了一类对称与旋转体热源内接触熔化传热过程，各熔化参数的基本方程和表达式，并通过在水平圆管、椭圆管与球内的具体应用给出了求解的方法和步骤，为一类对称与旋转体热源内的接触熔化问题的统一描述和分析提供了快捷、方便的方法。

第四节　熔化界面法向角的影响

1980 年，Nicholas 与 Bayazitoglu[24]最先对水平圆管内自由固体的接触熔化进行了数值分析与实验研究。随后，陆续有许多学者对此问题进行了更深入的研究。但是，这些分析所建立的模型是将圆管表面与接触熔化固液相界面的法向角按相同处理，所得结果在熔化刚开始时有，$\phi = \pm \pi / 2$，$\delta \to \infty$，这显然不符合实际物理情况。文献［27］注意到了 Bahrami 与 Wang[19]在球体内的接触熔化分析中同样的问题。本节则进一步分析水平圆管内的接触熔化在 $\phi = \pm \pi / 2$，$\delta \to \infty$ 的问题。

一、水平圆管内的熔化改进模型

所考虑问题的物理模型及坐标如图 3-4-1 所示，温度为 T_0 的相变材料在半径为 R、温度为 T_w 的水平圆管内以速度 U 向下运动，因为被熔化的液体边界层厚度 δ 很薄，即 $\delta \ll R$，可忽略边界层内惯性力与对流换热的影响，其他假设同前，则可以得到熔化边界层内速度分布为：

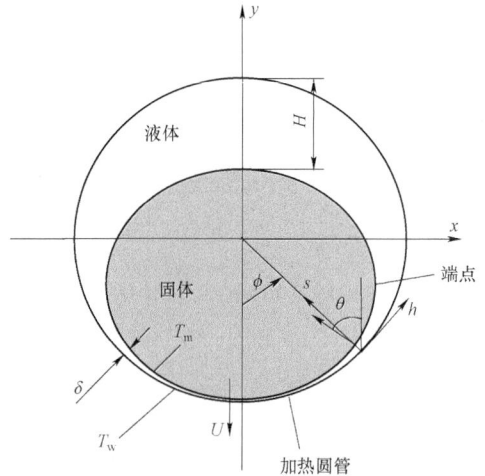

图 3-4-1　水平圆管内接触熔化模型

$$u = \frac{1}{2\mu} \frac{\mathrm{d}p}{\mathrm{d}h}(s - \delta)s \qquad (3\text{-}4\text{-}1)$$

式中，u 为熔化液体在 h 方向上的速度；p 为边界层内压力；μ 为液体动力黏度。而边界层内的质量守恒方程成为：

$$\int_0^\delta \rho_l u \mathrm{d}s = \int_0^\phi \rho_s U R \cos\theta \mathrm{d}\phi \qquad (3\text{-}4\text{-}2)$$

将（3-4-1）式代入（3-4-2）式可得：

$$\frac{\mathrm{d}p}{\mathrm{d}\phi} = -\left(\frac{12\mu\rho_s U R^2}{\rho_l \delta^3} \int_0^\phi \cos\theta \mathrm{d}\phi \right) \qquad (3\text{-}4\text{-}3)$$

在相变材料熔化界面上热平衡方程为：

$$-\lambda_l (\partial T / \partial s)\big|_{s=\delta} \cos(\theta - \phi) = \rho_s L_m U \cos\theta \qquad (3\text{-}4\text{-}4)$$

（3-4-2）、（3-4-3）式中 $U = \mathrm{d}H_1 / \mathrm{d}t$，$H_1$ 为相变材料与圆管接触熔化所产生的液体高度；λ_l、ρ_l、ρ_s 分别为相变材料液体导热系数、液体密度、固体密度；L_m 为熔化潜热。为了研究 θ 的影响，假定边界层内温度线性分布，则（3-4-4）式成为：

$$\delta = \alpha \rho_l Ste \cos(\theta - \phi) / (U \rho_s \cos\theta) \qquad (3\text{-}4\text{-}5)$$

其中 $Ste = c_p(T_w - T_m) / L_m$；$c_p$、$\alpha$ 分别为相变材料的定压比热、热扩散系数。如果边界层内温度为非线性的二次分布，则（3-4-5）式中的 Ste 可用 $f(Ste)$ 代替：

$$f(Ste) = \left(\sqrt{9Ste^2 + 280Ste + 400} - 3Ste - 20\right)\Big/4$$

熔化过程任意时刻固体的体积 V_s 为：

$$V_s = 2R^2\left[\arccos\frac{H}{2R} - \frac{H}{2R}\sqrt{1 - \left(\frac{H}{2R}\right)^2}\right] \tag{3-4-6}$$

而作用在固体相变材料上的力平衡方程为：

$$\int_0^{\phi_A} pR\cos\phi\,\mathrm{d}\phi = g(\rho_s - \rho_l)V_S \tag{3-4-7}$$

其中，ϕ_A 为固体相变材料的端角；H 为相变材料整个熔化所产生的液体高度。当忽略相变材料上部非接触熔化所产生的液体高度时[17,26]，有 $U = \mathrm{d}H/\mathrm{d}t$。图 3-4-1 中的几何条件还要满足：

$$\mathrm{d}\delta/\mathrm{d}\phi = (R - \delta)\tan(\theta - \phi) \tag{3-4-8}$$

$$\cos(\phi_A) = H/(2R) \tag{3-4-9}$$

引入以下无量纲参数：

$$\delta^* = \delta/R; \quad H^* = \frac{H}{2R}; \quad \rho^* = \rho_l/\rho_s; \quad p^* = pR^2/(\mu\alpha); \quad \tau = SteFo = \frac{c_p(T_w - T_m)}{L_m}\frac{\alpha t}{R^2};$$

$$Ar = \frac{g(\rho_s - \rho_l)R^3}{\rho_s\nu^2}; \quad Pr = \frac{\nu}{\alpha}; \quad U^* = \mathrm{d}H^*/\mathrm{d}\tau$$

其中 ν 为液体相变材料的运动黏度。则（3-4-3）、（3-4-5）～（3-4-9）式可写为：

$$\frac{\mathrm{d}p^*}{\mathrm{d}\phi} = -\frac{24Ste}{\rho^*\delta^{*3}}\left(\frac{\mathrm{d}H^*}{\mathrm{d}\tau}\right)\int_0^\phi \cos\theta\,\mathrm{d}\phi \tag{3-4-10}$$

$$\delta^* = \frac{\rho^*\mathrm{d}\tau}{2\mathrm{d}H^*}\frac{\cos(\theta - \phi)}{\cos\theta} \tag{3-4-11}$$

$$Ar\,Pr\left[\arccos H^* - H^*\sqrt{1 - H^{*2}}\right] = \rho^*\int_0^{\phi_A} p^*\cos\phi\,\mathrm{d}\phi \tag{3-4-12}$$

$$\mathrm{d}\delta^*/\mathrm{d}\phi = (1 - \delta^*)\tan(\theta - \phi) \tag{3-4-13}$$

$$\cos(\phi_A) = H^* \tag{3-4-14}$$

相变材料的熔化率为：

$$V^* = 1 - \frac{V_s}{\pi R^2} = \frac{2\left(\arcsin H^* + H^*\sqrt{1 - H^{*2}}\right)}{\pi} \tag{3-4-15}$$

熔化过程的平均努塞尔数为：

$$\overline{Nu} = \frac{[\overline{q}/(T_w - T_m)]R}{\lambda_l} \tag{3-4-16}$$

其中，$\overline{q}$ 为平均热流密度：

$$\overline{q} = \frac{L_m \rho_s}{2\pi R} \left(-\frac{dV_s}{dt} \right) \tag{3-4-17}$$

将（3-4-17）式代入（3-4-16）式得并化简后得：

$$\overline{Nu} = \frac{2\sqrt{1-H^{*2}}}{\pi \rho^*} \frac{dH^*}{d\tau} \tag{3-4-18}$$

（3-4-10）～（3-4-15）、（3-4-18）式即为本节所得的水平圆柱温差接触熔化的基本方程，包含七个未知数 δ^*、p^*、θ、H^*、ϕ_A、V^*、$\overline{Nu}$，其边界条件为 $\phi=\phi_A$ 时，$p^*=0$；$\phi=0$ 时，$\phi=\theta=0$；$\tau=0$ 时，$H^*=0$，由此可得熔化过程的参数。

二、改进模型的结果

（1）按 Bareiss 等[17]与 Nicholas 等[24]的模型有 $\phi=\theta$，则由（3-4-10）～（3-4-12）式及边界条件可得：

$$p^* = \frac{48Ste}{\rho^{*4}} \left(\frac{dH^*}{d\tau} \right)^4 (\cos^4\phi - \cos^4\phi_A) \tag{3-4-19}$$

或

$$p = 3\nu R^2 \rho_s^4 \left[\left(\frac{L_m}{\lambda_l(T_w - T_m)} \right) \right]^3 \left(\frac{dH}{dt} \right)^4 (\cos^4\phi - \cos^4\phi_A) \tag{3-4-20}$$

$$\frac{dH^*}{d\tau} = 0.402 \left(\frac{PrAr\rho^{*3}}{Ste} \right)^{1/4} \left[\frac{\arccos H^* - H^*\sqrt{1-H^{*2}}}{\sqrt{1-H^{*2}}(2/3 + H^{*2}/3 - H^{*4})} \right]^{1/4}$$

$$\approx 0.402 \left(\frac{PrAr\rho^{*3}}{Ste} \right)^{1/4} [0.81 + 0.26H^* + 0.2H^{*2}]^{-1} \tag{3-4-21}$$

或

$$\tau = 2 \left(\frac{Ste}{PrAr} \right)^{0.25} \rho^{*-0.75} (H^* + 0.161H^{*2} + 0.082H^{*3}) \tag{3-4-22}$$

$$\overline{Nu} = Nu \frac{\sqrt{1-H^{*2}}}{0.63 + 0.2H^* + 0.16H^{*2}}; \quad Nu = 0.2 \left(\frac{PrAr}{Ste\rho^*} \right)^{0.25} \tag{3-4-23}$$

（3-4-19）～（3-4-23）式即为按 Bareiss 与 Beer[17]在忽略相变材料上部非接触熔化所产生的液体高度时所得的主要结果。由（3-4-11）与（3-4-22）式还可求得 Bareiss 与 Beer[17]所得的无量纲边界层厚度 δ^* 与熔化结束时间 τ_f 为：

$$\delta^* = \frac{\rho^*}{\cos\phi} \left(\frac{Ste}{PrAr\rho^{*3}} \right)^{1/4} [1 + 0.32H^* + 0.24H^{*2}] \tag{3-4-24}$$

$$\tau_f = 2.49 \left(\frac{Ste}{PrAr} \right)^{0.25} \rho^{*-0.75} \tag{3-4-25}$$

（2）当 $\phi \neq \theta$ 时，（3-4-10）～（3-4-15）、（3-4-18）式，没有解析解，需要数值计算。

取十八烷为相变材料，按 Bareiss 与 Beer[17]给出的参数，并考虑固液密度的变化进行计算。图 3-4-2～图 3-4-3 按 Bareiss 与 Beer[17]所给出了两种工况（工况 a：$Pr = 49.5$，$Ar = 6.8 \times 10^5$，$Ste = 0.09$；工况 b：$Pr = 50.9$，$Ar = 6.25 \times 10^5$，$Ste = 0.058$）下 H^* 随 τ / τ_f，以及 $\overline{Nu} / Nu$ 随 H^* 的变化曲线表明，按前面所建立模型的计算结果较 Bareiss 与 Beer[17]所得的结果要小，其中图 3-4-2 中 H^* 最大要小 0.02，图 3-4-3 中 $\overline{Nu} / Nu$ 小的明显一些，最大要小 0.29。另外，由图 3-4-2～图 3-4-3 可见，两者在不同工况下的变化规律是相同的。而图 3-4-4～图 3-4-5 表明，无量纲熔化液体高度 H^* 与努塞尔数 $\overline{Nu}$ 随无量纲时间 τ 的变化曲线是受具体的工况影响的，H^* 仍然是 Bareiss 与 Beer[17]所得的值较大些，最大要大 10%，但本节所得的 $\overline{Nu}$ 较之却先小后大，最大差距约为 18%；图 3-4-6 还给出了无量纲固体熔化率 V^* 随无量纲时间 τ 的变化曲线，其与图 3-4-4 的规律类似，说明本节所得接触熔化完成的时间需要更长一些，为 0.22～0.25。这也可以从表 3-4-1 中两种工质七种工况[17]的结果看到，约为 0.02～0.45。

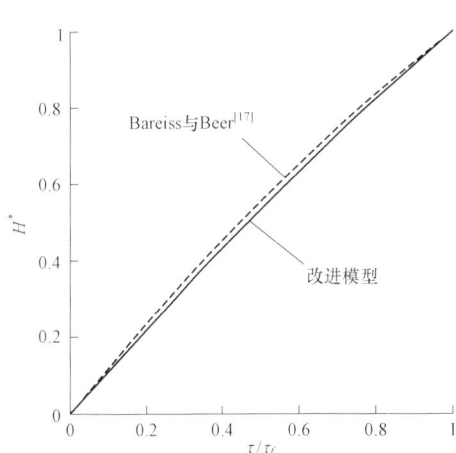

图 3-4-2　H^* 随 τ / τ_f 的变化

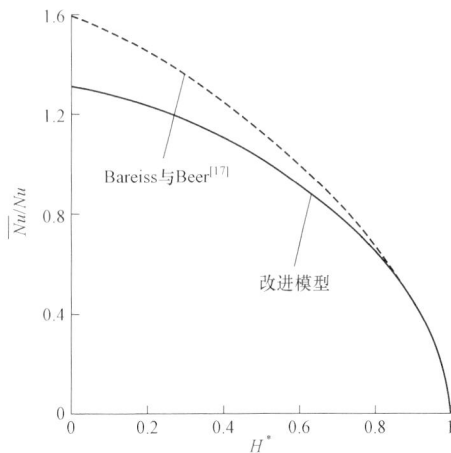

图 3-4-3　$\overline{Nu} / Nu$ 随 H^* 的变化

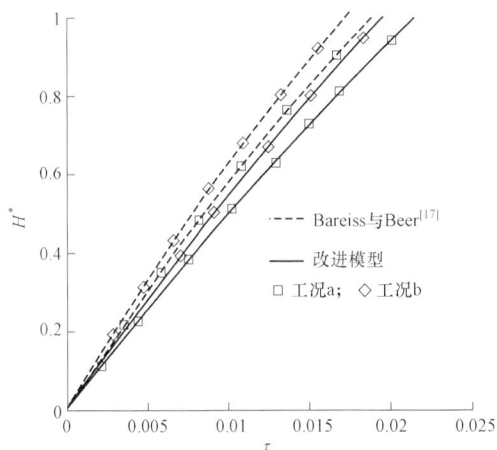

图 3-4-4　H^* 随 τ 的变化

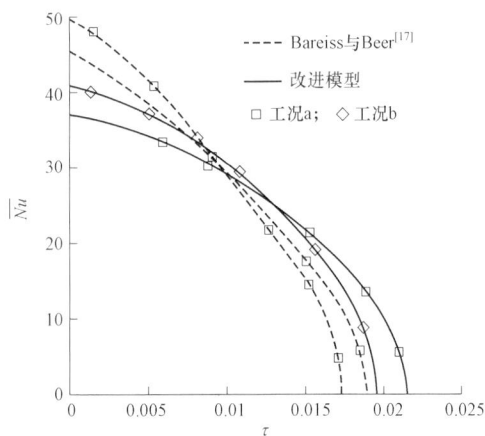

图 3-4-5　$\overline{Nu}$ 随 τ 的变化

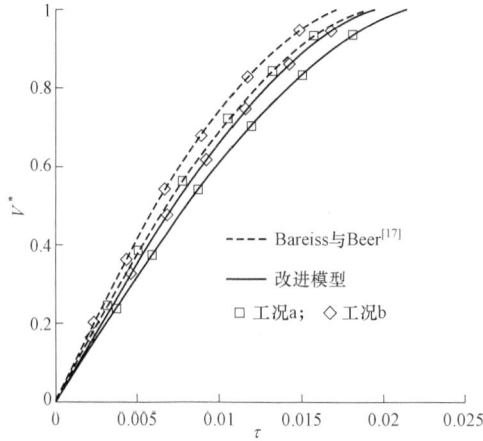

图 3-4-6 V^* 随 τ 的变化

表 3-4-1 不同工况下无量纲接触熔化结束时间

工质	工况	改进模型的计算结果	Bareiss 与 Beer[17]的解析解
octadecane	$Pr = 49.5$，$Ar = 6.8 \times 10^5$，$Ste = 0.09$	2.15×10^{-2}	1.90×10^{-2}
	$Pr = 50.9$，$Ar = 6.25 \times 10^5$，$Ste = 0.058$	1.95×10^{-2}	1.73×10^{-2}
	$Pr = 45.7$，$Ar = 8.7 \times 10^5$，$Ste = 0.18$	2.45×10^{-2}	2.16×10^{-2}
	$Pr = 45.8$，$Ar = 1.3 \times 10^5$，$Ste = 0.18$	3.93×10^{-2}	3.48×10^{-2}
	$Pr = 49.9$，$Ar = 1.0 \times 10^5$，$Ste = 0.081$	3.37×10^{-2}	2.98×10^{-2}
p-xylene	$Pr = 8.15$，$Ar = 8.1 \times 10^7$，$Ste = 0.105$	9.56×10^{-3}	9.36×10^{-3}
	$Pr = 8.15$，$Ar = 1.2 \times 10^7$，$Ste = 0.105$	1.54×10^{-2}	1.51×10^{-2}
	$Pr = 8.15$，$Ar = 1.1 \times 10^7$，$Ste = 0.05$	1.30×10^{-2}	1.28×10^{-2}

图 3-4-7 给出了由本节数值计算结果得到的压力曲线群。从图 3-4-7 可以看到，压力分布规律是随着熔化的进行不断变小与平缓；图 3-4-8 给出不同时刻两种模型所得的边界层厚度变化曲线表明，本节的计算值变化相对平缓，在一定角 ϕ_A 后，较 Bareiss 与 Beer[17] 所得的解析值要小，且在 $\phi_A = 90°$ 时收敛于一确定值，这符合实际观测现象[17]。另外，经过一定时间后，即在一定角 ϕ_A（不同工况有不同 ϕ_A 值）的范围内，两种模型所得的边界层厚度变化有类似的规律，都为与余弦值成正比的曲线，这与 Bahrami[19] 与 Roy[20] 在分析

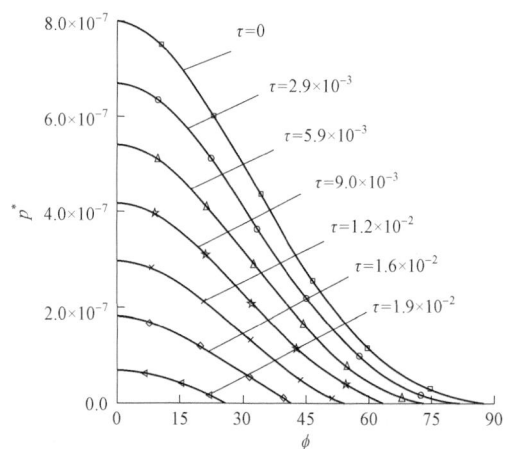

图 3-4-7 p^* 随 ϕ 的变化

球体内接触熔化边界层厚度为直线的结果不同。从图 3-4-8 还可以看到，随着熔化的进行，本节与 Bareiss 与 Beer[17] 所得的边界层厚度变化曲线越来越靠近，说明解析解在熔化的后期有较好的结果，这一点在 Bareiss 与 Beer[17] 与相关实验比较中也可看出。

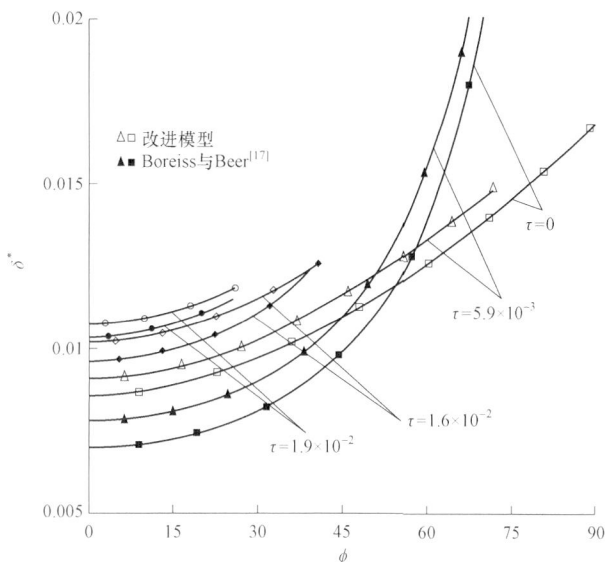

图 3-4-8　δ^* 随 ϕ 的变化

参考文献

［1］陈文振. 相变材料接触熔化的研究［D］. 武汉：华中理工大学博士学位论文，1994.

［2］Bejan A. Contact melting heat transfer and lubrication［J］. Advance in Heat Transfer，1994，24：1-38.

［3］Bejan A. Single correlation for theoretical contact melting results in various geometries［J］. International Communications in Heat Mass Transfer，1992，19：473-483.

［4］Hirata T，Makino Y，Kaneko Y. Analysis of close contact melting for octadecane and ice inside isothermally heated horizontal rectangular capsule［J］. International Journal of Heat and Mass Transfer，1991，34（12）：3097-3106.

［5］陈文振，简瑞民，杨强生. 相变材料在有限长矩形腔内接触熔化的分析［J］. 上海交通大学学报，1998，32（4）：31-35.

［6］陈文振，刘镇，陈志云，等. 水平圆管内相变材料接触熔化分析［J］. 太阳能学报，2007，28（4）：436-440.

［7］Chen Wenzhen，Cheng Shangmo，Luo Zhen. Study of contact melting inside aisothermally heated vertical cylindrical capsules［J］. Journal of Thermal Science，1993；2（3）：190-195.

［8］Hu Y J，Shi M H. An analysis on close-contact melting processes of PCM within spherical enclosures［J］. Science in China，1998，28（1）：51-55.

［9］Roy S K，Sengupta S. A generalized model for gravity-assisted melting in enclosures［J］. Journal of Heat Transfer，1990，112：804-808.

［10］ Moallemi M K，Webb B W，Viskanta R. An experimental and analytical study of close contact melting ［J］. Journal of Heat Transfer，1986，108：894-899.

［11］ Diaz L A，Viskanta R. Visualization of the solid-liquid interface morphology formed by natural convection during melting of a solid from below ［J］. International Communictions in Heat Mass Transfer，1984，11（1）：35-43.

［12］ Stefan J. Uber die theorie der eisbildung，insbes ondere uber die eisbildung in polarmeete，Sitzungsberichie der Kaiseriichen Akademie Wiss Wien ［J］. Mathinaturnsiss KL，1890，98（22）：965-973.

［13］ Chen Wenzhen，Cheng Shangmo，Luo Zhen，et al. Analysis of contact melting of phase change materials inside a heated rectangular capsule［J］. International Journal of Energy Research，1995，19（4）：337-345.

［14］ 董志峰. 矩形腔内固液相变传热研究 ［D］. 西安：西安交通大学博士学位论文，1988.

［15］ 陈文振，程尚模. 矩形腔内相变材料接触熔化的分析 ［J］. 太阳能学报，1993，14（3）：202-208.

［16］ Saito A，Utata Y，Akiyoshi M. On the contact heat transfer with melting（2nd report：analytical study）［J］. Bulletin of JSME，1985，28（242）：1703-1709.

［17］ Bareiss M，Beer H. An analytical solution of the heat transfer process during melting of an unfixed solid phase change material inside a horizontal tube ［J］. International Journal of Heat and Mass Transfer，1984，27（5）：739-746

［18］ Moore F B，Bayazitoglu R. Melting within a spherical enclosure ［J］. Journal of Heat Transfer，1982，104（2）：19-23.

［19］ Bahrami P A，Wang T G. Analysis of gravity and conduction driven melting in a sphere ［J］. Journal of Heat Transfer，1987，109：806-809.

［20］ Roy S K，Sengupta S. The melting process within spherical enclosures ［J］. Journal of Heat Transfer，1987，109：460-462.

［21］ Roy S K，Sengupta S. Melting of a free solid in a spherical enclosure：effect of subcooling［J］. Journal of Solar Energy Engineering，1989，110：32-36.

［22］ Webb B W，Moallemi M K，Viskanta R. Experiments of melting unfixed ice in a horizontal cylindrical capsule ［J］. Journal of Heat Transfer，1987，109：454-459.

［23］ Prasad A，Sengupta S. Numerical investigation of melting inside a horizontal cylinder including the effect of natural convection ［J］. Journal of Heat Transfer，1987，109：803-806.

［24］ Nicholas D，Bayazitoglu Y. Heat transfer and melting front within a horizontal cylinder ［J］. Journal of Solar Energy Engineering，1980，102：229-232.

［25］ Chen Wenzhen，Zhao Yuansong，Luo Lei，el al. The Unified formulation for contact melting inside a symmetric enclosure ［J］. AIAA Journal of Thermophysics and Heat Transfer，2008，22（2）：227-233.

［26］ Chen Wenzhen，Yang Qiangsheng，Dai Mingqiang，et al. Analytical solution of the heat transfer process during contact melting of phase change material inside a horizontal elliptical tube ［J］. International Journal of Energy Research，1998，22（2）：131-140.

［27］ Chen Wenzhen，Zhu Bo，Chen Zhiyun，et al. New analysis of contact melting of phase change material around a hot sphere ［J］. Heat and Mass Transfer，2008，44（1）：281-286.

第四章　不均匀壁温热源的接触熔化

接触熔化研究主要通过确定熔化的液膜层几何分布和温度分布,从而确定熔化过程与热源形状、热边界条件以及外力作用等影响因数的关系[1]。在求解能量平衡方程时,模型固-液界面上的热边界条件的选定是否符合实际熔化过程,关系到结果的准确性。在前人的研究中,普遍采用的熔化分析模型是假定热源表面温度恒定,如 Bareiss 与 Beer[2]建立了均匀定壁温圆管热源内相变材料的接触熔化模型,并对其进行了理论分析;Bahrami 与 Wang[3]运用导热模型研究了均匀定壁温圆球内相变材料的熔化规律;另外一些学者利用均匀定壁温模型分别研究了球内[4]、矩形腔[5]、水平圆管[6]与椭圆管[7]热源的接触熔化问题。然而很多实际工程系统中的接触熔化过程,热源表面温度是变化的。Saitoh 与 Moon[8]测量了潜热储能系统的储能元件内发生接触熔化时壁面温度的变化,发现储能元件不同位置的壁面温度并不相同。对于不均匀壁温热源的接触熔化,熔化液膜层的温度边界条件为一与位置有关的函数,与均匀定壁温熔化模型有较大区别,不能采用定壁温模型的分析结果。此后,Saitoh 与 Hoshi[9],Fomin 与 Saitoh[10]进一步对不均匀壁温圆管和圆球热源内固体相变材料的接触熔化进行了探讨。本章介绍不均匀壁温热源内、外的接触熔化[11]。

第一节　不均匀壁温水平圆管内

对于不均匀壁温水平圆管内的固体接触熔化,Saitoh 与 Hoshi[9]早期进行了相关研究,推导出了熔化速度的解析表达式。然而,其方程推导过程中存在一定错误,结果出现较大偏差。本节着重介绍基于 Nusselt 理论建立的熔化模型,通过对熔化控制方程进行推导的方法。

一、对称圆管壁温度分布

取熔化过程截面,熔化物理模型如图 4-1-1 所示,固体相变材料的初始温度均匀处于熔点温度 T_m,圆管热源的半径为 R,内壁温度分布满足 $T_w = T_{w_0}[1 + f(\phi)]$,左右对称分布,且 $T_w > T_m$,T_{w_0} 是热源底部($\phi = 0$)的温度。在热源壁面加热作用下,与热源接触的相变材料先发生熔化。随着熔化的进行,未熔化的固体相变材料受重力作用,挤压下部熔化液体,使之经过热源与固体相变材料之间的液膜层,从圆管底部沿两侧流向顶部,熔化液膜层的厚度非常薄,(即 $\delta(\phi) \ll R$)。未熔化的固体下落速度为 $\dot{H}$($\dot{H} = dH(\tau)/d\tau$)。ϕ_A 为

115

过固体熔化材料边界的半径同 y 轴的夹角。以 ϕ_A 为界，固体的熔化分为两种形式，当 $\phi \leqslant \phi_A$，在热源与固体相变材料之间熔化液膜厚度极小，固体发生接触熔化，熔化速度较快，当 $\phi > \phi_A$，即在固体顶部，熔化速度较慢，熔化较少。固体熔化主要发生在接触熔化区。h，s 分别为沿圆管表面的切线和法线方向坐标轴。对该模型做如下假设：（1）忽略顶部熔化，固体顶部形状保持不变。（2）相变材料的热物性为各项同性，除液体的密度外，其余不随温度变化。其他假设同前。

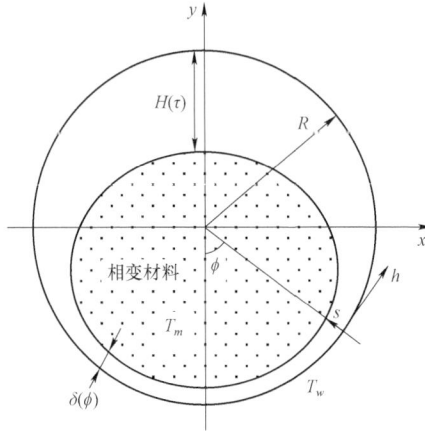

图 4-1-1　不均匀壁温圆管内接触熔化模型

根据假设，熔化过程液膜层内流动动量方程可简化为：

$$\mu \frac{\partial^2 u}{\partial s^2} = \frac{\mathrm{d}p}{\mathrm{d}h} \tag{4-1-1}$$

熔化液膜内流动速度和温度边界条件为：

$$s = 0 : u = v = 0, \quad T = T_\mathrm{w} = T_{\mathrm{w}_0}[1 + f(\phi)] \tag{4-1-2}$$
$$s = \delta : u = 0, \qquad v = -\dot{H}\cos\phi, \qquad T = T_\mathrm{m}$$

其中 u、v 分别为熔化液体在 h、s 方向上的速度，δ 为熔化液膜厚度，p 为熔化液膜内压力，T 为熔化液膜温度分布，μ 为液体动力黏度系数。

综合边界条件（4-1-2）式求解方程（4-1-1）得到速度表达式为：

$$u = \frac{1}{2\mu} \frac{\mathrm{d}p}{\mathrm{d}h}(s^2 - \delta s) \tag{4-1-3}$$

熔化液膜内质量守恒方程为：

$$\int_0^\delta \rho_l u \mathrm{d}s = \int_0^\phi \rho_s \dot{H} R \cos\phi \, \mathrm{d}\phi \tag{4-1-4}$$

将（4-1-3）式代入方程（4-1-4）得：

$$\frac{\mathrm{d}p}{\mathrm{d}h} = -\frac{12\mu\rho_s \dot{H} R \sin\phi}{\rho_l \delta^3} \tag{4-1-5}$$

将（4-1-5）式代入（4-1-3）式得：

$$u = -\frac{6\rho_s \dot{H}R \sin\phi(s^2 - \delta s)}{\rho_l \delta^3} \qquad (4\text{-}1\text{-}6)$$

固-液界面上固体吸热熔化，将通过熔化的液膜层传递的热量转化为熔化液体的潜热，能量平衡方程为：

$$-\lambda \frac{\partial T}{\partial s}\Big|_{s=\delta} = \rho_s L_m \dot{H} \cos\phi \qquad (4\text{-}1\text{-}7)$$

熔化的液膜厚度很薄，液膜内温度分布可按二次分布近似，根据边界条件（4-1-2）和（4-1-7）式求得的液膜内部温度分布为：

$$T = T_w + \left[\frac{-2(T_w - T_m)}{\delta} + \frac{\rho_s \dot{H}L \cos\phi}{\lambda}\right]s + \left[\frac{(T_w - T_m)}{\delta^2} - \frac{\rho_s \dot{H}L \cos\phi}{\lambda\delta}\right]s^2 \qquad (4\text{-}1\text{-}8)$$

熔化液膜内流动的连续方程与能量守恒方程分别为：

$$\frac{\partial u}{\partial h} + \frac{\partial v}{\partial s} = 0 \qquad (4\text{-}1\text{-}9)$$

$$u\frac{\partial T}{\partial h} + v\frac{\partial T}{\partial s} = \alpha\frac{\partial^2 T}{\partial s^2} \qquad (4\text{-}1\text{-}10)$$

综合（4-1-2）和（4-1-9）式，方程（4-1-10）两边同时沿 s 积分后得：

$$\frac{\mathrm{d}}{\mathrm{d}h}\int_0^\delta (uT)\,\mathrm{d}s - \dot{H}T_m \cos\phi = \alpha\left(\frac{\partial T}{\partial s}\Big|_{s=\delta} - \frac{\partial T}{\partial s}\Big|_{s=0}\right) \qquad (4\text{-}1\text{-}11)$$

将（4-1-6）与（4-1-8）式代入方程（4-1-11）进行求解，整理得到：

$$
\begin{aligned}
&\frac{\mathrm{d}}{\mathrm{d}\phi}(\delta^* \dot{H}^* \sin 2\phi) + \frac{3\rho_m^*}{2}\left(Ste + \frac{c_p T_m}{L_m}\right)f'(\phi)\sin\phi \\
&+ \frac{3\rho_m^*}{2}[Ste + Ste_{w0}f(\phi)]\cos\phi - \frac{5\rho_m^{*2}}{\delta^* \dot{H}^*}[Ste + Ste_{w0}f(\phi)] \\
&+ \left[10\rho_m^* + \frac{5\rho_m^* c_p T_m(1 - \rho_m^*)}{L_m}\right]\cos\phi = 0
\end{aligned} \qquad (4\text{-}1\text{-}12)
$$

其中各无量纲量为：

$$\delta^* = \frac{\delta}{R}, \quad \rho_m^* = \frac{\rho_l}{\rho_s}, \quad \dot{H}^* = \frac{\dot{H}R}{2\alpha}, \quad H^* = \frac{H(\tau)}{2R}, \quad Ste = \frac{c_p(T_{w0} - T_m)}{L_m}$$

$$Ste_{w0} = \frac{c_p T_{w0}}{L_m}, \quad p^* = \frac{p}{\Delta\rho gR}, \quad Ar = \frac{\Delta\rho gR^3}{\rho_s \upsilon^2}, \quad Pr = \frac{\upsilon}{\alpha}$$

由（4-1-12）式可求得：

$$\delta^* \dot{H}^* = \frac{\rho_m^*[f_1(Ste) + \Gamma_1(Ste, Ste_{w_0})f(\phi)]}{\cos\phi} \qquad (4\text{-}1\text{-}13)$$

其中：

$$f_1(Ste) = \frac{(\Lambda_1^2 + 160Ste)^{\frac{1}{2}}}{8} - \frac{\Lambda_1}{8}$$

$$\Gamma_1(Ste, Ste_{w_0}) = \frac{10Ste_{w_0}}{\Lambda_2}$$

$$\Lambda_1 = 3Ste + \frac{10c_p T_m(1-\rho_m^*)}{\rho^* L_m} + 20$$

将（4-1-13）式代入（4-1-5）式，其中沿 h 方向微元 $\mathrm{d}h = R\mathrm{d}\phi$，得到的熔化液膜压力梯度为：

$$\frac{\mathrm{d}p^*}{\mathrm{d}\phi} = \frac{-24(\dot{H}^*)^4 \cos^3\phi \sin\phi}{\rho_m^{*3} PrAr[f_1(Ste) + \Gamma_1(Ste, Ste_{w0})f(\phi)]^3} \tag{4-1-14}$$

固体相变材料的受力平衡方程为：

$$2\int_0^{\phi_A} pR\cos\phi\,\mathrm{d}\phi = (\rho_s - \rho_l)gV_s \tag{4-1-15}$$

根据图 4-1-1 的几何关系，剩余固体体积 V_s 可表示为：

$$V_s = 2R^2\left[\arccos\left(\frac{H}{2R}\right) - \left(\frac{H}{2R}\right)\sqrt{1-\left(\frac{H}{2R}\right)^2}\right] \tag{4-1-16}$$

将（4-1-16）式代入（4-1-15）式并整理得：

$$\int_0^{\phi_A} p^*\cos\phi\,\mathrm{d}\phi = [\arccos(H^*) - H^*\sqrt{1-H^{*2}}] \tag{4-1-17}$$

联立（4-1-14）和（4-1-17）式，并利用压力边界条件 $\phi = \phi_A$ 时，$p^* = 0$，求得固体熔化下降速度为：

$$\dot{H}^* = 0.4518[\rho_m^{*3} PrAr]^{1/4}\left[\frac{\arccos(H^*) - H^*\sqrt{1-H^{*2}}}{I_1(Ste, \phi)}\right]^{1/4} \tag{4-1-18}$$

其中：

$$I_1(Ste, \phi_A) = \int_0^{\phi_A} \frac{\cos^3\phi \sin^2\phi}{[f_1(Ste) + \Gamma_1(Ste, Ste_{w0})f(\phi)]^3}\mathrm{d}\phi$$

按照前面的参数定义，将 Saitoh 与 Hoshi 推导得到的微分方程[9]，改写为：

$$\begin{aligned}
&\frac{\mathrm{d}}{\mathrm{d}\phi}(\delta^*\dot{H}^*\sin 2\phi) + \frac{3\rho_m^*}{2}\left(Ste + \frac{c_p T_m}{L_m}\right)f'(\phi)\sin\phi \\
&+ \frac{3\rho_m^* Ste}{2}[1+f(\phi)]\cos\phi - \frac{5\rho_m^{*2} Ste}{\delta^*\dot{H}^*}[1+f(\phi)] \\
&+ \left[10\rho_m^* + \frac{5(1-\rho_m^*)}{L_m}\right]\cos\phi = 0
\end{aligned} \tag{4-1-19}$$

根据（4-1-19）式，Saitoh 与 Hoshi 求得的不均匀壁温圆管内的熔化速度为：

$$\dot{H}^* = 0.4518[\rho_m^{*3} PrAr]^{1/4} \left[\frac{\arccos(H^*) - H^*\sqrt{1-H^{*2}}}{I(Ste, \phi_A)} \right]^{1/4} \tag{4-1-20}$$

其中：

$$I(Ste, \phi_A) = \int_0^{\phi_A} \frac{\cos^3 \phi \sin^2 \phi}{[f(Ste) + \Gamma(Ste)f(\phi)]^3} d\phi$$

$$f(Ste) = \frac{(\Lambda^2 + 160Ste)^{1/2}}{8} - \frac{\Lambda}{8}$$

$$\Gamma(Ste) = \frac{10Ste}{\Lambda}$$

$$\Lambda = 3Ste + \frac{10(1 - \rho_m^*)}{\rho_m^* L_m} + 20$$

通过量纲分析发现，方程（4-1-19）左边最后一项 $\left[10\rho^* + \frac{5(1 - \rho_m^*)}{L_m} \right] \cos\phi$ 和（4-1-20）

式中的 Λ 不是无量纲项，两式都存在量纲不统一的问题，所以方程推导存在错误。

（4-1-18）式为不均匀壁温圆管内固体相变材料接触熔化的速度表达式[12]，纠正了 Saitoh 与 Hoshi[9]的上述错误。

根据模型的几何关系：

$$\cos\phi_A = \frac{H(\tau)}{2R} = H^* \tag{4-1-21}$$

熔化时间与熔化速度的关系为：

$$\tau_f = \int_0^{2b} (\dot{H})^{-1} dH \tag{4-1-22}$$

固体熔化率与液体高度的关系为：

$$V^* = 1 - \frac{V_s}{\pi R^2} = 1 - \frac{2}{\pi} \left[\arccos(H^*) - H^*\sqrt{1-H^{*2}} \right] \tag{4-1-23}$$

二、壁面温度分布的影响

当 $f(\phi) = 0$ 时，热源内壁温度恒定，由（4-1-18）式可得到恒壁温圆管内的接触熔化速度：

$$\dot{H}^* = 0.402 \left[\rho_m^{*3} PrArf^3(Ste) \right]^{1/4} \left[\frac{\arccos(H^*) - H^*\sqrt{1-H^{*2}}}{\left(\frac{2}{3} + \frac{H^{*2}}{3} - H^{*4} \right) \sqrt{1-H^{*2}}} \right]^{1/4} \tag{4-1-24}$$

其中

$$f(Ste) = \frac{(400 + 280Ste + 9Ste^2)^{1/2} - 20 - 3Ste}{4}$$

当熔化温差较小时，$f(Ste) \approx Ste$，（4-1-24）式可简化为：

$$\dot{H}^* = 0.402[\rho_m^{*3} PrArSte^3]^{1/4} \left[\frac{\arccos(H^*) - H^*\sqrt{1-H^{*2}}}{\left(\frac{2}{3} + \frac{H^{*2}}{3} - H^{*4}\right)\sqrt{1-H^{*2}}} \right]^{1/4} \qquad (4-1-25)$$

（4-1-25）式与均匀恒壁温圆管内接触熔化[2]的研究结果一致。Bareiss 与 Beer 在方程求解过程中假设熔化液膜内部温度分布为一次分布[2]，适用于温差较小时的熔化过程，当 Ste 数较大时，存在一定误差。因此，当 $Ste < 0.2$ 时，可用 Bareiss 与 Beer 的结果进行分析；但当 $Ste > 0.2$ 时，这里求得的结果（4-1-24）式精度较高。

根据求解得到的方程可以对不均匀壁温圆管内的接触熔化规律进行研究，探讨各参数的影响规律。以相变材料正十八烷（n-octadecane）的熔化为例，其物性参数分别为：$\rho_l = 814 \ \mathrm{kg \cdot m^{-3}}$，$\rho_s = 776 \ \mathrm{kg \cdot m^{-3}}$，$\upsilon = 4.64 \times 10^{-6} \ \mathrm{m^2 \cdot s^{-1}}$，$\lambda = 0.152 \ \mathrm{W \cdot m^{-1} \cdot k^{-1}}$，$T_m = 28 \ ℃$，$L_m = 242 \times 10^3 \ \mathrm{J \cdot kg^{-1}}$，$\alpha = 8.75 \times 10^{-8} \ \mathrm{m^2 \cdot s^{-1}}$。图 4-1-2 给出了（4-1-23）式与 Saitoh 与 Hoshi[9]，Bareiss 与 Beer[2] 的结果比较，其中管壁温度满足一次分布 $f(\phi) = c_1\phi$。由图 4-1-2 可知，热源内壁温度恒定时，即 $c_1 = 0$，（4-1-23）式与 Bareiss 与 Beer[2] 的结果相符，验证了公式（4-1-23）式的正确性。从图 4-1-2 中还可以发现，当 Ste 数相同时，不均匀壁温热源的熔化速度较均匀定壁温的熔化速度高，而 Saitoh 与 Hoshi 公式的错误使得到的熔化速度值明显偏低。图 4-1-3 给出了热源内壁温度满足一次分布时，温度变化系数 c_1 对接触熔化体积熔化率的影响，其中 $Ste = 0.192$。由图 4-1-3 可知，熔化前阶段熔化率 V^* 随熔化时间 Fo 数线性增加，在熔化后期，曲线变化减缓，熔化率增速放缓，这是因为熔化末期固体体积减小，发生接触熔化的面积也相应减小。比较不同温度分布下的熔化曲线，温度变化系数 c_1 增大，熔化率增速加快，固体完全熔化所需时间缩短，熔化明显加快。

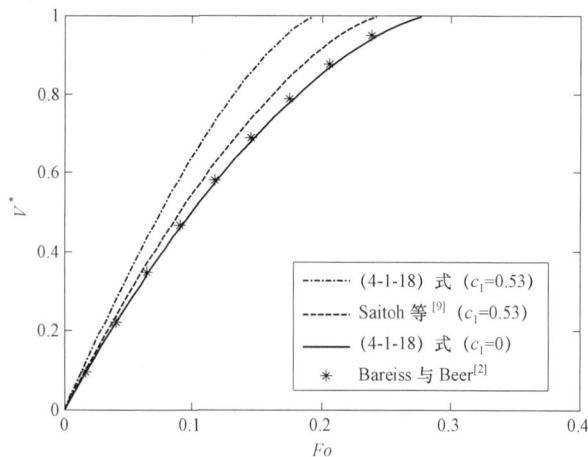

图 4-1-2　V^* 随 Fo 变化的比较

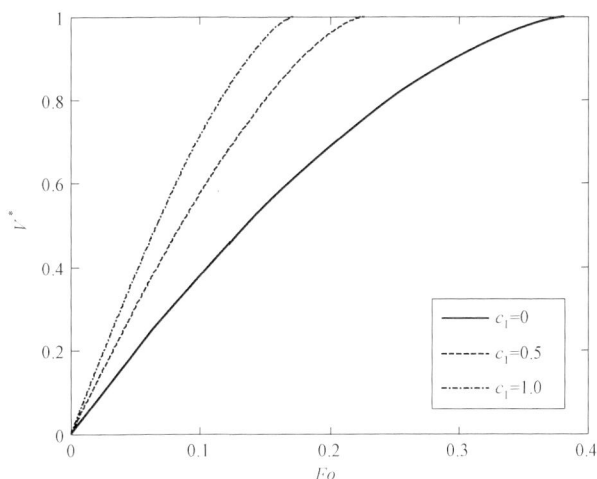

图 4-1-3　温度变化系数 c_1 对熔化率的影响

Ste 数是研究接触熔化的最重要的参数之一，不同 Ste 数下的熔化率 V^* 曲线如图 4-1-4 所示，其中热源壁面温度分布满足 $T_w = T_{w_0}(1+0.5\phi)$。从图 4-1-4 可以发现，熔化温差增加，Ste 数增大，则无量纲熔化体积 V^* 随熔化时间 Fo 数递增的速度加快，固体相变材料完全熔化时间缩短。

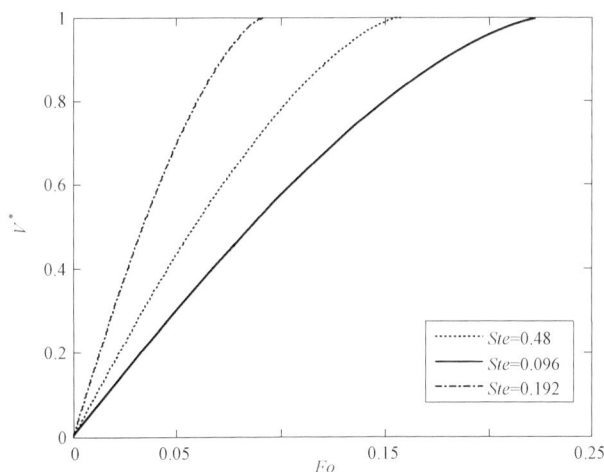

图 4-1-4　熔化温差（Ste 数）对熔化率的影响

由于热源内壁温度的各种分布都可用 ϕ 的多项式近似，在分析温度分布对熔化的影响时，要关注多项式分布。图 4-1-5 给出了的热源内壁温度分布对体积熔化率 V^* 的影响关系，其中温度分布分别为一次分布和二次分布，一次分布 $T_w = T_{w_0}(1+c_1\phi)$，二次分布 $T_w = T_{w_0}(1+c_2\phi^2)$，并取 $c_1 = c_2 = 0.5$。如图 4-1-5 所示，相同 Ste 数下，热源壁温满足一次分布时相变材料的熔化速度较二次分布的高，且 Ste 数越小（即熔化温差越小），差值越明显。分析发现，多项式的一次项对熔化影响最大，次数越高，影响越小。

121

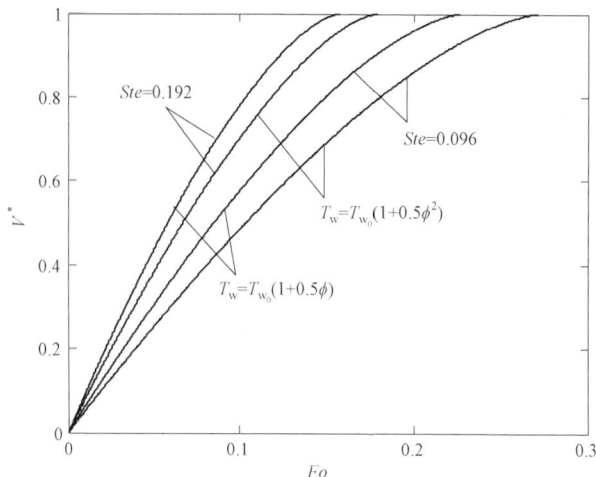

图 4-1-5   温度分布对体积熔化率 V^* 的影响

圆管内固体相变材料完全熔化时间 τ_f 随 Ste 数的变化曲线如图 4-1-6 所示。不难看出，τ_f 随 Ste 数的增加而减小，即提高管壁温度，熔化速度加快，使完全熔化时间减短。分析曲线的变化趋势发现，当 Ste 数较小时（$Ste<0.2$），曲线下行的趋势比较剧烈，所以当 Ste 数较小时，增加圆管壁温能有效缩短完全熔化时间；当 Ste 数较大时，改善圆管壁温度分布对加强熔化，缩短完全熔化时间更为有效。

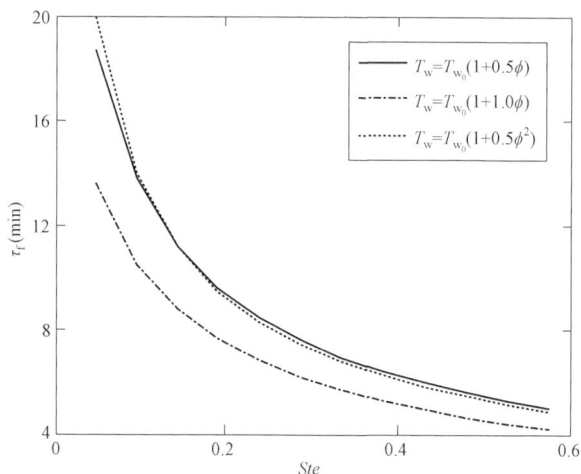

图 4-1-6   完全熔化时间随 Ste 数的变化

第二节   不均匀壁温水平椭圆管内

椭圆管具有单向高强度的特性，在工程实际中有大量应用。由于椭圆与球、圆不同，没有固定的半径，因而使得椭圆管内固体的接触熔化分析较球腔、圆管更复杂些。一些学者提出椭圆管内的接触熔化问题，用分段圆弧法将椭圆表面近似为不同半径的两段圆弧[113]。Fomin 则利用椭圆表面切向角 θ 与方位角 ϕ 的关系[114,15]，建立熔化方程。本节介绍不均匀壁温椭圆管内的熔化[116]。

一、对称椭圆管壁温度分布

考虑了椭圆表面切向角 θ 与方位角 ϕ 不同的椭圆管内熔化物理模型如图 4-2-1 所示。x、y 坐标轴上半径分别为 a、b，椭圆压缩系数为 J（$J = b/a$）的水平椭圆管热源，热源内壁温度分布仍为 $T_w = T_{w_0}[1 + f(\phi)]$，（$\phi < \phi_A$，$\phi_A$ 为过固体熔化材料边界的椭圆半径同 y 轴的夹角）。h，s 分别为沿圆管表面的切线和法线方向坐标轴。固体相变材料（PCM）的初始温度均匀为 T_m，椭圆管内壁面的加热使其发生熔化，在自身重力的作用下，固体以速度 $\dot{H}$ 下落。θ 表示椭圆的切线与水平线的夹角。其余假设同上节。

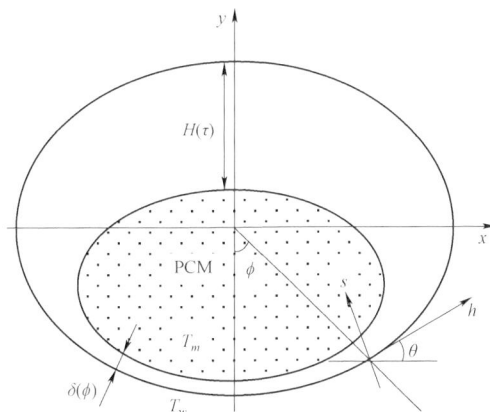

图 4-2-1　不均匀壁温椭圆管内接触熔化的物理模型

热源截面满足椭圆方程：

$$\frac{x^2}{a^2} + \frac{y^2}{b^2} = 1 \tag{4-2-1}$$

根据前面的假设，熔化过程中的液膜层内流动动量守恒方程可简化为：

$$\frac{\mu \partial^2 u}{\partial s^2} = \frac{\mathrm{d}p}{\mathrm{d}h} \tag{4-2-2}$$

熔化液膜内的速度和温度边界条件为：

$$s = 0 : u = v = 0, \quad T = T_w = T_{w_0}[1 + f(\phi)]$$
$$s = \delta : u = 0, \qquad v = -\dot{H}\cos\theta, \quad T = T_m \tag{4-2-3}$$

固-液界面上熔化的能量平衡方程为：

$$-\lambda \frac{\partial T}{\partial s}\Big|_{s=\delta} = \rho_s L_m \dot{H}\cos\theta \tag{4-2-4}$$

由于接触熔化边界层液膜厚度很薄，可假设其内温度沿 s 向满足线性分布，于是利用（4-2-3）式的温度边界条件求得：

$$T = T_w + \frac{T_m - T_w}{\delta} s \tag{4-2-5}$$

将（4-2-4）式代入（4-2-5）式得：

$$\delta = \frac{\alpha[Ste + Ste_{w_0} f(\phi)]}{\dot{H} \cos\theta} \tag{4-2-6}$$

利用边界条件（4-2-3）式，由动量方程（4-2-2）沿 s 二次积分得：

$$u = -\frac{1}{2\mu} \frac{\mathrm{d}p}{\mathrm{d}h} (s^2 - s\delta) \tag{4-2-7}$$

熔化过程的质量守恒方程为：

$$\int_0^\delta \rho_l u \mathrm{d}s = \int_0^\phi \rho_s \dot{H} \cos\theta \, \mathrm{d}h \tag{4-2-8}$$

将（4-2-7）式代入（4-2-8）式得：

$$\frac{\mathrm{d}p}{\mathrm{d}h} = -\frac{12\mu\rho_s \dot{H}}{\rho_l \delta^3} \int_0^\phi \cos\theta \, \mathrm{d}h \tag{4-2-9}$$

根据图 4-2-1 中几何关系可得：

$$\tan\theta = J^2 \tan\phi \tag{4-2-10}$$

$$\mathrm{d}h = \sqrt{\frac{1 + J^4 \tan^2\phi}{1 + J^2 \tan^2\phi}} \frac{b}{\cos^2\phi + J^2 \sin^2\phi} \mathrm{d}\phi \tag{4-2-11}$$

利用（4-2-11）式，（4-2-9）式可化为：

$$\frac{\mathrm{d}p}{\mathrm{d}\phi} = -\frac{12\mu\rho_s \dot{H}}{\rho_l \delta^3} b^2 f_J(\phi) \int_0^\phi \cos\theta f_J(\phi) \, \mathrm{d}\phi \tag{4-2-12}$$

其中

$$f_J(\phi) = \sqrt{\frac{1 + J^4 \tan^2\phi}{1 + J^2 \tan^2\phi}} \frac{1}{\cos^2\phi + J^2 \sin^2\phi}$$

由固体受力平衡得：

$$2\int_0^{\phi_A} p \cos\theta \mathrm{d}h = g(\rho_s - \rho_l) V_s \tag{4-2-13}$$

其中 V_s 为剩余固体相变材料的体积，根据图 4-2-1 几何关系得：

$$V_s = 2ab\left[\arccos\left(\frac{H}{2b}\right) - \left(\frac{H}{2b}\right)\sqrt{1 - \left(\frac{H}{2b}\right)^2}\right] \tag{4-2-14}$$

联立（4-2-11）、（4-2-13）和（4-2-14）式得：

$$\int_0^{\phi_A} p \cos\theta f_J(\phi) \mathrm{d}\phi = g(\rho_s - \rho_l) a\left[\arccos\left(\frac{H}{2b}\right) - \left(\frac{H}{2b}\right)\sqrt{1 - \left(\frac{H}{2b}\right)^2}\right] \tag{4-2-15}$$

引入以下无量纲参数：

$$\delta^* = \frac{\delta}{b}, \quad \rho_m^* = \frac{\rho_l}{\rho_s}, \quad \dot{H}^* = \frac{\dot{H}b}{2\alpha}, \quad H^* = \frac{H(\tau)}{2b}, \quad Ste = \frac{c_p(T_{w_0} - T_m)}{L_m}$$

$$Ste_{w_0} = \frac{c_p T_{w_0}}{L_m}, \quad p^* = \frac{p}{\Delta\rho gb}, \quad Ar = \frac{\Delta\rho gb^3}{\rho_s v^2}, \quad Pr = \frac{v}{\alpha}$$

将各无量纲参数分别代入（4-2-6）、（4-2-10）、（4-2-12）和（4-2-15）式，整理后得到无量纲方程组：

$$\delta^* = \frac{\rho_m^*[Ste + Ste_{w_0}f(\phi)]}{2\dot{H}^*\cos\theta} \tag{4-2-16}$$

$$\frac{\mathrm{d}p^*}{\mathrm{d}\phi} = \frac{-24(\dot{H}^*)^4\cos^3\theta}{\rho_m^{*3}PrAr\left[\dfrac{Ste}{2} + \dfrac{Ste_{w_0}f(\phi)}{2}\right]^3}f_J(\phi)\int_0^\phi \cos\theta f_J(\phi)\,\mathrm{d}\phi \tag{4-2-17}$$

$$\int_0^{\phi_A} p^*\cos\theta f_J(\phi)\mathrm{d}\phi = \frac{1}{J}[\arccos(H^*) - H^*\sqrt{1-H^{*2}}] \tag{4-2-18}$$

$$\cos\phi_A = \frac{H(\tau)}{2\sqrt{\left[\dfrac{H(\tau)}{2}\right]^2 + a^2\left\{1 - \left[\dfrac{H(\tau)}{2b}\right]^2\right\}}} = \frac{JH^*}{\sqrt{1 + (J^2-1)(H^*)^2}} \tag{4-2-19}$$

（4-2-16）～（4-2-19）式为不均匀壁温水平椭圆管内接触熔化方程组[116]，边界条件为：当 $\phi = 0°$ 时，$\theta = 0°$；当 $\phi = \phi_A$ 时，$p^* = 0$。通过数值计算可分别求得熔化液膜厚度 δ^*，固体下降速度 $\dot{H}^*$，以及熔化率 V^* 的变化规律。首先暂赋 $\dot{H}^*$ 一个初值，由（4-2-16）式得到熔化液膜厚度分布 δ^* 代入微分方程（4-2-17），采用差分法进行求解，设置精度为 10^{-4}，结合边界条件得到熔化液膜内压力分布 p^*，然后将压力分布代入方程（4-2-18）左边进行积分，通过比较方程两边的结果的大小，对 $\dot{H}^*$ 值作相应调整后重新计算，迭代计算直到（4-2-18）式在精度范围内等式成立，从而得到固体下降速度 $\dot{H}^*$ 与液体高度 H^* 的对应关系 $\dot{H}^* = f(H^*)$。

无量纲熔化时间 Fo 与熔化速度 $\dot{H}^*$ 满足关系式：

$$Fo = \frac{\alpha\tau}{b^2} = \int_0^{H^*} (\dot{H}^*)^{-1}\mathrm{d}H^* \tag{4-2-20}$$

熔化率 V^* 与熔化高度 H^* 满足：

$$V^* = 1 - \frac{V}{\pi ab} = 1 - \frac{2}{\pi}[\arccos(H^*) - H^*\sqrt{1-H^{*2}}] \tag{4-2-21}$$

将 $\dot{H}^* = f(H^*)$ 结果代入（4-2-20）式，得到相应的熔化时间，联立（4-2-21）式可得到熔化率与熔化时间的关系。

二、温度分布与压缩系数的影响

当 $J=1$ 时，$\theta=\phi$，椭圆管等同于圆管，于是（4-2-17）与（4-2-18）式可化为：

$$\frac{\mathrm{d}p^*}{\mathrm{d}\phi} = \frac{-24(\dot{H}^*)^4 \cos^3\phi\sin\phi}{\rho_m^{*3} PrAr \left[\dfrac{Ste}{2} + \dfrac{Ste_{w_0} f(\phi)}{2} \right]^3} \tag{4-2-22}$$

$$\int_0^{\phi_A} p^* \cos\phi\,\mathrm{d}\phi = [\arccos(H^*) - H^*\sqrt{1-H^{*2}}] \tag{4-2-23}$$

联立方程（4-2-22）与（4-2-23），并利用边界条件 $\phi=\phi_A$ 时，$p^*=0$，得到圆管热源内的熔化速度：

$$\dot{H}^* = 0.4518[\rho_m^{*3} PrAr]^{1/4} \left[\frac{\arccos(H^*) - H^*\sqrt{1-H^{*2}}}{I(Ste, Ste_{w_0}, \phi_A)} \right]^{1/4} \tag{4-2-24}$$

其中：

$$I(Ste, Ste_{w_0}, \phi_A) = \int_0^{\phi_A} \frac{8\cos^3\phi\sin^2\phi}{[Ste + Ste_{w_0} f(\phi)]^3}\,\mathrm{d}\phi$$

而上节圆管内固体发生接触熔化的熔化速度表达式为：

$$\dot{H}^* = 0.4518[\rho_m^{*3} PrAr]^{1/4} \left[\frac{\arccos(H^*) - H^*\sqrt{1-H^{*2}}}{I_1(Ste, \phi_A)} \right]^{1/4} \tag{4-2-25}$$

其中：

$$I_1(Ste, \phi_A) = \int_0^{\phi_A} \frac{\cos^3\phi\sin^2\phi}{[f_1(Ste) + \Gamma_1(Ste, Ste_{w_0}) f(\phi)]^3}\,\mathrm{d}\phi$$

$$f_1(Ste) = \frac{\left(\Lambda_1^2 + 160Ste\right)^{\frac{1}{2}}}{8} - \frac{\Lambda_1}{8}$$

$$\Gamma_1(Ste, Ste_{w_0}) = \frac{10Ste_{w_0}}{\Lambda_1}$$

$$\Lambda_1 = 3Ste + \frac{10c_p T_m(1-\rho_m^*)}{\rho_m^* L_m} + 20$$

当熔化温差较小时，即 $Ste < 0.2$，$f_2(Ste) \approx Ste/2$，且 $\Gamma_2(Ste, Ste_{w_0}) \approx Ste_{w_0}/2$，（4-2-24）式与（4-2-25）式结果一致，所以圆管内熔化问题是这里结果的一个特例（$J=1$ 且 $\theta=\phi$）。

当 $f(\phi)=0$ 时，热源内壁温度恒定。图 4-2-2 给出了本节方程在 $f(\phi)=0$ 时求得的熔化率变化规律与 Chen 等（均匀定壁温椭圆管内接触熔化）的结果[7]的比较，其中椭圆压缩系数 $J=1/2$。容易看出，相同工况下，本节结果与均匀定壁温熔化结果符合较好，所以本节方程包含均匀恒定壁温椭圆管内固体熔化结果。

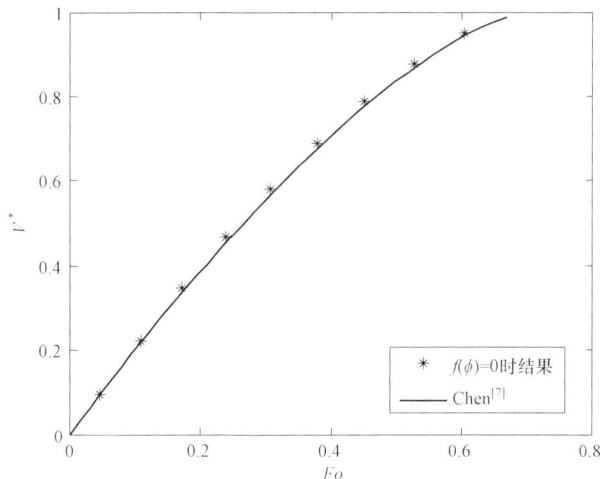

图 4-2-2　$f(\phi)=0$ 与定壁温时熔化率变化的比较

图 4-2-3 比较了不同压缩系数的热源，不均匀壁温与均匀定壁温熔化结果。为了分析热源形状对熔化的影响，管截面积取相同值。由图可知，固体下降速度随熔化高度 H^* 增加而减小，熔化开始时速度最大，熔化过程中速度逐渐减小。其原因是固体相变材料体积减小，对熔化液膜的压力减小，相应的液膜厚度增大。不均匀壁温熔化与均匀定壁温的有明显差别，所以很有必要对热源表面温度分布的影响进行研究。从图中还可以发现，热源表面形状也是影响熔化的重要因素，相同温度下，热源压缩系数增大，平均熔化速度增大，且压缩系数越小，热源壁面温度分布对熔化的影响越显著。

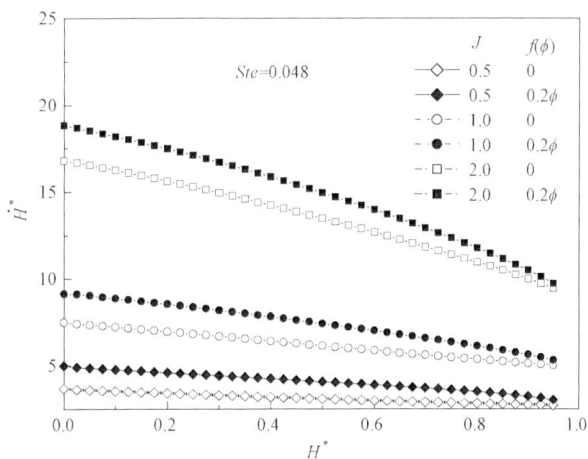

图 4-2-3　固体下降速度随熔化高度 H^* 的变化

为了评估热源温度分布的影响，对不同分布下的熔化结果进行比较分析，取热源表面的平均温度相同，$\overline{Ste}=\int_0^{\pi/2} T_w \mathrm{d}h / \int_0^{\pi/2} \mathrm{d}h = 0.096$。温度分布按 Saitoh 与 Hoshi 的实验结果取定为 $T_w = T_{w_0}[1+c\sin^2(\phi)]$[9]，分析温度分布的影响主要关注系数 c 的变化。图 4-2-4 给出了不同分布下熔化速度随固体熔化高度的变化曲线，其中温度变化系数 c 分别为 0、0.1、0.2、

0.3、0.4。由图 4-2-4 可知,与恒壁温热源相比,不均匀壁温时熔化过程中熔化速度下降较快,且系数 c 越大,下降趋势越显著。

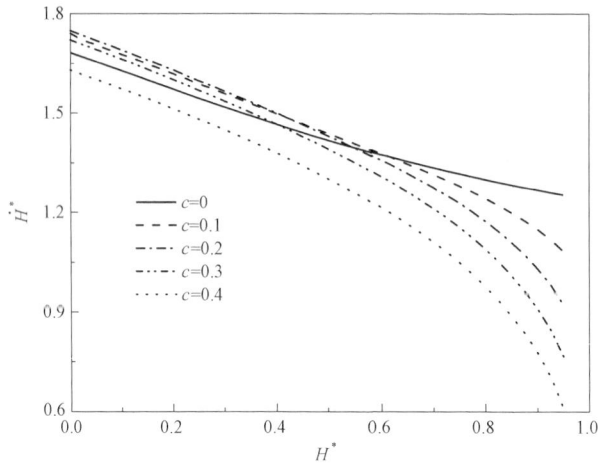

图 4-2-4　热源壁面温度分布对熔化下降速度的影响

固体完全熔化所需时间 Fo_f 数随系数 c 的变化如图 4-2-5 所示。随系数 c 的增加完全熔化所需时间单调递增,所以温度变化越剧烈,熔化越慢。分析曲线的变化规律,当系数 $c < 0.2$ 时,曲线较平缓,完全熔化时间随温度分布变化较小,而当系数 $c > 0.2$,曲线上升加快,温度分布的影响突出。

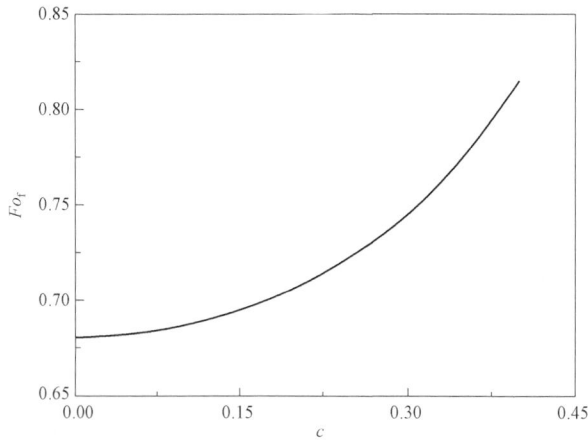

图 4-2-5　无量纲完全熔化时间随温度分布系数 c 的变化

图 4-2-6 给出了随固体熔化高度变化,熔化液膜层厚度的不同分布,其中 $J = 1/2$,$T_w = T_{w_0}[1 + c\sin^2(\phi)]$,且 $\overline{Ste} = 0.096$。从图 4-2-6 中可以发现,沿热源底部,从中心 $\phi = 0$ 处至两侧边界,液膜厚度逐渐增加,且在熔化过程中,液膜厚度整体增加。这是由于固体高度减小使液膜承受的压力下降。从图 4-2-6 还可发现,温度变化系数 c 越大,热源底部熔化液膜厚度分布的差别越明显。

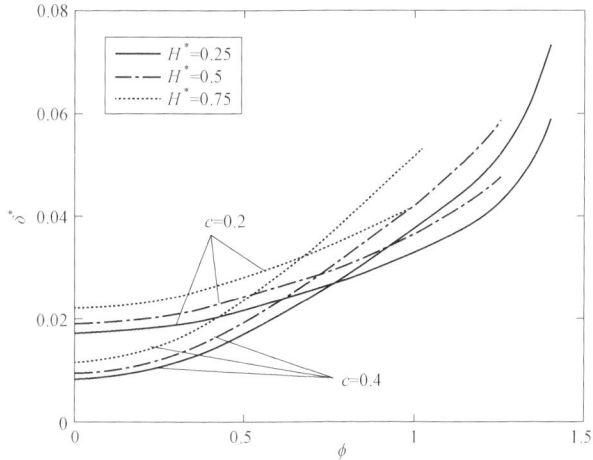

图 4-2-6　不同熔化高度时液膜厚度分布（其中壁面温度 $T_w = T_{w_0}[1 + c\sin^2(\phi)]$ ）

第三节　围绕不均匀壁温水平圆柱热源

一、对称圆柱体壁温度分布

围绕不均匀壁温圆柱热源接触熔化的物理模型如图 4-3-1 所示，它考虑了熔化表面切向角 θ 与方位角 ϕ 不同。固体相变材料（PCM）的初始温度均匀为 T_m，半径为 R 的水平圆柱热源，壁面温度分布还是满足 $T_w = T_{w_0}[1 + f(\phi)]$，且 $T_w > T_m$。固体相变材料吸收热源发出的热量发生熔化，由于重力的作用，热源挤压使熔化液体从热源壁面与固体相变材料之间沿两侧流向顶部，熔化液体在接触熔化区形成一层薄熔化液膜，液膜厚度为 $\delta(\phi)$，且 $\delta \ll R$。热源在固体相变材料内以速度 U 下落。θ 为固液边界面上切线与水平线的夹角，熔化过程的基本假设同前。

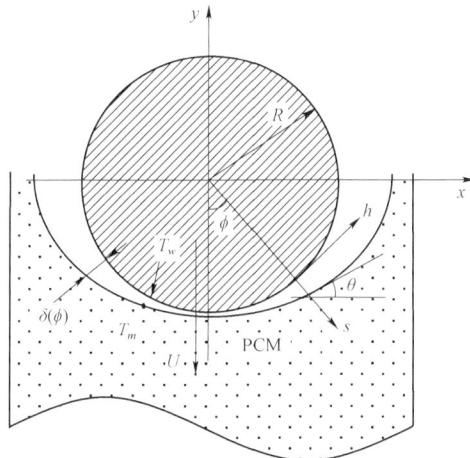

图 4-3-1　绕不均匀壁温圆柱热源接触熔化的物理模型

129

熔化过程中，热源释放的热量，通过薄熔化液膜层传递给固体相变材料，后者吸热熔化，将热量转化为潜热。熔化固-液界面上传热满足的能量平衡方程为：

$$-\lambda \frac{\partial T}{\partial s}\big|_{s=\delta} = \rho_s L_m U \cos\phi \tag{4-3-1}$$

熔化液膜内温度边界条件为：

$$s = 0: T = T_w = T_{w_0}[1 + f(\phi)]; \quad s = \delta: \quad T = T_m \tag{4-3-2}$$

熔化液膜层厚度很薄，液膜内温度分布可按二次分布近似，联立（4-3-1）和（4-3-2）式，得到熔化液膜内部温度分布的表达式为：

$$T = T_w + \left[\frac{-2(T_w - T_m)}{\delta} + \frac{\rho U L \cos\phi}{\lambda}\right]s + \left[\frac{(T_w - T_m)}{\delta^2} - \frac{\rho U L \cos\phi}{\lambda\delta}\right]s^2 \tag{4-3-3}$$

而熔化液膜内流动连续方程，动量方程和能量可分别表示为：

$$\frac{\partial u}{\partial h} + \frac{\partial v}{\partial s} = 0 \tag{4-3-4}$$

$$\frac{\mu \partial^2 u}{\partial s^2} = \frac{\mathrm{d}p}{\mathrm{d}h} \tag{4-3-5}$$

$$u\frac{\partial T}{\partial h} + v\frac{\partial T}{\partial s} = \alpha\frac{\partial^2 T}{\partial s^2} \tag{4-3-6}$$

熔化液膜内速度边界条件为：

$$s = 0: u = v = 0; s = \delta: u = 0, \qquad v = -U\cos\phi \tag{4-3-7}$$

按照前面类似的推导方法，得到微分方程：

$$\frac{\mathrm{d}}{\mathrm{d}\phi}(\delta^* U^* \sin 2\phi) + 3\rho_m^*\left(Ste + \frac{c_p T_m}{L}\right)f'(\phi)\sin\phi$$

$$+ 3\rho_m^*[Ste + Ste_{w_0}f(\phi)]\cos\phi - \frac{20\rho_m^{*2}}{\delta^* U^*}[Ste + Ste_{w_0}f(\phi)] \tag{4-3-8}$$

$$+ \left(20\rho_m^* + \frac{10\rho_m^* c_p T_m(1 - \rho^*)}{L}\right)\cos\phi = 0$$

其中各无量纲参数为：

$$\delta^* = \frac{\delta}{R}, \quad \rho_m^* = \frac{\rho_l}{\rho_s}, \quad U^* = \frac{UR}{\alpha}, \quad Ste = \frac{c_p(T_{w_0} - T_m)}{L_m}$$

$$Ste_{w_0} = \frac{c_p T_{w_0}}{L_m}, \quad Ar = \frac{\Delta\rho g R^3}{\rho_s v^2}, \quad Pr = \frac{v}{\alpha}$$

由（4-3-8）式得：

$$\delta^* U^* = \frac{\rho_m^*[f_2(Ste) + \Gamma_2(Ste, Ste_{w_0})f(\phi)]}{\cos\phi} \tag{4-3-9}$$

其中：

$$f_2(Ste) = \frac{(\Lambda_2^2 + 160Ste)^{\frac{1}{2}}}{4} - \frac{\Lambda_2}{4}$$

$$\Gamma_2(Ste, Ste_{w_0}) = \frac{20Ste_{w_0}}{\Lambda_2}$$

$$\Lambda_2 = 3Ste + \frac{10c_p T_m (1 - \rho_m^*)}{\rho_m^* L_m} + 20$$

熔化液膜压力分布满足的微分方程为：

$$\frac{\mathrm{d}p^*}{\mathrm{d}\phi} = \frac{-12U^{*4}\cos^3\phi\sin\phi}{\rho_m^{*3} PrAr[f_2(Ste) + \Gamma_2(Ste, Ste_{w_0})f(\phi)]^3} \tag{4-3-10}$$

熔化过程中的固体受力平衡方程可表示为：

$$\int_0^{\pi/2} p^* \cos\phi\, \mathrm{d}\phi = \frac{\pi(\rho_0^* - \rho_m^*)}{2} \tag{4-3-11}$$

其中：
$$p^* = \frac{p}{(\rho_0 - \rho_l)gR} \, , \quad \rho_0^* \approx \frac{\rho_0}{\rho_s} \, 。$$

联立（4-3-9）和（4-3-10）式，并利用压力边界条件 $\phi = \pi/2$ 时，$p^* = 0$，求得速度表达式为：

$$U^* = \left[\frac{\rho_m^{*3} PrAr}{24}\right]^{1/4} \left[\frac{(\rho_0^* - \rho_m^*)\pi}{I_2(Ste, \phi)}\right]^{1/4} \tag{4-3-12}$$

其中：
$$I_2(Ste, \phi_A) = \int_0^{\pi/2} \frac{\cos^3\phi\sin^2\phi}{[f_2(Ste) + \Gamma_2(Ste, Ste_{w_0})f(\phi)]^3}\mathrm{d}\phi$$

（4-3-12）式为水平圆柱热源在固体相变材料中发生接触熔化的熔化速度解析解[17]，其中热源壁面温度分布满足 $T_w = T_{w_0}[1 + f(\phi)]$。

二、圆柱体壁面温度分布的影响

当 $f(\phi) = 0$ 时，热源壁面温度保持恒定，由（4-3-12）式，求得围绕均匀恒定壁温圆柱热源的接触熔化速度为：

$$U^* = \left[\frac{5\pi\rho^{*3} PrAr(\rho_0^* - \rho_m^*)f_2^3(Ste)}{16}\right]^{1/4} \tag{4-3-13}$$

若忽略相变材料熔化时密度的变化，即 $\rho_m^* = 1$，则（4-3-13）可化为

$$U^* = \left[\frac{5\pi g(\rho_0 - \rho_m)R^3 f_2^3(Ste)}{16\rho_f v\alpha}\right]^{1/4} \tag{4-3-14}$$

（4-3-14）式与 Moallemi 与 Viskanta[18]研究均匀定壁温热源的分析结果一致，说明他们研究的问题是本节的一个特例，同时验证了本节结果。

图 4-3-2 为熔化速度随 Ste 数的变化曲线，其中温度分布满足 $f(\phi) = c\sin^2\phi$。系数 $c < 0$ 时，热源温度沿壁面随 ϕ 角增加而减少，在底部最高，两侧较低；而 $c > 0$ 时正好相反，热源底部温度较低，两侧较高；$c = 0$ 时热源壁面温度恒定。从图中可以看出熔化速度随 Ste 数增加而增大。与均匀定壁温熔化相比，$c < 0$ 时熔化速度减慢，$c > 0$ 时熔化速度加快。

从图 4-3-2 中还可以发现，Moallemi 与 Viskanta 得到的均匀定壁温熔化速度[18]较本节 $c=0$ 时的略高，这是由于均匀定壁温熔化模型忽略了相变材料固、液态密度的差异。因此忽略相变材料固液密度变化使熔化速度结果偏高。

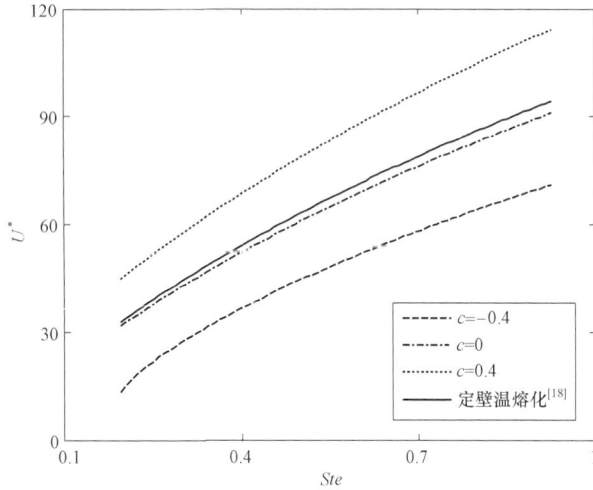

图 4-3-2　熔化速度随 *Ste* 数的变化

为评估热源温度分布对熔化过程传热的影响，引入比较参数 η：

$$\eta = \frac{U^*}{\overline{Ste}} \tag{4-3-15}$$

η 为单位熔化温差对应的熔化速度，以此表征熔化时的传热效果，η 值较大时对应的接触熔化液膜传热热阻较小，传热代价较低，反之，η 值较小时，传热代价较高。图 4-3-3 给出了 η 随平均熔化温差 $\overline{Ste}$ 数的变化曲线。很明显，η 随 $\overline{Ste}$ 数增加而单调减小，所以热源温度越高，传热代价越大。从图 4-3-3 中可以看出，对于圆柱热源，熔化在相同的 $\overline{Ste}$ 数下，均匀定壁温熔化的 η 值最高，传热效果最好，温度分布 $c<0$ 时，η 较小，传热效果较差。

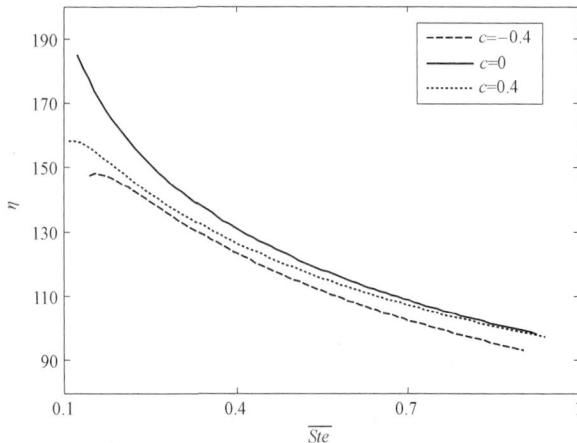

图 4-3-3　传热效果随平均熔化温差的变化

图 4-3-4 比较了不同温度分布（$c = -0.4, 0, 0.4$）的热源熔化时的液膜分布状态，其中 $\overline{Ste} = 0.4$。当 $\phi < 60°$ 时，$\delta^* < 0.02$，熔化液膜厚度很小，且变化平缓。当 $\phi > 60°$ 时，厚度增加较迅速。从图中可以发现，$c = -0.4$，底部（$\phi = 0$）的熔化液膜厚度较其余的大，接触熔化液膜厚度基本相同（边界除外），而 $c = 0.4$，底部熔化液膜厚度较小，但随 ϕ 角增加 δ 明显增加。

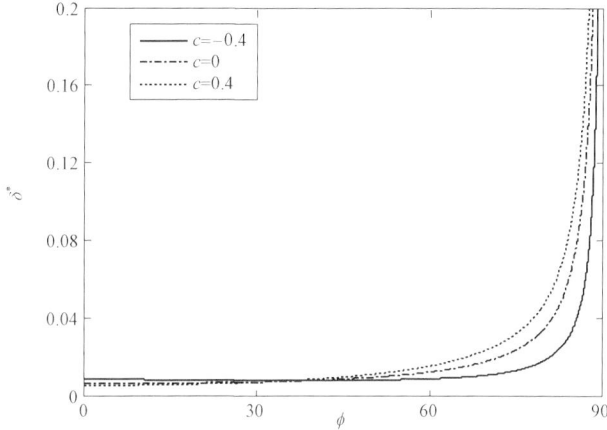

图 4-3-4　热源表面温度分布对液膜厚度分布的影响

温度分布系数 c 分别为 $-0.4, 0, 0.4$ 时对应的熔化液膜压力分布比较，见图 4-3-5。最大压力在热源底部，两侧与外界大气压相同，压力随 ϕ 角增加而减小。当 $c > 0$ 时，熔化液膜最大压力较均匀定壁温（$c = 0$）的相应压力高，而且液膜内部压力差较大；当 $c < 0$ 时，熔化液膜最大压力较低，沿切向压力的变化相对平缓。

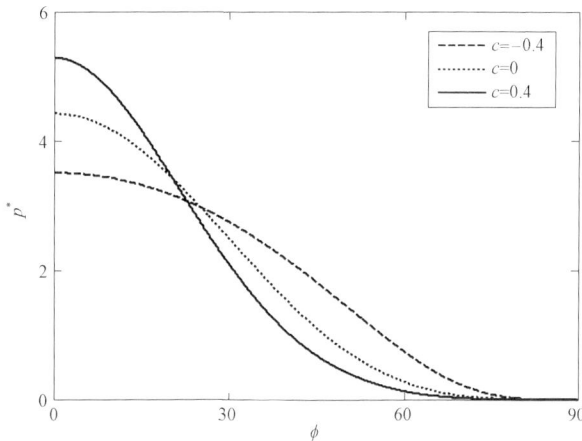

图 4-3-5　热源表面温度分布对液膜压力分布的影响

第四节　围绕不均匀壁温水平椭圆柱热源

考虑了椭圆表面切向角 φ、熔化表面切向角 θ 与方位角 ϕ 不同的熔化物理模型，如图 4-4-1 所示。固体相变材料（PCM）的初始温度均匀为 T_m，水平椭圆柱热源截面满足方程 $x^2/a^2+y^2/b^2=1$，壁面温度分布仍然为 $T_w=T_{w_0}[1+f(\phi)]$，且 $T_w>T_m$。热源加热使下侧固体相变材料发生熔化，在重力的作用下，热源挤压熔化液体从热源壁面与固体相变材料之间沿两侧流出，在接触熔化区形成一层薄液膜，液膜厚度为 $\delta(\phi)$。热源在固体相变材料内以速度 U 匀速下落。θ、φ 分别为熔化界面和椭圆表面的切线与水平面夹角，其余假设同前。

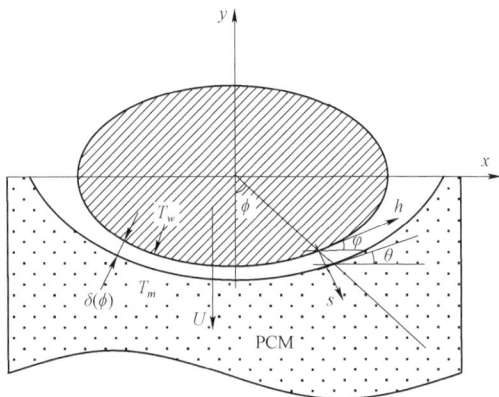

图 4-4-1　绕不均匀壁温椭圆柱熔化的物理模型

按照第二节（4-2-1）～（4-2-12）式类似的推导方法，得到熔化液膜厚度分布以及压力分布满足的关系式为：

$$\delta=\frac{\alpha[Ste+Ste_{w_0}f(\phi)]}{U\cos\theta} \tag{4-4-1}$$

$$\frac{\mathrm{d}p}{\mathrm{d}\phi}=-\frac{12\mu\rho_s U}{\rho_l\delta^3}b^2 f_J(\phi)\int_0^\phi\cos\theta f_J(\phi)\,\mathrm{d}\phi \tag{4-4-2}$$

其中

$$f_J(\phi)=\sqrt{\frac{1+J^4\tan^2\phi}{1+J^2\tan^2\phi}}\frac{1}{\cos^2\phi+J^2\sin^2\phi}$$　　。

热源熔化过程保持匀速运动，受力平衡方程为：

$$2\int_0^{\pi/2}p\cos\theta\mathrm{d}h=g(\rho_0-\rho_l)\pi ab \tag{4-4-3}$$

根据椭圆几何关系有：

$$\mathrm{d}h=bf_J(\phi)\mathrm{d}\phi \tag{4-4-4}$$

将（4-4-4）式代入（4-4-3）式得：

$$2\int_0^{\pi/2} p\cos\theta\, f_J(\phi)\mathrm{d}\phi = \pi gab\,(\rho_0-\rho_l) \tag{4-4-5}$$

引入以下无量纲参数：

$$\delta^* = \frac{\delta}{b}\,,\quad \rho_m^* = \frac{\rho_l}{\rho_s}\,,\quad \rho_0^* = \frac{\rho_0}{\rho_s}\,,\quad U^* = \frac{Ub}{\alpha}\,,\quad Ste = \frac{c_p(T_{w_0}-T_m)}{L_m}$$

$$Ste_{w_0} = \frac{c_p T_{w_0}}{L_m}\,,\quad p^* = \frac{p}{\Delta\rho gb}\,,\quad Ar = \frac{\Delta\rho gb^3}{\rho_s\upsilon^2}\,,\quad Pr = \frac{\upsilon}{\alpha}$$

将各无量纲参数分别代入（4-4-1），（4-4-2）和（4-4-5）式，整理得：

$$\delta^* = \frac{\rho_m^*[Ste+Ste_{w_0} f(\phi)]}{U^*\cos\theta} \tag{4-4-6}$$

$$\frac{\mathrm{d}p^*}{\mathrm{d}\phi} = \frac{-12(U^*)^4\cos^3\theta}{\rho_m^{*3}PrAr[Ste+Ste_{w_0} f(\phi)]^3}\, f_J(\phi)\int_0^\phi \cos\theta\, f_J(\phi)\,\mathrm{d}\phi \tag{4-4-7}$$

$$\int_0^{\pi/2} p^*\cos\theta\, f_J(\phi)\,\mathrm{d}\phi = (\rho_0^*-\rho_m^*)\frac{\pi}{2J} \tag{4-4-8}$$

（4-4-6）～（4-4-8）式为自由水平不均匀壁温椭圆柱热源在固体相变材料中发生接触熔化的熔化方程组[11]，边界条件为：当 $\phi=0°$ 时，$\theta=0°$；当 $\phi=\pi/2$ 时，$p^*=0$。通过数值计算可分别求得熔化液膜厚度分布 δ^*，压力分布 p^* 和热源运动速度 U^* 的变化规律。

关注熔化过程中的传热规律，图 4-4-2 和图 4-4-3 分别比较了 $J=0.5$ 和 $J=2$ 两种典型热源熔化时表面温度分布对传热效果的影响。很显然，平均温差 $\overline{Ste}$ 数增大，参数 η 值减小，这与圆柱热源的情况类似。然而，不同的是，压缩比为 $J=0.5$ 的热源，温度分布 $c>0$ 时传热效果优于均匀定壁温熔化，$c<0$ 的传热效果较差；压缩比为 $J=2$ 的热源，温度分布 $c<0$ 时的传热效果优于均匀定壁温熔化，$c>0$ 的传热效果较差。所以对于不同形状的热源优化传热的方法不尽相同。当 $c=0$ 时，本节得到的参数 η 的变化曲线与均匀定壁温热源熔化的结果[19,20]一致，说明本节结果包含了均匀定壁温熔化的研究结果。

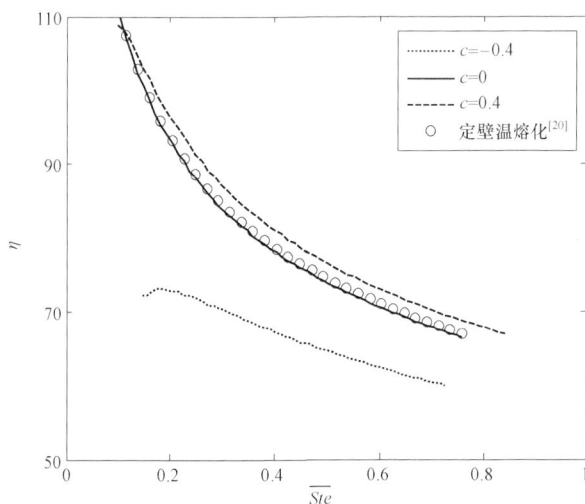

图 4-4-2　热源表面温度分布对传热效果的影响（$J=0.5$）

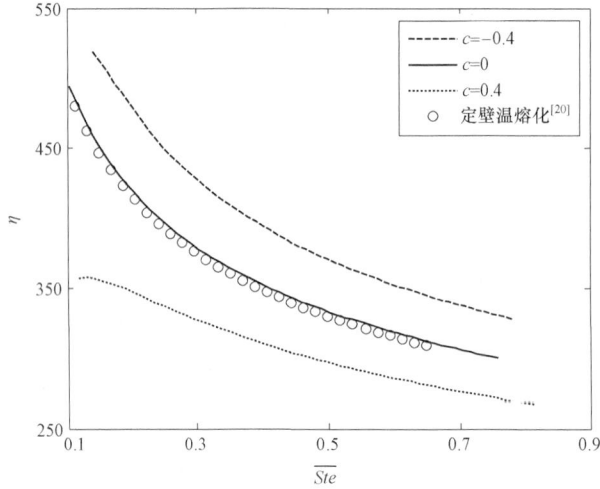

图 4-4-3 热源表面温度分布对传热效果的影响（$J=2$）

参考文献

［1］ Bejan A. Contact melting heat transfer and lubrication ［J］. Advance in Heat Transfer, 1994, 24:1-38.

［2］ Bareiss M, Beer H. An analytical solution of the heat transfer process during melting of an unfixed solid phase change material inside a horizontal tube ［J］. International Journal of Heat Mass Transfer, 1984, 27(5): 739-746.

［3］ Bahrami P A, Wang T G. Analysis of gravity and conduction driven melting in a sphere［J］. Journal of Heat Transfer, 1987, 109:806-809.

［4］ Moore F B, Bayazitoglu R. Melting within a spherical enclosure ［J］. Journal of Heat Transfer, 1982, 104(2): 19-23.

［5］ 陈文振, 简瑞民, 杨强生. 相变材料在有限长矩形腔内接触熔化的分析[J]. 上海交通大学学报, 1998, 32（4）: 31-35.

［6］ 陈文振, 刘镇, 陈志云, 等. 水平圆管内相变材料接触熔化分析 ［J］. 太阳能学报, 2007, 28（4）: 436-440.

［7］ Chen Wenzhen, Yang Qiangsheng, Dai Mingqiang, et al. Analytical solution of the heat transfer process during contact melting of phase change material inside a horizontal elliptical tube［J］. International Journal of Energy Research, 1998, 22(2): 131-140.

［8］ Saitoh T S, Moon J H. Experimental performance of latent heat thermal energy storage unit packed with spherical capsules ［C］. In: Proceedings of the 5th International Energy Conference, Seoul, 1993, 2: 89-96.

［9］ Saitoh T S, Hoshi A. Analysis of close-contact melting with inner wall temperature variation in a horizontal cylindrical capsule［C］. In: Proceedings of 32rd International Energy Conversion Engineering Conference, Honolulu, 1997, 1656-1661.

［10］ Fomin S A, Saitoh T S. Melting of unfixed material in spherical capsule with nonisothermal wall

［J］. International Journal of Heat and Mass Transfer, 1999, 42:4197-4205.

［11］　赵元松，热驱动下固体相变材料接触熔化研究［D］. 武汉：海军工程大学博士学位论文，2009.

［12］　赵元松，陈文振，孙丰瑞. 变壁温圆管内接触熔化新析［J］. 应用基础与工程科学学报，2009，17（3）：387-394.

［13］　陈文振，程尚模，罗臻. 椭圆管内相变材料接触熔化的分析［J］. 太阳能学报，1995，16（1）:68-76.

［14］　Fomin S A，Wilchinsky A V，Saitoh T S. Close-contact melting inside an elliptical cylinder［J］. Journal of Solar Energy Engineering, 2000, 122: 192-195.

［15］　Fomin S A，Wilchinsky A V. Shape-factor effect on melting in an elliptic capsule［J］. International Journal of Heat and Mass Transfer, 2002, 45:3045-3054.

［16］　Zhao Yuansong，Chen Wenzhen, Sun Fengrui. Study on contact melting inside an elliptical tube with nonisothermal wall［J］. ASME Journal of Heat Transfer, 2009, 131(5): 052301-052306.

［17］　Zhao Yuansong，Chen Wenzhen, Sun Fengrui. Analysis of contact melting driven by surface heat flux around a cylinder［J］. Journal of Thermal Science, 2008，17(1): 64-68.

［18］　Moallemi M K, Viskanta R. Melting around a migrating heat source［J］. ASME Journal of Heat Transfer, 1985, 107:451-459.

［19］　Chen Wenzhen, Cheng Shangmo, Luo Zhen. An analytical solution of melting around a moving elliptical heat source　［J］. Journal of Thermal Science, 1994, 3(1): 23-27.

［20］　陈文振，简瑞民，杨强生. 围绕水平椭圆柱热源接触熔化的分析［J］. 上海交通大学学报，1998，32（4）：27-30.

第五章　定热流热源的接触熔化

由于实际工程中的许多接触熔化过程，存在加热热源的表面热流密度确定的情况，属于第二类热边界条件问题。比如，核废料自埋过程中，固化的放射性核废料衰变热使岩石熔化，地质勘探的热钻熔化过程等。为此本章介绍定热流热源的接触熔化。

第一节　围绕定热流热源的熔化

一、水平圆柱与球热源

前面我们介绍了围绕均匀定壁温水平圆柱热源接触熔化，现在来分析围绕表面热流密度为定值 q''，半径为 R 的无限长水平圆柱热源在相变材料（PCM）的接触熔化。由于只是边界条件的不同，因此，熔化现象与基本假设同前。考虑圆柱热源的法向角与熔化界面的法向角不一致，熔化模型如图 5-1-1 所示，能量守恒方程可简化为：

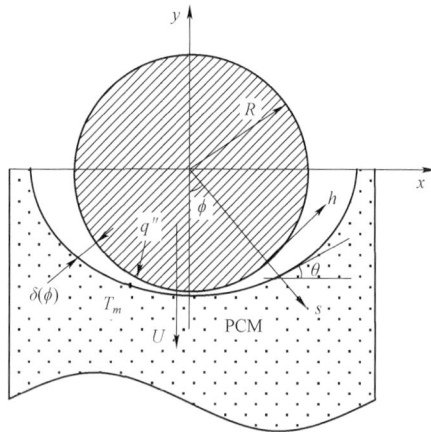

图 5-1-1　定热流熔化的物理模型

$$v\frac{\partial T}{\partial s} = \alpha\frac{\partial^2 T}{\partial s^2} \qquad (5\text{-}1\text{-}1)$$

固-液界面上的温度满足：

$$s=0,\ \frac{\partial T}{\partial s}=-\frac{q''}{\lambda},\ v=\nu\cos\theta;\ s=\delta,\ T=T_m,\ v=0 \qquad (5\text{-}1\text{-}2)$$

结合条件（5-1-2）式，由微分方程（5-1-1）对 s 二次积分，得到液膜层内的温度分布为：

$$T = \frac{q''\alpha}{\lambda U \cos\theta}\left[\exp\left(\frac{-Us\cos\theta}{\alpha}\right) - \exp\left(\frac{-U\delta\cos\theta}{\alpha}\right)\right] + T_m \qquad (5\text{-}1\text{-}3)$$

固-液界面上能量平衡方程为：

$$-\lambda\frac{\partial T}{\partial s}\Big|_{s=\delta} = \rho_s L_m U \cos\theta \qquad (5\text{-}1\text{-}4)$$

由（5-1-3）式对 s 求导，并利用方程（5-1-2），得到液膜层的厚度分布为：

$$\delta = -\frac{\alpha\ln(\rho_s U L_m \cos\theta / q'')}{U\cos\theta} \qquad (5\text{-}1\text{-}5)$$

对液膜厚度分布式（5-1-5）求导得：

$$\frac{\mathrm{d}\delta}{\mathrm{d}\theta} = \frac{\alpha\sin\theta}{U\cos^2\theta}\left[1 - \ln\left(\frac{\rho_s U L_m \cos\theta}{q''}\right)\right] \qquad (5\text{-}1\text{-}6)$$

根据图 5-1-1，存在几何关系：

$$\frac{\mathrm{d}\delta}{\mathrm{d}\phi} = (R+\delta)\tan(\phi-\theta) \qquad (5\text{-}1\text{-}7)$$

联立（5-1-6）和（5-1-7）式得：

$$\frac{\mathrm{d}\theta}{\mathrm{d}\phi} = \frac{1}{1-\ln\left(\dfrac{\rho_s U L_m \cos\theta}{q''}\right)}\frac{U\cos^2\theta(R+\delta)\tan(\phi-\theta)}{\alpha\sin\theta} \qquad (5\text{-}1\text{-}8)$$

根据熔化模型的假设，液膜内熔化液体流动动量方程可简化为：

$$\mu\frac{\partial^2 u}{\partial s^2} = \frac{\mathrm{d}p}{\mathrm{d}h} \qquad (5\text{-}1\text{-}9)$$

液体流动速度边界条件为：

$$s=0: u=0; \qquad s=\delta: u=0 \qquad (5\text{-}1\text{-}10)$$

式中，u、v 分别为熔化液体在 h、s 方向上的速度，δ 为边界层厚度，p 为边界层内压力，T 为边界层液膜温度分布，λ 为液体导热系数，μ 为液体动力黏度，ρ_m、L 分别为 PCM 的密度和液化潜热。利用边界条件（5-1-10），求解微分方程（5-1-9）得：

$$u = -\frac{1}{2\mu}\frac{\mathrm{d}p}{\mathrm{d}h}(s^2-\delta s) \qquad (5\text{-}1\text{-}11)$$

熔化过程的质量守恒方程为：

$$\int_0^\delta \rho_l u \mathrm{d}s = \int_0^\phi \rho_s U R\cos\theta\,\mathrm{d}\phi \qquad (5\text{-}1\text{-}12)$$

将（5-1-11）式代入（5-1-12）式得：

$$\frac{\mathrm{d}p}{\mathrm{d}h} = -\frac{12\mu\rho_s U R}{\rho_l\delta^3}\int_0^\phi \cos\theta\,\mathrm{d}\phi \qquad (5\text{-}1\text{-}13)$$

热源匀速下降，受力满足平衡方程为：

$$(\rho_0 - \rho_l)g\pi R = 2\int_0^{\pi/2} p\cos\phi\,\mathrm{d}\phi \tag{5-1-14}$$

其中，ρ_0 为热源密度。引入下列无量纲参数：

$$\delta^* = \frac{\delta}{R}, \quad U^* = \frac{UR}{\alpha}, \quad p^* = \frac{p}{\rho_s gR}, \quad Ar = \frac{gR^3}{v^2}$$

将各无量纲参数代入（5-1-5），（5-1-8），（5-1-13）和（5-1-14）式，并利用 $\mathrm{d}h = R\mathrm{d}\phi$，整理后得：

$$\delta^* = -\frac{\ln\left(\dfrac{\rho_s UL_m\cos\theta}{q''}\right)}{U^*\cos\theta} \tag{5-1-15}$$

$$\frac{\mathrm{d}\theta}{\mathrm{d}\phi} = \frac{U^*\cos^2\theta}{\sin\theta\left[1 - \ln\left(\dfrac{\rho_s UL_m\cos\theta}{q''}\right)\right]}(1+\delta^*)\tan(\phi-\theta) \tag{5-1-16}$$

$$\frac{\mathrm{d}p^*}{\mathrm{d}\phi} = -\frac{12U^*}{Pr\,Ar\,\rho^*\delta^{*3}}\int_0^\phi \cos\theta\,\mathrm{d}\phi \tag{5-1-17}$$

$$\int_0^{\pi/2} p^*\cos\theta\mathrm{d}\phi = \frac{1}{2}\pi(\rho_0^* - \rho_m^*) \tag{5-1-18}$$

（5-1-15）～（5-1-18）式为固体相变材料围绕水平圆柱热源定热流接触熔化的基本方程组[1]，需求解的参数有：熔化速度 U^*，液膜压力 p^*，液膜层厚度 δ^*，夹角 θ，求解方程的边界条件为：$\phi = 0$，$\theta = 0$；$\phi = \pi/2$，$p^* = 0$。

对围绕圆球热源的恒定热流熔化，可以采用以上的分析方法，基本参数不变，只需对液膜内流动的质量守恒方程和热源的受力平衡方程重新建立方程。质量守恒方程（5-1-12）式为：

$$\sin\phi\int_0^\delta u\mathrm{d}s = UR\int_0^\phi \sin\phi\cos\theta\mathrm{d}\phi \tag{5-1-19}$$

热源受力平衡方程（5-1-14）式为：

$$\frac{2(\rho_0-\rho_l)gR}{3} = \int_0^{\pi/2} p\sin\phi\cos\phi\mathrm{d}\phi \tag{5-1-20}$$

按前面的方法求得方程组：

$$\delta^* = -\frac{\ln\left(\dfrac{\rho_s UL_m\cos\theta}{q''}\right)}{U^*\cos\theta} \tag{5-1-21}$$

$$\frac{\mathrm{d}\theta}{\mathrm{d}\phi} = \frac{U^*\cos^2\theta}{\sin\theta\left[1 - \ln\left(\dfrac{\rho_s UL_m\cos\theta}{q''}\right)\right]}(1+\delta^*)\tan(\phi-\theta) \tag{5-1-22}$$

$$\frac{\mathrm{d}p^*}{\mathrm{d}\phi} = -\frac{12U^*}{Pr\,Ar\,\rho^*\delta^{*3}\sin\phi}\int_0^\phi \cos\theta\sin\phi\,\mathrm{d}\phi \qquad (5\text{-}1\text{-}23)$$

$$\int_0^{\pi/2} p^*\sin\phi\cos\phi\,\mathrm{d}\phi = \frac{2}{3}(\rho_0^* - \rho_m^*) \qquad (5\text{-}1\text{-}24)$$

（5-1-21）～（5-1-24）式为围绕圆球热源定热流接触熔化的无量纲方程组，与围绕圆柱热源的分析结果类似[2]。

上述熔化无量纲方程组没有显式解，需采用数值法进行求解，具体求解过程为：第一步给定熔化速度 U^* 一初值 U_0^*，将其代入（5-1-21）式，得到相应的液膜厚度分布 δ_0^*；第二步对微分方程（5-1-22）进行求解，确定熔化界面上 θ 角的变化；第三步结合速度初值，液膜厚度分布和 θ 角的变化，求解微分方程（5-1-23）式得到液膜层内的压力分布。第四步将压力分布结果代入积分方程（5-1-24），对方程两侧数值进行比较。根据比较的结果对 U_0^* 作相应调整，重复以上各步计算，直至力平衡方程（5-1-24）在精度范围内成立，即得到方程组的数值解。

将（5-1-21）式代入（5-1-22）式消去 δ^*：

$$\frac{\mathrm{d}\theta}{\mathrm{d}\phi} = \frac{U^*\cos^2\theta}{\sin\theta\left[1-\ln\left(\dfrac{\rho_s U L_m\cos\theta}{q''}\right)\right]}\left[1+-\frac{\ln(\rho_s U L_m\cos\theta/q'')}{U^*\cos\theta}\right]\tan(\phi-\theta) \qquad (5\text{-}1\text{-}25)$$

（5-1-25）式的差分形式可表示为：

$$\frac{\theta_{i+1}-\theta_i}{\phi_{i+1}-\phi_i} = \frac{U_0^*\cos^2\theta_i}{\sin\theta_i\left[1-\ln\left(\dfrac{\rho_s U_0 L_m\cos\theta_i}{q''}\right)\right]}\left[1+-\frac{\ln(\rho_s U_0 L_m\cos\theta_i/q'')}{U^*\cos\theta_i}\right]\tan(\phi_i-\theta_i)$$

$$(5\text{-}1\text{-}26)$$

现以相变材料正十八烷的熔化为例，取 ϕ 步长为 h，设置精度为 10^{-8}，结果见图 5-1-1～图 5-1-6。其中图 5-1-2 给出了几种热流作用下围绕圆柱热源熔化时 θ 角随角度 ϕ 的变化曲

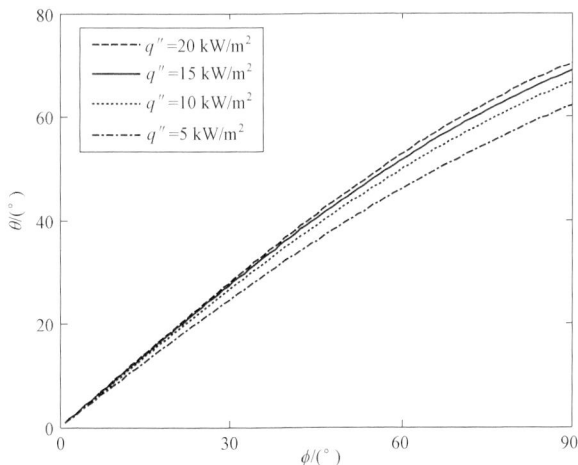

图 5-1-2　不同热流下 θ 角随夹角 ϕ 的变化

线，从图中可以发现[1]，θ 角随 ϕ 角的增大逐渐增大，θ 角的值小于相应位置的 ϕ 角，且差值随 ϕ 角增加而增大。这表明固体表面形状不是热源表面同心圆面，即不同位置的液膜层的厚度不同，参见图 5-1-3（右边是 ϕ 在 20 度角以内的放大图）。比较不同热流密度下的曲线可知，热流密度越小，忽略 θ 与 ϕ 的差别引起的误差越大。

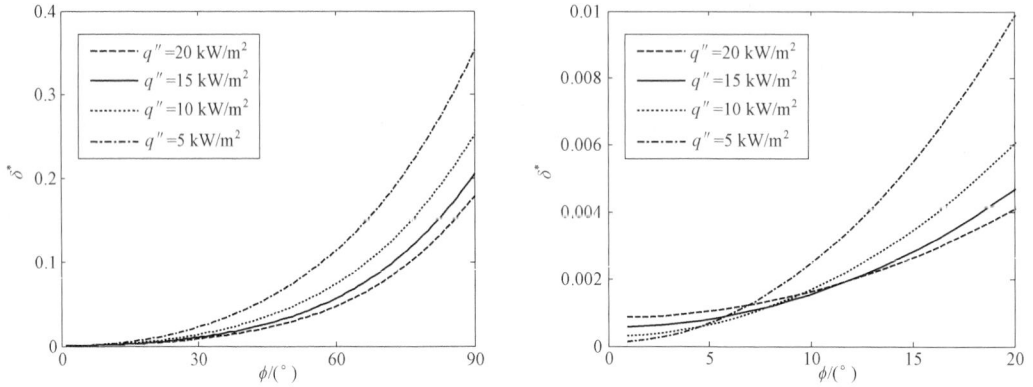

图 5-1-3　热流密度 q'' 对液膜分布的影响

为了比较分析恒定热流密度与恒定温度两种条件下的接触熔化，取热源的传热量相同，即总热量相等，分别进行计算。图 5-1-4 比较了熔化的液膜厚度分布，其中壁面温度取[3] $T_w = 33.7$、42.3 ℃，对应的平均热流密度分别为 $10\,kW/m^2$ 和 $20\,kW/m^2$。从图中可以发现，$\phi < 30°$ 时，液膜厚度都很小，且变化缓慢，定热流熔化的液膜厚度略小于定温差熔化；$\phi > 30°$ 时，随 ϕ 增加，定热流熔化的液膜厚度增大较快，而定温差的增加依然缓慢，前者明显大于后者。对于定热流熔化，$\phi > 30°$ 时，随热流密度增加液膜厚度明显减小，在 $\phi = \pi/2$ 处，液膜厚度 δ 对应于一定值。

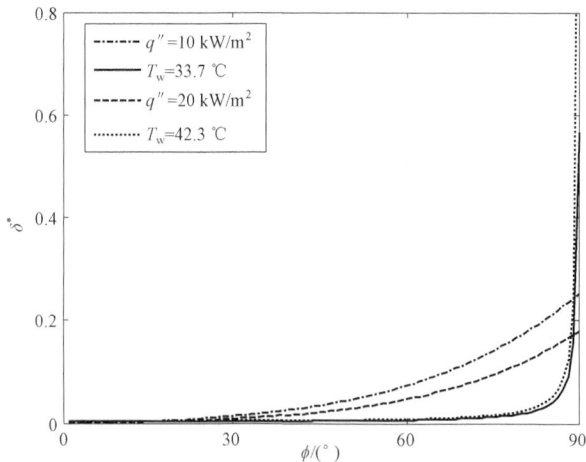

图 5-1-4　定热流与定温度模型液膜厚度分布比较

图 5-1-5 给出了几种热流密度时的热源表面温度分布。显然，热流密度越大，要求热源的壁面温度越高。热源由底部到两侧，表面温度随 ϕ 增大而升高，在边界处（$\phi = \pi/2$）达到最大值，且热流密度较小时，温度变化相对较小。

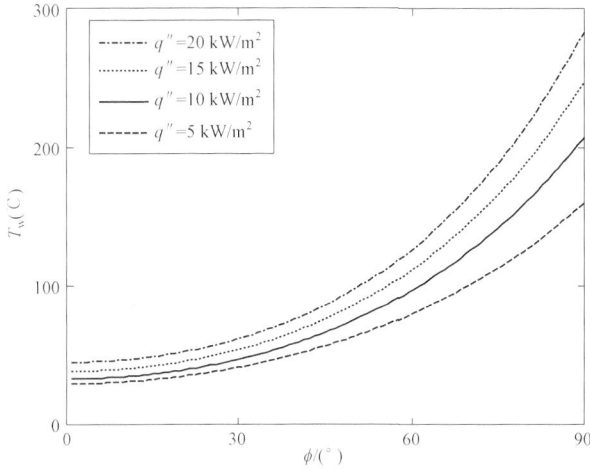

图 5-1-5　不同热流密度时热源表面温度分布

对于均匀恒定温差熔化[4,5]，热源表面施加的热流密度 q'' 大小与位置有关，可表示为：

$$q''(\phi) = -\lambda \frac{\partial T}{\partial h} = \frac{2\lambda(T_w - T_m)}{\delta} - \rho_s U L_m \cos\phi \qquad (5\text{-}1\text{-}27)$$

引入平均热流密度 $\overline{q''}$：

$$\overline{q''} = \frac{\int_0^{\pi/2} q''(\phi)\, \mathrm{d}\phi}{\pi/2} \qquad (5\text{-}1\text{-}28)$$

根据（5-1-25）、（5-1-26）式，图 5-1-6 给出了 $\overline{q''}$ 与 q'' 相当情况下，热源依靠自重的稳定熔化速度与热流密度的变化关系。熔化速度 U^* 随热流密度 q'' 增大线性增大，且不同密度 ρ_0 的热源，速度 U^* 变化趋势基本相同，所以热源重量对熔化的影响不明显，Moallemi 与 Viskanta[3]进行的实验也得到同样的结果。前面我们分析了均匀定壁温热源的接触熔化，其熔化速度随平均热流密度的变化亦为线性关系[4]，但变化曲线斜率比定热流密度接触熔化的大。

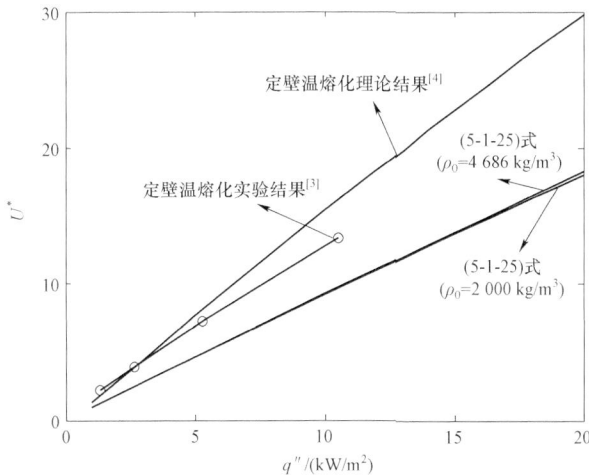

图 5-1-6　热源熔化速度随热流密度的变化

对于球热源的均匀定壁温接触熔化[6]与定热流接触熔化也可以进行类似的分析比较，并有相同的规律。

二、水平椭圆柱热源

前面我们介绍了围绕定热流的水平圆柱与球热源的接触熔化，现在来分析定热流椭圆柱热源在固体相变材料（PCM）中自由的熔化，其物理模型如图 5-1-7 所示。固体的初始温度均匀为 T_m。x，y 坐标轴上半径分别为 a 和 b，椭圆压缩系数为 J（$J = b/a$）的水平椭圆柱热源，壁面热流密度为 q''，以速度为 U 在固体中熔化运动。h，s 分别为沿椭圆表面的切线和法线方向坐标轴。φ 表示椭圆的切线与水平线的夹角，θ 为固、液界面上的切线与水平线的夹角，其余假设同前面。

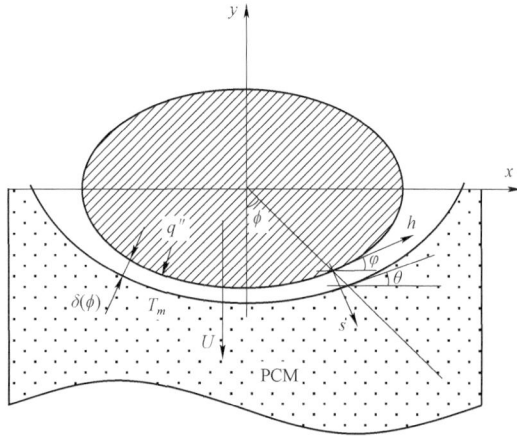

图 5-1-7　围绕椭圆柱热源熔化的物理模型

热源截面满足椭圆方程：

$$\frac{x^2}{a^2} + \frac{y^2}{b^2} = 1 \tag{5-1-29}$$

由于液膜厚度很薄，通过液膜的热量传递可简化为一维传热，则能量方程简化为：

$$v\frac{\partial T}{\partial s} = \alpha\frac{\partial^2 T}{\partial s^2} \tag{5-1-30}$$

边界处液膜温度满足：

$$s = 0，\quad \frac{\partial T}{\partial s} = -\frac{q''}{\lambda}；\quad s = \delta，\quad T = T_m \tag{5-1-31}$$

于是液膜温度分布可表示为：

$$T = \frac{q''\alpha}{\lambda U\cos\theta}\left[\exp\left(\frac{-Us\cos\theta}{\alpha}\right) - \exp\left(\frac{-U\delta\cos\theta}{\alpha}\right)\right] + T_m \tag{5-1-32}$$

在固、液界面处能量守恒方程为：

$$-\lambda\frac{\partial T}{\partial s}\Big|_{s=\delta} = \rho_s L_m U\cos\theta \tag{5-1-33}$$

由（5-1-30）式对 s 求导，并结合方程（5-1-31），得到液膜厚度分布为：

$$\delta = -\frac{\alpha \ln\left(\dfrac{\rho_s U L_m \cos\theta}{q''}\right)}{U\cos\theta} \tag{5-1-34}$$

对液膜分布（5-1-32）式求导得：

$$\frac{\mathrm{d}\delta}{\mathrm{d}\theta} = \frac{\alpha\sin\theta}{U\cos^2\theta}\left[1 - \ln\left(\frac{\rho_s U L_m \cos\theta}{q''}\right)\right] \tag{5-1-35}$$

根据熔化模型的几何特征，参数 φ、δ 与 ϕ 的关系可表示为：

$$\tan\varphi = J^2\tan\phi \tag{5-1-36}$$

$$\frac{\mathrm{d}\delta}{\mathrm{d}\phi} = \left(\frac{b}{\cos^2\phi + J^2\sin^2\phi} + \delta\right)\sqrt{\frac{1 + J^4\tan^2\phi}{1 + J^2\tan^2\phi}}\tan(\varphi - \theta) \tag{5-1-37}$$

联立（5-1-33）和（5-1-35）式得：

$$\frac{\mathrm{d}\theta}{\mathrm{d}\phi} = \frac{U\cos^2\theta}{1 - \ln(\rho_{ms} U L_m \cos\theta / q'')}\left(\frac{b}{\cos^2\phi + J^2\sin^2\phi} + \delta\right)\sqrt{\frac{1 + J^4\tan^2\phi}{1 + J^2\tan^2\phi}}\tan(\varphi - \theta) \tag{5-1-38}$$

通过物理近似，液膜内流动动量方程可简化为：

$$u = -\frac{1}{2\mu}\frac{\mathrm{d}p}{\mathrm{d}h}(s^2 - s\delta) \tag{5-1-39}$$

熔化的质量守恒方程为：

$$\int_0^\delta \rho_l u\,\mathrm{d}s = \int_0^\phi \rho_s U\cos\theta\,\mathrm{d}h \tag{5-1-40}$$

将（5-1-37）式代入（5-1-38）式得：

$$\frac{\mathrm{d}p}{\mathrm{d}h} = -\frac{12\mu\rho_s U}{\rho_l\delta^3}\int_0^\phi \cos\theta\,\mathrm{d}h \tag{5-1-41}$$

椭圆表面满足关系式：

$$\mathrm{d}h = \sqrt{\frac{1 + J^4\tan^2\phi}{1 + J^2\tan^2\phi}}\frac{b}{\cos^2\phi + J^2\sin^2\phi}\,\mathrm{d}\phi = bf_J(\phi)\,\mathrm{d}\phi \tag{5-1-42}$$

其中，$f_J(\phi) = \sqrt{\dfrac{1 + J^4\tan^2\phi}{1 + J^2\tan^2\phi}}\dfrac{1}{\cos^2\phi + J^2\sin^2\phi}$。于是（5-1-39）式可化为：

$$\frac{\mathrm{d}p}{\mathrm{d}\phi} = -\frac{12\mu\rho_s U}{\rho_l\delta^3}b^2 f_J(\phi)\int_0^\phi \cos\theta f_J(\phi)\,\mathrm{d}\phi \tag{5-1-43}$$

熔化过程中，热源的受力平衡方程为：

$$2\int_0^{\pi/2} p\cos\theta\,\mathrm{d}h = \frac{(\rho_0 - \rho_l)g\pi b^2}{J} \tag{5-1-44}$$

联立（5-1-40）和（5-1-42）式得：

$$\int_0^{\pi/2} p\cos\theta f_J(\phi)\mathrm{d}\phi = \frac{g\,\pi b^2}{2J}(\rho_0 - \rho_l) \tag{5-1-45}$$

引入下列无量纲参数：

$$\delta^* = \frac{\delta}{b}, \quad U^* = \frac{Ub}{\alpha}, \quad p^* = \frac{p}{\rho_s gb}, \quad Pr = \frac{\nu}{\alpha}, \quad Ar = \frac{gb^3}{\nu^2}$$

将以上无量纲量代入方程（5-1-32），（5-1-35），（5-1-41）和（5-1-43）后整理得：

$$\delta^* = -\frac{\ln\left(\dfrac{\rho_s U L_m \cos\theta}{q''}\right)}{U^* \cos\theta} \tag{5-1-46}$$

$$\frac{\mathrm{d}\theta}{\mathrm{d}\phi} = \frac{U^*\cos^2\theta}{\sin\theta\left[1-\ln\left(\dfrac{\rho_s U L_m \cos\theta}{q''}\right)\right]}\left(\frac{1}{\cos^2\phi + J^2\sin^2\phi} + \delta^*\right)\sqrt{\frac{1+J^4\tan^2\phi}{1+J^2\tan^2\phi}}\tan(\phi-\theta)$$

$$\tag{5-1-47}$$

$$\frac{\mathrm{d}p^*}{\mathrm{d}\phi} = -\frac{12U^*}{Pr\,Ar\,\rho^*\delta^{*3}} f_J(\phi)\int_0^\phi \cos\theta f_J(\phi)\,\mathrm{d}\phi \tag{5-1-48}$$

$$\int_0^{\pi/2} p^*\cos\theta f_J(\phi)\mathrm{d}\phi = \frac{\pi}{2J}(\rho_0^* - \rho_m^*) \tag{5-1-49}$$

方程（5-1-46）～（5-1-49）中需确定的未知量有：熔化速度 U，液膜层厚度 δ，液膜压力 p 和夹角 θ，其边界条件为：$\phi = 0$ 时，$\theta = 0$；$\phi = \pi/2$ 时，$p^* = 0$。

当 $J = 1$ 时，方程（5-1-46）～（5-1-49）化为：

$$\delta^* = -\frac{\ln\left(\dfrac{\rho_s U L_m \cos\theta}{q''}\right)}{U^* \cos\theta} \tag{5-1-50}$$

$$\frac{\mathrm{d}\theta}{\mathrm{d}\phi} = \frac{U^*\cos^2\theta}{\sin\theta\left[1-\ln\left(\dfrac{\rho_s U L_m \cos\theta}{q''}\right)\right]}(1+\delta^*)\tan(\phi-\theta) \tag{5-1-51}$$

$$\frac{\mathrm{d}p^*}{\mathrm{d}\phi} = -\frac{12U^*}{Pr\,Ar\,\rho^*\delta^{*3}}\int_0^\phi \cos\theta\,\mathrm{d}\phi \tag{5-1-52}$$

$$\int_0^{\pi/2} p^*\cos\theta\mathrm{d}\phi = \frac{\pi}{2}(\rho_0^* - \rho_m^*) \tag{5-1-53}$$

方程（5-1-50）～（5-1-53）为前面推导出的围绕定热流水平圆柱热源的熔化方程组[1]。而方程（5-1-46）～（5-1-49）没有解析解，可通过数值法求解[2]。以相变材料正十八烷的熔化为例，求解步骤与上节相同。通过数值求解得到不同压缩系数的椭圆柱热源，在施加不同热流密度时，熔化速度、液膜压力和厚度分布等熔化参数的变化曲线[2,7]。

　　为保证熔化处于相同的外力作用下，取等截面积的热源进行比较分析。图 5-1-8 给出了四种典型椭圆柱热源熔化时 θ 角随角度 ϕ 的变化，其中压缩比 J 分别为 0.1，0.5，1 和 2。显然，θ 角随 ϕ 角的增大而增大，但对应不同形状的热源，变化趋势有较大区别。系数 $J < 1$ 时，在熔化区域内侧 θ 角增加较慢，至外侧增加加快；当 $J = 1$ 时，θ 角随 ϕ 近似线性变化；而当 $J > 1$ 时，内侧增加较快，外侧增加较慢。当 $J = 0.1$ 时，除了外侧边界附近，θ 的变化曲线平坦，变化平缓，体现出了平板热源的熔化特征。

　　图 5-1-9 给出了四种椭圆热源接触熔化的液膜厚度分布。从图中可以看出，从热源底部（$\phi = 0$）至两侧（$\phi = \pi / 2$），随着 ϕ 增大，液膜厚度逐渐增大，且压缩比 J 越大，厚度增加越快。当 $J = 0.1$ 时，热源底部曲率较小，液膜分布曲线几乎保持水平，主要接触熔化区的液膜厚度基本相同，与平板热源的分布规律相似，所以对于 $J < 0.1$ 的椭圆柱热源可作为平板处理。

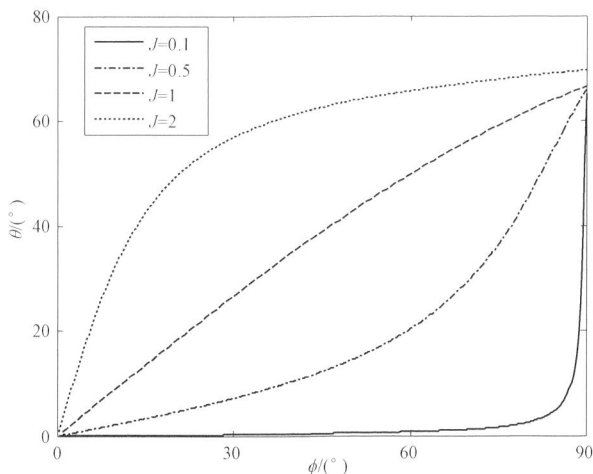

图 5-1-8　不同压缩比热源熔化时 θ 角随角度 ϕ 的变化

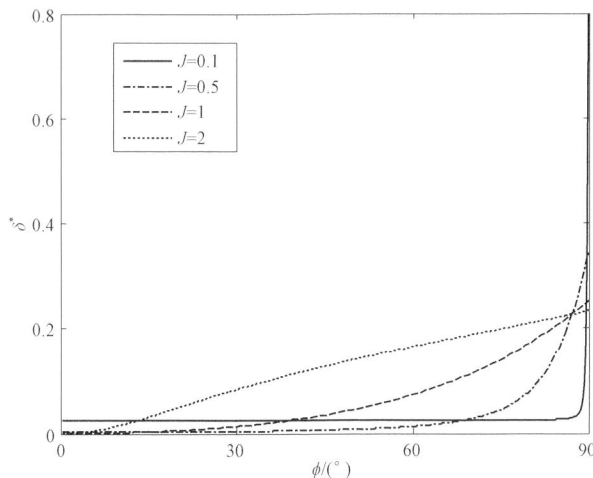

图 5-1-9　不同压缩比热源熔化时的液膜厚度分布比较

图 5-1-10 比较了不同压缩比的热源接触熔化的液膜压力分布。从图中可以看出,随着 ϕ 增大,液膜压力逐渐降低;对 $J=2$ 的热源,压力 p^* 在 $\phi=0°$ 附近变化剧烈, ϕ 从 0 增至 5°,液膜压力迅速从最高值下降到近环境压力;与之相对照, $J=0.1$ 时,曲线平坦,熔化区液膜的压力变化较平缓。所以 J 较小的热源熔化时的液膜保持较稳定,而 $J>1$ 时由于最高压力较大,且局部液膜切向压力梯度过大,液膜容易受外部因素干扰而不稳定。

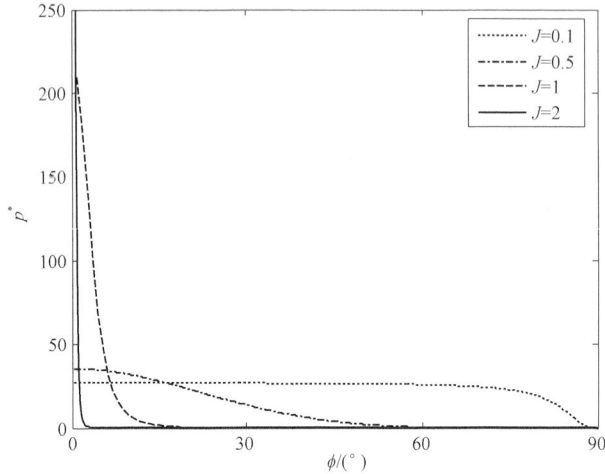

图 5-1-10 不同压缩比热源熔化时的液膜压力分布

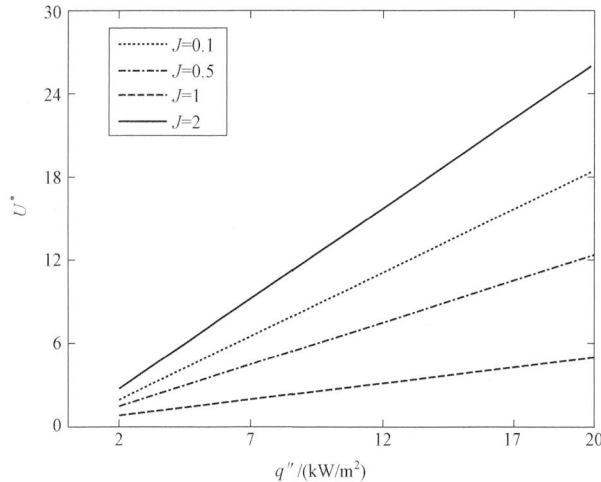

图 5-1-11 固体熔化速度随表面热流密度的变化

四种热源熔化速度随热流密度的变化,如图 5-1-11 所示,可以看出,热源形状也是影响熔化速度的主要参数,施加相同强度的热流,压缩比 J 较大的热源熔化速度较快,而且不同 J 值的热源熔化差异随着热流密度的增加而增大。当 $J=1$ 时,椭圆转化为圆柱,所以 $J>1$ 的椭圆柱热源较圆柱热源熔化速度高, $J<1$ 的比圆柱熔化速度低。

第二章第四节分析了围绕水平椭圆柱热源的均匀定壁温接触熔化[8,9],将均匀定温熔化[10]与定热流熔化结果画在图 5-1-12 中。比较不同 J 值下的熔化曲线发现:热源压缩比

$J = 0.1$ 时，两种工况下的熔化曲线比较接近，熔化效果相近，这是因为热源表面接近水平，不同位置的液膜厚度基本相同，故均匀定壁温等同于恒定热流密度；$J = 1$[5]和 $J = 0.5$ 时，两种熔化的差别明显，热源释放相同的热量，均匀定壁温熔化速度要比定热流密度的高。所以 $J < 0.1$ 时，定热流熔化与均匀定壁温熔化结果基本相同，描述的熔化现象物理上具有一致性，而 $J > 0.1$，均匀定壁温熔化模型得出的熔化效率较高，且两种熔化模型的差别随 J 值增加而增大。

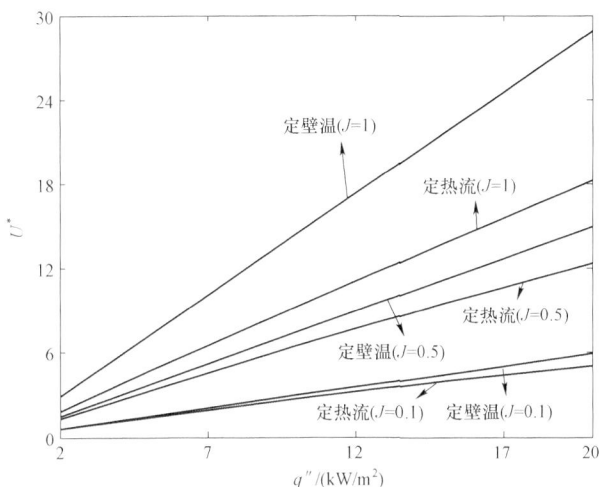

图 5-1-12　定热流密度与定壁温接触熔化时 U^* 随 q'' 变化的比较

三、旋转抛物体热源

现在，我们进一步来分析围绕横热流抛物体热源的接触熔化，其模型如图 5-1-13 所示。抛物体最大半径为 b，由方程 $y = cx^2$ 绕 y 轴旋转而成。热源施加的表面热流 q''，使固体相变材料（PCM）发生熔化，热源在自身所受重力的作用下以速度 U 向下运动，其他假设前面相同。

采用前面推导过程，熔化液膜厚度分布可表示为：

$$\delta = -\frac{\alpha \ln\left(\dfrac{\rho_s U L_m \cos\theta}{q''}\right)}{U \cos\theta} \tag{5-1-54}$$

对液膜分布求导得：

$$\frac{\mathrm{d}\delta}{\mathrm{d}\theta} = \frac{\alpha \sin\theta}{U \cos^2\theta}\left[1 - \ln\left(\frac{\rho_s U L_m \cos\theta}{q''}\right)\right] \tag{5-1-55}$$

根据图 5-1-13，存在如下几何关系：

$$\tan\varphi = \frac{\mathrm{d}y}{\mathrm{d}x} = 2cx \tag{5-1-56}$$

$$\frac{\mathrm{d}\delta}{\mathrm{d}x} = \sqrt{1 + 4c^2 x^2}\,\tan(\varphi - \theta) \tag{5-1-57}$$

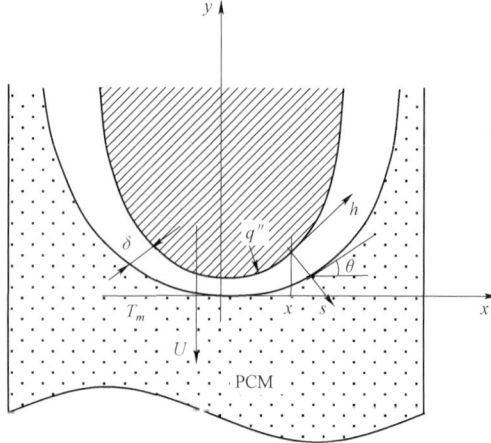

图 5-1-13　围绕恒热流抛物体热源熔化的物理模型

由于 $\dfrac{\mathrm{d}\delta}{\mathrm{d}x} = \dfrac{\mathrm{d}\delta}{\mathrm{d}\theta}\dfrac{\mathrm{d}\theta}{\mathrm{d}x}$，联立（5-1-53）和（5-1-55）式可得：

$$\frac{\mathrm{d}\theta}{\mathrm{d}x} = \frac{U\sqrt{1+4c^2x^2}\cos^2\theta\tan(\varphi-\theta)}{\alpha\sin\theta\left[1-\ln\left(\dfrac{\rho_s U L_m\cos\theta}{q''}\right)\right]} \tag{5-1-58}$$

简化液膜内流动动量方程，结合速度边界条件，推导得出：

$$u = -\frac{1}{2\mu}\frac{\mathrm{d}p}{\mathrm{d}h}(s^2-s\delta) \tag{5-1-59}$$

熔化的质量守恒方程为：

$$x\rho_l\int_0^\delta u\mathrm{d}s = \rho_s U\int_0^x x\cos\theta\,\mathrm{d}h \tag{5-1-60}$$

将（5-1-57）式代入（5-1-58）式得：

$$\frac{\mathrm{d}p}{\mathrm{d}h} = -\frac{12\mu\rho_s U}{\rho_l\delta^3 x}\int_0^x x\cos\theta\,\mathrm{d}h \tag{5-1-61}$$

$\mathrm{d}h = \sqrt{1+4c^2x^2}\,\mathrm{d}x$，代入（5-1-59）式得：

$$\frac{\mathrm{d}p}{\mathrm{d}x} = -\frac{12\mu\rho_s U\sqrt{1+4c^2x^2}}{\rho_l\delta^3 x}\int_0^x x\sqrt{1+4c^2x^2}\cos\theta\,\mathrm{d}x \tag{5-1-62}$$

热源匀速下落，力平衡方程为：

$$(\rho_0-\rho_l)g\int_0^b \pi x^2\mathrm{d}y = 2\pi\int_0^b px\mathrm{d}x \tag{5-1-63}$$

整理后得：

$$(\rho_0-\rho_l)\frac{gcb^4}{4} = \int_0^b px\mathrm{d}x \tag{5-1-64}$$

引入下列无量纲参数：

$$\delta^* = \frac{\delta}{b}, \quad U^* = \frac{Ub}{\alpha}, \quad p^* = \frac{p}{\rho_s gb}, \quad Pr = \frac{\upsilon}{\alpha}, \quad Ar = \frac{gb^3}{\upsilon^2}$$

将无量纲参数分别代入（5-1-52）、（5-1-56）、（5-1-60）和（5-1-62）式，整理得：

$$\delta^* = -\frac{\ln\left(\dfrac{\rho_s U L_m \cos\theta}{q''}\right)}{U^* \cos\theta} \tag{5-1-65}$$

$$\frac{\mathrm{d}\theta}{\mathrm{d}x^*} = \frac{U^* \sqrt{1+4c^2x^2} \cos^2\theta \tan(\varphi-\theta)}{\sin\theta\left[1 - \ln\left(\dfrac{\rho_s U L_m \cos\theta}{q''}\right)\right]} \tag{5-1-66}$$

$$\frac{\mathrm{d}p^*}{\mathrm{d}x^*} = -\frac{12U^*\sqrt{1+4c^2x^2}}{Pr\,Ar\,\delta^{*3}b^2x}\int_0^x x\sqrt{1+4c^2x^2}\cos\theta\,\mathrm{d}x \tag{5-1-67}$$

$$\frac{cb}{4}(\rho_0^* - \rho_m^*) = \int_0^1 p^* x^* \mathrm{d}x^* \tag{5-1-68}$$

方程组（5-1-63）～（5-1-66）中需确定的未知量有：熔化速度 U，液膜层厚度 δ，液膜压力 p 和夹角 θ，其边界条件为 $x^*=0$，$\theta=0$；$x^*=1$，$p^*=0$。以相变材料正十八烷为例[2]，通过数值求解得到不同工况下，熔化速度，液膜厚度和压力分布，以及夹角等熔化参数的变化曲线如图 5-1-14～5-1-17 所示。

图 5-1-14 比较了 4 种形状的抛物体热源熔化时 θ 角随 x^* 的变化曲线，其中系数 c 分别为 0.2，0.5，1 和 1.5。从图中可以看出，θ 角随 x 单调增加。当系数 $c=0.2$ 时，在整个接触熔化区，由热源底部到液膜出口处，θ 角变化约为 5°；当 $c=1.5$ 时，曲线的斜率为最大，在整个接触熔化区变化值约 27°。所以，系数 c 越小，熔化固-液界面曲率越小。

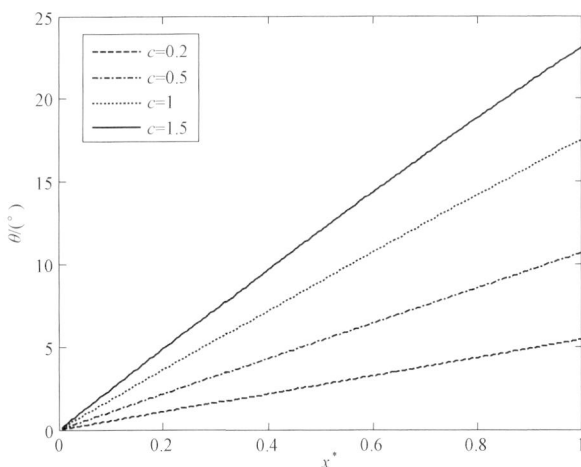

图 5-1-14 θ 角随坐标 x^* 的变化

热源形状系数 c 对液膜分布的影响，如图 5-1-15 所示，液膜厚度随 x^* 增加而增大，即从接触熔化中心位置到液膜出口处，液膜厚度逐渐增大。当系数 $c=1.5$ 时，在中心位置的液膜厚度较小，但随 x^* 增加，液膜厚度迅速增大；而当 $c=0.2$ 时，液膜厚度明显大于其他 3 个形状系数的热源，且分布曲线趋于水平，厚度变化较小，这是由于热源表面形状较平坦。由此可以得出，当系数 c 足够小时，热源表面近似为平面，整个熔化区液膜厚度基本相同，符合平面热源的熔化特征。

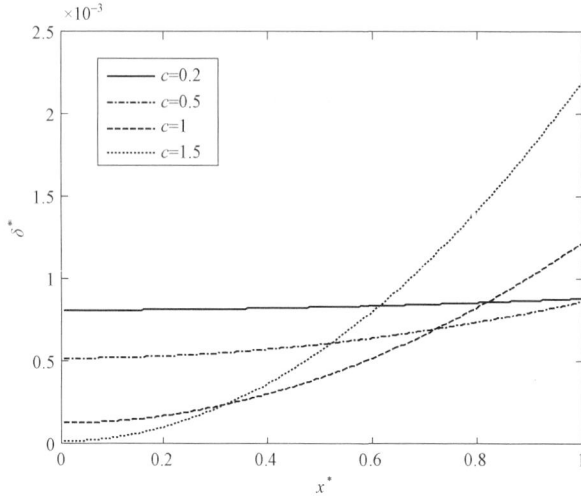

图 5-1-15　热源形状系数 c 对液膜厚度分布的影响

图 5-1-16 给出了抛物体热源接触熔化的熔化速度随热流密度的变化曲线。当施加的热流 $q'' < 5\,kW/m^2$ 时，系数 c 不同的热源，熔化速度差别较小；但 $q'' > 10\,kW/m^2$ 时，不同热源熔化速度差别明显，四种热源中，$c=0.2$ 的热源速度 U 随热流增加最慢，$c=1.5$ 的增加趋势最快，$c=0.5 \sim 1$ 的介于两者之间。所以增大热源施加的热流，系数 c 越大，熔化速度增加越突出。与圆球热源的熔化结果比较发现，$c=1$ 的抛物体熔化速度与圆球的基本相同。

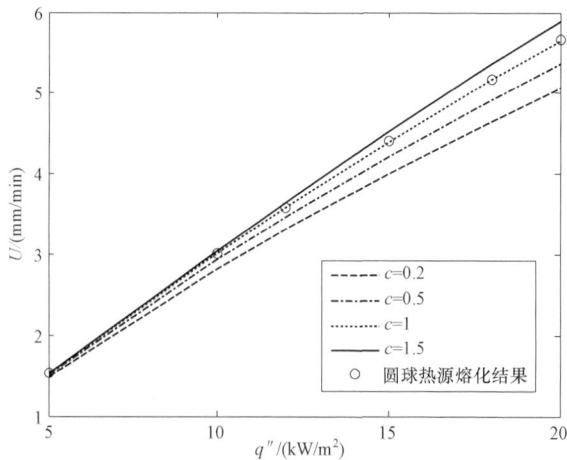

图 5-1-16　熔化速度随热流密度的变化

第二节 定热流热源内的熔化

前面两节介绍了围绕热源的熔化，本节主要讨论和介绍固体相变材料（PCM）在水平圆管、椭圆管与球形腔热源内定热流密度加热的接触熔化问题[2, 11]。

一、圆管热源内

水平圆管内固体相变材料（PCM）定热流加热时接触熔化物理模型如图 5-2-1 所示。初始时刻固体 PCM 均匀处于熔点温度 T_m，充满整个水平圆管的内部空腔。圆管截面半径为 R，表面的热流密度为 q''，紧靠圆管内壁的固体 PCM 吸热发生熔化。随着熔化的进行，在重力作用下，未熔化的固体 PCM 向下移动保持底部对圆管内壁的挤压，固体下部熔化液体受挤压作用从圆管底部沿两侧流向圆管顶部，在固体 PCM 底部与圆管壁间形成一层薄液膜，厚度为 $\delta(\phi)$，汇集在圆管顶部的熔化液体的高度记为 $H(\tau)$，固体下落速度为 $\dot{H}$（$\dot{H} = dH / d\tau$）。ϕ_A 为接触熔化区边界角，圆管内壁 $\phi < \phi_A$ 的部分为接触熔化区，固体发生接触熔化，$\pi / 2 > \phi > \phi_A$ 为非接触熔化区，熔化传热由液体内部对流主导。针对固体接触熔化过程，基本假设同第三章。

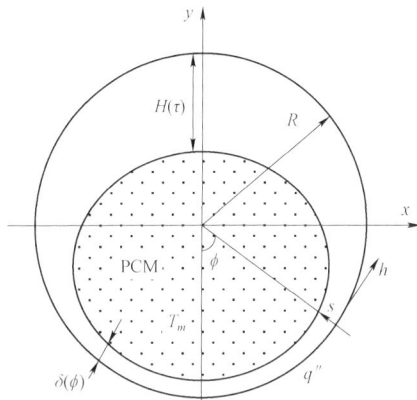

图 5-2-1 定热流圆管内熔化的物理模型

根据假设，熔化液膜层内流动的控制方程，即连续、动量和能量方程，简化为：

$$\frac{\partial u}{\partial h} + \frac{\partial v}{\partial s} = 0 \tag{5-2-1}$$

$$\mu \frac{\partial^2 u}{\partial s^2} = \frac{dp}{dh} \tag{5-2-2}$$

$$u \frac{\partial T}{\partial h} + v \frac{\partial T}{\partial s} = \alpha \frac{\partial^2 T}{\partial s^2} \tag{5-2-3}$$

分析熔化液膜内的温度分布，切向（沿 h 向）温度梯度远小于垂直方向（沿 s 向），即 $\partial T / \partial h << \partial T / \partial s$，且液膜压力 p 沿 s 向的变化可忽略，v 近似为 $-\dot{H} \cos\phi$。于是能量方程（5-2-3）可进一步简化为：

$$-\dot{H} \cos\phi \frac{\partial T}{\partial s} = \alpha \frac{\partial^2 T}{\partial s^2} \tag{5-2-4}$$

熔化液膜层的温度边界条件为：

$$s = 0，\quad \frac{\partial T}{\partial s} = -\frac{q''}{\lambda}；\quad s = \delta，\quad T = T_m \tag{5-2-5}$$

利用边界条件（5-2-5）式，求解微分方程（5-2-4）得熔化液膜温度分布：

$$T = T_m + \frac{q''\alpha}{\lambda \dot{H} \cos\phi}\left[\exp\left(\frac{-\dot{H}s\cos\phi}{\alpha}\right) - \exp\left(\frac{-\dot{H}\delta\cos\phi}{\alpha}\right)\right] \tag{5-2-6}$$

固、液界面处固体熔化的能量平衡方程为：

$$-\lambda\frac{\partial T}{\partial s}\Big|_{s=\delta} = \rho_s L_m \dot{H}\cos\phi \tag{5-2-7}$$

由（5-2-6）式对 s 求导，并联立方程（5-2-7），得到熔化液膜厚度分布为：

$$\delta = \frac{-\alpha\ln\left(\dfrac{\rho_s \dot{H}L_m\cos\phi}{q''}\right)}{\dot{H}\cos\phi} \tag{5-2-8}$$

液体流动速度边界条件为：

$$s=0, u=0; \qquad s=\delta, u=0 \tag{5-2-9}$$

利用边界条件（5-2-9）式，由动量方程（5-2-2）沿 s 二次积分得：

$$u = -\frac{1}{2\mu}\frac{\mathrm{d}p}{\mathrm{d}h}(s^2 - \delta s) \tag{5-2-10}$$

熔化过程质量守恒方程为：

$$\int_0^\delta \rho_l u\mathrm{d}s = \int_0^\phi \rho_s \dot{H}R\cos\phi\,\mathrm{d}\phi \tag{5-2-11}$$

结合 $\mathrm{d}h = R\mathrm{d}\phi$，将（5-2-10）式代入（5-2-11）式得：

$$\frac{\mathrm{d}p}{\mathrm{d}\phi} = -\frac{12\mu\rho_s \dot{H}R^2\sin\phi}{\rho_l\delta^3} \tag{5-2-12}$$

固体的受力平衡方程为：

$$2\int_0^{\phi_A} pR\cos\phi\,\mathrm{d}\phi = (\rho_s - \rho_l)gV_s \tag{5-2-13}$$

根据图 5-2-1 的几何关系，剩余固体体积 V_s 可表示为：

$$V_s = 2R^2\left[\arccos\left(\frac{H}{2R}\right) - \left(\frac{H}{2R}\right)\sqrt{1-\left(\frac{H}{2R}\right)^2}\right] \tag{5-2-14}$$

将（5-2-14）式代入（5-2-13）式得：

$$\int_0^{\phi_A} p\cos\phi\,\mathrm{d}\phi = (\rho_s - \rho_l)gR\left[\arccos\left(\frac{H}{2R}\right) - \left(\frac{H}{2R}\right)\sqrt{1-\left(\frac{H}{2R}\right)^2}\right] \tag{5-2-15}$$

固体两侧接触熔化的边界角 ϕ_A 满足：

$$\cos\phi_A = \frac{H(\tau)}{2R} = H^* \tag{5-2-16}$$

引入下列无量纲参数：

$$\delta^* = \frac{\delta}{R}, \quad H^* = \frac{H}{2R} \quad \dot{H}^* = \frac{\dot{H}R}{\alpha}, \quad p^* = \frac{p}{\rho_s g R}, \quad Pr = \frac{\upsilon}{\alpha}, \quad Ar = \frac{gR^3}{\upsilon^2}$$

将这些参数分别代入（5-2-8）、（5-2-12）和（5-2-13）式得：

$$\delta^* = \frac{-\ln\left(\dfrac{\rho_s \dot{H} L_m \cos\phi}{q''}\right)}{\dot{H}^* \cos\phi} \tag{5-2-17}$$

$$\frac{\mathrm{d}p^*}{\mathrm{d}\phi} = -\frac{12\dot{H}^* \sin\phi}{Pr Ar \delta^{*3}} \tag{5-2-18}$$

$$\int_0^{\phi_A} p^* \cos\phi \, \mathrm{d}\phi = (1 - \rho_m^*)\left[\arccos(H^*) - H^*\sqrt{1 - H^{*2}}\right] \tag{5-2-19}$$

利用（5-2-16）式、（5-2-19）式还可以写为：

$$\int_0^{\arccos(H^*)} p^* \cos\phi \, \mathrm{d}\phi = (1 - \rho_m^*)\left[\arccos(H^*) - H^*\sqrt{1 - H^{*2}}\right] \tag{5-2-20}$$

（5-2-17）、（5-2-18）和（5-2-20）式为定热流加热的圆管热源内固体 PCM 发生接触熔化的无量纲方程组[12]，其中未知数有 p^*，δ^* 和 $\dot{H}^*$，边界条件为：$\phi = \phi_A$ 时，$p^* = 0$。通过数值计算可分别求得液膜厚度 δ^*，固体下降速度 $\dot{H}^*$，以及顶部液体高度 H^* 的对应关系。首先暂赋 $\dot{H}^*$ 一个初值，由（5-2-17）式得到的液膜厚度分布 δ^* 代入微分方程（5-2-18）式，采用差分法进行求解，设置精度为 10^{-4}，结合边界条件得到液膜内压力分布 p^*。然后将压力分布代入方程（5-2-20）左边进行积分，通过比较方程两边的结果的大小调整 $\dot{H}^*$ 值，迭代计算直到（5-2-20）式在精度范围内等式成立，从而得到固体下降速度 $\dot{H}^*$ 与液体高度 H^* 的对应关系[12]。

图 5-2-2 分别给出了四种不同的热流密度工况下，无量纲接触熔化固体下降速度 $\dot{H}^*$ 随熔化液体高度 H^* 的变化曲线，其中热源施加的表面热流密度 q'' 分别为：2、5、10、15 kW/m^2。由图 5-2-2 可知，熔化过程中，固体高度减小，下降速度 $\dot{H}^*$ 随之减慢。熔化速度降低是由于固体体积减小，熔化液膜层厚度增加所致。比较不同热流密度，表明热流密度越大，固体下降速度越快。当 $q'' = 2$ kW/m^2 时，熔化过程中固体下降速度变化不明显，而随着热流密度增加，当 $q'' = 10$、15 kW/m^2 时，随固体高度减小，速度出现明显下降。这是因为热流密度较小时，熔化时液膜层的厚度很小，固体体积变化对其影响较小，相比之下，热流密度较大时，液膜层厚度更大，受固体体积变化的影响更明显。

无量纲熔化时间 Fo 数与下降速度 $\dot{H}^*$ 满足关系式：

$$Fo = \frac{\alpha\tau}{R^2} = \int_0^{H^*} (\dot{H}^*)^{-1} \mathrm{d}H^* \tag{5-2-21}$$

图 5-2-3 给出了无量纲固体下降速度 $\dot{H}^*$ 随 Fo 数的变化曲线。当 $q'' = 2$ kW/m^2 时，从熔化开始直至结束，速度 $\dot{H}^*$ 基本保持不变；而当热流密度升高到一定值后，熔化过程中，速度 $\dot{H}^*$ 随 Fo 增加而减小，特别在熔化末期，速度减小迅速。所以热源施加的热流密度越大，固体发生接触熔化的速度 $\dot{H}^*$ 也越大，但熔化过程中的 $\dot{H}^*$ 变化较大。

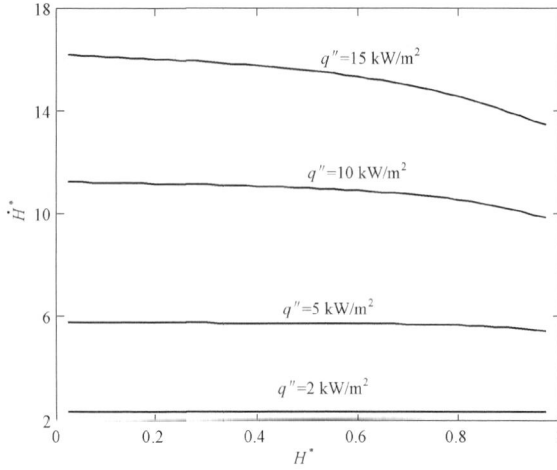

图 5-2-2　固体熔化下降速度随液体高度的变化

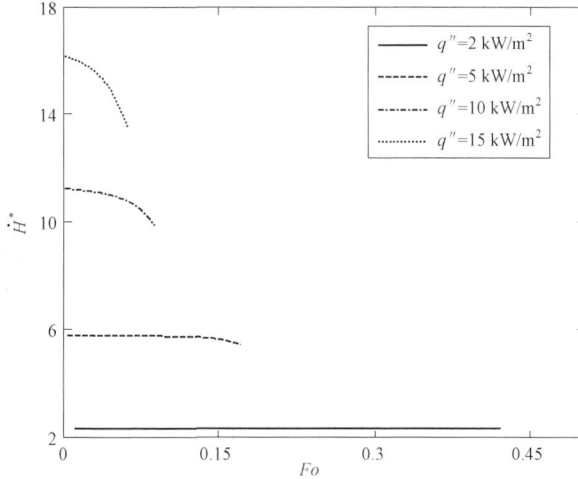

图 5-2-3　固体熔化下降速度随熔化时间的变化

固体熔化率 V^* 与液体高度 $\dot{H}^*$ 的关系可以表示为：

$$V^* = 1 - \frac{V_s}{\pi R^2} = 1 - \frac{2}{\pi}\left[\arccos(H^*) - H^*\sqrt{1 - H^{*2}}\right] \tag{5-2-22}$$

熔化率 V^* 随 Fo 数的变化如图 5-2-4 所示，熔化率随 Fo 增加单调递增，其递增速度随热源施加的热流密度增大而加快；熔化后期，熔化曲线斜率出现明显下降，表明熔化率增加趋势减缓，这是由于下降速度 $\dot{H}^*$ 迅速减小，而且固体体积减少使发生接触熔化的面积亦减少。当 $V^* = 1$ 时，圆管内固体 PCM 完全熔化，图 5-2-4 中对应的横坐标为固体完全熔化时间，显然，熔化相同体积的固体 PCM，热流密度 q'' 越大，固体完全熔化所需的时间越少。

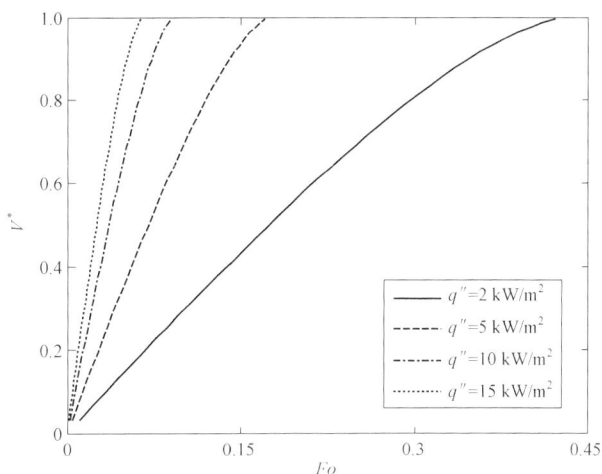

图 5-2-4　熔化率随熔化时间的变化

固体完全熔化所需时间 Fo_f 数是衡量熔化效果的重要参数，图 5-2-5 给出了圆管内固体完全熔化时间随热流密度的变化曲线。显然，完全熔化所需的时间随热源施加的热流密度增加而减少。当热流密度 $q'' < 10\ kW/m^2$ 时，热流密度对完全熔化时间影响显著，增大热流密度能明显减少完全熔化时间，提高熔化效率；而当热流密度 $q'' > 10\ kW/m^2$ 时，其影响明显减弱，需考虑改变热源形状或改变加热方式等其他方法。从图 5-2-5 中还可以看出，定热流熔化的熔化效率低于定壁温熔化[13,14]。

固体熔化吸收热源导出的热量是通过液膜层传热实现的，液膜层厚度 δ^* 对固体的熔化有较大影响。以热源底部 $\phi = 0$ 处液膜的厚度 δ_0^* 随时间 Fo 数的变化为例，分析熔化过程中液膜层厚度的变化规律，见图 5-2-6。由该图可知，液膜厚度 δ_0^* 随 Fo 数增加单调递增，热流密度对液膜层厚度分布的影响，与对熔化率的影响类似。分析曲线的变化趋势，熔化开始时厚度 δ^* 变化相对较慢，但过了某一时刻后，δ^* 增加迅速，这是由于当固体体积减小到一定值时，重力与浮力和液膜内压力相比明显减弱所致。

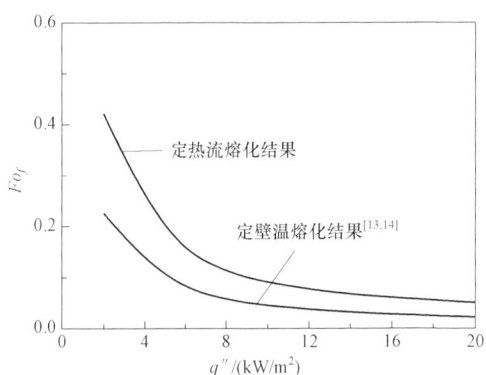

图 5-2-5　固体完全熔化时间随热流密度的变化

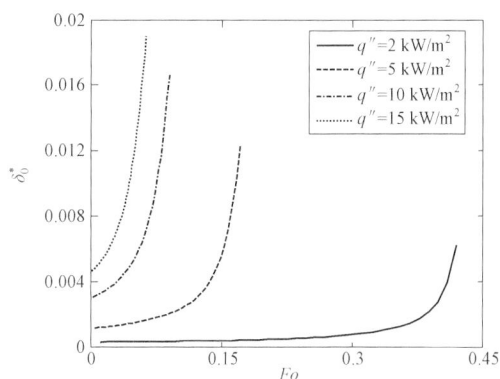

图 5-2-6　热源底部液膜厚度的变化

二、椭圆管热源内

所考虑问题的物理模型见图 5-2-7，其中椭圆管截面满足方程 $x^2/a^2+y^2/b^2=1$，θ 为椭圆切向与水平线的夹角。固体相变材料（PCM）初始时刻温度均匀处于熔点 T_m，固相密度大于液相密度，即 $\rho_s>\rho_l$。椭圆管内壁对固体 PCM 进行加热，热流密度恒定为 q''，紧靠管壁的固体 PCM 发生接触熔化。熔化过程与圆管热源内固体熔化相似，基本假设同前。

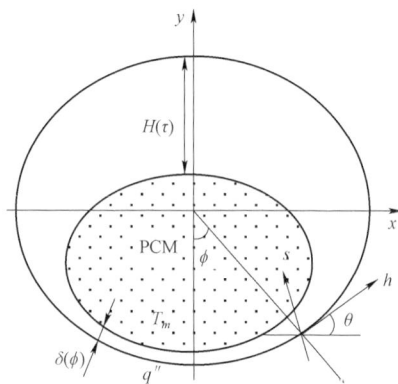

接触熔化液膜层很薄，内部热量传递可简化为一维传热，简化后能量方程为：

图 5-2-7　定热流椭圆管内熔化的物理模型

$$-\dot{H}\cos\theta\frac{\partial T}{\partial s}=\alpha\frac{\partial^2 T}{\partial s^2} \tag{5-2-23}$$

边界条件满足：

$$s=0,\quad \frac{\partial T}{\partial s}=-\frac{q''}{\lambda};\quad s=\delta,\quad T=T_m \tag{5-2-24}$$

按前面相同推导方法，得到液膜层厚度分布为：

$$\delta=-\frac{\alpha\ln\left(\dfrac{\rho_s\dot{H}L_m\cos\theta}{q''}\right)}{\dot{H}\cos\theta} \tag{5-2-25}$$

熔化液膜层内液体流动的动量方程经简化后为：

$$\mu\frac{\partial^2 u}{\partial s^2}=\frac{\mathrm{d}p}{\mathrm{d}h} \tag{5-2-26}$$

液体流动速度边界条件为：

$$s=0,u=0;\quad s=\delta,u=0 \tag{5-2-27}$$

联立（5-2-26）和（5-2-27）式得：

$$u=-\frac{1}{2\mu}\frac{\mathrm{d}p}{\mathrm{d}h}(s^2-\delta s) \tag{5-2-28}$$

熔化过程质量守恒方程为：

$$\int_0^\delta \rho_l u\mathrm{d}s=\int_0^\phi \rho_s\dot{H}\cos\theta\mathrm{d}h \tag{5-2-29}$$

将（5-2-28）式代入（5-2-29）式，求得熔化液膜层内切向压力变化为：

$$\frac{\mathrm{d}p}{\mathrm{d}h}=-\frac{12\mu\rho_s\dot{H}}{\rho_l\delta^3}\int_0^\phi\cos\theta\mathrm{d}h \tag{5-2-30}$$

熔化过程固体的受力平衡方程为：

$$2\int_0^{\phi_A}p\cos\theta\mathrm{d}h=(\rho_s-\rho_l)gV_s \tag{5-2-31}$$

根据图 5-2-7，存在如下几何关系：

$$\mathrm{d}h = bf_J(\phi)\,\mathrm{d}\phi \tag{5-2-32}$$

其中，$f_J(\phi) = \sqrt{\dfrac{1+J^4\tan^2\phi}{1+J^2\tan^2\phi}}\dfrac{1}{\cos^2\phi + J^2\sin^2\phi}$。夹角 ϕ 与 θ 满足的关系式为：

$$\tan\theta = J^2\tan\phi \tag{5-2-33}$$

固体边界夹角 ϕ_A 随液体高度 H^* 的变化关系为：

$$\cos\phi_A = \dfrac{H(\tau)}{2\sqrt{\left[\dfrac{H(\tau)}{2}\right]^2 + a^2\left\{1-\left[\dfrac{H(\tau)}{2b}\right]^2\right\}}} = \dfrac{JH^*}{\sqrt{1+(J^2-1)(H^*)^2}} \tag{5-2-34}$$

剩余固体体积 V_s 可表示为：

$$V_s = 2ab\left[\arccos\left(\dfrac{H}{2b}\right) - \left(\dfrac{H}{2b}\right)\sqrt{1-\left(\dfrac{H}{2b}\right)^2}\right] \tag{5-2-35}$$

利用（5-2-32）和（5-2-35）式，（5-2-30）和（5-2-31）式可分别写为：

$$\dfrac{\mathrm{d}p}{\mathrm{d}\phi} = -\dfrac{12\mu b^2\rho_s\dot{H}f_J(\phi)}{\rho_l\delta^3}\int_0^\phi\cos\theta f_J(\phi)\,\mathrm{d}\phi \tag{5-2-36}$$

$$\int_0^{\phi_A} p\cos\theta f_J(\phi)\,\mathrm{d}\phi = g(\rho_s-\rho_l)a\left[\arccos\left(\dfrac{H}{2b}\right) - \left(\dfrac{H}{2b}\right)\sqrt{1-\left(\dfrac{H}{2b}\right)^2}\right] \tag{5-2-37}$$

引入下列无量纲量：

$$\delta^* = \dfrac{\delta}{b},\quad H^* = \dfrac{H}{2b},\quad \dot{H}^* = \dfrac{\dot{H}b}{\alpha},\quad p^* = \dfrac{p}{\rho_s gb},\quad Pr = \dfrac{\upsilon}{\alpha},\quad Ar = \dfrac{gb^3}{\upsilon^2}$$

将上述无量纲量分别代入（5-2-25）、（5-2-36）、（5-2-37）式，整理得：

$$\delta^* = -\dfrac{\ln\left(\dfrac{\rho_s\dot{H}L_m\cos\theta}{q''}\right)}{\dot{H}^*\cos\theta} \tag{5-2-38}$$

$$\dfrac{\mathrm{d}p^*}{\mathrm{d}\phi} = -\dfrac{12\dot{H}^*f_J(\phi)}{PrAr\delta^{*3}}\int_0^\phi\cos\theta f_J(\phi)\,\mathrm{d}\phi \tag{5-2-39}$$

$$\int_0^{\phi_A} p^*\cos\theta f_J(\phi)\,\mathrm{d}\phi = \dfrac{(1-\rho_m^*)}{J}\left[\arccos(H^*) - H^*\sqrt{1-H^{*2}}\right] \tag{5-2-40}$$

（5-2-38）～（5-2-40）式为椭圆管热源内相变材料定热流接触熔化的无量纲方程组，其中自变量为熔化液体高度 H^*，需求解的未知参数有：固体下降速度 $\dot{H}^*$，液膜压力 p^*，液膜层厚度 δ^* 和夹角 θ。边界条件为：当 $\phi = \phi_A$ 时，$p^* = 0$。通过数值求解，可以得到不同工况下 $\dot{H}^*$，p^*，δ^* 等熔化参数随 H^* 的变化关系，从而得到固体完全熔化时间 Fo_f 和熔化率 V^* 的变化规律，求解过程与上节相同。

当压缩系数 $J=1$ 时，$\theta = \phi$，且 $f_J(\phi) = 1$，于是（5-2-38），（5-2-39）和（5-2-40）式

分别化为：

$$\delta^* = -\frac{\ln\left(\dfrac{\rho_s \dot{H} L_m \cos\theta}{q''}\right)}{\dot{H}^* \cos\phi} \tag{5-2-41}$$

$$\frac{\mathrm{d}p^*}{\mathrm{d}\phi} = -\frac{12\dot{H}^* \sin\phi}{PrAr\delta^{*3}} \tag{5-2-42}$$

$$\int_0^{\phi_A} p^* \cos\phi \,\mathrm{d}\phi = (1-\rho_m^*)\left[\arccos(H^*) - H^*\sqrt{1-H^{*2}}\right] \tag{5-2-43}$$

该结果方程与上节水平圆管内固体接触熔化过程的分析结果相同，这说明本节导出的方程组在不同 J 值情况下的通用性。

图 5-2-8 给出了固体 PCM 在椭圆管热源内发生接触熔化的固体下降速度 $\dot{H}^*$ 随熔化高度 H^* 的变化曲线，其中 $J=0.5$。剩余固体的高度为 $1-H^*$，从图 5-2-8 中可以看出，随着固体高度减少，速度 $\dot{H}^*$ 先减小至一定值后逐渐增大。热流密度 q'' 对熔化速度影响明显，q'' 增大，速度 $\dot{H}^*$ 明显增大，而且在熔化过程中下降速度的变化也变得明显。

固体熔化率 V^* 与液体高度 H^* 的关系可表示为：

$$V^* = 1 - \frac{V_s}{\pi ab} = 1 - \frac{2}{\pi}\left[\arccos H^* - H^*\sqrt{1-H^{*2}}\right] \tag{5-2-44}$$

无量纲熔化时间 Fo 与熔化速度 $\dot{H}^*$ 满足关系式：

$$Fo = \frac{\alpha\tau}{R^2} = \int_0^{H^*} (\dot{H}^*)^{-1} \mathrm{d}H^* \tag{5-2-45}$$

图 5-2-9 给出了不同热流密度作用下固体熔化率 V^* 随 Fo 数的变化曲线，其中 $J=0.5$。随 Fo 数增加，熔化率 V^* 单调增加，且增加趋势随热流密度增加而增大。$V^*=1$ 时，固体完全熔化，显然，热流密度 q'' 增大，完全熔化所需的时间缩短。分析曲线的变化趋势，q'' 由 $5\,\mathrm{kW/m^2}$ 增大到 $10\,\mathrm{kW/m^2}$，熔化结束时刻 Fo 数由 0.25 减小至不足 0.13，Fo 减少约 0.12，而 q'' 由 $10\,\mathrm{kW/m^2}$ 增大到 $15\,\mathrm{kW/m^2}$，熔化结束时刻 Fo 数的减少量小于 0.03。因此，热流密度 q'' 较小时，其变化对固体完全熔化所需的时间影响显著。

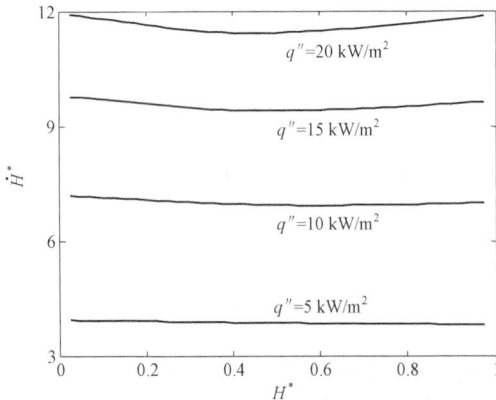

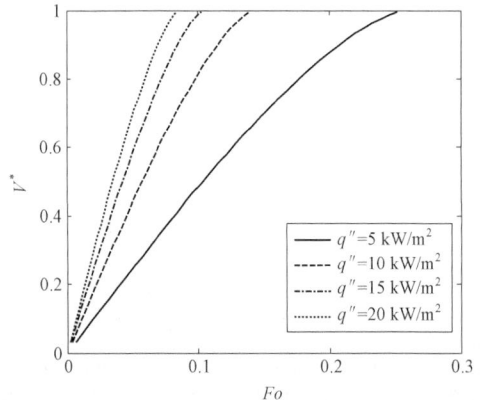

图 5-2-8 固体下降速度随液体高度的变化（$J=0.5$）　　图 5-2-9 固体熔化率随熔化时间的变化（$J=0.5$）

固体与热源壁面间液膜层的厚度分布是影响熔化的主要因素，液膜厚度越薄，熔化过程的传热效果越好。图 5-2-10 给出了 $x^* = 0$ 位置液膜厚度 δ_0^* 随 Fo 的变化关系。从该图中可以看出，曲线先上升后下降，所以在整个熔化过程中，随 Fo 增加，δ_0^* 增加到一定值后开始减小。这是造成下降速度 $\dot{H}^*$ 先减小后增大的原因。

为评估椭圆形状对熔化的影响，图 5-2-11 给出了不同压缩比的椭圆管内固体熔化时下降速度 $\dot{H}^*$ 的变化曲线。当 $J = 0.2$ 时，随熔化液体高度增加，速度 $\dot{H}^*$ 单调增加；当 $J > 1$ 时，熔化过程中 $\dot{H}^*$ 逐渐减小；而当 $J = 0.5$ 时，速度 $\dot{H}^*$ 先减小后增大。

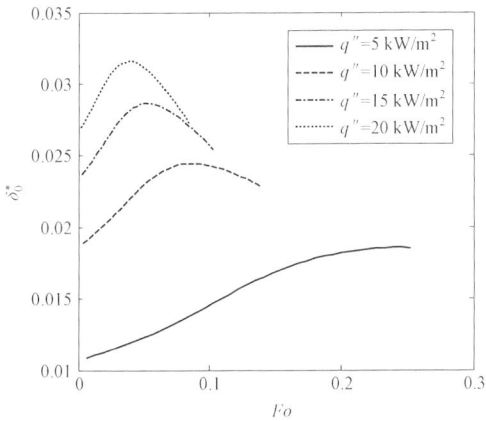

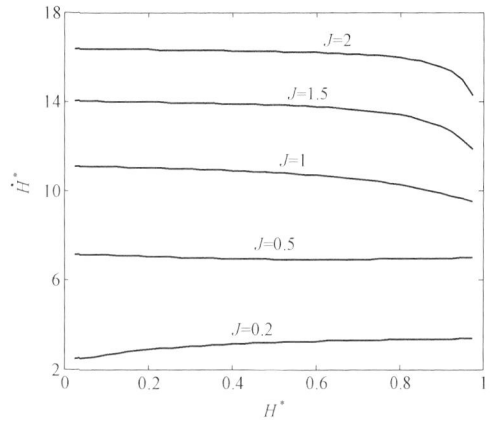

图 5-2-10　液膜厚度随熔化时间的变化（$J = 0.5$）　　图 5-2-11　固体下降速度随熔化液体高度的变化

熔化固体的体积取相同值，分析热源形状对熔化率的影响，如图 5-2-12 所示。很明显，压缩比 J 增大，熔化率随 Fo 数递增速度加快，固体完全熔化时间缩短。这是因为 J 越大，固体 PCM 高度与宽度之比越大，对应的液膜厚度较小，故传热热阻较小，熔化效率较高。所以 $J > 1$ 的椭圆管热源熔化效率高于圆管。

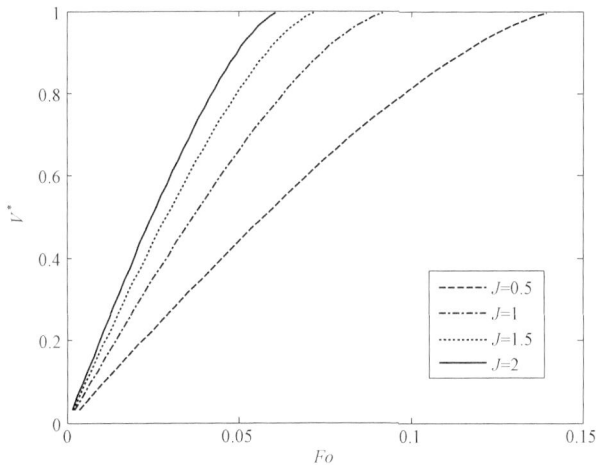

图 5-2-12　热源压缩比对熔化率的影响

图 5-2-13 比较了三种典型椭圆管的固体完全熔化时间 Fo_f 数随热流密度的变化关系，其中压缩比 J 分别为 0.5、1、2。由图可知，热流密度增加，固体完全熔化时间相应减少。三种椭圆管进行比较，$J=0.5$ 的曲线下降斜率最大，$J=2$ 的最小，$J=1$ 的居于两者之间，且热流密度 $q'' < 6$ kW/m² 时，差距较明显。这是因为，椭圆管压缩比越小，其表面曲率越小，发生接触熔化时液膜层分布受热流密度的影响较大。与定壁温熔化[15]结果相比，相同热流密度下，定壁温熔化时固体所需的时间较定热流熔化短（见图 5-2-14），所以定热流熔化的熔化效率低于定壁温熔化。

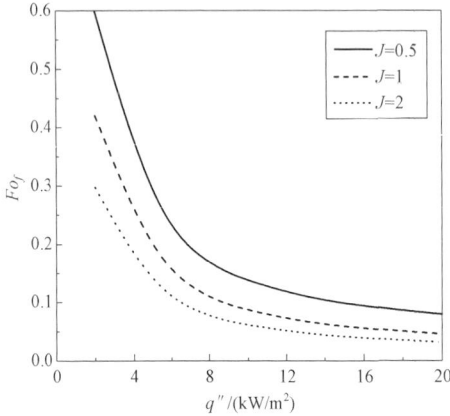

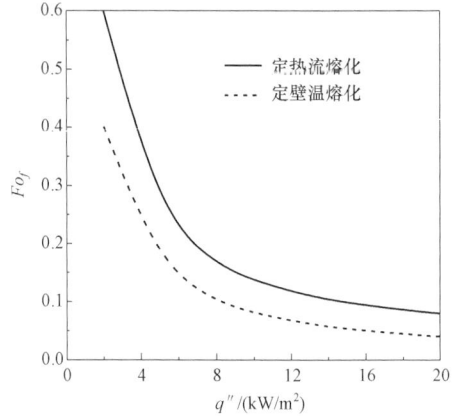

图 5-2-13　固体完全熔化时间随热流密度的变化　图 5-2-14　定热流熔化与定壁温熔化 Fo_f 比较

三、球形腔热源内

圆球热源内固体 PCM 接触熔化，截面上的物理模型同图 5-2-1 所示。初始时刻固体 PCM 均匀处于熔点温度 T_m，充满半径为 R 的圆球。圆球加热内部固体 PCM，内壁的表面热流密度为 q''，固体 PCM 吸热发生接触熔化，熔化机理和熔化模型的近似假设与水平圆管内固体熔化相同，不再重述。

按照水平圆管的（5-2-23）～（5-2-32）式相同的推导过程，得到熔化液膜层温度 T、厚度 δ 以及流速 u 的关系式为：

$$T = \frac{q''\alpha}{\lambda \dot{H}\cos\phi}\left[\exp\left(\frac{-\dot{H}s\cos\phi}{\alpha}\right) - \exp\left(\frac{-\dot{H}\delta\cos\phi}{\alpha}\right)\right] + T_m \qquad （5-2-46）$$

$$\delta = \frac{\alpha \ln\left(\dfrac{\rho_s \dot{H}L_m \cos\phi}{q''}\right)}{\dot{H}\cos\phi} \qquad （5-2-47）$$

$$u = -\frac{1}{2\mu}\frac{\mathrm{d}p}{\mathrm{d}h}(s^2 - \delta s) \qquad （5-2-48）$$

圆球内固体熔化的质量守恒方程为：

$$\sin\phi\int_0^\delta u\mathrm{d}s = UR\int_0^\phi \sin\phi\cos\phi\,\mathrm{d}\phi \qquad （5-2-49）$$

按照上一小节的方法，压力沿切向的导数可表示为：

$$\frac{\mathrm{d}p}{\mathrm{d}\phi} = -\frac{6\mu\dot{H}R^2\sin\phi}{\delta^3} \tag{5-2-50}$$

熔化过程中固体的受力平衡方程为：

$$2\pi R^2\int_0^{\phi_A} p\cos\phi\sin\phi\,\mathrm{d}\phi = (\rho_s-\rho_l)gV_s \tag{5-2-51}$$

根据图 5-2-15 几何关系，剩余固体体积 V_s 可表示为：

$$V_s = 2\pi R^3\left[\frac{1}{3}\left(\frac{H}{2R}\right)^3-\left(\frac{H}{2R}\right)+\frac{2}{3}\right] \tag{5-2-52}$$

将（5-2-52）式代入（5-2-51）式得：

$$\int_0^{\phi_A} p\cos\phi\sin\phi\,\mathrm{d}\phi = (\rho_s-\rho_l)gR\left[\frac{1}{3}\left(\frac{H}{2R}\right)^3-\left(\frac{H}{2R}\right)+\frac{2}{3}\right] \tag{5-2-53}$$

根据模型几何关系有：

$$\cos\phi_A = H^* \tag{5-2-54}$$

联立（5-2-53）和（5-2-54）式得：

$$\int_0^{\arccos H^*} p\cos\phi\sin\phi\,\mathrm{d}\phi = (\rho_s-\rho_l)gR\left[\frac{1}{3}\left(\frac{H}{2R}\right)^3-\left(\frac{H}{2R}\right)+\frac{2}{3}\right] \tag{5-2-55}$$

引入下列无量纲参数：

$$\delta^* = \frac{\delta}{R}, \quad H^* = \frac{H}{2R} \quad \dot{H}^* = \frac{\dot{H}R}{\alpha}, \quad p^* = \frac{p}{\rho_s gR}, \quad Pr = \frac{\upsilon}{\alpha}, \quad Ar = \frac{gR^3}{\upsilon^2}$$

将这些参数分别代入（5-2-47）、（5-2-50）和（5-2-55）式得：

$$\delta^* = \frac{\ln\left(\dfrac{\rho_s\dot{H}L_m\cos\phi}{q''}\right)}{\dot{H}^*\cos\phi} \tag{5-2-56}$$

$$\frac{\mathrm{d}p^*}{\mathrm{d}\phi} = -\frac{6\dot{H}^*\sin\phi}{PrAr\delta^{*3}} \tag{5-2-57}$$

$$\int_0^{\arccos(H^*)} p^*\cos\phi\sin\phi\,\mathrm{d}\phi = (1-\rho_m^*)\left(\frac{1}{3}H^{*3}-H^*+\frac{2}{3}\right) \tag{5-2-58}$$

（5-2-56）～（5-2-58）式为圆球热源内固体 PCM 定热流加热接触熔化的无量纲方程组，与第一类边界条件下的结果有明显不同[16,17]。其中未知数有 p^*，δ^* 和 $\dot{H}^*$，边界条件为：$\phi = \phi_A$ 时，$p^* = 0$。通过数值法求解，可分别求得液膜厚度 δ^*，固体下降速度 $\dot{H}^*$，与熔化液体高度 H^* 的对应关系。

图 5-2-15 给出了圆球热源内固体接触熔化下落速度随熔化液体高度的变化曲线。圆球内壁施加的热流密度 q'' 分别为 2、5、10、15 kW/m²。随着熔化的进行，液体高度逐渐增加，从该图中可以看出，当 q'' 为 2 和 5 kW/m² 时，速度曲线基本保持水平，固体接近匀速下降；当 q'' 为 10 和 15 kW/m² 时，熔化过程中固体下降速度逐渐减慢。

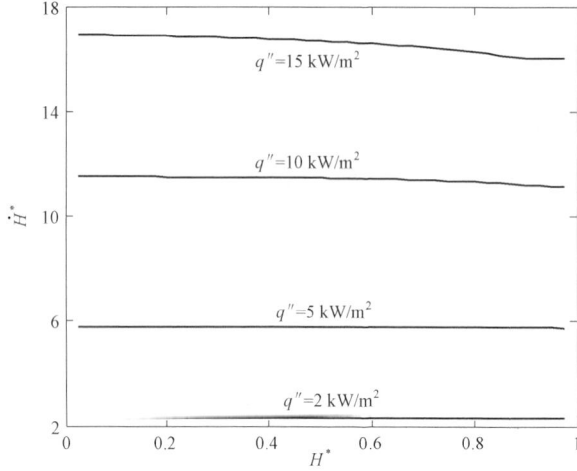

图 5-2-15　固体下降速度随液体高度的变化

固体熔化率 V^* 与液体高度 H^* 的关系为：

$$V^* = 1 - \frac{3V_s}{4\pi R^3} = \frac{3}{2}H^* - \frac{1}{2}H^{*3} \tag{5-2-59}$$

无量纲熔化时间 Fo 与熔化速度 $\dot{H}^*$ 满足关系式：

$$Fo = \frac{\alpha\tau}{R} = \int_0^{H^*} (\dot{H}^*)^{-1}\mathrm{d}H^* \tag{5-2-60}$$

施加不同强度的热流密度，固体接触熔化的熔化率随时间 Fo 数的变化如图 5-2-16 所示，熔化率随 Fo 数增加单调递增，且固体完全熔化所需的时间随热源施加的热流密度增加而减少。分析曲线的变化趋势，曲线斜率随 Fo 数增加而减少，这表明从熔化开始直至结束，熔化体积增加逐渐减慢，最直接的原因是固体体积减少，使发生接触熔化的面积减少。

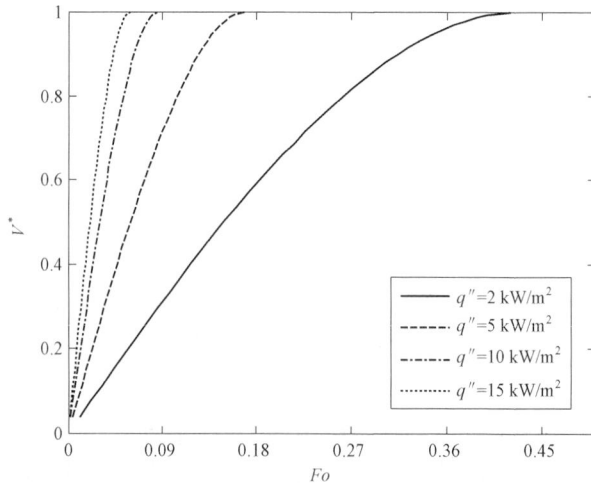

图 5-2-16　熔化率随时间的变化

腔内固体完全熔化所需时间（Fo_f 数）是接触熔化研究感兴趣的参数之一，图 5-2-17 给出了球内完全熔化时间 Fo_f 数随热流密度的变化关系。从该图可以看出，热流密度增加，Fo_f 数单调递减，且热流密度小于 5 kW/m² 时，曲线下降迅速，当热流密度大于 10 kW/m² 时，曲线变化明显放缓。所以热流密度较小时，其变化对固体熔化影响显著。

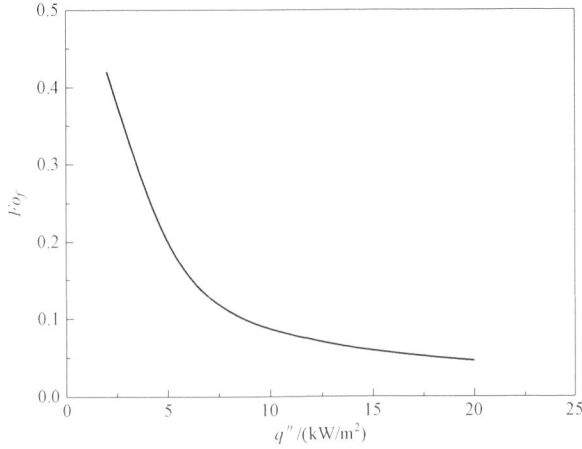

图 5-2-17　完全熔化时间与热流密度的关系

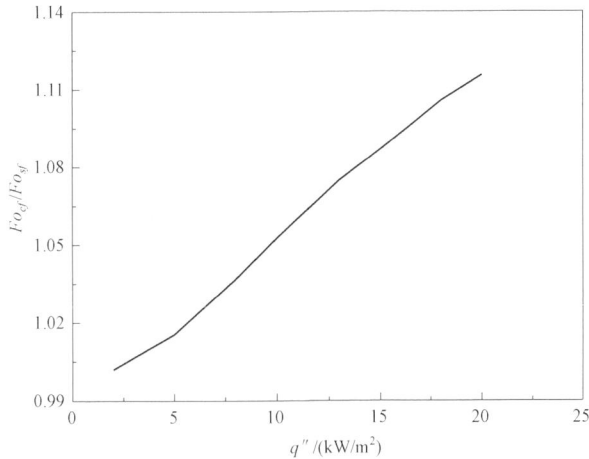

图 5-2-18　圆球与圆管热源内完全熔化时间比值随热流的变化

圆球与圆管的熔化效果比较，用完全熔化时间之比进行描述。图 5-2-18 给出了半径相同的水平圆管与圆球完全熔化时间的比值随热流密度的变化关系，其中 Fo_{sf}，Fo_{cf} 分别为圆球和圆管热源的完全熔化时间。从该图可以看出，完全熔化时间的比值大于 1，且随着热流密度增加，比值单调递增。因此，圆球热源的熔化速度高于圆管，热流密度越大，优势越明显。

参考文献

［1］Zhao Yuansong，Chen Wenzhen，Sun Fengrui. Analysis of contact melting driven by surface heat flux around a cylinder［J］. Journal of Thermal Science，2008，17（1）：64-68.

［2］ 赵元松. 热驱动下固体相变材料接触熔化研究［D］. 武汉：海军工程大学博士学位论文，2009.

［3］ Moallemi M K，Viskanta R. Experiments on flow induced by melting around a migrating heat source ［J］. Journal of Fluid Mech●ics，1985，157：35-51.

［4］ Moallemi M K，Viskanta R. Melting around a migrating heat source［J］. ASME Journal of Heat Transfer，1985，107：451-459.

［5］ Chen Wenzhen，Zhao Yuansong，Sun Fengrui，et al. Analysis of ΔT-driven contact melting of phase change material around a horizontal cylinder［J］. Energy Conversion and Management，2008，49（5）：1002-1007.

［6］ Chen Wenzhen，Zhu Bo，Chen Zhiyun，et al. New analysis of contact melting of phase change material around a hot sphere「J」. Heat and Mass Transfer，2008，44（1）：281-286.

［7］ Chen Zhiyun，Chen Wenzhen，Liu Feng. Contact melting around a horizontal elliptical cylinder with constant heat rate［C］. ICCHT2006-2th International Conference on Cooling and Heating Technologies. Dalian，China，26 July-30 July，2006.

［8］ Chen Wenzhen，Cheng Shangmo，Luo Zhen. An analytical solution of melting around a moving elliptical heat source［J］. Journal of Thermal Science，1994，3（1）：23-27.

［9］ 陈文振，简瑞民，杨强生. 围绕水平椭圆柱热源接触熔化的分析［J］. 上海交通大学学报，1998，32（4）：27-30.

［10］ Gong Miao，Chen Wenzhen，Zhao Yuansong，et al. Analysis of contact melting around a horizontal elliptical cylinder heat source［J］. Progress in Natural Science，2008，18（4）：441-446.

［11］ Shamsundar N, Sparrow E M. Storage of thermal energy by solid-liquid phase change temperature drop and heat flux［J］. Journal of Heat Transfer，1974，96：541-543.

［12］ 赵元松，梁卫华，陈文振. 圆管内自由固体相变材料定热流接触熔化［J］. 计算物理，2011，28（4）：529-534.

［13］ Bareiss M，Beer H. An analytical solution of the heat transfer process during melting inside a horizontal tube［J］. International Journal of Heat and Mass Transfer，1984，27（5）：739-746.

［14］ Webb B W, Moallemi M K, Viskanta R. Experiments of nelting unfixed ice in a horizontal cylindrical capsule［J］. Journal of Heat Trarster, 1987, 109: 454-459.

［15］ Chen Wenzhen，Yang Qiangsheng，Dai Mingqiang，et al. Analytical solution of the heat transfer process during contact melting of phase change material inside a horizontal elliptical tube［J］. International Journal of Energy Research，1998，22（2）：131-140.

［16］ Bahrami P A，Wang T G. Analysis of gravity and conduction driven melting in a sphere［J］. Journal of Heat Transfer, 1987, 109:806-809.

［17］ Roy S K，Sengupta S. Melting of a free solid in a spherical enclosure: effect of subcooling［J］. Journal of Solar Energy Engineering, 1989, 110:32-36.

第六章　压力、摩擦及混合驱动的熔化

在前面几章，我们介绍了不同形状与边界条件下，封闭腔内与围绕运动热源由定壁温（或定热流）驱动的接触熔化问题，实际上，当一个刚性物体与固体相变材料相互挤压、摩擦，且刚性物体在固体中沿净力方向运动时，也会出现接触熔化。这种接触熔化现象除了前几章所述的由固体与刚体间温差驱动的形式外，还有两种类型：压力熔化与摩擦熔化。前者是利用固体（冰）的温度随压力的增加而减小的性质，刚性物体压在温度与之相同的冰块上所产生的熔化过程。后者则是由于刚性物体（温度可大于等于固体的熔点）在固体相变材料表面上运动，因摩擦产生的耗散热使固体熔化的现象。对于压力熔化，1992 年 Bejan 与 Tyvand[1, 2]最先对这一现象进行了研究，分别求得水平平板与圆柱埋体下，冰的压力熔化参数的分析解。接着，一些学者开展了进一步的研究，如 Fowler 与 Bejan[4]对平板在冰上滑动过程的压力熔化，以及 Liu 等[3]对冰绕水平柱体的压力熔化进行了分析。对于摩擦熔化，最早始于 1989 年 Bejan 有关摩擦（耗散）熔化的问题的研究[5]，此后，Taghavi[6]探讨了受外力作用的固体围绕水平转动轴的摩擦熔化。这些工作算是正式开启了压力熔化与摩擦熔化的研究[7]，本章将对此进行介绍。

第一节　冰围绕球与水平柱体的压力熔化

一、围绕球与圆柱体

考虑如图 6-1-1 所示的熔化过程，半径为 R 的球体开始放在冰上并与之接触。设球与冰开始处于相同的温度 $T_0 = 0\,℃$，并认为 T_0 近似等于水的三相点温度。在 $t > 0$ 时，一个恒定的力施加在球上表面，冰在球体压力作用下因熔点降低而产生熔化（见图 6-1-2），使球以 U_p 速度均匀向下运动，并在熔化界面形成薄的液体边界层[8]。假设：（1）熔化的液体边界层厚度 δ 很薄，即 $\delta \ll R$。边界层内温度线性分布，由球面的 T_0 变化到冰的熔化表面 $T_m(p)$。（2）忽略惯性力与对流换热的影响。冰的熔化主要是由边界层内准静态的导热引起。（3）熔化过程各参数以 y 轴为对称。

如果在整个熔化过程，球体处于恒定与均匀温度 T_0，则边界层内控制方程与边界条件分别为

$$\mu \frac{\partial^2 u}{\partial s^2} = \frac{\mathrm{d}p}{\mathrm{d}h} \tag{6-1-1}$$

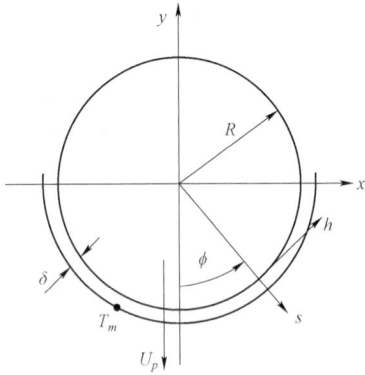

图 6-1-1 冰绕球与圆柱压力熔化的物理模型

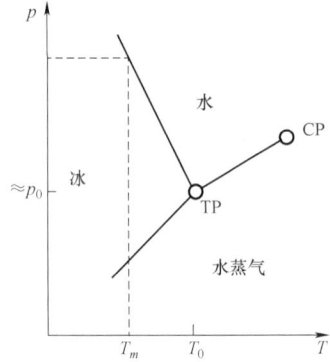

图 6-1-2 水的相图

$$\lambda_1(T_0 - T_m) / \delta = \rho U_p L \cos\phi \qquad (6\text{-}1\text{-}2)$$

$$\left. \begin{array}{llll} u = 0, & T = T_0; & s = 0 \\ u = 0, & T = T_m; & s = \delta \end{array} \right\} \qquad (6\text{-}1\text{-}3)$$

（6-1-2）式中忽略了冰的显冷量 $c_p(T_0 - T_m)$。由（6-1-1）与（6-1-3）式得

$$u = \frac{1}{2\mu} \frac{\mathrm{d}p}{\mathrm{d}h} s(s - \delta) \qquad (6\text{-}1\text{-}4)$$

边界层内质量守恒方程为

$$\int_0^\delta ux\mathrm{d}s = \int_0^h xU_p \cos\phi\, \mathrm{d}h \qquad (6\text{-}1\text{-}5)$$

将（6-1-4）式代入（6-1-5）式得

$$\mathrm{d}p / \mathrm{d}h = -6\mu xU_p / \delta^3 \qquad (6\text{-}1\text{-}6)$$

由图 6-1-2 可知，冰-水相变满足 Clausius-Clapeyron 关系[1]，即 $\mathrm{d}p / \mathrm{d}T_m = -A$。其中，$A = L / [T_0(v_s - v_l)]$。在水的三相点 T_0 附近，$A \cong 13.6\,\mathrm{MPa / K}$。则温度 T_m 与压力的关系 p 为

$$T_0 - T_m = (p - p_0) / A \qquad (6\text{-}1\text{-}7)$$

将（6-1-7）式代入（6-1-2）式得

$$\delta = \frac{\lambda_1(p - p_0)}{A\rho U_p L \cos\phi} \qquad (6\text{-}1\text{-}8)$$

将（6-1-8）式代入（6-1-6）式得

$$(p - p_0)^4 = \frac{-24\mu U_p^4 \rho^3 L^3 A^3}{\lambda_1^3} \int_0^h x\cos^3\phi\, \mathrm{d}h \qquad (6\text{-}1\text{-}9)$$

为了求解（6-1-9）式，假设在 $\pi / 2 \leqslant \phi \leqslant 3\pi / 2$ 范围内，作用在圆球上的压力等于大气压 p_0，并注意到 $\cos\phi = \mathrm{d}x / \mathrm{d}h = [1 + (\mathrm{d}y / \mathrm{d}x)^2]^{-0.5} = \sqrt{1 - (x / R)^2}$ 以及在 $x = R$ 时 $p = p_0$，由（6-1-9）式得

$$p - p_0 = U_p \left\{ \frac{6\mu R^2 L^3 \rho^3 A^3}{\lambda_l^3} \right\}^{1/4} \sqrt{1 - \left(\frac{x}{R} \right)^2} \qquad (6\text{-}1\text{-}10)$$

作用在圆球上的力为

$$F = 2\pi \int_0^R (p - p_0) x \mathrm{d}x = \frac{2\pi}{3} U_p R^2 \left(\frac{6\mu R^2 \rho^3 L^3 A^3}{\lambda_l^3} \right)^{1/4} \qquad (6\text{-}1\text{-}11)$$

作用在圆球上的平均压力 $F''(\mathrm{N}/\mathrm{m}^2)$ 为

$$F'' = \frac{F}{\pi R^2} = 1.043 U_p R^{1/2} \left(\frac{\mu^{1/3} \rho L A}{\lambda_l} \right)^{3/4} \qquad (6\text{-}1\text{-}12)$$

将（6-1-10）式代入（6-1-8）式，得

$$\delta = \left(\frac{6\lambda_l \mu}{\rho L A} \right)^{1/4} R^{1/2} \qquad (6\text{-}1\text{-}13)$$

对于围绕水平圆柱的压力熔化过程，可以类似以上的方法与步骤求得。即，（6-1-1）、（6-1-4）、（6-1-7）与（6-1-8）式仍然成立，而边界层内的质量守恒方程成为

$$\int_0^\delta u \mathrm{d}s = \int_0^h U_p \cos\phi \, \mathrm{d}h \qquad (6\text{-}1\text{-}14)$$

由（6-1-4）与（6-1-14）式得

$$\mathrm{d}p / \mathrm{d}h = -12\mu x U_p / \delta^3 \qquad (6\text{-}1\text{-}15)$$

将（6-1-8）式代入（6-1-15）式积分，并利用边界条件：$x = R$ 时，$p = p_0$ 得

$$p - p_0 = U_p \left\{ \frac{12\mu R^2 L^3 \rho^3 A^3}{\lambda_l^3} \right\}^{1/4} \sqrt{1 - \left(\frac{x}{R} \right)^2} \qquad (6\text{-}1\text{-}16)$$

作用在圆柱上单位长度的力 $F'(\mathrm{N}/\mathrm{m})$ 为

$$F' = 2\int_0^R (p - p_0) \mathrm{d}x = \frac{\pi}{2} U_p R^{3/2} \left(\frac{(12\mu)^{1/3} \rho L A}{\lambda_l} \right)^{3/4} \qquad (6\text{-}1\text{-}17)$$

作用在圆柱上的平均压力 F'' 为

$$F'' = \frac{F'}{2R} = 1.462 U_p R^{1/2} \left(\frac{\mu^{1/3} \rho L A}{\lambda_l} \right)^{3/4} \qquad (6\text{-}1\text{-}18)$$

而边界层厚度为

$$\delta = \left(\frac{12\lambda_l \mu}{\rho L A} \right)^{1/4} R^{1/2} \qquad (6\text{-}1\text{-}19)$$

这里，进一步考虑球体上半部凝结，下半部熔化的运动过程。由（6-1-13），（6-1-19）式表明，边界层厚度与圆的角位置无关。因此，可以假设围绕整个球体的边界层厚度为一恒定值[2]。同样，（6-1-1），（6-1-4）～（6-1-7）式在此成立，（6-1-6）式成为

$$dp = -\frac{6\mu U_p}{\delta^3}\frac{x\,dx}{\cos\phi} = -\frac{6\mu U_p}{\delta^3}\frac{x\,dx}{\sqrt{1-\left(\dfrac{x}{R}\right)^2}} \tag{6-1-20}$$

对（6-1-20）式积分，并利用压力条件：$x=0$，$\phi=\pi$ 时，$p=p_0$，得

$$p - p_0 = \frac{6\mu U_p R^2}{\delta^3}(1+\cos\phi) \tag{6-1-21}$$

作用力为

$$F = 2\pi\int_0^\pi (p-p_0)R^2\sin\phi\cos\phi\,d\phi = 8\pi\mu U_p R^4/\delta^3 \tag{6-1-22}$$

由（6-1-7）与（6-1-21）式，可得沿冰水表面的温度分布为

$$T_m = T_0 - \frac{6\mu U_p R^2}{\delta^3 A}(1+\cos\phi) \tag{6-1-23}$$

在球体内的温度分布可通过求解 $\nabla T^2 = 0$ 得到[1, 2]

$$T_b = ay + b \tag{6-1-24}$$

由于 T_b 满足 $y=0(\phi=\pi/2)$ 时 $T_b = T_m$，以及

$$-\lambda_b\frac{\partial T_b}{\partial s}\bigg|_{s=0} = \lambda_1\frac{T_b - T_m}{\delta} = \rho L U_p\cos\phi \tag{6-1-25}$$

（6-1-24）式可具体写为

$$T_b = -\frac{\rho L U_p R}{\lambda_b}\cos\phi + T_0 - \frac{6\mu U_p R^2}{\delta^3 A} \tag{6-1-26}$$

将（6-1-23）与（6-1-26）式代入（6-1-25）式得

$$\frac{\delta^4}{\lambda_1} + \frac{\delta^3 R}{\lambda_b} = \frac{6\mu R^2}{\rho L A} \tag{6-1-27}$$

（1）当 $\lambda_b/R \gg \lambda_1/\delta$，即球体实际上保持恒定的温度，整个温差在边界层内。由（6-1-27）式得

$$\delta = \left(\frac{6\lambda_1\mu}{\rho L A}\right)^{1/4}R^{1/2} \tag{6-1-28}$$

而（6-1-22）式成为

$$F = \frac{4\pi}{3}U_p R^2\left(\frac{6\mu R^2\rho^3 L^3 A^3}{\lambda_1^3}\right)^{1/4} \tag{6-1-29}$$

（2）当 $\lambda_b/R \ll \lambda_1/\delta$，整个温差在球体内。（6-1-27）与（6-1-22）式成为

$$\delta = \left(\frac{6\mu\lambda_b R}{\rho L A}\right)^{1/3} \tag{6-1-30}$$

$$F = \frac{4\pi}{3}U_p R^3\frac{\rho L A}{\lambda_b} \tag{6-1-31}$$

（6-1-12）与（6-1-18）式表明，熔化速度 U_p 正比于所施加的压力 F''，反比于球或圆柱半径 R 的平方根。Emerman 与 Turcotte[9]，Moallemi 与 Viskanta[10, 11]曾分别求得围绕球体、水平圆柱的温差驱动接触熔化的结果。假设 ΔT_1 为球、圆柱与相变材料间的温差 $\Delta T_1 = T_w - T_m$，则温差驱动熔化的速度可表示为

球
$$U_T = \left(\frac{\lambda_l \Delta T_1}{\mu^{1/3} \rho L}\right)^{3/4} \left(\frac{2F''}{R^2}\right)^{1/4} \tag{6-1-32}$$

圆柱
$$U_T = \left(\frac{\lambda_l \Delta T_1}{\mu^{1/3} \rho L}\right)^{3/4} \left(\frac{5F''}{8R^2}\right)^{1/4} \tag{6-1-33}$$

由此可见，熔化速度正比于所施加平均压力 F'' 的 1/4 方根，反比于半径的平方根。后者与压力熔化时相同。此外，由 Clausius-Clapeyron 关系式（6-1-7），通过平均压力 F'' 可以定义等价温差为

$$\Delta T_2 = \overline{T_0 - T_m} = F''/A \tag{6-1-34}$$

将（6-1-34）式代入（6-1-12）与（6-1-18）式得

球
$$U_p = \left(\frac{\lambda_l \Delta T_2}{\mu^{1/3} \rho L}\right)^{1/4} \left(\frac{27F''}{32R^2}\right)^{1/4} \tag{6-1-35}$$

圆柱
$$U_p = \left(\frac{\lambda_l \Delta T_2}{\mu^{1/3} \rho L}\right)^{3/4} \left(\frac{64F''}{3\pi^4 R^2}\right)^{1/4} \tag{6-1-36}$$

如果 $\Delta T_1 = \Delta T_2$，那么由（6-1-32）、（6-1-33）、（6-1-35）与（6-1-36）式分别得到

球
$$U_p / U_T = 0.806 \tag{6-1-37}$$

圆柱
$$U_p / U_T = 0.769 \tag{6-1-38}$$

方程（6-1-37）与（6-1-38）式表明，在相同的温差条件下，球与圆柱的温差驱动接触熔化速度大于压力驱动接触熔化的速度。这也说明，压力驱动的接触熔化的结果不能由温差驱动的接触熔化结果来得到。

由（6-1-13），（6-1-19）与（6-1-28）式可见，当刚体处于恒定的温度，边界层厚度正比于半径的平方根，并在圆周上保持不变，这与温差驱动的接触熔化时边界层厚度随圆周角 ϕ 的变化不同，即

球
$$\delta_T = \left(\frac{1}{12}\right)^{1/4} \left(\frac{6\mu\lambda_l}{L\rho} \frac{\Delta T_1}{F''}\right)^{1/4} \frac{R^{1/2}}{\cos\phi} \tag{6-1-39}$$

圆柱
$$\delta_T = \left(\frac{2}{15}\right)^{1/4} \left(\frac{12\mu\lambda_l}{L\rho} \frac{\Delta T_1}{F''}\right)^{1/4} \frac{R^{1/2}}{\cos\phi} \tag{6-1-40}$$

方程（6-1-13）、（6-1-19）、（6-1-39）与（6-1-40）表明，当 $\Delta T_1 = \Delta T_2$ 时，压力接触熔化的球体与圆柱底部的边界层厚度是温差驱动接触熔化的 1.861、1.655 倍。此外，比较（6-1-28）与（6-1-39）式可知，当球体保持恒定温度，忽略上半部的凝结时的边界层厚度与考虑凝结时一致，但是后者的作用力是前者作用力的两倍。对围绕圆柱的压力熔

化也有同样的结论。

由（6-1-13）与（6-1-19）式不难发现，假设（1）等价于

$$球 \qquad \frac{\delta}{R} = \left(\frac{6\mu\lambda_l}{LA\rho R^2} \right)^{1/4} \ll 1 \qquad (6\text{-}1\text{-}41)$$

$$圆柱 \qquad \frac{\delta}{R} = \left(\frac{12\mu\lambda_l}{LA\rho R^2} \right)^{1/4} \ll 1 \qquad (6\text{-}1\text{-}42)$$

将 0℃–水与冰的热物性：$\mu = 1.79 \times 10^{-3}$ kg/m·s，$\lambda_l = 0.56$ W/m·K，$v = 1.79 \times 10^{-6}$ m^2/s，$\alpha = 1.31 \times 10^{-7}$ m^2/s，$\rho = 917$ kg/m^3，$L = 333.4$ kJ/kg，及 A = 13.6 MPa/K 代入（6-1-41）与（6-1-42）式，可得假设（1）在下列条件下成立

$$球 \qquad R \gg 7.83 \times 10^{-7} \text{ mm} \qquad (6\text{-}1\text{-}43)$$

$$圆柱 \qquad R \gg 9.31 \times 10^{-7} \text{ mm} \qquad (6\text{-}1\text{-}44)$$

雷诺方程（6-1-1）要求 $Re = u\delta/v$ 很小。我们可通过关系 $u\delta \sim U_p R$ 来估计 Re 数。由（6-1-12），（6-1-18）式与以上热物性，不等式 $Re < 1$ 变成

$$球 \qquad \frac{F''}{1\,\text{MPa}} \left(\frac{R}{1\,\text{m}} \right)^{1/2} \leqslant 0.307 \qquad (6\text{-}1\text{-}45)$$

$$圆柱 \qquad \frac{F''}{1\,\text{MPa}} \left(\frac{R}{1\,\text{m}} \right)^{1/2} \leqslant 0.43 \qquad (6\text{-}1\text{-}46)$$

而在推导方程（6-1-2）中，我们假设了边界层内的温度分布为线性的，忽略液体的自然对流的影响，这同样要求佩克莱特（准则）数 $Pe = u\delta/\alpha$ 很小，则不等式 $Pe < 1$ 成为

$$球 \qquad \frac{F''}{1\,\text{MPa}} \left(\frac{R}{1\,\text{m}} \right)^{1/2} \leqslant 0.023 \qquad (6\text{-}1\text{-}47)$$

$$圆柱 \qquad \frac{F''}{1\,\text{MPa}} \left(\frac{R}{1\,\text{m}} \right)^{1/2} \leqslant 0.032 \qquad (6\text{-}1\text{-}48)$$

由（6-1-45）～（6-1-48）式可见，小 Pe 数比小 Re 数的条件更严格。综上可得，本节对球与圆柱压力熔化问题的条件分别为方程（6-1-43）与（6-1-44），（6-1-47）与（6-1-48）。

二、围绕椭圆柱

考虑如图 6-1-3 所示的压力熔化过程。具有长，短半径为 a，b 的椭圆截面形状满足方程

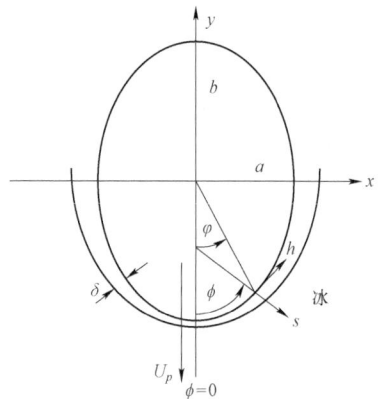

图 6-1-3　冰绕椭圆柱压力熔化

$$\frac{x^2}{a^2} + \frac{y^2}{b^2} = 1 \qquad (6\text{-}1\text{-}49)$$

椭圆的温度与冰块相同，均为冰点，可视为等于三相点的温度。压力与温度的关系满足 Clausius-Clapeyron 关系，其他假设同上节。则（6-1-1）～（6-1-4），（6-1-7）～（6-1-8）

式在此成立。而边界层内质量守恒方程为

$$\int_0^\delta u \, \mathrm{d}s = \int_0^h U_p \cos\phi \, \mathrm{d}h \qquad (6\text{-}1\text{-}50)$$

由（6-1-4）与（6-1-50）式得

$$\frac{\mathrm{d}p}{\mathrm{d}h} = -12\frac{\mu x U_p}{\delta^3} \qquad (6\text{-}1\text{-}51)$$

将（6-1-8）式代入（6-1-51）式得

$$(p - p_0)^3 \mathrm{d}p = \frac{-12\mu\rho^3 L^3 A^3 U_p^4}{\lambda^3} x \cos^3\phi \, \mathrm{d}h \qquad (6\text{-}1\text{-}52)$$

其中，

$$\cos\phi = \frac{\mathrm{d}x}{\mathrm{d}h} = \frac{1}{\sqrt{1+(\mathrm{d}y/\mathrm{d}x)^2}} = \left[\frac{1-(x/a)^2}{1-(1-J^2)(x/a)^2}\right]^{1/2} \qquad (6\text{-}1\text{-}53)$$

而 $J = b/a$ 为椭圆的压缩比。为了求解（6-1-53）式，仍假设 $\pi/2 \leqslant \phi \leqslant 3\pi/2$ 范围内，液体处于大气压力。将（6-1-53）式代入（6-1-52）式积分，并利用边界条件：$x = a$ 时 $p = p_0$ 得

$$p - p_0 = U_p \left\{\frac{24\mu a^2 L^3 \rho^3 A^3}{\lambda^3}\right\}^{1/4} \left\{\frac{\left[(x/a)^2-1\right](J^2-1) - J^2\left[\ln\left(1+\frac{J^2-1}{a^2}x^2\right)-2\ln J\right]}{(J^2-1)^2}\right\}^{1/4}$$

$$(6\text{-}1\text{-}54)$$

作用在椭圆柱上单位长度的力 $F'(\mathrm{N/m})$ 为

$$F' = 2\int_0^R (p-p_0) \, \mathrm{d}x = f_1(J)\frac{\pi}{2}(12\mu)^{1/4} R^{3/2}\left(\frac{\rho L A}{\lambda}\right)^{3/4} U_p \qquad (6\text{-}1\text{-}55)$$

式中 $R = a\sqrt{J}$，为与椭圆柱相同截面积的圆半径。$f_1(J)$ 为压缩比有关的修正函数

$$f_1(J) = \frac{4}{\pi}\frac{2^{1/4}}{J^{3/4}(J^2-1)^2}\int_0^1\left\{(x^2-1)(J^2-1) - J^2\left\{\ln[1+(J^2-1)x^2]-2\ln J\right\}\right\}^{1/4}\mathrm{d}x$$

$$(6\text{-}1\text{-}56)$$

对不同的压缩比 J，可以由（6-1-56）式通过数值计算求得，有关结果见表 6-1-1 与图 6-1-4。

表 6-1-1　不同椭圆压缩比下的修正函数

J	1/5	1/4	1/3	1/2	2/3	5/6	1	6/5	3/2	2	3	4	5
$f_1(J)$	4.221	3.516	2.76	1.933	1.483	1.199	1	0.832	0.659	0.486	0.307	0.22	0.169
$f_T(J)$	0.551	0.59	0.648	0.748	0.838	0.921	1	1.091	1.221	1.425	1.804	2.156	2.489
$f_p(J)$	0.53	0.569	0.628	0.732	0.826	0.914	1	1.097	1.239	1.451	1.88	2.27	2.64

作用在椭圆柱上的平均压力 F''（$\mathrm{N/m}^2$），为

$$F'' = \frac{F}{2a} = f_1(J)\sqrt{J}\,\frac{\pi}{4}(12\mu)^{1/4}R^{1/2}\left(\frac{\rho LA}{\lambda}\right)^{3/4}U_p \tag{6-1-57}$$

将（6-1-54）式代入（6-1-8）式得边界层厚度为

$$\delta = \left(\frac{24\lambda\mu a^2}{\rho LA}\right)^{1/4}\left\{\frac{[(x/a)^2-1](J^2-1)-J^2\left[\ln\left(1+\dfrac{J^2-1}{a^2}x^2\right)-2\ln J\right]}{(J^2-1)^2}\right\}^{1/4}\left[\frac{1-(1-J^2)(x/a)^2}{1-(x/a)^2}\right]^{1/2}$$

$$\tag{6-1-58}$$

（6-1-55）～（6 1 58）式即为冰绕水平椭圆柱压力熔化的结果[12]。当 $J=1$ 时，由（6-1-55）～（6-1-58）式可推得水平圆柱的结果（6-1-17）～（6-1-19）式。将此结果与 Tyvand and Bejan[2]的（32）与（33）式比较发现，水平圆柱保持恒定的温度时，压力熔化的边界层厚度在圆周上为定值，Tyvand 与 Bejan 所给的假设（6-1-11）式[2]实际上可以去掉。不过，考虑圆柱上半部凝结时所得到的单位长度作用力[2]是忽略圆柱上半部凝结时（6-1-17）式的两倍。

借助（6-1-17）～（6-1-19）式，（6-1-55）、（6-1-57）和（6-1-58）式可重写为

$$F' = f_1(J)F_c' \tag{6-1-59}$$

$$F'' = f_1(J)\sqrt{J}F_c'' \tag{6-1-60}$$

$$\delta = f_1(J,x)\delta_c \tag{6-1-61}$$

式中 F_c'，F_c'' 分别为圆柱的结果，由（6-1-17）～（6-1-19）式确定。而

$$f_1(J,x) = \left(\frac{2}{J}\right)^{1/4}\left\{\frac{[(x/a)^2-1](J^2-1)-J^2\left[\ln\left(1+\dfrac{J^2-1}{a^2}x^2\right)-2\ln J\right]}{(J^2-1)^2}\right\}^{1/4}\left[\frac{1-(1-J^2)(x/a)^2}{1-(x/a)^2}\right]^{1/2}$$

$$\tag{6-1-62}$$

Chen 等[13]得到了围绕水平椭圆柱的温差驱动接触熔化的相关结果。ΔT_1 是柱体与相变材料间的温差，即 $\Delta T_1 = T_w - T_m$，则温差驱动熔化速度[13]可写为

$$U_T = f_T(J)U_{Tc} \tag{6-1-63}$$

式中

当 $J>1$

$$f_T(J) = \left\{\frac{2J(J^2-1)^2}{15J^2\left[1-(\arctan\sqrt{J^2-1})/\sqrt{J^2-1}\right]-5(J^2-1)}\right\}^{1/4}$$

$$\tag{6-1-64a}$$

$$当 J < 1 \quad f_{\mathrm{T}}(J) = \left\{ \frac{2J(J^2-1)^2}{15J^2\left\{1 - \left[\ln(1+\sqrt{1-J^2}) - \ln J\right]/\sqrt{1-J^2}\right\} - 5(J^2-1)} \right\}^{1/4}$$

$$（6\text{-}1\text{-}64\mathrm{b}）$$

而 U_{Tc} 是由 Moallemi 与 Viskanta[10, 11] 得到的围绕圆柱的温差驱动接触熔化速度

$$U_{\mathrm{Tc}} = \left(\frac{\lambda \Delta T_1}{\mu^{1/3} \rho L} \right)^{3/4} \left(\frac{5F_{\mathrm{c}}''}{8R^2} \right)^{1/4} \tag{6-1-65}$$

为了比较温差驱动与压力驱动的熔化结果，将（6-1-60）式改写为

$$U_{\mathrm{p}} = f_{\mathrm{p}}(J) U_{\mathrm{pc}} \tag{6-1-66}$$

式中

$$f_{\mathrm{p}}(J) = 1 / f_1(J)\sqrt{J} \tag{6-1-67}$$

$$U_{\mathrm{pc}} = \left(\frac{\lambda F_{\mathrm{c}}''}{\mu^{1/3} \rho L A} \right)^{3/4} \left(\frac{64 F_{\mathrm{c}}''}{3\pi^4 R^2} \right)^{1/4} \tag{6-1-68}$$

利用 Clausius-Clapeyron 关系式（6-1-7），在柱体表面上 $0 \to \pi/2$ 范围定义平均温差为

$$\Delta T_2 = \overline{T_0 - T_{\mathrm{m}}} = \frac{\int_0^a (T_0 - T_{\mathrm{m}})\,\mathrm{d}x}{\int_0^a \mathrm{d}x} = \frac{F''}{A} \tag{6-1-69}$$

将（6-1-69）式代入（6-3-68）式得

$$U_{\mathrm{pc}} = \left(\frac{\lambda \Delta T_2}{\mu^{1/3} \rho L} \right)^{3/4} \left(\frac{64 F_{\mathrm{c}}}{3\pi^4 R^2} \right)^{1/4} \tag{6-1-70}$$

当 $\Delta T_1 = \Delta T_2$ 时，由（6-1-63）与（6-1-66）式得

$$U^* = \frac{U_{\mathrm{T}}}{U_{\mathrm{p}}} = \frac{f_{\mathrm{T}}(J)}{f_{\mathrm{p}}(J)} \frac{U_{\mathrm{Tc}}}{U_{\mathrm{pc}}} \approx 1.3 \frac{f_{\mathrm{T}}(J)}{f_{\mathrm{p}}(J)} \tag{6-1-71}$$

图 6-1-4 给出了修正函数 $f_{\mathrm{T}}(J)$ 与 $f_{\mathrm{p}}(J)$ 随压缩比的变化曲线（数值见表 6-1-1），可以看到，当 $J \leqslant 1$ 时 $f_{\mathrm{T}}(J)$ 或 $f_{\mathrm{p}}(J) \leqslant 1$，而 $J \geqslant 1$ 时 $f_{\mathrm{T}}(J)$ 或 $f_{\mathrm{p}}(J) \geqslant 1$。这表明对温差接触熔化与压力接触熔化，两者修正函数具有类似的变化规律，因此，水平椭圆柱的 U_{p} 和 U_{T} 可能小于或大于圆柱的值，主要取决于 $f_{\mathrm{p}}(J)$ 或 $f_{\mathrm{T}}(J)$。这也表明相同的椭圆柱，可能会有不同的熔化速度，且随着 J 的增加而变得更明显，近似满足关系式 $U_{\mathrm{p}}(J) \approx J^2 U_{\mathrm{p}}(1/J)$。例如，在相同作用力 F' 条件下，$U_{\mathrm{p}}(2) \approx 4U_{\mathrm{p}}(1/2)$，$U_{\mathrm{p}}(3) \approx 9U_{\mathrm{p}}(1/3)$。这也是为何尖的物体容易压入冰块的原因。

图 6-1-5 给出了温差驱动熔化速度与压力驱动熔化速度比值 U^* 随压缩比 J 的变化曲线。不难看到，U^* 随 J 的增加而缓慢地减小。当 $J > 2$，这种变化趋于恒定。图 6-1-5 也表明，当椭圆柱与冰块间的温差相同时，温差驱动熔化速度大于压力驱动熔化速度。

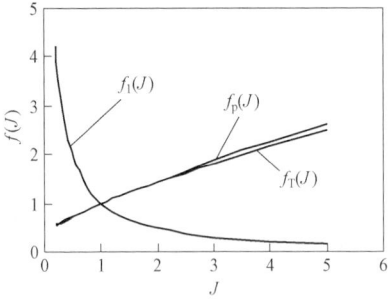

图 6-1-4 $f(J)$ 随 J 的变化

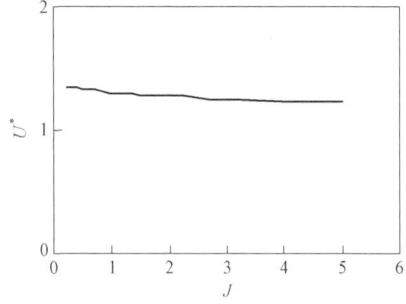

图 6-1-5 U^* 随 J 的变化

由（6-1-61）与（6-1-62）式可以发现，压力熔化过程边界层厚度不仅取决于压缩比 J，而且还与圆周角位置 $x(\phi)$ 有关。δ 随 $x(\phi)$ 与 J 的变化分别见图 6-1-6 到图 6-1-8。由图 6-1-6 清楚地看到，当 $J<1$ 时 δ 随 x 的增加而减小，当 $J>1$ 时 δ 随 x 的增加而增加。中间存在一个边界层转折点。在转折点附近，对 $J<1$ 的椭圆，δ 从大到小，对 $J>1$ 的椭圆，

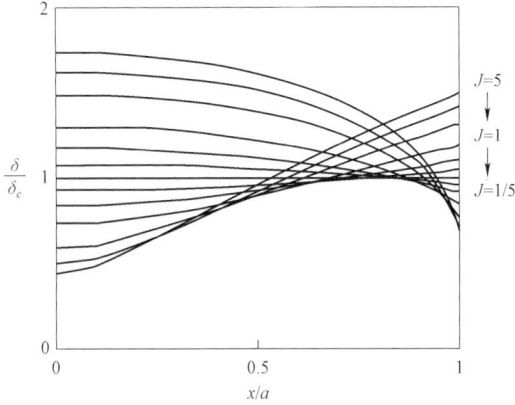

图 6-1-6 δ/δ_c 随 x/a 的变化

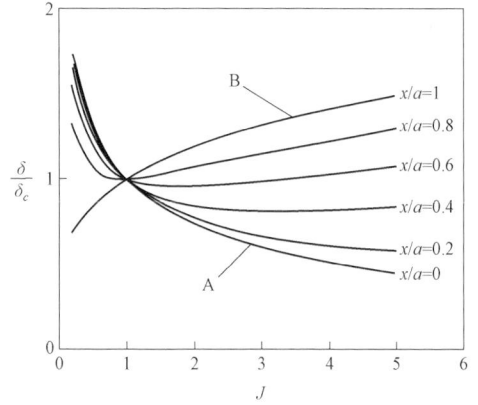

图 6-1-7 不同 x/a 位置时 δ/δ_c 随 J 的变化

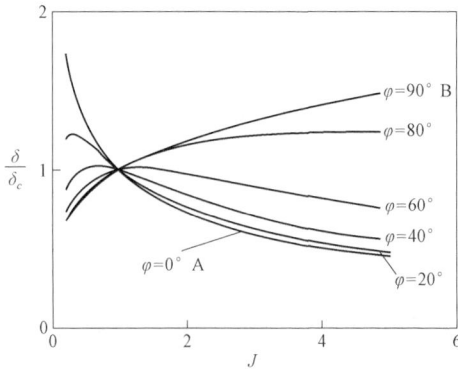

图 6-1-8 不同 φ 时 δ/δ_c 随 J 的变化

δ 从小到大。转折点在横坐标上的位置是随椭圆压缩比的增加而减小的。椭圆偏离圆越远，δ 变化越大。当椭圆仅偏离圆很少时，边界层厚度变化非常缓慢，因此问题可按 Tyvand

与 Bejan[2] 的方法处理。

图 6-1-7 与图 6-1-8 给出了不同圆周和角位置时边界层厚度随压缩比的变化曲线。这些曲线均在 A、B 曲线范围内。由图 6-1-8 可见，当 $J<1$，范围内的曲线较接近 A。当 $J>1$ 时，范围内的曲线接近于 B。

由（6-1-61）与（6-1-62）式，我们可以通过 $x/a \to 0$ 分别推得曲线 A，B 为

$$A: \quad \frac{\delta}{\delta_c} = \left[\frac{4J^2 \ln J - 2(J^2-1)}{J(J^2-1)^2} \right]^{1/4} \tag{6-1-72}$$

$$B: \quad \delta / \delta_c = J^{1/4} \tag{6-1-73}$$

（6-1-73）式表明，在 $\varphi = \pi/2, 3\pi/2$ 位置，边界层厚度是有限的，并正比于压缩比的 1/4 方根。

对围绕水平椭圆柱的温差驱动熔化，我们有

$$\delta_T = \frac{\lambda \Delta T}{\rho L U_T \cos\phi} = \frac{1}{f_T(J)} \left(\frac{8\lambda\mu}{5\rho L} \frac{\Delta T_1}{F''} \right)^{1/4} \frac{R^{1/2}}{\cos\phi} \tag{6-1-74}$$

这表明，边界层厚度是单调地增加的，且在 $\varphi = \pi/2, 3\pi/2$ 位置趋于无穷大，对围绕球与圆柱的温差驱动熔化也有同样的现象，因此，有关结果在 φ 趋于 $\pi/2$，$3\pi/2$ 时会有一定的误差，值得重视。

综合以上分析可得结论：（1）在椭圆柱体与冰之间，相同的平均温差条件下，温差驱动熔化速度大于压力熔化速度。（2）同一个椭圆柱，压力熔化速度可以不同，主要取决于椭圆的压缩比。在相同的作用力条件下，熔化速度近似满足 $U_p(J) = J^2 U_p(1/J)$。（3）围绕椭圆柱的压力熔化速度可以大于或小于围绕相同截面积与长度的圆柱的熔化速度。当 $J>1$，熔化速度大于圆柱（$J=1$）的速度，反之亦然。（4）边界层厚度 δ 是随角位置 φ 变化的。当 $J<1$（或 $J>1$）时，δ 随 φ 的增加而增加（或减小）。（5）边界层厚度在 $\varphi = 0, \pi/2, 3\pi/2$ 位置是有限的，仅取决于椭圆的压缩比，这一点与温差驱动接触熔化有根本的区别。

第二节　冰绕水平柱体有限长接触的压力熔化

一、围绕有限长圆柱

考虑如图 6-2-1 所示的熔化过程，圆柱的半径为 R，与冰接触的长为 W，且 $W/R \ll 1$（以下简称围绕短轴）。在圆周上建立坐标 (h, s)。圆柱与冰开始处于相同的温度 $T_0 = 0\,℃$，T_0 近似等于水的三相点温度。在 $t>0$ 时，一个恒定的力施加在圆柱上表面。由于冰的熔点随压力增加而降低（冰的熔点随温度变化关系由（6-1-7）式给出），在圆柱与冰之间建立温差使冰熔化，且施加的力足够大，使圆柱匀速下降。假设熔化的液体只沿着圆周上轴向 z 的流动，忽略在 ϕ 方向的流动。其他假设同上节，则边界层内运动方程为

$$\mu \frac{\partial^2 u}{\partial s^2} = \frac{\partial p}{\partial z} \tag{6-2-1}$$

177

其中 u 为 z 向速度。对（6-2-1）式积分两次，并利用边界条件：$s=0$ 与 $s=\delta$ 时，$u=0$ 得

$$u = \frac{1}{2\mu}\frac{\partial p}{\partial z}s(s-\delta) \qquad (6\text{-}2\text{-}2)$$

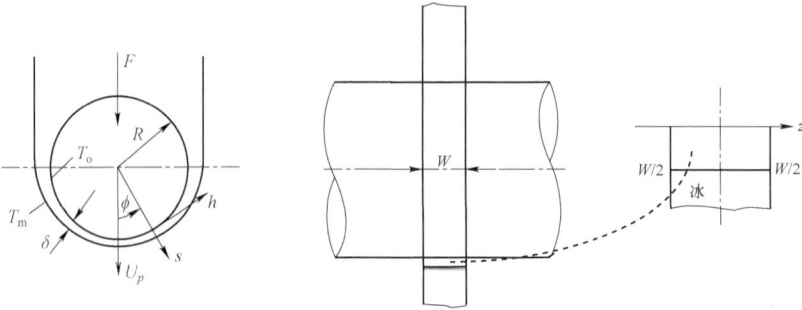

图 6-2-1　冰在短圆轴下熔化过程示意图

边界层内质量守恒方程为

$$\frac{\pi}{2}R\int_0^\delta u\,\mathrm{d}s = z\int_0^{\pi/2} U_p\cos\phi\mathrm{d}h \qquad (6\text{-}2\text{-}3)$$

将（6-2-2）式代入（6-2-3）式得

$$\frac{\partial p}{\partial z} = -24\frac{\mu}{\pi\delta^3}U_p z \qquad (6\text{-}2\text{-}4)$$

冰的熔化主要由边界层内准静态的导热产生。忽略冰的显冷量，则能量守恒方程与边界层厚度分别同（6-1-2）与（6-1-8）式。将（6-1-8）式代入（6-2-4）式得

$$(p-p_0)^3\frac{\partial(p-p_0)}{\partial z} = -\frac{24\mu U_p^4}{\pi}\left(\frac{\rho LA\cos\phi}{\lambda}\right)^3 z \qquad (6\text{-}2\text{-}5)$$

对（6-2-5）式积分，并利用边界条件：$z=\pm W/2$ 时，$p=p_0$ 可得

$$p-p_0 = U_p\left(\frac{48\mu\rho^3 L^3 A^3\cos^3\phi}{\pi\lambda^3}\right)^{1/4}(W^2/4-z^2)^{1/4} \qquad (6\text{-}2\text{-}6)$$

作用在短轴上的力 F 为

$$F = 4\int_0^{W/2}\int_0^{\pi/2}(p-p_0)R\cos\phi\,\mathrm{d}\phi\,\mathrm{d}z \qquad (6\text{-}2\text{-}7)$$

将（6-2-6）式代入（6-2-7）式得

$$F = 2U_p RW^{3/2}\left(\frac{12\mu}{\pi}\right)^{1/4}\left(\frac{\rho LA}{\lambda}\right)^{3/4}\int_0^1(1-x^2)^{1/4}\mathrm{d}x\int_0^1(1-y^2)^{3/8}\mathrm{d}y \qquad (6\text{-}2\text{-}8)$$

而单位面积的平均压力 F'' 为

$$F'' = \frac{F}{2RW} = 1.01 U_p W^{1/2}\left(\frac{\mu^{1/3}\rho LA}{\lambda}\right)^{3/4} \qquad (6\text{-}2\text{-}9)$$

将（6-2-6）式代入（6-1-8）式得边界层厚度为

$$\delta = 1.398 \left(\frac{\mu\lambda}{\rho L A \cos\phi} \right)^{1/4} W^{1/2} (1-\xi^2)^{1/4} \qquad (6\text{-}2\text{-}10)$$

其中，$\xi = 2z/W$。

（1）（6-2-9）式表明，冰的熔化速度正比于外界施加的平均压力，而反比于圆柱轴长度的方根。对于温差驱动的接触熔化过程，将 Morega 等[114]给出的平均压力与熔化速度的关系改写为

$$U_T = \left[\frac{\lambda(T_w - T_m)}{\mu^{1/3}\rho L} \right]^{3/4} \left(\frac{8F}{3\pi W^3 R} \right)^{1/4} = \left[\frac{\lambda\Delta T_w}{\mu^{1/3}\rho L} \right]^{3/4} \left(\frac{16F''}{3\pi W^2} \right)^{1/4} \qquad (6\text{-}2\text{-}11)$$

其中，$\Delta T_w = T_w - T_m$。由（6-2-11）式可见，温差驱动的接触熔化，熔化速度 U_T 正比于外界施加的平均温差的 3/4 方根，而反比于圆柱轴长度的方根，后者与压力熔化相同（尽管在第二章中已指出 Morega 等[114]给出的平均压力与熔化速度的关系有误，但只是相差个系数，不影响这个结论）。

（6-2-9）式还可写为

$$U_p = \left(\frac{\lambda F''}{\mu^{1/3}\rho L A} \right)^{3/4} \left(0.99 \frac{F''}{W^2} \right)^{1/4} \qquad (6\text{-}2\text{-}12)$$

由 Clausius-Clapeyron 关系式（6-1-7）定义当量温差 ΔT_0 同（6-1-34）式，则（6-2-12）式成为

$$U_p = 0.998 \left(\frac{\lambda\Delta T_0}{\mu^{1/3}\rho L} \right)^{3/4} \left(\frac{F''}{W^2} \right)^{1/4} \qquad (6\text{-}2\text{-}13)$$

当 $\Delta T_0 = \Delta T_w$ 时，由（6-2-13）与（2-4-75）式得

$$U_p / U_T = 0.781 \qquad (6\text{-}2\text{-}14)$$

（6-2-14）式表明，在压力熔化中，当压力产生的平均温差达到在温差驱动的接触熔化中热源与固体间的温差，压力熔化速度仍然小于温差驱动的熔化速度，此结论与长圆柱时一致。

（2）对围绕长圆柱的压力熔化，熔化速度与平均压力的关系为（6-1-36）式。比较（6-2-12）与（6-1-36）式可知，长、短圆柱的熔化速度具有相类似的变化规律。而

$$U_{pl} / U_p = 0.686 (W/R)^{1/2} \qquad (6\text{-}2\text{-}15)$$

因 $R/W \gg 1$，由（6-2-15）式不难发现，在相同条件下，长轴的熔化速度总是比短轴的熔化速度慢得多。此规律同温差驱动接触熔化类似。

（3）由（6-2-10）式可见，边界层厚度不仅随圆周角的增加而增加（$\delta \propto (\cos\phi)^{-1/4}$），而且还沿 z 方向不断减小（$\delta \propto (1-\xi^2)^{1/4}$），这与短轴时温差驱动熔化（$\delta \propto \cos^{-1}\phi$）和长轴时压力熔化（$\delta$ 与 ϕ 无关）边界层厚度的变化有根本的区别。

由（6-2-10）与（6-2-12）式，假设（1）与（2）等价于

$$\frac{\delta}{W} = 1.398 \left(\frac{\mu\lambda}{\rho LA\cos\phi} \right)^{1/4} \frac{(1-\xi^2)^{1/4}}{W^{1/2}} \ll 1 \qquad (6\text{-}2\text{-}16)$$

$$Re = \frac{u\delta}{v} \sim \frac{U_p W}{v} = 0.998 \left(\frac{\lambda}{\mu^{1/3}\rho LA} \right)^{3/4} \frac{F''W^{1/2}}{v} \ll 1 \qquad (6\text{-}2\text{-}17)$$

$$Pe = \frac{u\delta}{\alpha} \sim \frac{U_p W}{\alpha} = 0.998 \left(\frac{\lambda}{\mu^{1/3}\rho LA} \right)^{3/4} \frac{F''W^{1/2}}{\alpha} \ll 1 \qquad (6\text{-}2\text{-}18)$$

利用 0 ℃水与冰的热物性，综合上述三式可得

$$W \gg \frac{9.596\times10^{-10}}{(\cos\phi)^{1/2}} \qquad (6\text{-}2\text{-}19)$$

$$\frac{F''}{1\,\text{MPa}} \left(\frac{W}{1m} \right)^{1/2} \ll 0.022 \qquad (6\text{-}2\text{-}20)$$

由式（6-2-19）可知，即使当 $\phi = 89.9°$ 时，仍有 $W \gg 2.297\times10^{-8}$ m。因此，相关的假设还是比较容易满足的。

综合以上分析可得结论：（1）冰围绕相同尺寸的短圆柱接触熔化，在圆柱与冰间温差相等时，压力熔化速度小于温差驱动熔化速度。（2）相同条件下，冰围绕水平圆柱的压力熔化，短轴的熔化速度大于长轴的熔化速度，并与轴长的方根成反比。（3）围绕短圆柱的压力熔化过程，边界层厚度不仅在周向上变化，而且在轴向上变化。这一点与长圆柱或温差驱动熔化的结果均不同，值得注意。（4）尽管冰的温差与压差为一线性关系，但压力熔化的有关结果不能将温差驱动熔化的结果简单地用压力产生的温差来替换得到。

二、围绕有限长椭圆柱

考虑如图 6-2-1 类似的熔化过程，柱体则为半径分别为 a，b 的水平短椭圆柱，其他假设同前面，则由边界层内控制方程与边界条件得

$$\partial p / \partial z = -48 U_p z \mu a / (l\delta^3) \qquad (6\text{-}2\text{-}21)$$

$$\delta = \lambda(T_0 - T_m) / (\rho U_p L\cos\phi)，（\phi \neq \pi/2） \qquad (6\text{-}2\text{-}22)$$

式中，μ、λ、ρ 分别为液体动力黏度、导热系数、密度，L 为熔化潜热，$l = a\pi[1.5(1+J) - \sqrt{J}]$ 为椭圆的周长，$J = b/a$ 为椭圆压缩比。冰的熔点与压力关系由 Clausius 与 Clapeyron 给出

$$dp / dT_m = -A \qquad (6\text{-}2\text{-}23)$$

则（6-2-23）式成为

$$T_0 - T_m = (p - p_0) / A \qquad (6\text{-}2\text{-}24)$$

将（6-2-24）式代入（6-2-22）式得

$$\delta = \lambda(p - p_0) / (\rho LAU_p\cos\phi) \qquad (6\text{-}2\text{-}25)$$

将（6-2-25）式代入（6-2-21）式得

$$(p-p_0)^3 \partial(p-p_0) / \partial z = -(\rho LA \cos\phi / \lambda)^3 \times 48\mu U_p^4 z / (\pi[1.5(1+J) - \sqrt{J}])$$

$$(6\text{-}2\text{-}26)$$

对（6-2-26）式积分，并利用 $z = \pm W/2$ 时， $p = p_0$ 可得

$$p - p_0 = 2U_p \left\{ 6\mu\rho^3 L^3 A^3 \cos^3\phi / \pi[1.5(1+J) - \sqrt{J}]\lambda^3 \right\}^{1/4} (W^2/4 - z^2)^{1/4} \quad (6\text{-}2\text{-}27)$$

作用在短轴上的力 F 为

$$F = 4\int_0^{W/2} \int_0^a (p - p_0)\, \mathrm{d}x\mathrm{d}z \qquad （6\text{-}2\text{-}28）$$

将（6-2-27）式代入（6-2-28）式，并利用关系式 $\cos\phi = \mathrm{d}x/\mathrm{d}h = [1 - (x/a)^2/(1-(1-J^2)(x/a)^2)]^{1/2}$，可求得

$$F = F_c f(J) \qquad （6\text{-}2\text{-}29）$$

其中，

$$F_c = 2U_p R W^{3/2} (12\mu/\pi)^{1/4} (\rho LA/\lambda)^{3/4} \times \int_0^1 (1-x^2)^{1/4}\mathrm{d}x \int_0^1 \left\{(1-y^2)\right\}^{3/8}\mathrm{d}y \quad （6\text{-}2\text{-}30）$$

它是与椭圆柱相同截面积的短圆柱（圆半径 $R = a\sqrt{J}$ ）上的力，即（6-2-8）式。而 $f(J)$ 为与压缩比 J 有关的修正函数

$$f(J) = \left(2/(J^2[1.5(1+J) - \sqrt{J}])\right)^{1/4} \times \int_0^1 \left\{ \frac{(1-y^2)}{1-(1-J^2)y^2} \right\}^{3/8}\mathrm{d}y \bigg/ \int_0^1 \left\{(1-y^2)\right\}^{3/8}\mathrm{d}y$$

$$(6\text{-}2\text{-}31)$$

则平均压力 F'' 为

$$F'' = F/(2\mathrm{a}W) = 1.01 U_p W^{1/2} \left(\mu^{1/3}\rho LA/\lambda\right)^{3/4} f_p(J) \qquad （6\text{-}2\text{-}32）$$

其中， $f_p(J) = f(J)\sqrt{J}$ ，其变化曲线见图 6-2-2。将（6-2-27）式代入（6-2-25）式得边界层厚度为

$$\delta = 1.398 \left(\mu\lambda/(\rho LA\cos\phi)\right)^{1/4} W^{1/2}(1-\xi^2)^{1/4} \times \left(2/(1.5(1+J) - \sqrt{J})\right)^{1/4} \quad （6\text{-}2\text{-}33）$$

其中， $\xi = 2z/W$ 。

（1）对于温差驱动的接触熔化过程，文献［15］给出的平均压力与熔化速度的关系为

$$F'' = 4\mu U_T^4 W^2 \left(\rho L/\lambda\Delta T\right)^3 f_T(J)/\pi \qquad （6\text{-}2\text{-}34）$$

其中， $\Delta T_w = T_w - T_m$ ，

$$f_T(J) = 1/(\sqrt{J}[1.5(1+J) - \sqrt{J}]) \times \int_0^1 \left\{(1-y^2)/(1-(1-J^2)y^2)\right\}^{3/2}\mathrm{d}y \quad （6\text{-}2\text{-}35）$$

其变化曲线见图 6-2-2。由（6-2-34）式可见，温差驱动的接触熔化，熔化速度 U_T 正比于外界施加的平均压力 1/4 方根，以及平均温差的 3/4 方根，这与压力熔化不同。不过压力与温差熔化的速度都反比于椭圆柱轴长度的方根。

（6-2-32）式还可写为

$$U_p = \frac{1}{f(J)\sqrt{J}} \left(\frac{\lambda F''}{\mu^{1/3}\rho LA} \right)^{3/4} \left(0.99\frac{F''}{W^2} \right)^{1/4} \qquad （6\text{-}2\text{-}36）$$

由 Clausius-Clapeyron 关系（6-2-24）式定义当量温差为

$$\Delta T_0 = \overline{T_0 - T_m} = F'' / A \tag{6-2-37}$$

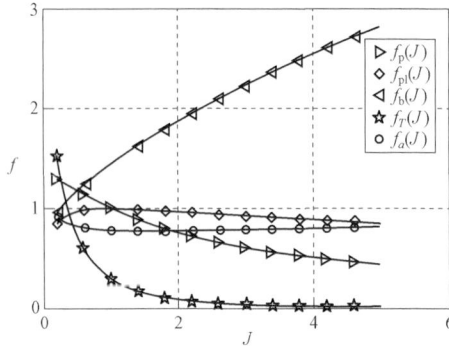

图 6-2-2　修正系数 f 随压缩比 J 的变化

则（6-2-36）式成为

$$U_p = 0.998 / (f(J)\sqrt{J})(\lambda \Delta T_0 / (\mu^{1/3} \rho L))^{3/4} (F'' / W^2)^{1/4} \tag{6-2-38}$$

当 $\Delta T_0 = \Delta T_w$ 时，由（6-2-34）与（6-2-38）式得

$$U_p / U_T = f_a(J) \tag{6-2-39}$$

其中 $f_a(J) = 1.06\{f_T(J)\}^{1/4} / \{\sqrt{J} f(J)\}$，其变化曲线见图 6-2-2。将（6-2-31）与（6-2-35）式代入 $f_a(J)$ 表达式求得发现，对任意 J 有 $f_a(J) < 1$，即 $U_p / U_T < 1$，这说明在压力熔化中，当压力产生的平均温差达到温差驱动的接触熔化中热源与固体间的温差，压力熔化速度仍然小于温差驱动的熔化速度[8]。此结论与圆和圆柱时的结果，即上一节相关的结论一致。

（2）对围绕长椭圆柱的压力熔化，我们得到的熔化速度 U_{pl} 与平均压力 F_l'' 的关系为

$$F_l'' = (3\pi^4 / 64)^{1/4} U_{pl} R^{1/2} (\mu^{1/3} \rho LA / \lambda)^{3/4} f_{pl}(J) \tag{6-2-40}$$

其中，

$$f_{pl}(J) = 4(2/J)^{1/4} / (\pi |(J^2-1)|^{1/2}) \int_0^1 \{(x^2-1)(J^2-1) \\ -J^2\{\ln[1+(J^2-1)x^2] - 2\ln J\}\}^{1/4} dx \tag{6-2-41}$$

其变化曲线见图 6-2-2。比较（6-2-32）与（6-2-40）式可知，长、短椭圆柱的熔化具有相类似的变化规律。而

$$F_l'' / F'' = U_{pl} / U_p (R/W)^{1/2} f_b(J) \tag{6-2-42}$$

其中，$f_b(J) = 1.45 f_{pl}(J) / f_p(J)$，其变化曲线见图 6-2-2。因 $R/W \gg 1$，由（6-2-42）式与图 6-2-2 不难发现，在相同压力（$F''=F_l''$）条件下，长轴的熔化速度总是比短轴的熔化

速度慢得多，此结论同圆柱。

（3）当 $J=1$ 时，即前面冰围绕短圆柱的压力熔化，由（6-2-31）～（6-2-33）式可得平均压力 F_c'' 和边界层厚度 δ_c 为

$$F_c'' = 1.01 U_p W^{1/2} (\mu^{1/3} \rho LA / \lambda)^{3/4} \tag{6-2-43}$$

$$\delta_c = 1.398 \left(\mu\lambda / (\rho LA \cos\varphi) \right)^{1/4} W^{1/2} (1-\xi^2)^{1/4} \tag{6-2-44}$$

则（6-2-32）与（6-2-33）式可表示为

$$F'' = F_c'' f_p(J) \tag{6-2-45}$$

$$\delta = \delta_c (2 / [1.5(1+J) - \sqrt{J}])^{1/4} \tag{6-2-46}$$

（6-2-45）～（6-2-46）式表明围绕短椭圆柱的压力熔化，平均压力与边界层厚度均可以通过短圆柱的结果乘以与压缩比 J 有关的修正系数来得到。另外，由图 6-2-2 可见，$J<1$ 时，$f_p(J)>1$；$J>1$ 时，$f_p(J)<1$。这表明，在相同熔化速度情况下，围绕短椭圆柱的压力熔化所需的外力，可能大于或小于围绕相同截面积的短圆柱（$R=a\sqrt{J}$）的压力熔化所需的外力，即相同外力条件下，$J(=b/a)>1$ 时，绕短椭圆柱的熔化速度大于相同截面积的短圆柱；$J(=b/a)<1$ 时，绕短椭圆柱的熔化速度小于相同截面积的短圆柱。

综合以上分析可得结论[116]：（1）冰围绕相同尺寸的短椭圆柱接触熔化，在椭圆柱与冰间温差相等时，压力熔化速度小于温差驱动熔化速度。（2）相同条件下，冰围绕水平椭圆柱的压力熔化，短轴的熔化速度大于长轴的熔化速度，并与轴长的方根成反比。（3）尽管冰的温差与压差为一线性关系，但压力熔化的有关结果不能将温差驱动熔化的结果简单地用压力产生的温差来替换得到。

第三节　冰绕轴对称水平柱的压力熔化

一、统一表达式

前面介绍了球、圆柱与椭圆柱在冰上的压力熔化，这节将总结这些分析，更一般地介绍对称水平柱在冰上的压力熔化，所得结果也将包含冰绕球、圆柱与椭圆柱压力熔化的相关结果。考虑如图 6-3-1 所示的熔化过程，无限长水平柱在力 F 的作用下放在冰上并与之接触，以速度 U 向下熔化运动。水平柱截面线型为 $y=f(x)$，(x_0, y_0) 为截面右端点。设冰与水平柱开始时的温度都为 $T_0=0$ ℃。冰的熔点 T_m 与压力 p 满足 Clausius-Clapeyron 关系

$$dp / dT_m = -A \tag{6-3-1}$$

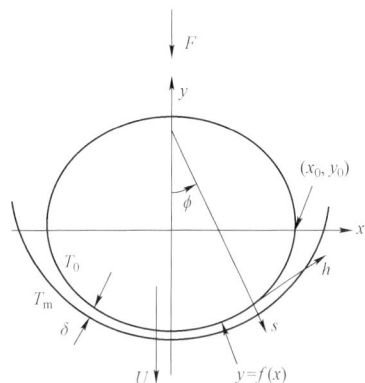

图 6-3-1　冰绕轴对称水平柱压力熔化的物理模型

在三相点附近，$A \cong 13.6\,\text{MPa/K}$，冰水的 $p-T$ 关系为：

$$T_0 - T_m = (p - p_0)/A \tag{6-3-2}$$

假设（1）熔化液体边界层远小于水平柱的径向尺寸，熔化以导热为主，忽略对流换热的影响；（2）熔化液体层的动量方程以黏性力为主，忽略惯性力影响，且 $\partial^2/\partial h^2 \ll \partial^2/\partial s^2$，则边界层内控制方程与边界条件可写为：

$$\mu \frac{\partial^2 u}{\partial s^2} = \frac{\mathrm{d}p}{\mathrm{d}h} \tag{6-3-3}$$

$$\lambda_l \frac{T_0 - T_m}{\delta} = \rho U L \cos\phi \tag{6-3-4}$$

$$\int_0^\delta u\,\mathrm{d}s = \int_0^h U\cos\phi\,\mathrm{d}h \tag{6-3-5}$$

$$\left.\begin{array}{l} s=0, u=0, T=T_0 \\ s=\delta, u=0, T=T_m \end{array}\right\} \tag{6-3-6}$$

式中，u 为边界层内沿 h 方向的速度。μ、λ_l、ρ 分别为液体动力黏度、导热系数、密度，而法向角 ϕ 为

$$\cos\phi = \left(\frac{1}{1+\tan^2\phi}\right)^{\frac{1}{2}} = \left(\frac{1}{1+\left(f'(x)\right)^2}\right)^{\frac{1}{2}} \tag{6-3-7}$$

由（6-3-3）与（6-3-6）式得

$$u = \frac{1}{2\mu}\frac{\mathrm{d}p}{\mathrm{d}h}s(s-\delta) \tag{6-3-8}$$

将（6-3-8）式代入（6-3-5）式得

$$\frac{\mathrm{d}p}{\mathrm{d}h} = -12\frac{\mu x U}{\delta^3} \tag{6-3-9}$$

将（6-3-2）式代入（6-3-4）式得

$$\delta = \frac{\lambda_l(p-p_0)}{\rho L U A \cos\phi} \tag{6-3-10}$$

将（6-3-10）代入（6-3-9）式，再根据（6-3-7）式得

$$p - p_0 = U\left(\frac{48\mu\rho^3 L^3 A^3}{\lambda_l^3}\right)^{1/4}\left(\int_x^{x_0}\frac{x}{1+\left(f'(x)\right)^2}\mathrm{d}x\right)^{1/4} \tag{6-3-11}$$

单位长度水平柱上的压力为

$$F' = 2\int_0^{x_0}(p-p_0)\,\mathrm{d}x = 2U\left(\frac{48\mu\rho^3 L^3 A^3}{\lambda_l^3}\right)^{1/4}\int_0^{x_0}\left(\int_x^{x_0}\frac{x}{1+\left(f'(x)\right)^2}\mathrm{d}x\right)^{1/4}\mathrm{d}x$$

$$\tag{6-3-12}$$

水平柱表面平均压力为

$$F'' = \frac{F'}{2x_0} \tag{6-3-13}$$

由（6-3-12）和（6-3-13）式得

$$U = \frac{x_0 F''}{\left(\dfrac{48\mu\rho^3 L^3 A^3}{\lambda_l^3}\right)^{1/4} \int_0^{x_0}\left(\int_x^{x_0}\dfrac{x}{1+(f'(x))^2}\mathrm{d}x\right)^{1/4}\mathrm{d}x} \tag{6-3-14}$$

将（6-3-7）与（6-3-11）式代入（6-3-10）式得液膜厚度为

$$\delta = \left(\frac{48\mu\lambda_l}{\rho LA}\right)^{1/4}(1+(f'(x))^2)^{1/2}\left(\int_x^{x_0}\frac{x}{1+(f'(x))^2}\mathrm{d}x\right)^{1/4} \tag{6-3-15}$$

以上（6-3-11）～（6-3-15）式即为水平柱在冰上的压力熔化有关特征参数的统一表达式。

二、特殊情况

（一）圆柱

当水平柱为半径为 R 的圆形柱时，其截面曲线方程与端点位置为

$$\left.\begin{array}{l} f(x) = -(R^2 - x^2)^{1/2} \\ x_0 = R \end{array}\right\} \tag{6-3-16}$$

此时有

$$\left(\int_x^{x_0}\frac{x}{1+(f'(x))^2}\mathrm{d}x\right) = \frac{1}{R^2}\left(\frac{R^2}{2} - \frac{x^2}{2}\right)^2 \tag{6-3-17}$$

$$\int_0^{x_0}\left(\int_x^{x_0}\frac{x}{1+(f'(x))^2}\mathrm{d}x\right)^{1/4}\mathrm{d}x = 0.5^{2.5}\pi R^{1.5} \tag{6-3-18}$$

将（6-3-17）、（6-3-18）式代入（6-3-11）～（6-3-15）式得到：

$$p - p_0 = U\left(\frac{12\mu R^2 L^3 \rho^3 A^3}{\lambda_l^3}\right)^{1/4}\left(1 - \left(\frac{x}{R}\right)^2\right)^{1/2} \tag{6-3-19}$$

$$F' = \frac{\pi}{2}UR^{3/2}\left(\frac{(12\mu)^{1/3}\rho LA}{\lambda_l}\right)^{3/4} \tag{6-3-20}$$

$$F'' = \frac{F'}{2R} \approx 1.462 UR^{1/2}\left(\frac{\mu^{1/3}\rho LA}{\lambda_l}\right)^{3/4} \tag{6-3-21}$$

$$U \approx F'' / \left(1.462 R^{1/2}\left(\frac{\mu^{1/3}\rho LA}{\lambda_l}\right)^{3/4}\right) \tag{6-3-22}$$

$$\delta = \left(\frac{12\mu\lambda_l}{\rho LA}\right)^{1/4} R^{1/2} \qquad\qquad (6\text{-}3\text{-}23)$$

（6-3-19）～（6-3-23）式正好与本章第一节的结果相同。

（二）椭圆柱

当水平柱为椭圆柱时，设其 x、y 轴上的半径分别为 a、b，则截面曲线方程与端点位置为

$$f(x) = -b\left(1 - \frac{x^2}{a^2}\right)^{1/2}; \quad x_0 = a \qquad\qquad (6\text{-}3\text{-}24)$$

此时有

$$\int_x^{x_0} \frac{x}{1+(f'(x))^2}\mathrm{d}x = \frac{a^2}{2}\frac{(1-J^2)(1-(x/a)^2)+J^2\ln\dfrac{J^2}{1-(x/a)^2+J^2(x/a)^2}}{(1-J^2)^2}$$

$$(6\text{-}3\text{-}25)$$

$$\int_0^{x_0}\left(\int_x^{x_0}\frac{x}{1+(f'(x))^2}\mathrm{d}x\right)^{1/4}\mathrm{d}x = 2^{-1/4}a^{3/2}\int_0^1\left(\frac{(1-J^2)(1-z^2)+J^2\ln\dfrac{J^2}{1-z^2+J^2z^2}}{(1-J^2)^2}\right)^{1/4}\mathrm{d}z$$

$$(6\text{-}3\text{-}26)$$

其中，$J = b/a$，为椭圆的压缩比。将（6-3-25）、（6-3-26）式代入（6-3-11）～（6-3-15）式，得到：

$$p - p_0 = U\left(\frac{24\mu a^2\rho^3 L^3 A^3}{\lambda_l^3}\right)^{1/4} \times \left(\frac{(1-J^2)(1-(x/a)^2)+J^2\ln\dfrac{J^2}{1-(x/a)^2+J^2(x/a)^2}}{(1-J^2)^2}\right)^{1/4}$$

$$(6\text{-}3\text{-}27)$$

$$F' = 2\int_0^{x_0}(p-p_0)\,\mathrm{d}x = f_1(J)2a^{3/2}U\left(\frac{24\mu\rho^3 L^3 A^3}{\lambda_l^3}\right)^{1/4} \qquad\qquad (6\text{-}3\text{-}28)$$

$$U = F'' \Big/ \left(f_1(J)a^{1/2}\left(\frac{24\mu\rho^3 L^3 A^3}{\lambda_l^3}\right)^{1/4}\right) \qquad\qquad (6\text{-}3\text{-}29)$$

$$\delta = \left(\frac{24a^2\mu\lambda_l}{\rho LA}\right)^{1/4}\left(1+\frac{J^2(x/a)^2}{1-(x/a)^2}\right)^{1/2} \times \left(\frac{(1-J^2)(1-(x/a)^2)+J^2\ln\dfrac{J^2}{1-(x/a)^2+J^2(x/a)^2}}{(1-J^2)^2}\right)^{1/4}$$

$$(6\text{-}3\text{-}30)$$

其中，

$$f_1(J) = \int_0^1 \left(\frac{(1-J^2)(1-z^2) + J^2 \ln \dfrac{J^2}{1-z^2+J^2z^2}}{(1-J^2)^2} \right)^{1/4} \mathrm{d}z \qquad (6\text{-}3\text{-}31)$$

（6-3-27）～（6-3-31）式即为本章第一节中冰绕水平椭圆柱的主要结果。当 $a=b=R$，即 $J=1$ 时，椭圆变为圆，由（6-3-27）～（6-3-31）式还可以得到（6-3-19）～（6-3-23）式。

（三）水平平板

当水平柱变为无限长平板时，其截面曲线方程与端点位置为

$$\left. \begin{array}{l} f(x) = C \\ x_0 = a \end{array} \right\} \qquad (6\text{-}3\text{-}32)$$

其中，C 为任意常数，a 为平板宽度的一半。将（6-3-32）式代入（6-3-11）～（6-3-15）式得

$$p - p_0 = U \left(\frac{24\mu\rho^3 L^3 A^3}{\lambda_l^3} (a^2 - x^2) \right)^{1/4} \qquad (6\text{-}3\text{-}33)$$

$$F' = 2\int_0^{x_0} (p - p_0)\,\mathrm{d}x = 2a^{3/2}U \left(\frac{24\mu\rho^3 L^3 A^3}{\lambda_l^3} \right)^{1/4} \int_0^1 (1-z^2)^{1/4}\,\mathrm{d}z \qquad (6\text{-}3\text{-}34)$$

将被积函数展开为幂级数，取前 5 项得

$$F' \approx 2a^{3/2}U \left(\frac{24\mu\rho^3 L^3 A^3}{\lambda_l^3} \right)^{1/4} \times \int_0^1 \left(1 - \frac{z^2}{4} - \frac{9z^4}{96} - \frac{315z^6}{5\,760} - \frac{24\,255z^8}{645\,120} \right) \mathrm{d}z$$

$$\approx 3.921\,8 a^{3/2}U \left(\frac{\mu\rho^3 L^3 A^3}{\lambda_l^3} \right)^{1/4}$$

$$(6\text{-}3\text{-}35)$$

$$F'' \approx 1.960\,9 a^{1/2}U \left(\frac{\mu\rho^3 L^3 A^3}{\lambda_l^3} \right)^{1/4} = 1.386\,6 UW^{1/2} \left(\frac{\mu\rho^3 L^3 A^3}{\lambda_l^3} \right)^{1/4} \qquad (6\text{-}3\text{-}36)$$

$$\delta = \left(\frac{24\mu\lambda_l}{\rho LA} \right)^{1/4} (a^2 - x^2)^{1/4} \qquad (6\text{-}3\text{-}37)$$

（6-3-36），（6-3-37）式与 Bejan 与 Tyvand[1]的解析式比较，边界层厚度表达式完全相同。而 Bejan 与 Tyvand 式右边系数为 1.368[1]，本节为 1.386 6，因此平均压力与熔化速度的关系也基本相同[17]（式（6-3-36）中的 $W = 2a$ ）。

（四）绕楔形体

当水平柱变为楔形体时，有

$$f(x) = -aC + Cx \left.\begin{matrix}\\\end{matrix}\right\}$$
$$x_0 = a$$

（6-3-38）

其中，C 为任意正常数，a 为楔形底宽度的一半。将（6-3-38）式代入（6-3-11）～（6-3-15）式得

$$p - p_0 = U \left(\frac{24\mu\rho^3 L^3 A^3}{\lambda_l^3(1+C^2)}(a^2 - x^2) \right)^{1/4}$$

（6-3-39）

$$F'' \approx 1.9609 a^{1/2} U \left(\frac{\mu\rho^3 L^3 A^3}{\lambda_l^3(1+C^2)} \right)^{1/4}$$

（6-3-40）

$$\delta = \left(\frac{24\mu\lambda_l(1+C^2)}{\rho LA} \right)^{1/4} (a^2 - x^2)^{1/4}$$

（6-3-41）

（6-3-39）～（6-3-41）式即为围绕水平楔形体的压力熔化的结果[18]。由（6-3-39）～（6-3-41）式可以看出，在同样的平均压力 F'' 作用下，楔形越尖锐（C 越大），熔化的速度越快，且液膜厚度越厚。当常数 $C = 0$ 时，楔形变为平板，即可得到（6-3-36）、（6-3-37）式的结果。

第四节　摩擦与压力混合驱动的熔化

一、摩擦熔化基本方程

（一）水平圆柱下旋转摩擦

所考虑问题的物理模型及坐标如图 6-4-1 所示，圆柱在相变材料上以均匀加速度 ω 转动，并受外力 F 作用下以速度 U 运动。圆柱的半径 R 远小于长度。假设被熔化的液体边界层厚度 δ 很薄，即 $\delta \ll R$。忽略边界层内惯性力与对流换热的影响，则边界层内运动与连续方程为

$$\mu \frac{\partial^2 u}{\partial s^2} = \frac{\mathrm{d}p}{\mathrm{d}h}$$

（6-4-1）

$$\frac{\partial u}{\partial h} + \frac{\partial v}{\partial s} = 0$$

（6-4-2）

相应的边界条件为

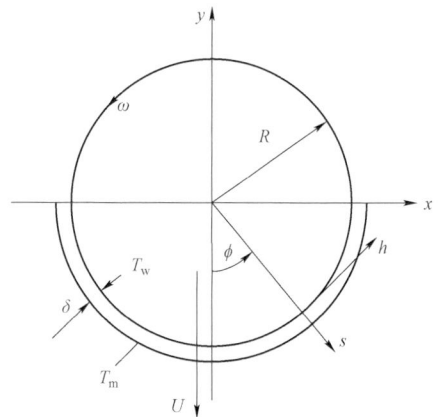

图 6-4-1　旋转圆柱下熔化过程

$$s = 0 : u = \omega R, \ v = 0 \left.\begin{matrix}\\\end{matrix}\right\}$$
$$s = \delta : u = 0, \ v = -U\cos\phi$$

（6-4-3）

由（6-4-1）～（6-4-3）式可得

$$u = \frac{1}{2\mu} \frac{\mathrm{d}p}{\mathrm{d}h} s(s - \delta) + \omega R(1 - s/\delta) \qquad (6\text{-}4\text{-}4)$$

$$\partial\left(\int_0^\delta u\mathrm{d}s\right)/\partial h - U\cos\phi = 0 \qquad (6\text{-}4\text{-}5)$$

将（6-4-4）式代入（6-4-5）式得 $\dfrac{\partial}{\partial h}\left[\dfrac{1}{12\mu}\left(-\dfrac{\mathrm{d}p}{\mathrm{d}h}\right)\delta^3 + \dfrac{1}{2}\omega R\delta\right] - U\cos\phi = 0$ ，并对之分别求导与积分得

$$-\frac{\mathrm{d}^2 p}{\mathrm{d}h^2}\delta^3 - 3\frac{\mathrm{d}p}{\mathrm{d}h}\frac{\mathrm{d}\delta}{\mathrm{d}h}\delta^2 + 6\mu\omega R\frac{\mathrm{d}\delta}{\mathrm{d}h} - 12\mu U\cos\phi = 0 \qquad (6\text{-}4\text{-}6)$$

$$\frac{1}{12\mu}\left(-\frac{\mathrm{d}p}{\mathrm{d}h}\right)\delta^3 + \frac{1}{2}\omega R\delta - UR\sin\phi + C = 0 \qquad (6\text{-}4\text{-}7)$$

其中 C 为待定系数。定义无量纲参数

$$C_c = \frac{C}{UR} \qquad H_c = \frac{\delta\omega}{U} \qquad (6\text{-}4\text{-}8)$$

则（6-4-7）式成为

$$\frac{\mathrm{d}p}{\mathrm{d}h}\frac{\delta^2}{6\mu\omega R} = 1 - \frac{2}{H_c}(\sin\phi - C_c) \qquad (6\text{-}4\text{-}9)$$

利用圆柱两侧的压力边界条件：$\phi \Rightarrow \pm\pi/2$ 时，$p = p_0$，即

$$\int_{-\pi/2}^{\pi/2}\left(\frac{\mathrm{d}p}{\mathrm{d}\phi}\right)\mathrm{d}\phi = 0 \qquad (6\text{-}4\text{-}10)$$

与（6-4-9）式可得如下方程

$$\int_{-\pi/2}^{\pi/2}\left[\frac{1}{H_c^2} - \frac{2}{H_c^3}(\sin\phi - C_c)\right]\mathrm{d}\phi = 0 \qquad (6\text{-}4\text{-}11)$$

（1）考虑由于圆柱以 ω 转动而产生的摩擦熔化。

边界层内能量守恒方程为

$$\lambda\frac{\partial^2 T}{\partial s^2} + \mu\left(\frac{\partial u}{\partial s}\right)^2 = 0 \qquad (6\text{-}4\text{-}12)$$

将（6-4-4）式代入（6-4-12）式并积分后得

$$T = -\frac{\mu}{\lambda}\left[\frac{1}{4\mu^2}\left(\frac{\mathrm{d}p}{\mathrm{d}h}\right)^2\left(\frac{1}{3}s^4 - \frac{2\delta}{3}s^3 + \frac{\delta^2}{2}s^2\right) + \frac{1}{2}\left(\frac{\omega R}{\delta}\right)^2 s^2 - \frac{\omega R}{\mu\delta}\frac{\mathrm{d}p}{\mathrm{d}h}\left(\frac{1}{3}s^3 - \frac{\delta}{2}s^2\right)\right] + D_1 s + D_2$$

$$(6\text{-}4\text{-}13)$$

对绝热圆柱表面，边界条件为：$s = \delta$ 时，$T = T_m$；$s = 0$ 时，$\partial T/\partial s = 0$ 代入（6-4-13）式可得

$$D_1 = 0$$

$$D_2 = T_m + \frac{\mu}{2\lambda}\left[\frac{\delta^4}{12\mu^2}\left(\frac{\mathrm{d}p}{\mathrm{d}h}\right)^2 + \delta^2\left(\frac{\omega R}{\delta}\right)^2 + \frac{\omega R\delta^2}{3\mu}\frac{\mathrm{d}p}{\mathrm{d}h}\right] \qquad (6\text{-}4\text{-}14)$$

则边界层内温度分布为

$$T = \frac{1}{2\lambda}\left[\frac{1}{12\mu}\left(\frac{\mathrm{d}p}{\mathrm{d}h}\right)^2(\delta^4 - 3\delta^2 s^2 + 4\delta s^3 - 2s^4) + \mu\left(\frac{\omega R}{\delta}\right)^2(\delta^2 - s^2) + \frac{\omega R}{3}\frac{\mathrm{d}p}{\mathrm{d}h}\left(\delta^2 - 3s^2 + \frac{2}{\delta}s^3\right)\right] + T_m$$

(6-4-15)

对等温圆柱表面，边界条件为：$s = \delta$ 时，$T = T_m$；$s = 0$ 时，$T = T_w$，类似可得边界层内温度分布为

$$T = \frac{1}{2\lambda}\left[\frac{1}{12\mu}\left(\frac{\mathrm{d}p}{\mathrm{d}h}\right)^2(\delta^3 s - 3\delta^2 s^2 + 4\delta s^3 - 2s^4) + \mu\left(\frac{\omega R}{\delta}\right)^2(\delta s - s^2) + \frac{\omega R}{3}\frac{\mathrm{d}p}{\mathrm{d}h}\left(\delta s - 3s^2 + \frac{2}{\delta}s^3\right)\right] +$$

$$(T_m - T_w)\frac{s}{\delta} + T_w$$

(6-4-16)

在相变材料熔化界面上热平衡方程为

$$-\lambda\frac{\partial T}{\partial s}\bigg|_{s=\delta} = \rho U L \cos\phi \quad (\phi \neq \pi/2)$$

(6-4-17)

将（6-4-15）与（6-4-16）式代入（6-4-17）式分别得

$$3\left(\frac{\delta^2}{6\mu\omega R}\frac{\mathrm{d}p}{\mathrm{d}h}\right)^2 + 1 = \frac{\delta\rho L U \cos\phi}{\mu(\omega R)^2}$$

$$\frac{\delta^4}{24\mu}\left(\frac{\mathrm{d}p}{\mathrm{d}h}\right)^2 + \frac{\mu(\omega R)^2}{2} + \frac{\omega R\delta^2}{6}\frac{\mathrm{d}p}{\mathrm{d}h} + (T_w - T_m)\lambda = \delta\rho L U \cos\phi$$

(6-4-18)

或

$$3\left(\frac{\delta^2}{6\mu\omega R}\frac{\mathrm{d}p}{\mathrm{d}h}\right)^2 + 1 + \frac{\delta^2}{3\mu\omega R}\frac{\mathrm{d}p}{\mathrm{d}h} + 2\frac{(T_w - T_m)\lambda}{\mu(\omega R)^2} = 2\frac{\delta\rho L U \cos\phi}{\mu(\omega R)^2}$$

(6-4-19)

将（6-4-9）式分别代入（6-4-17）与（6-4-18）式得如下方程

$$3[1 - 2(\sin\phi - C_c)/H_c]^2 + 1 = H_c\cos\phi/M_c$$

(6-4-20)

$$3[1 - 2(\sin\phi - C_c)/H_c]^2 + 2[3/2 + t_{mc} - 2(\sin\phi - C_c)/H_c] = 2H_c\cos\phi/M_c$$

(6-4-21)

其中，$M_c = \dfrac{\mu\omega^3 R^2}{\rho L U^2}$，$t_{mc} = \dfrac{(T_w - T_m)\lambda}{\mu(\omega R)^2}$ 为无量纲参数。

圆柱单位长度所受的力 F，平均压力 F'' 为

$$F = 2RF'' = 2R\int_{-\pi/2}^{\pi/2}(p - p_0)\cos\phi\,\mathrm{d}\phi$$

(6-4-22)

（2）考虑相变材料为处于三相点温度 T_0 的冰的接触熔化

由于冰的熔点随压力的增加而降低（见图 6-1-2），因而在冰的熔化界面上温度为小于 T_0 的 T_m，产生压力熔化。冰的 $p-T$ 关系在三相点附近可视为线性的，满足

$$\mathrm{d}p/\mathrm{d}T_m = -A \quad \text{或} \quad T_0 - T_m = (p - p_0)/A$$

(6-4-23)

在摩擦与压力混合作用下，对绝热圆柱表面的熔化，按前面的相同步骤得到方程（6-4-9）、（6-4-11）、（6-4-20）、（6-4-22）。对等温圆柱表面的熔化，方程（6-4-9）、（6-4-11）

与（6-4-22）仍然成立，但（6-4-21）式成为

$$2(p-p_0)\frac{t_c}{\rho L}=\frac{2H_c\cos\phi}{M_c}-3\left[1-\frac{2}{H_c}(\sin\phi-C_c)\right]^2-2\left[\frac{3}{2}+t_{0c}-\frac{2}{H_c}(\sin\phi-C_c)\right] \quad (6\text{-}4\text{-}24)$$

其中，$t_c=\dfrac{\rho L\lambda}{A\mu(\omega R)^2}$，$t_{0c}=\dfrac{(T_w-T_0)\lambda}{\mu(\omega R)^2}$ 均为常数。将（6-4-24）式代入（6-4-9）式整理后得

$$H_c^2H_c'\cos\phi-H_c^3\sin\phi-4M_c[H_c'(\sin\phi-C_c)-H_c\cos\phi][2-3(\sin\phi-C_c)/H_c]=$$
$$6t_cM_c^2[1-3(\sin\phi-C_c)/H_c] \quad\quad (6\text{-}4\text{-}25)$$

其中，$H_c'=\mathrm{d}H_c/\mathrm{d}\phi$。

（二）滑动平板下滑动摩擦

所考虑问题的物理模型及坐标如图 6-4-2 所示，宽为 W 的平板在相变材料上以均匀速度 V 滑动，其他假设同上节，则（6-4-1），（6-4-2）式成立，而（6-4-3）～（6-4-5）式成为

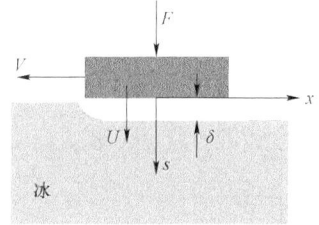

图 6-4-2 滑动平板下熔化过程

$$\left.\begin{array}{l}s=0:u=V,\ v=0\\s=\delta:u=0,\ v=-U\end{array}\right\} \quad (6\text{-}4\text{-}26)$$

$$u=\frac{1}{2\mu}\frac{\mathrm{d}p}{\mathrm{d}x}s(s-\delta)+V(1-s/\delta) \quad (6\text{-}4\text{-}27)$$

$$\frac{\partial\int_0^\delta u\,\mathrm{d}s}{\partial x}-U=0 \quad (6\text{-}4\text{-}28)$$

由以上 3 式可得如下方程

$$\frac{\mathrm{d}p}{\mathrm{d}x}\frac{\delta^2}{6\mu V}=1-\frac{2}{H_f}(\xi-C_f) \quad (6\text{-}4\text{-}29)$$

$$\int_0^1\left[\frac{1}{H_f^2}-\frac{2}{H_f^3}(\xi-C_f)\right]\mathrm{d}\xi=0 \quad (6\text{-}4\text{-}30)$$

其中，$H_f=\dfrac{\delta V}{WU}$，$\xi=\dfrac{x}{W}$，$C_f=\dfrac{C}{UW}$

考虑平板以 V 滑动产生的摩擦熔化，对绝热与等温表面的平板，（6-4-15）与（6-4-16）式均成立，而熔化界面上热平衡方程为

$$\rho UL=-\lambda\frac{\partial T}{\partial s}\Big|_{s=\delta} \quad (6\text{-}4\text{-}31)$$

将（6-4-15），（6-4-16）式代入（6-4-31）式得

$$3[1-2(\sin\phi-C_f)/H_f]^2+1=H_f/M_f \quad (6\text{-}4\text{-}32)$$

$$3[1-2(\sin\phi-C_f)/H_f]^2+2[3/2+t_{mf}-2(\sin\phi-C_f)/H_f]=2H_f/M_f \quad (6\text{-}4\text{-}33)$$

其中，$M_f = \dfrac{\mu V^3}{\rho L W U^2}$；$t_{mf} = \dfrac{(T_w - T_m)\lambda}{\mu V^2}$。而平板单位长度所受的力 F，平均压力 F'' 为

$$F = W F'' = W \int_0^1 (p - p_0) \mathrm{d}\xi \qquad (6\text{-}4\text{-}34)$$

当相变材料为冰时，考虑摩擦与压力混合作用下的熔化。类似前面方法可得 (6-4-28) ~ (6-4-31) 与 (6-4-33) 式，但 (6-4-32) 式成为

$$2(p - p_0)\frac{t_f}{\rho L} = \frac{2H_f}{M_f} - 3\left[1 - \frac{2}{H_f}(\xi - C_f)\right]^2 - 2\left[\frac{3}{2} + t_{0f} - \frac{2}{H_f}(\xi - C_f)\right] \qquad (6\text{-}4\text{-}35)$$

其中，$t_f = \dfrac{\rho L \lambda}{A \mu V^2}$，$t_{0f} = \dfrac{(T_w - T_0)\lambda}{\mu V^2}$ 均为常数。将 (6-4-34) 式代入 (6-4-28) 式得

$$\rho L\{H'_f / M_f - 6[1 - 2(\xi - C_f) / H_f][H'_f(\xi - C_f) / H_f^2 - 1 / H_f] - 2[H'_f(\xi - C_f) / H_f^2 -$$

$$1 / H_f]\} / t_f = 6\mu V^3[1 / H_f^2 - (\xi - C_f) / H_f^3] / W U^2$$

整理后得

$$H_f^2 H'_f - 4 M_f [H'_f(\xi - C_f) - H_f][2 - 3(\xi - C_f) / H_f] = 6 t_f M_f^2 \left[1 - 3(\xi - C_f) / H_f\right] \qquad (6\text{-}4\text{-}36)$$

其中，$H'_f = \mathrm{d}H_f / \mathrm{d}\xi$

二、摩擦与压力熔化的计算

（1）方程（6-4-9）、（6-4-11）、（6-4-20）~（6-4-22），（6-4-24）是围绕水平圆柱摩擦接触熔化的基本方程，而（6-4-29）、（6-4-30）、（6-4-32）~（6-4-35）则是平板下摩擦接触熔化的基本方程。由这些方程可以分别求得围绕水平圆柱和平板下，在绝热与等温加热条件下，由于摩擦、摩擦与压力同时作用而产生的接触熔化规律和有关特征参数。因这些方程没有显式解，需由数值计算求得。例如，对围绕水平圆柱的摩擦熔化，假设相变材料热物性，圆柱半径与角速度，以及外力给定，可按以下步骤进行计算：（1）给出 C_c 值，由（6-4-20）式或（6-4-21）式求得 $H_c = f(\phi, M_c)$；（2）将 C_c，H_c 代入（6-4-11）式可得 M_c 的值，从而得 $H_c = f(\phi)$；（3）将 M_c 与 H_c 代入（6-4-9）式积分（注意（6-4-9）式左边可写成 $\dfrac{\mathrm{d}p}{\mathrm{d}\phi}\dfrac{H_c^2}{6 M_c \rho L}$），并利用 $\phi = \pi / 2$ 时 $p = p_0$ 得 $p = f(\phi)$；（4）将 p 代入（6-4-22）式计算得到 F，如果求得的 F 与所给的值相等，则以上各量即为最后的解。否则调整 C_c 重新计算。对摩擦与压力混合作用下的熔化，绝热圆柱表面的计算方法同上（1）~（4）步骤。而对等温圆柱表面的方法为：（1）给出 C_c 值，由（6-4-23）式得 $p = f(\phi, M_c, H_c)$；（2）将 p 代入（6-4-22）式得 $H_c = f(\phi, M_c)$；（3）将 M_c 与 H_c 代入 p 得 $p = f(\phi)$；（4）同上（2），（3）步骤求得 $p' = f(\phi)$，并与 p 比较，如果两式相等，则以上各量为最后的解，否则调整 C_c 值，按（1）~（4）步骤重新计算。同样地，对平板下的熔化过程，可按上述方法进行求解。

（2）按 Fowler 与 Bejan 定义的参数[4]

$$\bar{p} = \frac{p-p_0}{V}\left(\frac{\lambda}{\rho LA\mu}\right)^{1/2}; \quad \bar{H} = \delta\left(\frac{\mu\lambda W^2}{\rho LA}\right)^{-1/4}, \quad \xi = \frac{x}{W}, \quad \varphi = V\left(\frac{\mu A}{\rho L\lambda}\right)^{1/2}$$

当平板壁温 $T_w = T_0$ 时，（6-4-28）与（6-4-34）式可写为

$$\bar{H}^3\left(\frac{-d\bar{p}}{d\xi}\right) = \frac{12U}{V}\left(\frac{\rho LAW^2}{\mu\lambda}\right)^{1/4}(\xi - C_f) - 6\bar{H} \tag{6-4-37}$$

$$\bar{p} - \bar{H}\frac{U}{V}\left(\frac{\rho LAW^2}{\mu\lambda}\right)^{1/4} + \frac{\varphi}{6}\left[\bar{H}^2\frac{d\bar{p}}{d\xi} + \frac{\bar{H}^4}{4}\left(\frac{d\bar{p}}{d\xi}\right)^2 + 3\right] = 0 \tag{6-4-38}$$

而 Fowler 与 Bejan 得到的却为[4]

$$\bar{H}^3\left(\frac{-d\bar{p}}{d\xi}\right) = 6\bar{H} + \frac{12UC_f}{V}\left(\frac{\rho LAW^2}{\mu\lambda}\right)^{1/4} \tag{6-4-39}$$

$$\bar{p} - \bar{H}\frac{d\bar{H}}{d\xi} + \frac{\varphi}{6}\left[\bar{H}^2\frac{d\bar{p}}{d\xi} + \frac{\bar{H}^4}{4}\left(\frac{d\bar{p}}{d\xi}\right)^2 + 3\right] = 0 \tag{6-4-40}$$

分析表明，仅仅当

$$\bar{H} = \frac{U}{V}\left(\frac{\rho LAW^2}{\mu\lambda}\right)^{1/4}\xi \quad 或 \quad U = V\frac{d\delta}{dh} \tag{6-4-41}$$

（6-4-39），（6-4-40）式才成立。因 V，U 分别是滑动和向下熔化速度，与 h 无关，而 $d\delta/dx$ 在 $-W/2$ 到 $W/2$ 内却与 x 有关，所以（6-4-41）式通常是不能成立的。由此可以判定，Fowler 与 Bejan 所得基本方程与计算结果是错误的。

$T_w > T_0$，即 t_{0c} 与 t_{0f} 不等于零时，上述所得方程则成为温差与摩擦混合熔化过程，以及温差、摩擦与压力三者混合熔化过程的基本方程[19]。因此，本节所作的推导与结果较为全面地描述了接触熔化的规律和特征。

第五节 温差与压力混合驱动的熔化

一、平板下

平板下冰的熔化过程如图 6-5-1 所示。宽为 W 的平板受外力 F 作用并保持壁面温度 T_w 对开始处于均匀温度 T_0 的冰加热。假设压力梯度与流体速度等以平板中点线为对称轴，其他同前。则边界层内速度、压力梯度与温度分布为

$$u = \frac{1}{2\mu}\frac{dp}{dx}y(y-\delta) \tag{6-5-1}$$

$$\frac{dp}{dx} = -12\frac{\mu Ux}{\delta^3} \tag{6-5-2}$$

图 6-5-1 平板下冰的温度与压力熔化

$$T = T_w + (T_m - T_w)y/\delta \tag{6-5-3}$$

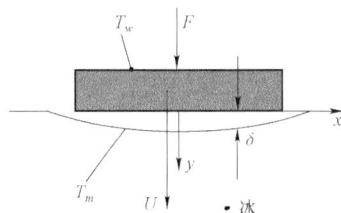

193

将（6-5-3）式代入（6-4-30）式得

$$\delta = \frac{\lambda(T_w - T_0)}{\rho LU} + \frac{\lambda(T_0 - T_m)}{\rho LU} \tag{6-5-4}$$

冰的温度随压力变化关系见（6-1-7）式。将（6-1-7）式代入（6-5-4）式得

$$\delta = \frac{\lambda \Delta T_w}{\rho LU} + \frac{\lambda \Delta p}{\rho LUA} \tag{6-5-5}$$

其中，$\Delta T_w = T_w - T_0$，$\Delta p = p - p_0$。将（6-5-5）式代入（6-5-2）式积分后得

$$(\Delta p + \Delta T_w A)^4 = -24 \left(\frac{\rho LA}{\lambda} \right)^3 \mu U^4 x^2 + C \tag{6-5-6}$$

其中，C 为待定系数。由压力边界条件：$\Delta p \big|_{x=W/2} = 0$ 求得，并将它代入（6-5-6）式，整理后得

$$\Delta p = \left[24 \left(\frac{\rho LA}{\lambda} \right)^3 \mu U^4 (W^2/4 - x^2) + (A \Delta T_w)^4 \right]^{1/4} - A \Delta T_w \tag{6-5-7}$$

平板单位长度所受的力 F' 为

$$F' = 2 \int_0^{W/2} \Delta p \, dx = 2 \int_0^{W/2} \left\{ \left[24 \left(\frac{\rho LA}{\lambda} \right)^3 \mu U^4 (W^2/4 - x^2) + (A \Delta T_w)^4 \right]^{1/4} - A \Delta T_w \right\} dx \tag{6-5-8}$$

令 $\xi = \dfrac{x}{W}$，$a = \dfrac{1}{4} + \dfrac{A}{24 \mu W^2} \left(\dfrac{\Delta T_w}{U} \right)^4 \left(\dfrac{\lambda}{\rho L} \right)^3$，$b = U (24 \mu W^2)^{1/4} \left(\dfrac{\rho LA}{\lambda} \right)^{3/4}$

代入（6-5-8）式得

$$F' = 2Wb \int_0^{1/2} (a - \xi^2)^{1/4} \, d\xi - AW \Delta T_w \tag{6-5-9}$$

由于 $f(\xi) = (a - \xi^2)^{1/4}$ 为非初等函数，因而（6-5-9）式右边没有显式解。又因 $0 \leqslant |\xi| \leqslant 1/2$，所以在此收敛域内将 $f(\xi)$ 按幂级数展开，并取 5 阶 $0(a^{-19/4} \xi^5)$ 近似，代入（6-5-9）式后得

$$F' = 2Wb \int_0^{1/2} (a^{1/4} - \tfrac{1}{4} a^{-3/4} \xi^2 - \tfrac{3}{32} a^{-7/4} \xi^4 - \tfrac{7}{128} a^{-11/4} \xi^6 - \tfrac{77}{2\,048} a^{-15/4} \xi^8) \, d\xi - AW \Delta T_w \tag{6-5-10}$$

作用于平板上的平均压力为

$$F'' = \frac{F'}{W} = b \left(a^{1/4} - \tfrac{1}{48} a^{-3/4} - \tfrac{3}{2\,560} a^{-7/4} - \tfrac{1}{8\,192} a^{-11/4} - \tfrac{77}{4\,718\,592} a^{-15/4} \right) - A \Delta T_w \tag{6-5-11}$$

将（6-5-7）式代入（6-5-5）式得边界层厚度为

$$\delta = \frac{\lambda}{\rho L} \left[24 \frac{\mu}{A} \left(\frac{\rho L}{\lambda} \right)^3 (W^2/4 - x^2) + \left(\frac{\Delta T_w}{U} \right)^4 \right]^{1/4} \tag{6-5-12}$$

（1）当平板壁面温度 $T_w = T_0$ 时，$\Delta T_w = 0$，接触熔化仅是因压力驱动而产生。此时 $a = 1/4$，由（6-5-11）与（6-5-12）式可得

$$F'' = 1.387UW^{1/2}\left(\frac{\mu^{1/3}\rho LA}{\lambda}\right)^{3/4} \tag{6-5-13}$$

$$\delta = \left(\frac{24\mu\lambda}{\rho LA}\right)^{1/4}\left(W^2/4 - x^2\right)^{1/4} \tag{6-5-14}$$

（6-5-13）与（6-5-14）式与 Bejan 与 Tyvand[1]的解析式比较，不难发现，边界层表达式完全相同，而平均压力与熔化速度的关系也基本上相同[17]。在 Bejan 与 Tyvand[1]的式右边系数为 1.368，本节结果（6-5-13）与之仅有 1.34%的误差。

（2）当外力较小或仅考虑温差时，（6-5-5）式成为

$$\delta = \frac{\lambda\Delta T_w}{\rho LA} \tag{6-5-15}$$

由（6-5-2）式求得的平均压力为

$$F'' = \frac{\mu W^2}{\delta^3}U \tag{6-5-16}$$

由（6-5-16）式可见，对温差驱动熔化，边界层厚度为一常数，与 x 无关。其表达式以及熔化速度与平均压力的关系也较为简单。比较（6-5-11）～（6-5-16）式还可以看出，温差与压力同时作用下的接触熔化的有关结果，不是温差驱动熔化与压力熔化各自结果的简单叠加。

（3）利用冰与水的热物性代入 a，b 的定义式可求得

$$a = 0.25 + 1.946\times10^{-18}\frac{(\Delta T_w)^4}{U^4W^2}; \quad b = 3.642\times10^{11}UW^{1/2}$$

由 a 的表达式可见，当 ΔT_w 较小，而 U 与 W 又不是特别小时，$a\approx1/4$（例如，$\Delta T_w = 2$ K，$U = 1$ cm/s，$W = 20$ cm 时，$a\approx1/4$），则 $F'' = 1.527\times10^{11}UW^{1/2} - 1.36\times10^7\Delta T_w$。此时压力基本上与速度成正比，与温差成反比。分别与压力熔化，温差熔化情形相似。当 ΔT_w 较大，而 U 与 W 又较小时，$a\approx1.946\times10^{-18}(\Delta T_w)^4/U^4W^2 \gg 0.25$（例如，$\Delta T_w = 10$ K，$U = 0.1$ cm/s，$W = 5$ cm 时，$a\approx8.034 \gg 0.25$），则 $F'' = 508.06(\Delta T_w)^2/UW^{1/2} - 1.36\times10^7\Delta T_w$。此时压力与速度成反比，与温差成正比，恰好与上述情况相反。因此，对温差与压力混合作用时的接触熔化，平均压力与熔化速度关系以及边界层厚度的变化，比温差或压力单独作用时的接触熔化相应结果要复杂得多。

（4）对半径为 R 的圆平板下冰的熔化，（6-5-1）、（6-5-3）、（6-5-5）式仍然成立，其中 x 用圆的径向坐标 r 来替换。而边界层内质量守恒方程为

$$2\pi r\int_0^{\delta} u\mathrm{d}y = U\pi r^2 \tag{6-5-17}$$

按前面类似的推导方法可得压力分布为

$$\Delta p = \left[12\left(\frac{\rho LA}{\lambda}\right)^3\mu U^4(R^2 - r^2) + (A\Delta T_w)^4\right]^{1/4} - A\Delta T_w \tag{6-5-18}$$

平板所受的外力 F，及平均压力 F'' 为

$$F = F'' \pi R^2 = \int_0^R 2\pi r \Delta p \, dr = \frac{\pi}{15\mu U^4} \left(\frac{\lambda}{\rho L U} \right)^3$$

$$\left\{ (A\Delta T_w)^{-5} - \left[12\left(\frac{\rho L A}{\lambda} \right)^3 \mu U^4 R^2 + (A\Delta T_w)^4 \right]^{5/4} \right\} - \pi R^2 A\Delta T_w \tag{6-5-19}$$

而边界层厚度为

$$\delta = \frac{\lambda}{\rho L U} \left[12\frac{\mu}{A}\left(\frac{\rho L}{\lambda} \right) U^4 (R^2 - r^2) + (\Delta T_w)^4 \right]^{1/4} \tag{6-5-20}$$

由（6-5-18）～（6-5-20）式与（6-5-7）、（6-5-11）、（6-5-12）式比较可见，对圆平板下的接触熔化，压力分布和边界层厚度与矩形平板的结果基本一致，但二者所受外力或平均压力却完全不同。对圆平板，所受外力或平均压力与温差，熔化速度关系为一显式，而矩形板则要复杂些。

二、圆球下

考虑截面如图 6-1-1 所示的熔化过程，半径为 R 的球体在力 F 作用下开始放在冰上并与之接触。设冰与球开始的温度分别为 $T_0 = 0\ ^\circ\text{C}$ 与 T_w（$> T_0$）。在 $t > 0$ 时，一个恒定的力施加在球上表面，冰在球体压力作用下其熔点要降低，并因温差而产生熔化，使球以 U 速度均匀向下运动，并在熔化界面形成薄的液体边界层。基本假设同本章第一节。则边界层内动量方程可简化为

$$\mu \frac{\partial^2 u}{\partial s^2} = \frac{dp}{dh} \tag{6-5-21}$$

边界层内能量守恒方程为

$$\frac{\lambda_l (T_w - T_0)}{\delta} + \frac{\lambda_l (T_0 - T_m)}{\delta} = \rho U L \cos\phi \tag{6-5-22}$$

边界条件为

$$\left. \begin{array}{l} u = 0, \quad T = T_0; \quad s = 0 \\ u = 0, \quad T = T_m; \quad s = \delta \end{array} \right\} \tag{6-5-23}$$

而边界层内质量守恒方程为

$$\int_0^\delta u x \, ds = \int_0^{\pi/2} x U \cos\phi \, dh \tag{6-5-24}$$

由（6-5-23）～（6-5-24）式得

$$u = \frac{1}{2\mu} \frac{dp}{dh} s(s - \delta) \tag{6-5-25}$$

$$\frac{dp}{dh} = -6 \frac{\mu x U}{\delta^3} \tag{6-5-26}$$

在水的三相点 T_0 附近，温度 T_m 与压力的关系 p 为

$$T_0 - T_m = (p - p_0)/A \tag{6-5-27}$$

以上各式式中，s、h、x、y、u、p、μ、λ_l、ρ、U、L、ϕ 等符号意义同前面，$A \cong 13.6\,\mathrm{MPa/K}$。将（6-5-27）式代入（6-5-24）式得

$$\delta = \frac{\lambda_l(p-p_0)}{\rho LAU\cos\phi} + \frac{\lambda_l\Delta T_w}{\rho LU\cos\phi} \tag{6-5-28}$$

其中 $\Delta T_w = T_w - T_0$。将（6-5-28）式代入（6-5-26）式并积分可得

$$(p-p_0+A\Delta T_w)^4 = \frac{-24\mu L^3\rho^3 A^3 U^4}{\lambda_l^3}\int x\cos^3\phi\,\mathrm{d}h + C \tag{6-5-29}$$

为了求解（6-5-29）式，假设在 $\pi/2 \leqslant \phi \leqslant 3\pi/2$ 范围内，作用在冰上的压力等于大气压 p_0，并注意到 $\cos\phi = [1+(\mathrm{d}y/\mathrm{d}x)^2]^{-0.5} = \sqrt{1-(x/R)^2}$ 以及在 $x=R$ 时 $p=p_0$，由（6-5-29）式求得

$$p-p_0 = \left[\frac{6\mu R^2 L^3\rho^3 A^3 U^4}{\lambda_l^3}\left(1-\left(\frac{x}{R}\right)^2\right)^2 + (A\Delta T_w)^4\right]^{1/4} - A\Delta T_w \tag{6-5-30}$$

作用在圆球上的力为

$$
\begin{aligned}
F &= 2\pi\int_0^R (p-p_0)x\,\mathrm{d}x \\
&= 2\pi\int_0^R\left[\frac{6\mu R^2 L^3\rho^3 A^3 U^4}{\lambda_l^3}\left(1-\left(\frac{x}{R}\right)^2\right)^2 + (A\Delta T_w)^4\right]^{1/4} x\,\mathrm{d}x - \pi R^2 A\Delta T_w
\end{aligned} \tag{6-5-31}
$$

令 $z = 1-\left(\dfrac{x}{R}\right)^2$，$a = \dfrac{6\mu R^2 L^3\rho^3 A^3 U^4}{\lambda_l^3}$，$b = \dfrac{\lambda_l^3 A(\Delta T_w)^4}{6\mu R^2 L^3\rho^3 U^4}$ 代入（6-5-31）式得

$$F = \pi R^2 a^{1/4}\int_0^1 (z^2+b)^{1/4}\,\mathrm{d}z - \pi R^2 A\Delta T_w \tag{6-5-32}$$

由于 $f(z) = (z^2+b)^{1/4}$ 为非初等函数，因而其积分没有显式解，需要根据 b 的具体值对（6-5-32）式进行数值积分。另外，将（6-5-32）式代入（6-5-18）式得

$$\delta = \frac{\lambda_l(a\cos^4\phi + (A\Delta T_w)^4)^{1/4}}{\rho LAU\cos\phi} \tag{6-5-33}$$

（1）当圆球表面温度 $T_w = T_0$ 时，$\Delta T_w = 0$，接触熔化仅是由于压力驱动而产生。此时，$b=0$，由（6-5-32）与（6-5-33）式可得

$$F = \frac{2}{3}\pi R^2 a^{1/4} = \frac{2\pi}{3}U_p R^{5/2}\left(\frac{6\mu L^3\rho^3 A^3}{\lambda_l^3}\right)^{1/4} \tag{6-5-34}$$

$$\delta = \frac{\lambda_l(a\cos^4\phi)^{1/4}}{\rho LAU_p\cos\phi} = \left(\frac{6\lambda_l\mu}{\rho LA}\right)^{1/4} R^{1/2} \tag{6-5-35}$$

（6-5-34）与（6-5-35）式即单独考虑压力熔化时的结果。（6-5-34）式表明压力熔化速度 U 正比于所施加的外力 F，与半径 R 的 5/2 次方根成反比。

（2）当外力较小或仅考虑温差时，由（6-5-28）式得

$$\delta = \frac{\lambda_l\Delta T_w}{\rho LU_T\cos\phi} \tag{6-5-36}$$

将（6-5-36）式代入（6-5-31）式积分后得

$$F = \frac{\pi \mu R^4 L^3 \rho^3 U^4}{2\lambda_l^3 (\Delta T_w)^3} \tag{6-5-37}$$

（6-5-36）与（6-5-37）式即为 Emerman 与 Turcotte[9] 求得的温差接触熔化的结果。由（6-5-37）式可见，温差熔化速度正比于所施加外力 F 的 1/4 次方根，与半径成反比。此外，由 Clausius-Clapeyron 关系式（6-5-7），通过外力 F 可以定义等价温差为

$$\Delta T = \overline{T_0 - T_m} = F / (\pi R^2 A) \tag{6-5-38}$$

将（6-5-38）式代入（6-5-34）式消去 A 得

$$F = \frac{32\pi \mu R^4 L^3 \rho^3 U_p^4}{27\lambda_l^3 (\Delta T)^3} \tag{6-5-39}$$

当 $\Delta T = \Delta T_w$，即压力产生的等效温差与实际真实温差相同时，由（6-5-37）与式（6-5-39）式求得

$$U_p / U_T = 0.806 \tag{6-5-40}$$

（6-5-40）式表明，在相同的温差与外力条件下，球的温差驱动接触熔化速度大于压力驱动接触熔化的速度。这也说明，压力驱动接触熔化结果不能由温差驱动接触熔化结果来得到。

由（6-5-35）式可见，压力熔化边界层厚度正比于半径的平方根，并在圆周上保持不变，这与温差驱动的接触熔化时随圆周角 ϕ 变化的边界层厚度，即由（6-5-36）和（6-5-37）式得到的温差驱动时边界层厚度 δ_T

$$\delta_T = \left(\frac{1}{12}\right)^{1/4} \left(\frac{6\lambda_l \mu}{\rho L} \frac{\pi R^2 \Delta T_w}{F}\right)^{1/4} \frac{R^{1/2}}{\cos\phi} \tag{6-5-41}$$

不同。方程（6-5-35）与（6-5-41）表明，当 $\Delta T = \Delta T_w$ 时，压力接触熔化的球体底部的边界层厚度是温差接触熔化的 1.861 倍。

（3）（6-5-32）式是温差与压力同时作用下，球在冰上接触熔化运动所应满足的一个基本方程。将 $f(z) = (z^2 + b)^{1/4}$ 按级数展开，代入（6-5-32）式得

$$F = \pi R^2 a^{1/4} \int_0^1 (b^{1/4} + \tfrac{1}{4} b^{-3/4} z^2 - \tfrac{3}{32} b^{-7/4} z^4 + \tfrac{7}{128} b^{-11/4} z^6 - \tfrac{77}{2\,048} b^{-15/4} z^8) \mathrm{d}z - \pi R^2 A \Delta T_w$$

$$= \pi R^2 a^{1/4} (b^{1/4} + \tfrac{1}{12} b^{-3/4} - \tfrac{3}{160} b^{-7/4} + \tfrac{1}{128} b^{-11/4} - \tfrac{77}{18\,432} b^{-15/4} + \cdots) - \pi R^2 A \Delta T_w$$

$$= \pi R^2 A \Delta T_w \left(\frac{1}{12b} - \frac{3}{160b^2} + \frac{1}{128b^3} - \frac{77}{18\,432b^4} + \cdots\right) \tag{6-5-42}$$

其收敛条件为 $b \geqslant 1$。将水与冰的热物性： $\mu = 1.79 \times 10^{-3}$ kg/m·s， $\lambda_l = 0.56$ W/m·K， $\rho = 917$ kg/m³， $L = 333.4$ kJ/kg，及 $A = 13.6$ MPa/K 代入 b 定义式得

$$b \approx 7.782 \times 10^{-18} \left(\frac{\Delta T_w}{U\sqrt{R}}\right)^4 \tag{6-5-43}$$

式中 ΔT_w、U 与 R 的单位分别为 K、m/s 与 m。由（6-5-43）式知，当 $\left(\dfrac{\Delta T_w}{U\sqrt{R}}\right) \geqslant 1.89 \times 10^4$

时，（6-5-42）式即为近似解析解，可用于温差与压力同时作用时的接触熔化分析。

通过以上分析讨论表明[20]：（1）尽管冰的温差与压差为一线性关系，但压力与温差单独驱动下的各自熔化结果，不能通过简单地用压力与温差的替换来得到。（2）由于在温差驱动接触熔化中实际上同时还有压力对应的温差效应，因此，球的压力熔化速度要小于温差驱动接触熔化的速度。（3）混合驱动下的接触熔化要考虑温差与压力的相互作用，因此，其结果不是、也不可能用温差与压力单独驱动下各自熔化结果的叠加来得到。

三、有限长圆柱下

考虑如图 6-2-1 所示的熔化过程，半径为 R 的水平圆柱在力 F 作用下开始放在冰上，与冰接触的长为 W，且 $W/R \ll 1$。设圆柱与冰开始处于相同的温度 $T_0 = 0\,℃$ 近似等于水的三相点温度。在 $t > 0$ 时，一个恒定的力施加在圆柱上表面，冰在圆柱压力作用下其熔点要降低，并因温差而产生熔化，使圆柱以 U 速度均匀向下运动。假设：熔化的液体主要在圆周上、沿着轴向 z 流动。由于 $W/R \ll 1$，在 ϕ 方向的流动可忽略；熔化过程液体的流动，压力分布分别以 $z = 0$ 与 $\phi = 0$ 为对称；液膜层内温度由圆柱 T_0 到冰的熔化表面 $T_m(\mathrm{p})$，线性分布。其他假设同前。则液膜层内控制方程、边界条件与（6-5-21）～（6-5-23）式相同。而液膜层内质量守恒方程为

$$\int_0^\delta u\mathrm{d}s = \int_0^\phi UR\cos\theta\mathrm{d}\phi \tag{6-5-44}$$

由（6-5-21）～（6-5-23）与（6-5-44）式得

$$\frac{\partial p}{\partial z} = -24\frac{\mu U}{\pi\delta^3}z \tag{6-5-45}$$

将（6-5-27）式代入（6-5-45）式得

$$(p - p_0 + A\Delta T_w)^3 \frac{\partial(p - p_0 + A\Delta T_w)}{\partial z} = -\frac{24\mu U^4}{\pi}\left(\frac{\rho LA\cos\phi}{\lambda}\right)^3 z \tag{6-5-46}$$

对（6-5-46）式积分，并利用边界条件：$z = \pm W/2$ 时，$p = p_0$ 可得

$$p - p_0 = \left\{\frac{48U^4\mu\rho^3 L^3 A^3\cos^3\phi}{\pi\lambda^3}(W^2/4 - z^2) + \left(A\Delta T_w\right)^4\right\}^{1/4} - A\Delta T_w \tag{6-5-47}$$

作用在短轴上的力 F 为

$$F = 4R\int_0^{\pi/2}\left[\int_0^{W/2}(p - p_0)\mathrm{d}z\right]\cos\phi\mathrm{d}\phi \tag{6-5-48}$$

将（6-5-47）式代入（6-5-48）式，可求得

$$F = 4R\int_0^{\pi/2}\left\{\int_0^{W/2}\left[\frac{48\mu L^3\rho^3 A^3 U^4\cos^3\phi}{\lambda_t^3}(W^2/4 - z^2) + \left(A\Delta T_w\right)^4\right]^{1/4}\mathrm{d}z\right\}\cos\phi\mathrm{d}\phi - \pi RA\Delta T_w W$$

$$\tag{6-5-49}$$

令 $x = 2z/W$，$a = \dfrac{12\mu W^2 L^3\rho^3 A^3}{\lambda_t^3}$，代入（6-5-49）式得

$$F = 2WR \int_0^{\pi/2} \left\{ \int_0^1 \left[aU^4 \cos^3 \phi (1-x^2) + (A\Delta T_w)^4 \right]^{1/4} dx \right\} \cos \phi d\phi - \pi RWA\Delta T_w \quad (6-5-50)$$

由于 $f(x,\phi) = (\cos^3 \phi (1-x^2) + b)^{1/4} \cos \phi$ 为非初等函数，其积分没有显式解，因而需对（6-5-50）式进行数值积分。另外，将（6-5-48）式代入（6-5-46）式得

$$\delta = \frac{\lambda_l (a\cos^3 \phi (1-x^2) + (A\Delta T_w)^4)^{1/4}}{\rho LAU \cos \phi} \quad (6-5-51)$$

（1）当圆柱表面温度 $T_w = T_0$ 时，$\Delta T_w = 0$，接触熔化仅是压力驱动而产生。此时，由（6-5-50）与（6-5-51）式可得

$$F = 4Ra^{1/4} \int_0^{\pi/2} \left\{ \int_0^1 (\cos^3 \phi (1-x^2))^{1/4} dx \right\} \cos \phi d\phi \approx 2.02 RU \left(\frac{\mu^{1/3} W^2 \rho LA}{\lambda_l} \right)^{3/4} \quad (6-5-52)$$

$$\delta = 1.398 \left(\frac{\mu \lambda_l}{\rho LA \cos \phi} \right)^{1/4} W^{1/2} (1-x^2)^{1/4} \quad (6-5-53)$$

（6-5-52）与（6-5-53）式即为本章第二节单独考虑压力熔化时的结果。

（2）当外力较小或仅考虑温差时，由（6-5-28）式得

$$\delta = \frac{\lambda_l \Delta T_w}{\rho LU \cos \phi} \quad (6-5-54)$$

由（6-5-45）式与边界条件：$z = \pm W/2$ 时，$p = p_0$ 得

$$p - p_0 = \frac{12\mu U}{\pi \delta^3} \left(\frac{W^2}{4} - z^2 \right) \quad (6-5-55)$$

将（6-5-54）与（6-5-55）式代入（6-5-48）式积分后得

$$F = \frac{3\mu U^4 W^3 R}{4} \left(\frac{\rho L_m}{\lambda_l \Delta T_w} \right)^3 \quad (6-5-56)$$

（6-5-54）与（6-5-56）式即为第二章围绕圆柱有限长接触的温差熔化的结果，与 Morega 等[14]通过比较温差熔化与摩擦（耗散）熔化间的异同点，用摩擦熔化的结果通过相应项的替换直接得到的结果 $F = \dfrac{3\pi \mu U^4 W^3 R}{8} \left(\dfrac{\rho L_m}{\lambda_l \Delta T} \right)^3$ 不同。由（6-5-56）式可见，温差熔化速度正比于所施加平均外力 F 的 1/4 次方，与半径 R 的 1/4 次方成反比以及与圆柱宽度 W 的 3/4 次方成反比。可见，围绕圆柱有限长接触，温差熔化与压力熔化的影响规律是不同的。此外，由 Clausius-Clapeyron 关系式（6-5-27），通过平均外力 F 可以定义等价温差为

$$\Delta T = \overline{T_0 - T_m} = F / (2RWA) \quad (6-5-57)$$

将（6-5-57）式代入（6-5-52）式消去 A 得

$$F \approx 2.08 \mu U^4 W^3 R \left(\frac{\rho L}{\lambda_l \Delta T} \right)^3 \quad (6-5-58)$$

当 $\Delta T = \Delta T_w$，即压力产生的等效温差与实际真实温差相同时，由（6-5-56）与（6-5-58）式求得

$$U_T / U_p = 1.132 \tag{6-5-59}$$

（6-5-59）式表明，在相同的温差与外力条件下，围绕圆柱有限长接触，温差驱动熔化速度大于压力熔化速度，这与围绕其他形状体的接触熔化所得结果一致，如对围绕球体的接触熔化，有 $U_T / U_p = 1.241$。

以上分析讨论再次表明：（1）由于在温差驱动熔化中实际上还同时有压力对应的温差效应，因此，有限长圆柱的温差驱动接触熔化的速度要大于压力熔化速度。对其他形状体的接触熔化也有同样的结论。（2）冰围绕短圆柱在温差与压力共同作用下的接触熔化要考虑温差与压力的相互影响，尽管冰的温差与压差为一线性关系，但是，通过温差与压力单独驱动下各自熔化结果的叠加却得不到混合驱动下的结果。

第六节　滑动平板下摩擦与温差混合驱动的熔化

考虑滑动平板下相变材料由温差与摩擦共同驱动的接触熔化问题，其物理模型及坐标与图 6-4-2 相同。宽为 W、温度为 T_w 的平板在温度为 T_0 的相变材料上并受外力 F 作用下以均匀速度 V 滑动。假设被熔化的液体边界层厚度 δ 很薄，即 $\delta \ll W$。忽略边界层内惯性力与对流换热的影响，其他假设同前，则边界层内运动与连续方程为

$$\mu \frac{\partial^2 u}{\partial s^2} = \frac{dp}{dx} \tag{6-6-1}$$

$$\frac{\partial u}{\partial x} + \frac{\partial v}{\partial s} = 0 \tag{6-6-2}$$

相应的边界条件为

$$\left. \begin{array}{l} s=0: u=V, \ v=0 \\ s=\delta: u=0, \ v=-U \end{array} \right\} \tag{6-6-3}$$

式中，u、v 为熔化液体在 x、s 方向上的速度；p 为边界层内压力；μ 液体动力黏度；U 为相变材料的熔化速度，由图 6-4-2 可知 $U = V d\delta / dx$。由式（6-6-1）～（6-6-3）式可求得

$$u = \frac{1}{2\mu} \frac{dp}{dx} s(s-\delta) + V(1-s/\delta) \tag{6-6-4}$$

$$\frac{\delta^3}{\mu} \left(\frac{dp}{dx} \right) + 6V\delta = C \tag{6-6-5}$$

其中 C 为待定系数。作用在平板上的力 F 为

$$F = \int_0^W p \, dx \tag{6-6-6}$$

考虑摩擦耗散的边界层内能量守恒方程为

$$\lambda \frac{\partial^2 T}{\partial s^2} + \mu \left(\frac{\partial u}{\partial s} \right)^2 = 0 \tag{6-6-7}$$

将（6-6-3）式代入（6-6-7）式并积分后得

$$T = -\frac{\mu}{\lambda}\left[\frac{1}{4\mu^2}\left(\frac{dp}{dh}\right)^2\left(\frac{1}{3}s^4 - \frac{2\delta}{3}s^3 + \frac{\delta^2}{2}s^2\right) + \frac{1}{2}\left(\frac{V}{\delta}\right)^2 s^2 - \frac{V}{\mu\delta}\frac{dp}{dh}\left(\frac{1}{3}s^3 - \frac{\delta}{2}s^2\right)\right] + D_1 s + D_2$$

$$(6\text{-}6\text{-}8)$$

对等温平板表面，边界条件为：$s = \delta$ 时，$T = T_m$；$s = 0$ 时，$T = T_w$，可得边界层内温度分布为

$$T = \frac{1}{2\lambda}\left[\frac{1}{12\mu}\left(\frac{dp}{dh}\right)^2(\delta^3 s - 3\delta^2 s^2 + 4\delta s^3 - 2s^4) + \mu\left(\frac{V}{\delta}\right)^2(\delta s - s^2) + \frac{V}{3}\frac{dp}{dh}\left(\delta s - 3s^2 + \frac{2}{\delta}s^3\right)\right] +$$

$$(T_m - T_w)\frac{s}{\delta} + T_w \qquad (6\text{-}6\text{-}9)$$

在相变材料熔化界面上热平衡方程为

$$-\lambda(\partial T / \partial s)\big|_{s=\delta} = \rho L V(d\delta / dx) \qquad (6\text{-}6\text{-}10)$$

其中，λ、ρ、L 分别为相变材料的导热系数、密度、当量熔化潜热。将（6-6-9）式代入（6-6-10）式得

$$\frac{\delta^4}{24\mu}\left(\frac{dp}{dx}\right)^2 + \frac{\mu V^2}{2} - \frac{V\delta^2}{6}\frac{dp}{dx} + (T_w - T_m)\lambda = \delta\rho L V\frac{d\delta}{dx} \qquad (6\text{-}6\text{-}11)$$

定义以下无量纲参数

$$\delta^* = \frac{\delta}{W}; \quad x^* = \frac{x}{W}; \quad p^* = \frac{p}{F/W}; \quad V^* = \frac{V\mu}{F}; \quad f = \frac{F}{\rho L W}; \quad t = \frac{\lambda\mu(T_w - T_m)}{F^2}$$

则（6-6-5）、（6-6-6）与（6-6-11）式可写为

$$\delta^{*3}\left(\frac{dp^*}{dx^*}\right) + 6V^*\delta^* = C^* \qquad (6\text{-}6\text{-}12)$$

$$1 = \int_0^1 p^* dx^* \qquad (6\text{-}6\text{-}13)$$

$$\delta^{*4}\left(\frac{dp^*}{dx^*}\right)^2 + 12V^{*2} - 4V^*\delta^{*2}\frac{dp^*}{dx^*} + 24t - 24\frac{V^*}{f}\delta^*\frac{d\delta^*}{dx^*} = 0 \qquad (6\text{-}6\text{-}14)$$

其中，$C^* = 12\mu C/(FW)$ 为无量纲待定系数。平板滑动过程相变材料的质量熔化率为

$$M = \left(\rho\int_0^W\int_0^\delta u\,ds\,dx\right)/W \qquad (6\text{-}6\text{-}15)$$

将（6-6-4）、（6-6-5）式代入（6-6-15）式得无量纲的质量熔化率为

$$M^* = \frac{M}{\rho W V} = \int_0^1 \delta^* dx^* + \frac{C^*}{12V^*} \qquad (6\text{-}6\text{-}16)$$

（6-6-12）～（6-6-14）与（6-6-16）式即为描述摩擦与温差驱动接触熔化过程的基本方程[21]，其边界条件为：$x^* = 0$、1 时，$p^* = 0$，由此可求得熔化率、边界层厚度和压力。

以正十八烷为相变材料为例进行计算，其物性为：$T_m = 28\,℃$，$L = 224\text{ kJ/kg}$，

$\rho = 814 \text{ kg/m}^3$，$\lambda = 0.358 \text{ W}/(\text{m}\cdot\text{℃})$，$\mu = 3.9\times 10^{-3} \text{ kg}/(\text{m}\cdot\text{s})$。图 6-6-1～图 6-6-4 给出了由（6-6-12）～（6-6-14）式数值计算得到的无量纲边界层厚度和压力的分布曲线。图 6-6-1～图 6-6-2 表明，滑动过程边界层厚度是随平板的长度沿运动方向逐渐增加的，这与 Fowler 与 Bejan[4]考虑冰的压力与摩擦熔化时的结果类似。由图 6-6-1 与 V^* 的定义可知，边界层厚度的分布随着滑动速度 V 的增加而变得更加平坦；由图 6-6-2 与 t 的定义可知，边界层厚度随着温差 $(T_w - T_m)$ 的减小而减小，且变得平坦。当 $t = 0$ 时，熔化完全由摩擦引起，边界层厚度为一不变的直线，这与仅温差驱动的熔化结果相类似[22]。

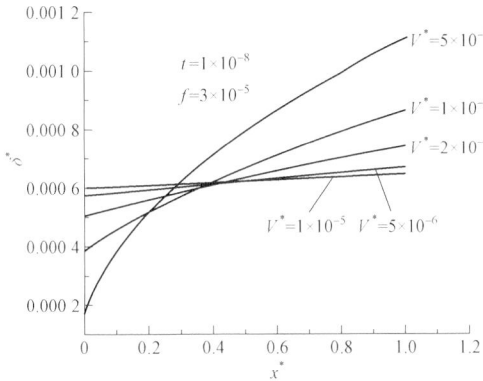

图 6-6-1　滑动速度对液膜厚度的影响

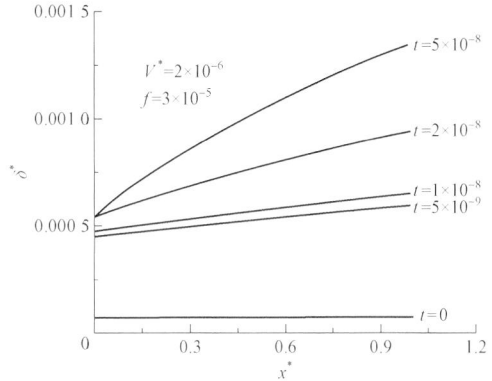

图 6-6-2　温差对液膜厚度的影响

由图 6-6-3～6-6-4 可见，边界层内压力分布是呈类似抛物线状，但最大值在靠近平板运动前沿侧，即在运动前沿较小的长度上压力变化剧烈。图 6-6-3 表明，随着滑动速度 V 的增加，压力分布曲线向平板后侧移动，且最大值减小。同样，由图 6-6-4 可见，压力分布随温差 $(T_w - T_m)$ 的变化规律与随滑动速度 V 的变化规律相反，即随着温差的减小，压力分布曲线向平板后侧移动，且最大值减小。但温度减小到一定值后，对压力分布曲线最大值影响较小。当 $t = 0$ 时，即为摩擦熔化结果，压力分布为一对称的抛物线，这也与仅温差驱动的熔化结果[10]相类似。

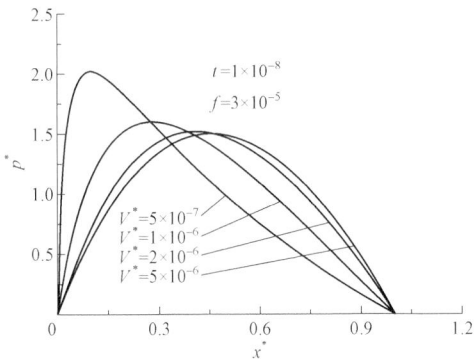

图 6-6-3　滑动速度对液膜压力的影响

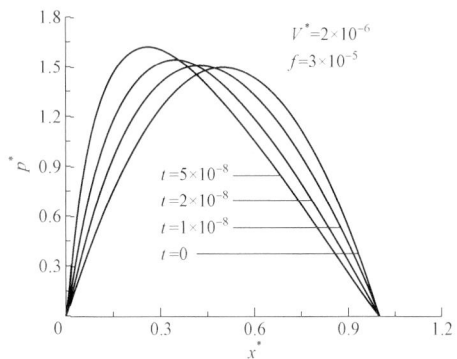

图 6-6-4　温差对液膜压力的影响

图 6-6-5～图 6-6-6 给出了由（6-6-16）式数值计算得到的熔化率（其中，为了真实反映滑动速度的影响，图 6-6-5 熔化率用 $M' = M^* V^*/(5\times 10^{-7})$ 来表示）。可见，熔化率随滑

动速度与温差的增加而增加，这是符合热量传递规律和现象的。例如，滑动速度的增加使摩擦耗散增加，从而有更多相变材料熔化。

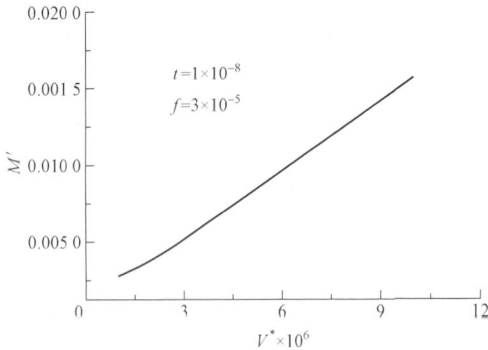

图 6-6-5　熔化率随滑动速度的变化

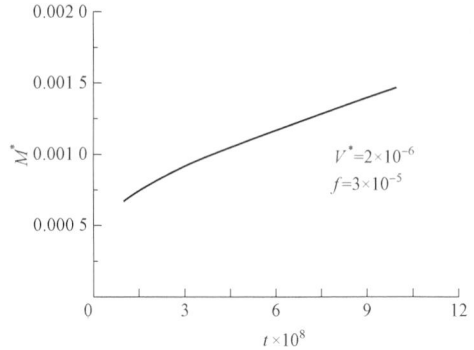

图 6-6-6　熔化率随温差的变化

以上分析表明：（1）温差和滑动速度是两个重要的影响因素。温差越大，熔化率和边界层厚度越大，压力分布越不对称。而滑动速度越大，熔化率越大，边界层厚度越平坦，压力分布越对称。（2）温差与摩擦共同作用下的接触熔化结果，不是温差与摩擦单独作用下接触熔化结果的简单叠加。

参考文献

[1] Bejan A，Tyvand P A. The pressure melting of ice under a body with flat base [J]. Journal of Heat Transfer，1992，114：529-531.

[2] Tyvand P A，Bejan A. The pressure melting of ice due to an embedded cylinder [J]. Journal of Heat Transfer，1992，114：532-535.

[3] Liu Feng，Chen Wenzhen，Meng Bin，et al. Unified analysis of pressure melting of ice around horizontal columns [J]. Progress in Natural Science，2007，17（3）：371-374.

[4] Fowler A J，Bejan A. Contact melting during sliding on ice [J]. International Journal of Heat and Mass Transfer，1993，36（5）：1171-1179.

[5] Bejan A. The fundamentals of sliding contact melting and friction [J]. Journal of Heat Transfer，1989，111：13-20.

[6] Taghavi K. Analysis of direct-contact melting under rotation [J]. Journal of Heat Transfer.1990，112：112-137.

[7] 陈文振，孙丰瑞，杨强生. 接触熔化的研究进展 [J]. 物理学进展，2001，21（3）：347-358.

[8] Chen Wenzhen，Yang Qiangsheng. The pressure melting of ice around the sphere and cylinder [C]. Proceedings of 11th International Heat Transfer Conference，Kyongju，Korea，August，1998.

[9] Emerman S H，Turcotte D L. Stokes problem with melting [J]. International Journal of Heat and Mass Transfer，1983，26（11）：1625-1630.

[10] Moallemi M K，Viskanta R. Melting around a migrating heat source [J]. Journal of Heat Transfer，

1985，107：451-459.

[11] Moallemi M K and Viskanta R. Experiments on flow induced by melting around a migrating heat source [J]. Journal of Fluid Mechanics，1985，157：35-51.

[12] Chen Wenzhen，Li Haofeng，Gao Ming，et al. The pressure melting of ice around a horizontal elliptical cylinder [J]. Heat and Mass Transfer，2005，42：138-143.

[13] Chen Wenzhen，Cheng Shangmo，Luo Zhen. An analytical solution of melting around a moving elliptical heat source [J]. Journal of Thermal Science，1994，3（1）：23-27.

[14] Morega A M，Filip A M，Bejan Λ，et al.Melting around a shaft rotating in a phase-change material [J]. International Journal of Heat and Mass Transfer，1993，36：2499-2509.

[15] 陈文振，李光华，朱波，等. 围绕椭圆柱温差驱动的有限长接触熔化 [J]. 太阳能学报，2003，24（3）：321-324.

[16] 陈文振，黎浩峰，高明，等. 冰绕椭圆柱有限长接触的压力熔化 [J]. 工程热物理学报，2005，26（6）：994-996.

[17] 陈文振，杨强生. 冰在平板下接触熔化的分析 [J]. 太阳能学报，1999，20（2）：162-166.

[18] 赵元松. 热驱动下固体相变材料接触熔化研究 [D]. 武汉：海军工程大学博士学位论文，2009.

[19] 陈文振，杨强生. 水平圆柱与平板下相变材料接触熔化的基本方程 [J]. 太阳能学报，1999，20（3）：284-289.

[20] 陈文振，黎浩峰，刘镇，等. 温差与压力驱动下球在冰中的接触熔化 [J]. 应用力学学报，2005，22（3）：356-358.

[21] Chen Wenzhen，Zhao Yuansong，Sun Fengrui，et al. Analysis of melting driven by friction and temperature difference under sliding plate [J]. Progress in Natural Science，2007，17（3）：366-370.

[22] 陈文振. 接触熔化过程固液相变传热的研究 [D]. 上海：上海交通大学博士后研究报告，1998：1-85.

第七章 接触熔化的有限时间热力学分析

1957 年 Novikov[1]和 1975 年 Curzon[2]分别导出了内可逆卡诺热机大输出功率时的效率界限，这标志着热力学一个新的学科分支，即有限时间热力学的诞生[3,4]，为具有有限速率和有限周期特征的热力过程提供了新的分析方法，例如热机、制冷机、热交换器等[5,6]，至今仍有不少学者对此进行研究。

前面几章我们着重从传热学的角度，以动量、能量及质量守恒方程为基础，对各种形状与边界条件加热时，相变材料的接触熔化进行了分析介绍。在本章我们将要以有限时间热力学的观点，对接触熔化问题进行分析介绍。

一个用于描述能量消耗或能量转换过程的热力学参量是熵产，它是由过程的不可逆性质引起的。因此，使熵产最小成为人们所追求的目标，例如，在经典的热力循环分析中，求熵产最小能使循环能量转换过程有最大的输出功或最小的输入功。这就是人们通常所说的"第二定律分析"，它已经大量地用于能量转换过程和实际装置，例如换热器，潜热利用，隔热、保温系统，太阳能，联合发电系统等。但是，这种分析的一个重要缺点是常常忽略与时间有关的因素。这就使得我们对接触熔化这样一个与时间有密切相关问题的有限时间热力学[7,8]分析显得很重要和必要。

Gordon 等曾对矩形腔内的一维非接触熔化（三面绝热，一面加热）进行过有限时间热力学分析[9]。不过由于他们假设了非接触熔化液体层内完全线性导热[10,11]，但已有理论分析与实验表明，非接触熔化以自然对流为主[12]，因此，所得结果有很大的局限性。本章介绍相变材料接触熔化过程的有限时间热力学分析。

第一节 矩形腔内接触熔化的热力学优化

一、底面加热的最小熵产方程

考虑封闭水平矩形腔内的接触熔化过程。矩形底面保持 $T_w(t)$ 对固体相变材料加热，其他壁面保持绝热。熔化过程各量与第三章第一节相同，且如图 3-1-2 所示，按该节前面几个步骤求有：

$$T(t) = T_w(t) + [T_m - T_w(t)]y / \delta \qquad (7\text{-}1\text{-}1)$$

$$\delta = Ste^* \rho^* \alpha_l \frac{\mathrm{d}t}{\mathrm{d}S} \qquad (7\text{-}1\text{-}2)$$

$$\frac{dS}{dt} = \frac{\alpha_l Ste^*}{W} \left[\frac{g^*(1-\rho^*)\rho^{*3} PrB}{Ste^*} \right]^{1/4} \left(1 - \frac{S}{H} \right)^{1/4} \tag{7-1-3}$$

其中，

$$Ste^* = \frac{c_p[T_w(t) - T_m]}{L_m}, \ g^* = \frac{gW^3}{v_l^2}, \ \rho^* = \frac{\rho_l}{\rho_s} \tag{7-1-4}$$

L_m 为熔化潜热； v_l 为液体运动粘度； α_l 为液体热扩散系数； Pr 为普朗特数。由（7-1-3）与（7-1-4）式得

$$T_w(t) = T_m + \frac{L_m}{c_p} \left\{ \frac{\dot{S}W^{5/4}}{\alpha_l[(H-S)g^*(1-\rho^*)\rho^{*3}Pr]^{1/4}} \right\}^{4/3} \tag{7-1-5}$$

熔化过程，单位接触面积的熵产率为

$$\dot{\sigma} = -\lambda \int_0^\delta \frac{\partial T}{\partial y} \frac{\partial(1/T)}{\partial y} dy = \lambda \int_0^\delta \frac{1}{T^2} \left(\frac{\partial T}{\partial y} \right)^2 dy > 0 \tag{7-1-6}$$

从熔化开始到 t 时刻，过程单位面积的熵产为

$$\sigma = \int_0^t \dot{\sigma} dt \tag{7-1-7}$$

有限时间热力学分析就是对（7-1-7）式进行优化，寻求合理的壁面加热温度的变化规律 $T_w(t)$，使得接触熔化过程的熵产最小（耗散最小）。由（7-1-1）式得

$$\frac{\partial T}{\partial y} = -[T_w(l) - T_m] / \delta \tag{7-1-8}$$

固体表面上的能量平衡方程为

$$\rho_s L_m \frac{dS}{dt} = -\lambda \frac{\partial T}{\partial y} \tag{7-1-9}$$

由（7-1-8）与（7-1-9）式得

$$\frac{\rho_s L_m \dot{S}}{\lambda} = \frac{T_w(t) - T_m}{\delta} \tag{7-1-10}$$

将（7-1-1），（7-1-8）与（7-1-10）式代入（7-1-6）式得

$$\dot{\sigma} = \lambda \left(\frac{\rho_s L_m}{\lambda} \frac{dS}{dt} \right)^2 \int_0^\delta \frac{1}{\left[T_m + \frac{\rho_s L_m \dot{S}}{\lambda}(\delta - y) \right]^2} dy$$

$$= \rho_s L_m \dot{S} \left[\frac{1}{T_m} - \frac{1}{T_m + \frac{\rho_s L_m \delta}{\lambda} \dot{S}} \right] = \rho_s L_m \dot{S} \left(\frac{1}{T_m} - \frac{1}{T_w} \right) \tag{7-1-11}$$

其中 $\dot{S} = dS/dt$，并利用了（7-1-10）关系式。将（7-1-11）代入（7-1-7）式得

$$\sigma = \int_0^t \rho_s L_m \dot{S} \left(\frac{1}{T_m} - \frac{1}{T_w} \right) dt \tag{7-1-12}$$

由 $T_w(t)$ 表达式（7-1-5）式知，（7-1-12）式是关于泛函

$$F(S, \dot{S}) = \dot{S}\left(\frac{1}{T_m} - \frac{1}{T_w}\right) \qquad (7\text{-}1\text{-}13)$$

的积分。现设定固体接触熔化在 t_f 时间内完成，要使熔化过程耗散最小，则要对 σ 求极小值。此时问题转化为求不动边界的泛函的极值。由于 F 是二阶可微分的，函数 $S(t)$ 是属于 C_2 类的函数，并满足边界条件 $S(0) = 0$，$S(t_f) = H_0$，其极值条件应满足下面的欧拉方程

$$F_S - \frac{\mathrm{d}}{\mathrm{d}t} F_{\dot{S}} = 0 \qquad (7\text{-}1\text{-}14)$$

由（7-1-13）与（7-1-5）式得

$$F_S = \frac{A}{T_w^2} \frac{\dot{S}^{7/3}}{3(H-S)^{4/3}} \qquad (7\text{-}1\text{-}15)$$

$$F_{\dot{S}} = \frac{1}{T_m} - \frac{1}{T_w} + \frac{4\dot{S}^{4/3}A}{3T_w^2(H-S)^{1/3}} \qquad (7\text{-}1\text{-}16)$$

$$\frac{\mathrm{d}}{\mathrm{d}t} F_{\dot{S}} = \frac{A}{T_w^2} \frac{\dot{S}}{3(H-S)^{1/3}} \left\{ 4\ddot{S} + \frac{\dot{S}^2}{H-S} - \frac{8\dot{S}A}{T_w}\left[\frac{4\dot{S}^{1/3}\ddot{S}}{3(H-S)^{1/3}} + \frac{\dot{S}^{7/3}}{3(H-S)^{4/3}}\right] + \frac{16}{3}\ddot{S} + \frac{4}{3}\frac{\dot{S}^2}{H-S}\right\}$$
$$(7\text{-}1\text{-}17)$$

其中，$\dot{S}$、$\ddot{S}$ 分别表示一、二阶导数。将（7-1-15）～（7-1-17）式代入（7-1-14）式并简化后得

$$7\ddot{S} + \frac{\dot{S}^2}{H-S} - \frac{8A\dot{S}^{4/3}\ddot{S}}{T_m(H-S)^{1/3} + \dot{S}^{4/3}A} - \frac{2A\dot{S}^{10/3}}{T_m(H-S)^{4/3} + \dot{S}^{4/3}A(H-S)} = 0 \qquad (7\text{-}1\text{-}18)$$

以上各式中

$$A = \frac{L_m W^{5/3}}{c_p \alpha^{4/3}[g^*(1-\rho^*)\rho^{*3}Pr]^{1/3}} \qquad (7\text{-}1\text{-}19)$$

（7-1-18）式是复杂的二阶非线性常微分方程，没有解析解，需由数值计算来求得。将求得的 S，$\dot{S}$ 分别代入相应的公式，即可得到问题的最优解。

二、优化分析

将（7-1-18）与（7-1-19）式转化为如下的一阶常微分方程组

$$\begin{cases} \dfrac{\mathrm{d}t}{\mathrm{d}t} = 1 \\ S = y_1 \\ \dfrac{\mathrm{d}y_1}{\mathrm{d}t} = y_2 \\ \dfrac{\mathrm{d}y_2}{\mathrm{d}t} = y_3 \end{cases} \qquad (7\text{-}1\text{-}20)$$

其中 y_3 为

$$y_3 = \frac{\dfrac{y_2^2}{H-y_1} - \dfrac{2Ay_2^{10/3}}{T_m(H-y_1)^{4/3} + y_2^{4/3}A(H-y_1)}}{\dfrac{8Ay_2^{4/3}}{T_m(H-y_1)^{1/3} + Ay_2^{4/3}} - 7}$$ （7-1-21）

（7-1-20）式可由龙格—库塔法进行数值计算，其相应的初、终值条件为

$$\left. \begin{array}{ll} t=0, & S=0 \quad (\text{或} S^*=0) \\ t=t_f, & S=H \quad (\text{或} S^*=1) \end{array} \right\}$$ （7-1-22）

由于采用龙格—库塔法计算时，需要一阶微分的初始值。因此，在计算中，不是预先给出 t_f 的值，而是给出 $t=0$ 时的壁温，并由（7-1-3）式求得初速度。则

$$y_2\big|_{t=0} = \frac{\alpha_l Ste_0^*}{W} \left[\frac{g^*(1-\rho^*)\rho^{*3}P_r B}{Ste_0^*} \right]^{1/4}$$ （7-1-23）

其中 Ste_0^* 为初始时的斯蒂芬数。为了便于比较，取与文献［13］对应的相变材料十八烷的两组参数（a）与（b）：

$$H=5\ \text{cm}；\quad W=4.5\ \text{cm}；\quad T_w\big|_{t=0}=30.5\ ℃；\quad \dot{S}\big|_{t=0}=0.94A^{-3/4}$$ （7-1-24）

$$H=4.2\ \text{cm}；\quad W=4\ \text{cm}；\quad T_w\big|_{t=0}=33.58\ ℃；\quad \dot{S}\big|_{t=0}=1.644A^{-3/4}$$ （7-1-25）

图 7-1-1 分别给出了（7-1-24）与（7-1-25）式两种条件下最优化熔化过程无量纲的固体高度 $H^*=(H\text{-}S)/W$ 随傅里叶数 Fo 的变化规律，并与恒壁温加热的接触熔化分析结果进行了比较（其中，点划线为最优熔化，点线与实线为恒壁温熔化的实验与计算结果）。由图可知，两种条件下，最优熔化的 H^* 均比恒壁温时的要小，且随着熔化的进行，这种差别逐渐增加。可将 H^* 与 Fo 表示为 $Fo=aH^{*3/4}+b$，则

$$|a| < \frac{4}{3}\left[\frac{g^*(1-\rho^*)\rho^{*3}Ste_0^*}{Pr} \right]^{1/4}$$

图 7-1-2 为最优与恒壁温加热时的无量纲熔化速度 U^*（见第三章第一节的定义）随 H^* 的变化曲线。由该图可知，最优熔化过程的速度要比恒壁温时的高。同时，对于不同的初

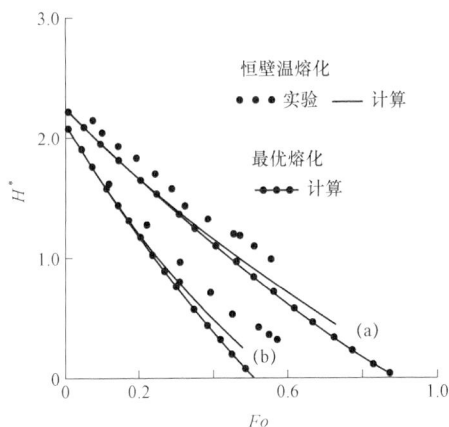

图 7-1-1 无量纲固体高度随傅里叶数的变化　图 7-1-2 无量纲熔化速度随无量纲固体高度变化

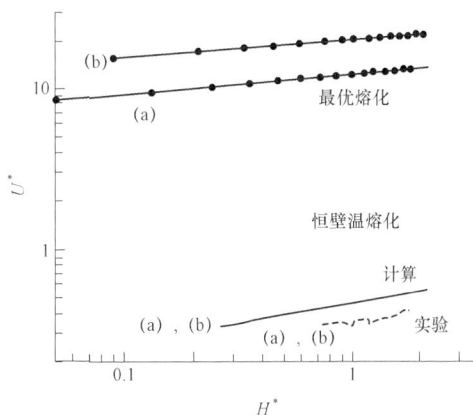

壁温，最优熔化速度有不同的值，即高的初壁温对应高的熔化速度，且随 H^* 的变化保持平行（注意为对数坐标中）。这与恒壁温熔化时，温度对 U^* 与 H^* 的变化关系没有影响不同[14,15]。另外，比较最优与恒壁温时熔化速度发现，二者基本保持平行，这表明最优熔化的 U^* 与 H^{*n} 呈线性关系，n 约为 1/4。

图 7-1-3 给出了熔化率 $V^*(=S/H)$ 随傅里叶数的变化曲线，可以看到，最优的熔化率要大于恒壁温时的值，且初始温度对它们的影响规律类似。最优熔化率在开始阶段（约占 1/3）与恒壁温时非常接近，只是熔化后期出现增加的趋势，与 H^* 随 Fo 变化曲线类似，这是由于最优熔化的壁温变化不明显。如图 7-1-4 所示，在 $(2/3)\,t_f$ 时间内不超过 2 ℃，此后才出现了大幅度的增加。

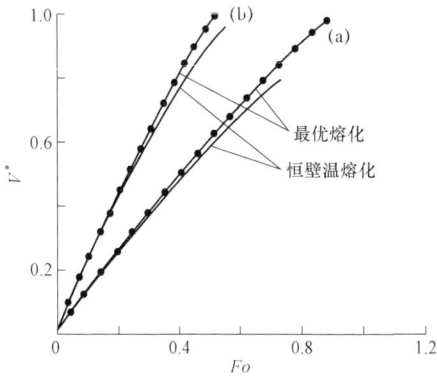

图 7-1-3 熔化率随傅里叶数的变化　　　　图 7-1-4 壁面温度随傅里叶数的变化

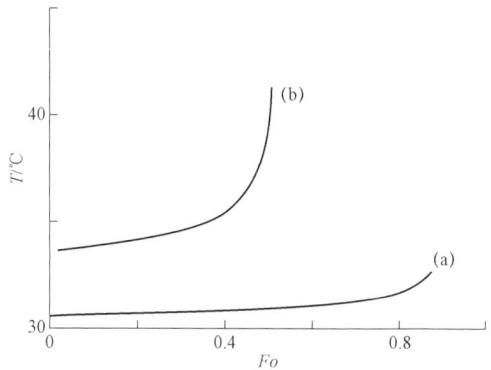

第二节　圆管内接触熔化的热力学优化

前面介绍矩形腔内的接触熔化过程的接触面积是不变的，较之不同且复杂的是管内接触熔化过程的接触面积是不断减少的。这里将进一步对相变材料在水平圆管内的接触熔化过程进行热力学分析。

一、管内加热的最小熵产方程

考虑相变材料在水平圆管内的接触熔化过程如图 7-2-1 所示。温度为熔点 T_m 的相变材料受半径为 R、温度为 T_w 的水平圆管内壁加热作用，以速度 U 向下熔化运动，因为被熔化的液膜层厚度 δ 很薄，即 $\delta \ll R$，可忽略液膜层内惯性力与对流换热的影响，其温度为线性分布，其他假设同第三章第二节，则可以求得到温度分布 T，无量纲的液膜层厚度 δ^*、熔化速度

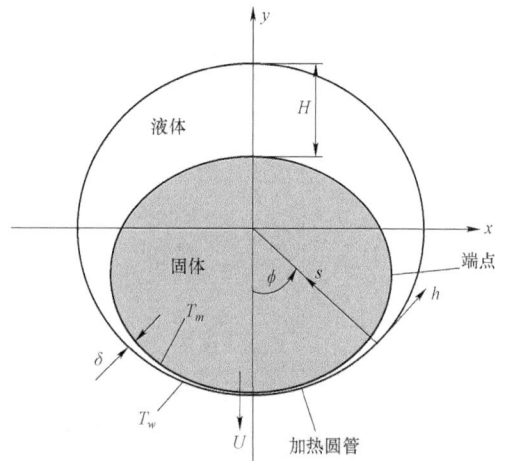

图 7-2-1 圆管内熔化的物理模型

U^*、相变材料的熔化率 V^*、熔化过程的平均 $Nusselt$ 数 $\overline{Nu}$ 分别为

$$T = T_w + (T_m - T_w)s / \delta \tag{7-2-1}$$

$$\delta^* = \frac{\rho^*}{2\cos\phi U^*} \tag{7-2-2}$$

$$U^* = dH^* / d\tau = 0.402\left(\frac{PrAr\rho^{*3}}{Ste}\right)^{1/4}[0.81 + 0.26H^* + 0.2H^{*2}]^{-1} \tag{7-2-3}$$

$$V^* = 1 - \frac{V_s}{\pi R^2} = 2(\arcsin H^* + H^*\sqrt{1 - H^{*2}}) / \pi \tag{7-2-4}$$

$$\overline{Nu} = \frac{2\sqrt{1 - H^{*2}}}{\pi\rho^*}\frac{dH^*}{d\tau} \tag{7-2-5}$$

式中，V_s 为固体的面积，各无量纲参数为：

$$\delta^* = \delta / R ; \quad H^* = 0.5H / R ; \quad \rho^* = \rho_l / \rho_s ; \quad Ste = c_p(T_w - T_m) / L_m ;$$

$$\tau = \frac{c_p(T_w - T_m)}{L_m}\frac{at}{R^2} ; \quad Ar = \frac{g(\rho_s - \rho_l)R^3}{\rho_s v^2} ; \quad Pr = \frac{v}{a} ; \tag{7-2-6}$$

μ、ρ_l、ρ_s、L_m、c_p、v、a 分别为相变材料液体动力黏度、液体密度、固体密度、熔化潜热、定压比热、运动黏度、热扩散系数。由（7-2-1）～（7-2-3）式得：

$$T_w = T_m + \frac{L_m}{c_p}\left[\frac{R^2}{\alpha}\left(\frac{1}{PrAr\rho^{*3}}\right)^{1/4}(2 + 0.647H^* + 0.5H^{*2})\frac{dH^*}{dt}\right]^{4/3} \tag{7-2-7}$$

熔化过程，单位面积的熵产率为

$$\dot{\sigma} = -\lambda\int_0^\delta \frac{\partial T}{\partial s}\frac{\partial(1/T)}{\partial s}ds = \lambda\int_0^\delta \frac{1}{T^2}\left(\frac{\partial T}{\partial s}\right)^2 ds > 0 \tag{7-2-8}$$

从熔化开始到 t 时刻，相变材料熔化界面变为

$$A = \int_0^{\phi_A} 2\pi R^2 \sin\phi d\phi \tag{7-2-9}$$

其中，ϕ_A 为 t 时刻固体相变材料的端点角（$0 < \phi_A < 90$，$0 \leq \phi \leq \phi_A$），由图 7-2-1 中的几何条件可知它满足

$$\cos(\phi_A) = H / (2R) = H^* \tag{7-2-10}$$

则从熔化开始到 t 时刻，过程的熵产为

$$\sigma = \int_0^t A\dot{\sigma}dt \tag{7-2-11}$$

接触熔化热力学优化就是对（7-2-11）式进行优化，寻求合理的壁面加热温度 T_w 的变化规律，使得接触熔化过程的熵产（耗散）最小。由（7-2-1）式得

$$\partial T / \partial s = (T_m - T_w) / \delta \tag{7-2-12}$$

将（7-2-1）与（7-2-12）式代入（7-2-8）式得

$$\dot{\sigma} = 2R\rho_s L_m \cos\phi\left(\frac{1}{T_m} - \frac{1}{T_w}\right)\frac{dH^*}{dt} \tag{7-2-13}$$

将（7-2-9）与（7-2-13）式代入（7-2-11）式得熵产

$$\sigma = 4\pi R^3 \rho_s L_m \int_0^t \int_0^{\phi_A} \sin\phi\cos\phi \left(\frac{1}{T_m} - \frac{1}{T_w}\right)\frac{dH^*}{dt}d\phi dt =$$

$$2\pi R^3 \rho_s L_m \int_0^t \left(\frac{1}{T_m} - \frac{1}{T_w}\right)(1 - H^{*2})\frac{dH^*}{dt}dt \qquad (7\text{-}2\text{-}14)$$

由 T_w 的表达式（7-2-7）可知，（7-2-14）式是关于泛函

$$F\left(H^*, \frac{dH^*}{dt}\right) = (1 - H^{*2})\frac{dH^*}{dt}\left(\frac{1}{T_m} - \frac{1}{T_w}\right) \qquad (7\text{-}2\text{-}15)$$

的积分。现假定固体接触熔化过程在 t_f 时间内完成，要使熔化过程耗散最小，则要对 σ 求极小值。此时问题转化为求不动边界的泛函的极值。由于 F 是二阶可微分的，H^* 是属于 C_2 类的函数，并满足边界条件 $H^*\big|_{t=0} = 0$，$H^*\big|_{t=t_f} = 1$，其极值条件应该满足以下欧拉方程

$$F_{H^*} - dF_{H^{*'}}/dt = 0 \qquad (7\text{-}2\text{-}16)$$

其中 $F_{H^*} = \partial F/\partial H^*$，$H^{*'} = \partial H^*/\partial t$，$F_{H^{*'}} = \partial F/\partial H^{*'}$。利用（7-2-7）与（7-2-15）式可求得

$$F_{H^*} = -2H^*H^{*'}\left(\frac{1}{T_m} - \frac{1}{T_w}\right) + \frac{4B(H^{*'})^{7/3}}{3T_w^2}(1 - H^{*2})(0.647 + H^*)(H_1^*)^{1/3} \qquad (7\text{-}2\text{-}17)$$

$$F_{H^{*'}} = (1 - H^{*2})\left(\frac{1}{T_m} - \frac{1}{T_w}\right) + \frac{4B(H^{*'})^{4/3}}{3T_w^2}(1 - H^{*2})(H_1^*)^{4/3} \qquad (7\text{-}2\text{-}18)$$

$$dF_{H^{*'}}/dt = -2H^*H^{*'}\left(\frac{1}{T_m} - \frac{1}{T_w}\right) + \frac{4B(H^{*'})^{1/3}}{3T_w^2}(1 - H^{*2})(H_1^*)^{1/3}[(0.647 + H^*)(H^{*'})^2 + H_1^*H^{*''}] +$$

$$\frac{4B(H^{*'})^{1/3}}{3T_w^2}\left(\frac{4}{3}(1 - H^{*2})(H_1^*)^{4/3}H^{*''} - \frac{8B(H^{*'})^{4/3}}{3T_w}(1 - H^{*2})(H_1^*)^{5/3}[(0.647 + H^*)(H^{*'})^2 + \right.$$

$$\left. H_1^*H^{*''}] - 2H^*(H^{*'})^2(H_1^*)^{4/3} + \frac{4}{3}(H^{*'})^2(1 - H^{*2})(0.647 + H^*)(H_1^*)^{1/3}\right) \qquad (7\text{-}2\text{-}19)$$

其中 $B = \frac{L_m}{c_p}\left[\frac{R^2}{\alpha}\left(\frac{1}{PrAr\rho^{*3}}\right)^{1/4}\right]^{4/3}$，$H_1^* = 2 + 0.647H^* + 0.5H^{*2}$，$H^{*''} = dH^{*'}/dt$。将（7-2-17）与（7-2-19）式代入（7-2-16）式得

$$(H^{*'})^2(1 - H^{*2})(0.647 + H^*) = (1 - H^{*2})[(0.647 + H^*)(H^{*'})^2 + H_1^*H^{*''}] + \frac{4}{3}(1 - H^{*2})(H_1^*)H^{*''} -$$

$$\frac{8B(H^{*'})^{4/3}}{3T_w}(1 - H^{*2})(H_1^*)^{4/3}[(0.647 + H^*)(H^{*'})^2 + H_1^*H^{*''}] -$$

$$2H^*H_1^*(H^{*'})^2 + \frac{4}{3}(H^{*'})^2(1 - H^{*2})(0.647 + H^*) \qquad (7\text{-}2\text{-}20)$$

（7-2-20）式即为水平圆管内最优接触熔化所应满足的二阶非线性常微分方程，没有解析

解，需由数值计算来求 H^*、$H^{*'}$，分别代入相应的公式，即可获得问题的最优解[16]。

二、最优熔化

对恒壁温加热熔化过程，由（7-2-2）～（7-2-5）式可得

$$\delta^* = \frac{\rho^*}{\cos\phi}\left(\frac{Ste}{PrAr\rho^{*3}}\right)^{1/4}[1+0.32H^*+0.24H^{*2}], \quad 0 \leqslant \phi \leqslant \phi_A \quad （7\text{-}2\text{-}21）$$

$$t = 2\frac{R^2}{\alpha}\left(\frac{Ste}{PrAr}\right)^{0.25}\rho^{*-0.75}(H^*+0.161H^{*2}+0.082H^{*3}) \quad （7\text{-}2\text{-}22）$$

$$V^* = 2(\arcsin H^* + H^*\sqrt{1-H^{*2}})/\pi \quad （7\text{-}2\text{-}23）$$

$$\overline{Nu} = 0.2\left(\frac{PrAr}{Ste\rho^*}\right)^{0.25}\frac{\sqrt{1-H^{*2}}}{0.63+0.2H^*+0.16H^{*2}} \quad （7\text{-}2\text{-}24）$$

并可由（7-2-14）式求得

$$\sigma = 2\pi R^3\rho_s L_m(1/T_m-1/T_w)(H^*-H^{*3}/3) = 0.789\,83(H^*-H^{*3}/3) \quad （7\text{-}2\text{-}25）$$

取正十八烷为相变材料初始温度 $T_0 = 26\,℃$，其热物性为：$T_m = 28\,℃$，$L_m = 224\,kJ/kg$，$\rho_s = 814\,kg/m^2$，$\rho_l = 793-0.26(T_w+T_m)\,kg/m^2$，$c_p = 2.15\,kJ/kg\cdot K$，$\alpha = 8.8\times10^{-8}\,m^2/s$，$Pr = 56$。其他条件为：$R = 0.05\,m$，工况 a：$T_w = 33\,℃$，工况 b：$T_w = 38\,℃$。图 7-2-2～图 7-2-5 给出了由数值计算得到的最优结果（实线）与（7-2-21）～（7-2-25）式所得结果（虚线）的分布曲线。图 7-2-2 表明，两种工况下，最优熔化过程的无量纲液体高度均比恒壁温时的小，且随着熔化的进行，这种差别先增加后减小。而由图 7-2-3 不难看出，最优熔化过程壁面温度是逐渐增加的，在一定时间内（约 3/4）要低于 T_w，在熔化后期有一个快速增加的过程。这是因固体相变材料随熔化进行，重力减小而使液膜层厚度 δ 快速增加造成的（参见图 7-2-4）。由于熔化后期，接触熔化的传热理论分析结果（7-2-1）～（7-2-5）式会出现较大的误差，相应地会带来热力学分析结果的误差。图 7-2-4 给出了某一位置无量纲液膜层厚度的变化规律，与壁面温度类似。

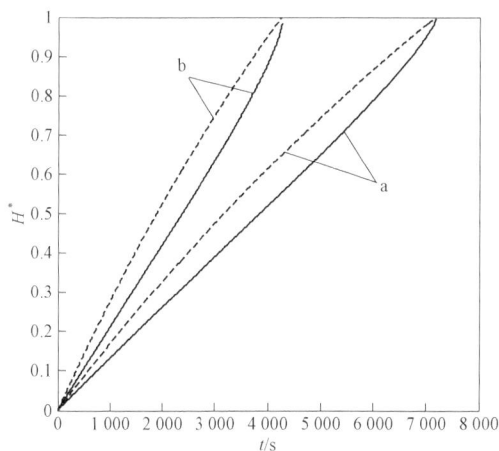

图 7-2-2　无量纲液体高度随时间的变化

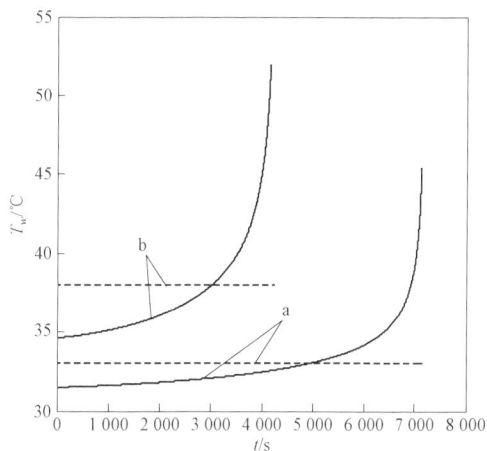

图 7-2-3　壁面温度随时间的变化

213

图 7-2-5 与图 7-2-6 分别给出熔化率与熵产随时间的变化曲线。可以看出，最优熔化过程的熔化率与熵产一直比恒壁温时的小，且基本上是线性增加的。图 7-2-7 为平均 Nu 数的变化规律，与前面情况相反，最优熔化过程的 Nu 数比恒壁温时的大。

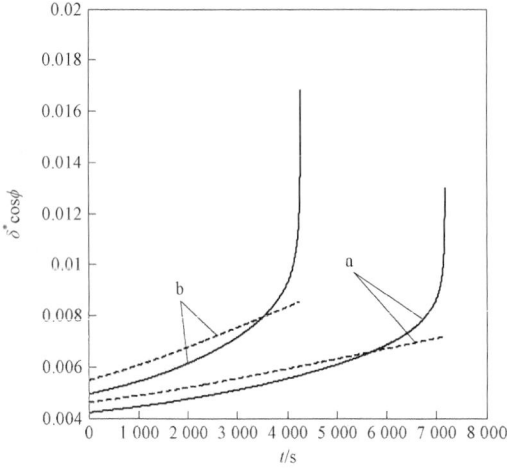

图 7-2-4　无量纲液膜层厚度的变化

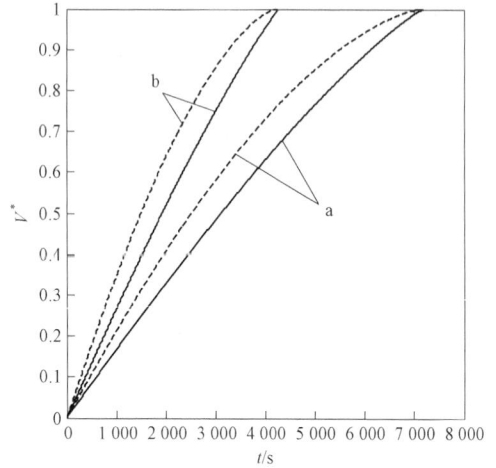

图 7-2-5　熔化率的变化

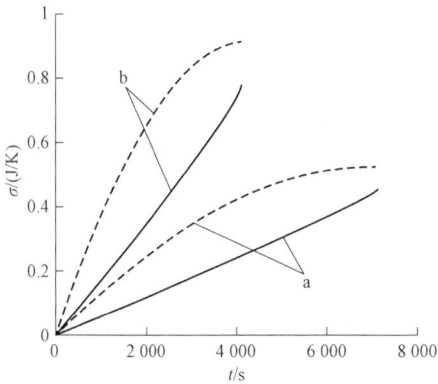

图 7-2-6　熵产随时间的变化

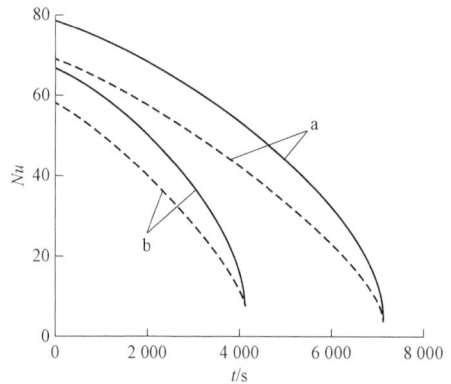

图 7-2-7　Nu 数随时间的变化

第三节　圆球内接触熔化的热力学优化

一、球内加热的最小熵产方程

考虑相变材料在圆球内的接触熔化过程，其剖面图示与图 7-2-1 相同。基本假设同上，则可以求得到温度分布、无量纲液膜层厚度、熔化速度、相变材料的熔化率分别为

$$T = T_w + (T_m - T_w)s/\delta \tag{7-3-1}$$

$$\delta^* = \frac{\rho^*}{2\cos\phi U^*} \tag{7-3-2}$$

$$U^* = \mathrm{d}H^* / \mathrm{d}\tau = (Pr\overline{Ar} / 12Ste)^{1/4} \rho^* [0.841 + 0.3H^* + 0.42H^{*2} - 0.147H^{*3}]^{-1} \quad (7\text{-}3\text{-}3)$$

$$V^* = 1 - \frac{V_s}{\pi R^2} = (3H^* - H^{*3}) / 2 \quad (7\text{-}3\text{-}4)$$

式中，V_s 为固体的体积。各无量纲参数与上节类似，为 $\delta^* = \delta / R$；$H^* = 0.5H / R$；$\rho^* = \rho_l / \rho_s$；$L_m = L + c_p(T_m - T_0)$；$Ste = c_p(T_w - T_m) / L_m$；$\tau = \dfrac{c_p(T_w - T_m)}{L_m}\dfrac{at}{R^2}$；$Ar = \dfrac{g(\rho_s - \rho_l)R^3}{\rho_s v^2}$；$\overline{Ar} = (1 - \rho^*)g(2R)^3 / (8\rho^* v_l^2) = Ar / \rho^*$；$Pr = v / a$.

而 μ、ρ_l、ρ_s、L_m、c_p、v、a 分别为相变材料液体动力黏度、液体密度、固体密度、当量熔化潜热、液体比定压热容、运动黏度、热扩散系数。由（7-3-3）式得

$$T_w = T_m + \frac{L_m}{c_p}\left[\frac{R^2}{\alpha\rho^*}\left(\frac{1}{Pr\,Ar}\right)^{1/4}(1.565 + 0.559H^* + 0.782H^{*2} - 0.274H^{*3})\frac{\mathrm{d}H^*}{\mathrm{d}t}\right]^{4/3} \quad (7\text{-}3\text{-}5)$$

熔化过程，单位面积的熵产率为

$$\dot{\sigma} = -\lambda\int_0^\delta \frac{\partial T}{\partial s}\frac{\partial(1/T)}{\partial s}\mathrm{d}s = \lambda\int_0^\delta \frac{1}{T^2}\left(\frac{\partial T}{\partial s}\right)^2 \mathrm{d}s > 0 \quad (7\text{-}3\text{-}6)$$

从熔化开始到 t 时刻，相变材料熔化界面变为

$$\mathrm{d}A = 2\pi R^2 \sin\phi\,\mathrm{d}\phi，\text{ 或 } A = \int_0^{\phi_A} 2\pi R^2 \sin\phi\,\mathrm{d}\phi \quad (7\text{-}3\text{-}7)$$

其中，ϕ_A 为 t 时刻固体相变材料的端点角，由图 7-2-1 中的几何条件可知它满足

$$\cos(\phi_A) = H / (2R) = H^* \quad (7\text{-}3\text{-}8)$$

则从熔化开始到 t 时刻，过程的熵产为

$$\sigma = \int_0^t \int_0^{\phi_A} \dot{\sigma}\mathrm{d}A\mathrm{d}t \quad (7\text{-}3\text{-}9)$$

为了寻求合理的壁面加热温度 T_w 的变化规律，使得接触熔化过程的熵产（耗散）最小，需要对（7-3-9）式进行热力学优化。由（7-3-1）式得

$$\partial T / \partial s = (T_m - T_w) / \delta \quad (7\text{-}3\text{-}10)$$

将（7-3-1）与（7-3-2）式代入（7-3-6）式得

$$\dot{\sigma} = 2R\rho_s L_m \cos\phi(1/T_m - 1/T_w)\mathrm{d}H^* / \mathrm{d}t \quad (7\text{-}3\text{-}11)$$

将（7-3-7）与（7-3-11）式代入（7-3-9）式得

$$\sigma = 2\pi R^3 \rho_s L_m \int_0^t [(1/T_m - 1/T_w)(1 - H^{*2})\mathrm{d}H^* / \mathrm{d}t]\mathrm{d}t \quad (7\text{-}3\text{-}12)$$

由 T_w 的表达式（7-3-5）可知，（7-3-12）式是关于泛函

$$F(H^*, \mathrm{d}H^* / \mathrm{d}t) = (1 - H^{*2})(\mathrm{d}H^* / \mathrm{d}t)(1/T_m - 1/T_w) \quad (7\text{-}3\text{-}13)$$

的积分。（7-3-9）～（7-3-13）式与（7-2-11）～（7-2-15）式类似，只是熔化速度、熔化率不同。现假定固体接触熔化过程在 t_f 时间内完成，要使熔化过程耗散最小，则要对 σ 求

极小值，其极值条件应该满足以下欧拉方程

$$F_{H^*} - \mathrm{d}F_{H^{*'}} / \mathrm{d}t = 0 \tag{7-3-14}$$

方程（7-3-14）的边界条件为 $H^*\big|_{t=0} = 0$，$H^*\big|_{t=t_f} = 1$，其中 $F_{H^*} = \partial F / \partial H^*$，$H^{*'} = \partial H^* / \partial t$，$F_{H^{*'}} = \partial F / \partial H^{*'}$。利用（7-3-5）与（7-3-13）式可求得

$$F_{H^*} = -2H^* H^{*'}\left(\frac{1}{T_m} - \frac{1}{T_w}\right) + \frac{4B(H^{*'})^{7/3}}{3T_w^2}(1 - H^{*2})(0.559 + 1.564H^* - 0.822H^{*2})(H_1^*)^{1/3} \tag{7-3-15}$$

$$F_{H^{*'}} = (1 - H^{*2})\left(\frac{1}{T_m} - \frac{1}{T_w}\right) + \frac{4B(H^{*'})^{4/3}}{3T_w^2}(1 - H^{*2})(H_1^*)^{4/3} \tag{7-3-16}$$

$$\mathrm{d}F_{H^{*'}} / \mathrm{d}t = -2H^* H^{*'}(1/T_m - 1/T_w) + 4B(H^{*'})^{1/3}(1 - H^{*2})(H_1^*)^{1/3}[(0.559 + 1.564H^* -$$
$$0.822H^{*2})(H^{*'})^2 + H_1^* H^{*''}]/(3T_w^2) + \frac{4B(H^{*'})^{1/3}}{3T_w^2}\left(\frac{4}{3}(1 - H^{*2})(H_1^*)^{4/3} H^{*''} - \frac{8B(H^{*'})^{4/3}}{3T_w}\right.$$
$$(1 - H^{*2})(H_1^*)^{5/3}[(0.559 + 1.564H^* - 0.822H^{*2})(H^{*'})^2 + H_1^* H^{*''}] - 2H^*(H^{*'})^2$$
$$\left.(H_1^*)^{4/3} + \frac{4}{3}(H^{*'})^2(1 - H^{*2})(0.559 + 1.564H^* - 0.822H^{*2})(H_1^*)^{1/3}\right) \tag{7-3-17}$$

其中 $B = \dfrac{L_m}{c_p}\left[\dfrac{R^2}{\alpha\rho^*}\left(\dfrac{1}{\overline{Pr\,Ar}}\right)^{1/4}\right]^{4/3}$，$H_1^* = 1.565 + 0.559H^* + 0.782H^{*2} - 0.274H^{*3}$，$H^{*''} = \mathrm{d}H^{*'}/\mathrm{d}t$。
将（7-3-15）与（7-3-17）式代入（7-3-14）式得

$$(H^{*'})^2(1 - H^{*2})(0.559 + 1.564H^* - 0.822H^{*2}) = (1 - H^{*2})[(0.559 + 1.564H^* - 0.822H^{*2})(H^{*'})^2 +$$
$$H_1^* H^{*''}] + \frac{4}{3}(1 - H^{*2})(H_1^*)H^{*''} - \frac{8B(H^{*'})^{4/3}}{3T_w}(1 - H^{*2})(H_1^*)^{4/3}[(0.559 + 1.564H^* - 0.822H^{*2})(H^{*'})^2 +$$
$$H_1^* H^{*''}] - 2H^* H_1^*(H^{*'})^2 + \frac{4}{3}(H^{*'})^2(1 - H^{*2})(0.559 + 1.564H^* - 0.822H^{*2}) \tag{7-3-18}$$

（7-3-18）式即为圆球内最优接触熔化所应满足的二阶非线性常微分方程，没有解析解，需由数值计算来求 H^*、$H^{*'}$，分别代入相应的公式，即可获得问题的最优解。

二、优化结果与讨论

（1）对没有进行热力学优化的恒壁温加热熔化过程，由（7-3-2）、（7-3-3）、（7-3-4）与（7-3-12）式求得

$$\delta^* = \frac{1}{\cos\phi}\left(\frac{Ste}{\overline{Pr\,Ar}}\right)^{1/4}[0.783 + 0.279H^* + 0.391H^{*2} - 0.137H^{*3}], \quad 0 \leqslant \phi \leqslant \phi_A \tag{7-3-19}$$

$$t = \frac{R^2}{\alpha\rho^*}\left(\frac{1}{\overline{Ste^3 Pr\,Ar}}\right)^{1/4}[1.565H^* + 0.279H^{*2} + 0.254H^{*3} - 0.068H^{*4}] \tag{7-3-20}$$

$$V^* = (3H^* - H^{*3})/2 \qquad (7\text{-}3\text{-}21)$$

$$\sigma = 2\pi R^3 \rho_s L_m (1/T_m - 1/T_w)(H^* - H^{*3}/3) \qquad (7\text{-}3\text{-}22)$$

以上各式即为从传热学角度分析的结果，为圆球内接触熔化的解析表达式[17,18]。

（2）为了数值求得热力学优化的结果，同样取正十八烷为相变材料，其热物性同上节，其他条件为：$R = 0.05\ \text{m}$，$T_0 = T_m$，$T_w = 33\ ℃$。对于二阶微分方程（7-3-18），初始条件：（a）$t = 0$，$H^* = 0$；$t = 5\,470.85$，$H^* = 1$；（b）$t = 0$，$H^* = 0$；$t = 3\,254.09$，$H^* = 1$。取 $H = H*$，有

$$f_1(H) = 0.559 + 1.564H^* - 0.822H^{*2}$$

$$f_2(H) = 1.565 + 0.559H^* + 0.782H^{*2} - 0.274H^{*3}$$

则（7-3-18）式可表示为：

$$7(1 - H^2)f_2(H)H''/3 + 4(H')^2(1 - H^2)f_1(H) - 2Hf_2(H)(H')^2/3$$
$$- \frac{500\,102(H')^{4/3}}{301 + 187\,538.3[f_2(H)H']^{4/3}}(1 - H^2)f_2(H)^{4/3}[f_1(H)(H')^2 + f_2(H)H''] = 0 \qquad (7\text{-}3\text{-}23)$$

可见，该方程为二阶边值问题，此类微分方程的求解可用打靶方法（Shooting Method）或者是有限差分法（Finite Difference Method）。考虑到方程（7-3-23）具有 $(H')^2$ 和 $(H')^{4/3}$ 等非线性项，因此不适合用有限差分法。运用打靶方法求解的思路是首先假定一个边界点处 $H'(t_f)$，解以 $[H(t_f)，H'(t_f)]$ 为初值条件的微分方程，然后调整 $H'(t_f)$ 的值，重复求解新的微分方程，直到所得的解另一边值与所给边值相等（以一定精度接近），则得到方程的解。

对于上述方程，以 $t = 0$ 的点为 t_f，采用四阶龙格—库塔（Runge-Kutta）的方法对所得的微分方程进行求解。对于 $H'(t_f)$，其最初假定值可先选取通过初始条件给定两点的直线的斜率，其变化量可根据求解由上次 $H'(t_f)$ 值与 t_f 所确定的微分方程而决定增加或减小，其绝对值大小可根据要求求解的精度决定。

在对初始条件 a 进行求解时，对 $H'(t_f)$ 的值做出最初假定，并求解它所确定的微分方程后，逐步减小了 $H'(t_f)$ 变化量的绝对值，并适当地增加了迭代的次数，使所得结果的精度得到提高；而在对初始条件 b 进行求解时，运用 a 的结果，由于两组初始条件的方程形式相同，其解也应具有相同的形式，经过分析之后，直接在可能得到精确解的 $H'(t_f)$ 附近取 $H'(t_f)$ 的微小增量进行迭代，得到精确解，大大节省了计算量和计算时间。

根据上述求解思想，可以运用 MATLAB 对方程进行求解。图 7-3-1～图 7-3-5 给出了由数值计算得到的最优结果（实线）与（7-3-19）～（7-3-22）式所得结果（虚线）的分布曲线，左边为 a 工况、右边为 b 工况。图 7-3-1 表明，两种工况下，最优熔化过程的无量纲液体高度均比恒壁温时的小，且随着熔化的进行，这种差别先增加后减小。图 7-3-2 给出了某一位置无量纲液膜层厚度的变化规律，不难看出，最优熔化过程液膜层厚度是逐渐增加的，在一定时间内（约 3/4）要低于没有优化的结果，在熔化后期有一个快速增加的过程，这是因固体相变材料随熔化的进行，重力减小而使液膜层厚度 δ 快速增加。由于熔化后期，接触熔化的传热理论分析结果（7-3-1）～（7-3-5）式会出现较大的误差，相

应地会带来热力学分析结果的误差。图 7-3-3 给出了壁面加热温度 T_w 的变化规律，与无量纲液膜层厚度类似。

图 7-3-4 与图 7-3-5 分别给出熔化率与熵产随时间的变化曲线。可以看出，最优熔化过程的熔化率与熵产一直比恒壁温时的小，且基本上是线性增加的。

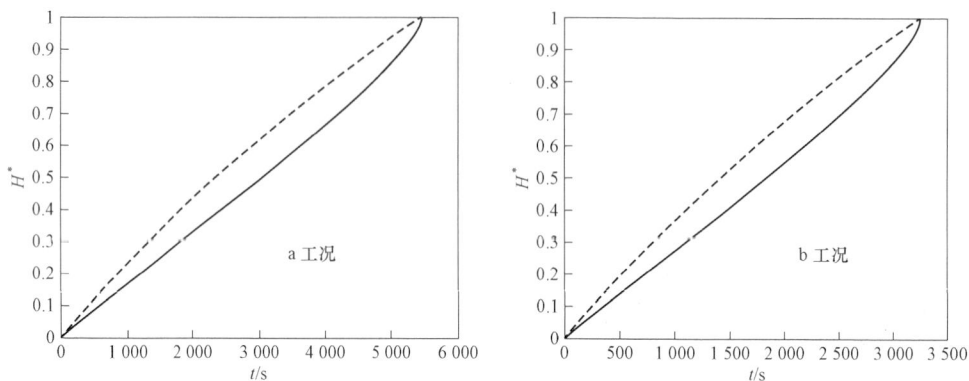

图 7-3-1　H^* 无量纲液体高度随时间的变化

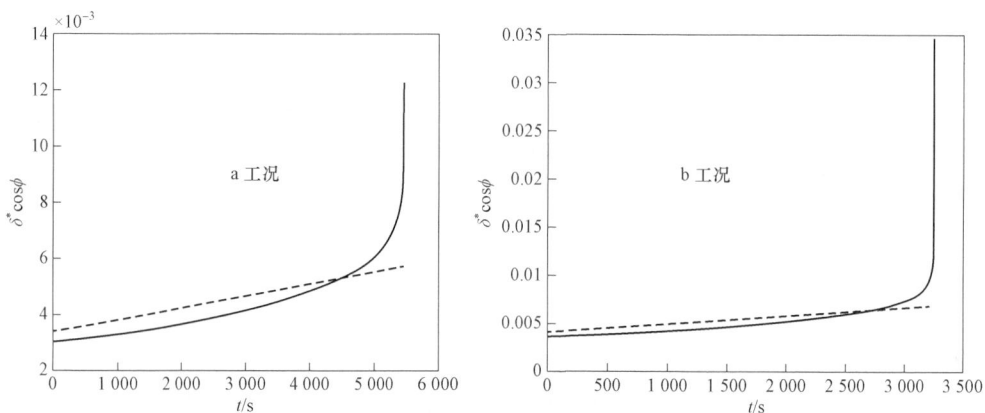

图 7-3-2　无量纲液膜厚度随时间的变化

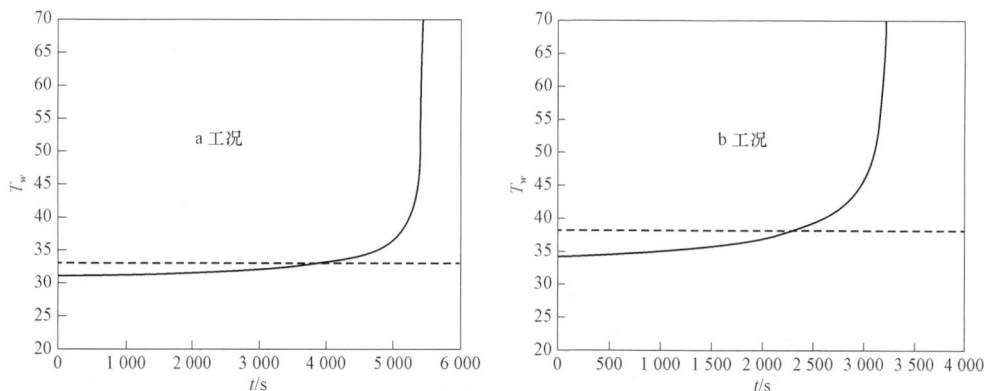

图 7-3-3　壁面温度随时间的变化

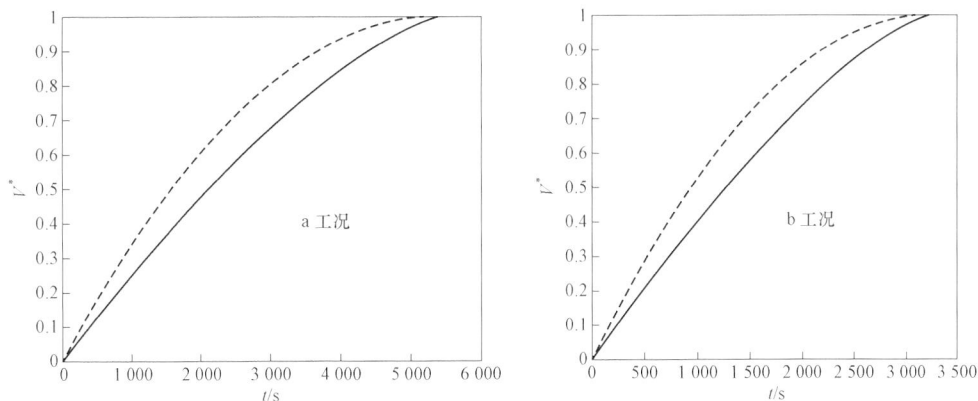

图 7-3-4　熔化率随时间的变化

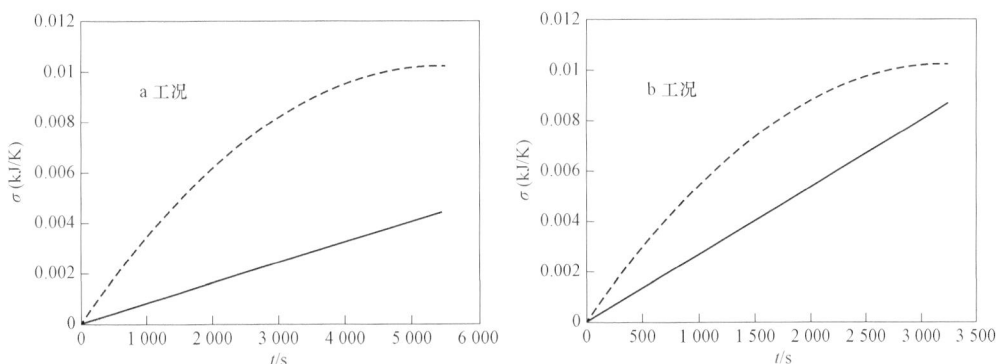

图 7-3-5　熵产随时间的变化

参考文献

［1］ Novikov I I. The efficiency of atomic power stations（a review）［J］. Atommaya Energiya 3，1957（11）：409-419.

［2］ Curzon F L，Ahlborn B. Efficiency of a Carnot engine at maximum power output［J］. American Journal of Physics.1975，43（1）：22-24.

［3］ 陈文振，孙丰瑞，陈林根. 热源间热机热工参数的有限时间热力学准则［J］.科学通报，1990，35（3）237-240.

［4］ 陈林根. 不可逆过程和循环的有限时间热力学分析［M］. 北京：高等教育出版社，2005.

［5］ Chen Wenzhen，Sun Fengrui，Chen Lingen. The finite time thermodynamic criteria for selecting parameters of refrigeration and pumping heat cycles between heat reservoirs［J］. Chinese Science Bulletin，1990，35（21）：1670-1672.

［6］ 陈文振，孙丰瑞，陈林根. 热源间定常态能量转换热机的面积特性［J］. 工程热物理学报，1990，11（4）：40-43.

［7］ 陈林根，李俊. 两热源循环热力学优化理论［M］. 北京：科学出版社，2020.

［8］ Bejan A. Entropy Generation Minimization ［M］. New York：Wiley，1996.

［9］ Gordon J M，Rubistein I，Zarmi Y. On optimal heating and cooling strategies for melting and freezing ［J］. Journal of Applied Physics，1989，67（1）：81-84.

［10］ Viskanta R. Heat transfer during melting and solidification of metals ［J］. Journal of Heat Transfer，1988，110（11）：1205-1219.

［11］ Benard C. Gobin D and Zanoli A.Moving boundary problem：Heat conduction in the solid phase of a phase change material during melting driven by atural convection in the liquid［J］. International Journal of Heat Mass Transfer，1986，29（11）：1669-1681.

［12］ Cao Y，Faghri A. A numerical an analysis of phase-change problems including natural convection ［J］. Journal of Heat Transfer，1990，112（1）：812-815.

［13］ 陈文振，罗臻，程尚模. 接触熔化的热力学优化 ［J］. 华中理工大学学报，1997，25（增刊Ⅱ）：98-100.

［14］ Hirata T，Makino Y，Kaneko Y. Analysis of close contact melting for octadecane and ice inside isothermally heated horizontal rectangular capsule［J］. International Journal of Heat and Mass Transfer，1991，34（12）：3097-3106.

［15］ 陈文振. 相变材料接触熔化的研究 ［D］. 武汉：华中理工大学博士学位论文，1994.

［16］ Chen Wenzhen，Zhao Yuansong，Lou Lei，et al. Thermodynamic optimization of contact melting of phase change material inside a horizontal cylindrical capsule ［J］. Heat and Mass Transfer，2009，45（4）：393-398.

［17］ Moore F，Bayazitoglu Y.Melting within a spherical enclosure ［J］. ASME Journal of Heat Transfer，1982，104（2）：19-23.

［18］ Roy S K，Sengupta S.The melting process within spherical enclosures ［J］. ASME Journal of Heat Transfer，1987，109：460-462.

第八章　反应堆严重事故与
核废料自埋中的接触熔化

前面已经提到,固体相变材料围绕运动热源的接触熔化在核技术方面有两个重要的应用,即核废料的自埋与核反应堆堆芯的"熔毁"事故的分析与预测。本章对这两个方面进行介绍。

第一节　反应堆严重事故中的接触熔化现象

虽然反应堆发生严重事故的概率极低,但是发生在美国三哩岛、苏联切尔诺贝利以及日本福岛核电站的严重事故表明,其危害与影响相当大[1]。而且,不能否认的是目前世界上正在运行的绝大多数反应堆都存在着严重事故的风险。因此,在相当长的一段时间内,严重事故及其相关问题都是核安全研究的一个重点[2, 3]。在此背景下,了解严重事故中堆芯熔化规律具有重要的实际意义。

反应堆严重事故(severe accident)是指堆芯熔化导致大量放射性核素释放的事故过程,研究内容主要包括严重事故现象分析和严重事故对策[4, 5]。其中,前者包括了严重事故进程中一系列物理化学现象的理论建模、分析计算、实验研究以及仿真程序的开发研制等;后者主要包括严重事故的预防与缓解措施研究,分别包含了应急运行规程(EOP)和严重事故管理指南(SAMG)的制定与验证。核舰船与核电站使用的压水堆发生严重事故的初因有很多种,既有经常分析的运行事故(如 LOCA、SGTR、SBO 等),又可能存在各种外部因素(如碰撞、飞机撞击等)。虽然初因不同,但是压水堆在严重事故中发生的现象基本相似。

对于反应堆严重事故过程,按照堆芯损伤状况的不同可分为两类[6],一类为堆芯熔化事故(CMAs),另一类为堆芯解体事故(CDAs)。堆芯熔化事故是由于堆芯裸露导致其不能被充分冷却而引起的升温和熔化,堆芯熔化事故发展过程相对堆芯解体事故较缓慢;堆芯解体事故是由于运行过程中快速引入了很大的反应性使功率与热流密度陡增,进而使燃料熔化、碎裂并可能伴随化学放热反应的过程。该发展过程非常迅速,并能够导致堆芯解体。在堆芯熔化事故过程将会出现熔融池的形成,熔融物与堆内部件或构件相互挤压,发生接触熔化[7],同时熔融物还有可能跌入下腔室中,出现在压力容器上发生接触熔化并熔穿的现象。另外，严重事故发生后虽然链式核裂变反应已经停止，但核燃料中的裂变产物将继续释放衰变热，持续时间长，在事故初期其值很大，这将对堆芯熔化传热过程产生很大的影响，也将对事故进程产生大的影响，不可忽略[7]。

严重事故中堆芯熔化是非常复杂的系统过程，尽管国际上已做了大量模拟实验研究，由于经费和实验条件的限制，对严重事故过程和现象还没有完全弄清楚。比如：燃料和包壳的熔化规律、熔融物进入下腔室和堆坑的速度、熔融物冷却过程中的释热量、压力容器失效时的等效直径和状态等。目前还没有理想的数学物理模型来描述这些事故过程和现象，这就使得严重事故分析和研究存在着较大的不确定性。本节对严重事故堆芯熔化过程中熔融池发展机理和存在的接触熔化现象进行介绍。

一、堆芯构件中发生的接触熔化

在堆内构件中与燃料组件较为接近的主要有：控制棒组件、吊篮组件、定位格架、上管板组件、下管板以及支承板等，其位置和结构如图 8-1-1 所示。在发生堆芯熔化事故后，熔化燃料同图 8-1-1 所示构件的作用过程部分地决定了熔融池塌陷下落到下封头的时间。而熔融池与堆内构件的作用模型可参考熔化 UO_2 同不锈钢壁面作用模型进行分析[8]。目前，主要有导热冻结、整体冻结模型等对其熔化过程进行描述。对于燃料与钢壁面作用可能的物理过程如图 8-1-2 所示[8]：当熔融 UO_2（温度约为 3 120 K）同"较冷"的不锈钢壁面（温度低于 1 700 K）接触时，少量 UO_2 会凝固并且附着在不锈钢壁面上，形成一层固化壳。固化壳的排热量达到一定程度后会导致与其接触的钢结构的熔化进而流走。钢膜流走后，熔融物和池壁间存在两种作用机理：第一种如图 8-1-2（a）所示，在下面的液态钢流走后，不会对燃料固化壳产生影响，固化壳会弯曲变形而附着在下面的钢结构上，再

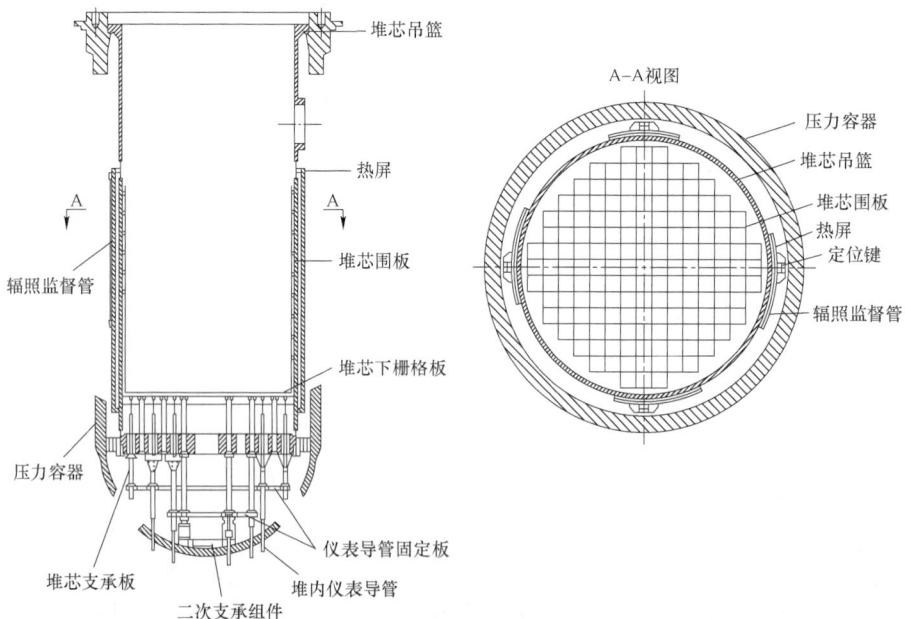

图 8-1-1　压水堆内主要堆芯构件

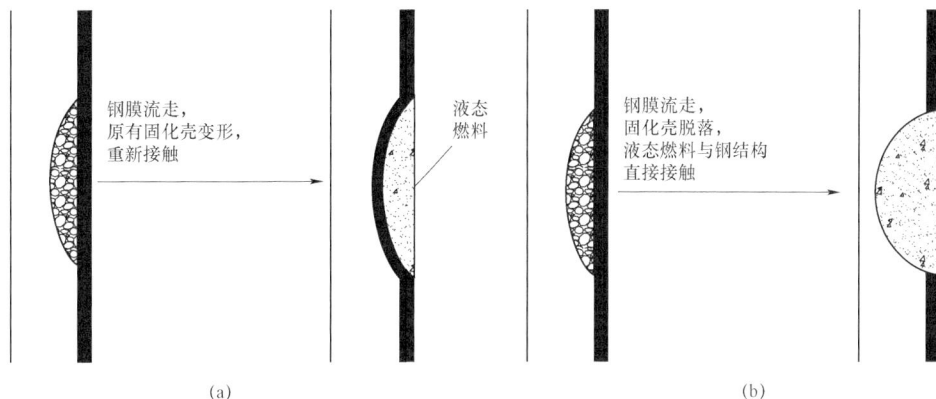

图 8-1-2　熔融 UO_2 熔化不锈钢材料过程

以同样的方式继续进行新一轮的热侵蚀。固化壳不断前移，最后熔穿不锈钢壁；另一种如图 8-1-2（b）所示，下面的钢流走后会对固化壳产生影响，导致固化壳破损而使液态熔融物直接与下面的钢结构接触，进行混熔。有文献计算指出，图 8-1-2（b）模型热侵蚀速度比图 8-1-2（a）模型高出很多倍，这说明固化壳的形成对于池壁的保护作用是相当大的。

　　由于温度较高时，固化壳较薄而更易破损，图 8-1-2（a）所示模型一般对于外表面温度相对低的固化壳容易产生。对于堆芯熔化事故中形成的熔融体，由于在移动、增长过程中不断受到蒸气及较冷部件的冷却，当与堆内构件作用时，固化壳已相对较厚且较冷。因此，在分析时可以用图 8-1-2（a）模型进行研究。

　　图 8-1-3 说明了堆芯熔化事故时熔融池在不同阶段的发展过程[9, 10]。如图 8-1-3（a）所示，当燃料棒熔化微滴和熔流初步形成时，其将在熔化部位较低的区域固化，并引起流道流通面积减小。随着熔化过程进一步发展，部分燃料之间的流道将会被堵塞，如图 8-1-3（b）所示。流道的阻塞使燃料组件冷却效果大幅度降低，随着堆芯衰变热持续产生，堆内可能出现局部熔透现象，部分堆芯物质开始熔化形成小的熔融池。如果熔融池被高温蒸气或经过较大程度冷却的碎片包围，那么在池外将形成一层较厚的固化壳，使熔池保持原状，如图 8-1-3（c）所示。

　　此后，燃料元件上半部分将可能破碎下落，不断有堆芯材料熔化并加入熔融池。使其在径向和轴向不断增长，如图 8-1-3（d）所示。由于被固化壳支撑，其在堆芯中会暂时保持稳定或者继续向两侧延伸。在这段时间内，如果固化壳较薄或其两侧所受压力差较大，壳体就会破裂（一般认为固化壳厚度低于 0.1 mm 时，其将在压力作用下破裂）。

　　若熔融池能够稳定增长到吊篮围板处，在熔池内的压力作用下，固化壳同围板接触时将会立即引起不锈钢材料的熔化。随着固化壳的继续前移，在较短的时间内，熔融池固化壳将把吊篮围板熔穿。此后，由于失去燃料组件的支撑，固化壳在熔穿组件后破裂，池内熔融液体从破口处倾出。图 8-1-3（e）近似表明了在堆芯边缘处发生的情况，随着构件的熔穿，熔池内液体通过穿孔进入堆芯构件新形成的流道。此时，如果构件相对较冷，则熔融体将会在流道中再固化，将流道堵塞。这样熔融池也可能会将吊篮筒体熔穿，熔化材料从筒体外跌入下封头，如图 8-1-3（f）所示。而如果构件温度足够高，或熔融池穿透位置相对较低，那么熔融液体将直接从流道中掉入下封头。

若事故初期堆芯失水较快，熔融池形成的位置较低。当其发展到如图 8-1-3（d）所示的状态时，那么随着其底部燃料的熔化，熔融池有可能向下延伸，同堆芯底部未熔化的构件接触。由于固化壳温度高于不锈钢熔点，熔融池将在自身重力作用下，对堆芯下部的不锈钢构件进行熔化，此过程属于较典型的接触熔化过程。针对堆芯底部构件的结构，熔融体下表面积可能大于对其进行支撑的不锈钢构件上表面。因此，该熔化过程属于热源在狭窄相变材料上的接触熔化过程，在本节后面对该熔化模型进行接触熔化分析。

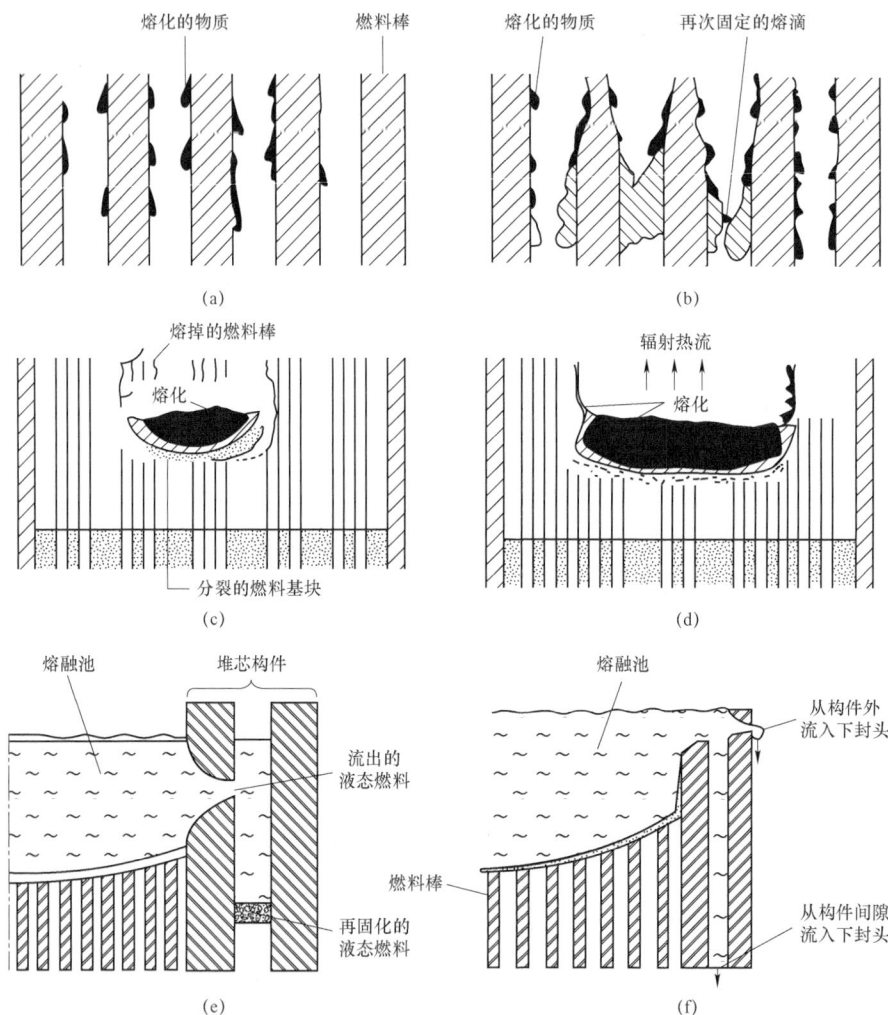

图 8-1-3　熔融池在堆芯内的发展过程

对于熔融燃料与吊篮组件的作用过程，由于蒸汽的冷却作用，固化壳温度相对较低，在分析时可以用图 8-1-2（a）所示的模型进行研究。此熔化模型的物理过程符合接触熔化理论相关条件，因此，可将固化壳在不锈钢内部分进行几何模型的简化，用接触熔化理论进行分析。在分析中，可以将固化壳与不锈钢壁面接触的一段圆弧形区域近似等效为一截面为矩形、长度远大于其截面尺寸的竖直平板，进行竖直平板在壁式相变材料中的接触熔化过程分析[7]。

另外，固化壳稳定性受自身厚度与两侧压力差的影响较大。因为实验发现当温度高于 2 250 K 时，固化壳已经全部消失，因此在国外文献中固化壳被定义为温度低于 2 250 K 的熔融池部分[11]。实际熔堆过程中，熔融体形成的固化壳外表面由于受蒸气冷却，其表面温度可能更低。因此，在对熔融池熔穿吊篮组件进行的实例计算中，一般可以将固化壳外表面温度取在 1 700～2 000 K。

二、下封头处发生的接触熔化

在堆芯熔化过程中，熔化物质和堆芯碎片将会不断掉落到压力容器的下腔室。若堆芯熔化速率较快，则熔融物可能以雨状下落，熔化物质同下腔室残留水接触时将有可能引起蒸气爆炸；若堆芯熔化速率较慢，将首先在堆芯中形成熔融池，在塌陷时将以喷射状下落（如前面所分析的过程）。对于掉落的熔化碎片，在初始进入反应堆底部残留水时，由于温度较高，其周围将会形成细小的蒸气流。这些蒸气可能会释放到反应堆中对上层的熔化物质进行冷却或随着系统补水的流动逐渐消失。掉落的燃料碎片在堆芯底部构件和冷却剂的作用下一般形成当量直径为 1～5 mm 的微粒。在熔化过程中，碎片下落总质量的多少以及其被冷却的程度，将影响反应堆内蒸气和氢气的产生率以及下封头所受热量和压力的值，进而影响其破裂时间[12]。

反应堆严重事故过程中，如果安全注射系统未及时进行补水冷却或补水量较小，由于裂变产物衰变热的释放和金属氧化反应所释放的化学能，堆芯下腔室的碎片会不断升温，直到部分熔化形成一个没有空隙的连续层。此时，碎片床由两部分构成，即碎片层和连续层，如图 8-1-4 所示[9]。其中，连续层一般以液态在碎片区的中心部位形成。其外表面一般会形成固化壳，上部分固化壳主要材料一般为金属，并且被连续的熔化金属层和池内的熔融燃料分开。下部分熔融物固化壳主要由（U，Zr）O_2 微粒敷上液化的共晶物质组成，一般其外表面温度在 1 500 ℃附近。

由于碎片床底部和压力容器壁之间具有空隙，若存在持续的冷却水对碎片床进行冷却，那么水有可能进入缝隙，在碎片床和压力容器壁之间将可能形成厚度为几百微米的分离区域，形成缝隙冷却模型，这将具有较高的冷却潜力，能够最大限度确保压力容器的安全。水进入这层空隙的比率取决于其在缝隙中的沸腾度，而如果压力容器壁发生蠕变，则这层空隙将进一步扩大，物理模型如图 8-1-5 所示[13]。此时压力容器将难以被熔融物熔穿。

通过碎片床的研究发现[14]：在不断注入冷却水的情况下，由于碎片床中存在局部流动，以松散状存在且当量直径较大的颗粒最终将被带到碎片床上部或侧部区域，如图 8-1-6 所示[14]。而在侧部边界上存在较强的向下流动，使得其成为可冷却性较大的区域，并且很可能使细小颗粒在此区域残留。有学者通过对三里岛事故中碎片的微观结构分析认为，碎片床底部微粒主要由固化的（U，Zr）O_2 体和由铬铁氧化物形成的液态共晶物质组成的边界层构成。事故中，这种结构将使碎片在温度稍高于不锈钢熔点的状态下像细纱一样流动，碎片微粒带着较大热量与压力容器壁接触，将会使不锈钢熔化和再固化，这将逐渐填满原有的缝隙。若冷却水逐渐消失，在碎片床底部慢流速区域的细小碎片将可能会逐渐形成结块[9]。这基本上说明了位于连续层下部的固化壳形成机理。

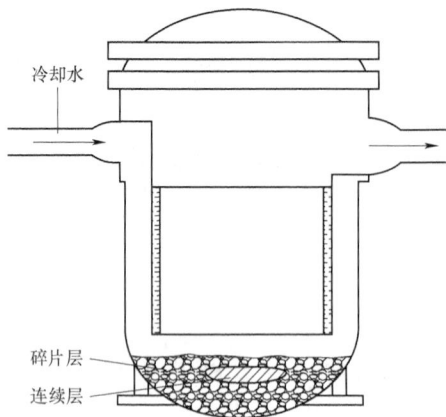

图 8-1-4　碎片床结构

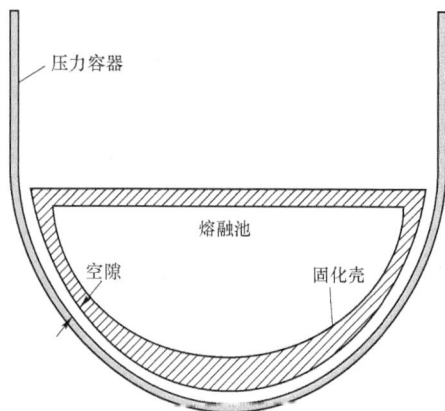

图 8-1-5　对熔融物进行缝隙冷却示意图

Christoph[14]的报告同样指出在碎片表层与不锈钢接触时，将形成以上所述的共晶物质。在事故后期，这些液态共晶物会在较低温度下将碎片微粒烘焙成块状整体，形成热点。

图 8-1-7 为 Yukimitsu 等人[15]用 30 kg 氧化铝模拟碎片床内熔融物固化壳，在由水进行缝隙冷却的情况下，试验所得碎片外表面温度同时间的关系曲线。由该图可知，熔融体被水冷却后温度将在很短的时间内降到不锈钢熔点附近。这也说明了反应堆内熔融物碎片在经过水进行缝隙冷却后，外表面壁温很可能降到不锈钢熔点附近。因此，进行接触熔化计算时，对固化壳外表面温度取值可以在此附近。

图 8-1-6　TMI 事故中碎片床上部结构

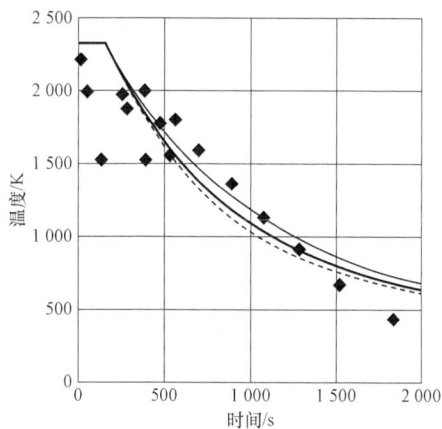

图 8-1-7　固化壳外表面温度 T_w 变化曲线

若系统补水功能丧失，随着冷却水的不断蒸发和碎片床衰变热的积累，熔融体外表面温度将可能回升到能够熔穿不锈钢的温度，进而可能将压力容器下封头熔穿。一般情况下压力容器损坏的时间取决于其所受到的应力、压力、平均温度、壁厚以及堆芯碎片的显热、衰变热、尺寸、构造、几何形状、温度和碎片与压力容器壁之间的接触方式等。压力容器失效机理一般有以下 5 种情况：

a. 熔化的堆芯碎片进入下封头贯穿件管道中并发生冻结和固化，若温度足够高，可能将其熔穿或发生蠕变断裂；b. 熔化物不断损坏贯穿件与下封头之间的焊缝，最终从焊缝处破裂出；c. 熔融体和压力容器壁之间的直接接触引发对下封头的快速加热，在压力、高温和熔融体的重力作用下，下封头产生蠕变破裂；d. 熔融体直接作用在下封头底部钢壁，对不锈钢材料进行熔化，进而使压力容器失效；e. 碎片区顶部熔化的金属层对压力容器侧部壁面的传热熔化，使压力容器断裂。

对于以上提到的 d、e 模型，其作用机理均是以温度高于不锈钢熔点的熔融体与压力容器壁直接接触而对其产生的熔蚀破坏过程，破损过程分析如下。

若发生堆芯熔化事故后冷却水注入时间较短，碎片床内由于再熔化而形成的熔融体位置仍然处于下封头上部区域。由于熔融体同压力容器底部之间被多孔的碎片和堆芯材料隔开，随着衰变热的积累和熔融体径向的延伸，其有可能先与下封头侧部区域接触，并可能发生图 8-1-8 所示的熔化现象[16]。该图说明了主要构成为金属的熔融体上部分固化壳与不锈钢壁面作用时的状态。当熔化金属与不锈钢壁面接触时，表面部分不锈钢将液化流走，而熔融体固化壳将贴在熔化截面上进行下一轮的熔化，其作用机理同图 8-1-2（a）所示模型，因此可用接触熔化理论来进行分析。

由于下封头侧部具有一定的倾斜度，在重力作用下，图 8-1-8 所示的熔化区域将向下延伸，主要传热部分会形成一截面近似为 1/4 圆的模型。由于此截面半径较短而熔融体同下封头作用区域可能为一段相对较长的弧形，因此可以将此熔化过程近似成截面为 1/4 圆的水平柱体热源在相变材料中的接触熔化过程来分析[17]。图 8-1-9 为 Kune 与 Robert[11]对当固化壳将侧壁熔穿后自身破裂，熔化物质从下封头侧面喷射出的情况描述。

若碎片床被冷却时间较长，由前对碎片运动的描述可知，在流动状态下，碎片床下部区域将逐渐转由体积较大的结块状熔融体组成。当停止冷却后，这些结块会在衰变热的作用下再次回升温度，在超过不锈钢熔点后，将引起对下封头底部的熔化。如图 8-1-10 所示[15]，由于不锈钢熔点相对熔融体中心温度较小，当不锈钢发生熔化时，熔融体外表面仍然具有固化壳结构。因此，该过程仍然可用接触熔化理论进行研究[17]。熔融物结块可能会形成近似椭球或长方体的形状，可以近似将结块简化为椭圆柱进行分析，即对压力容器底部的熔化近似作为水平椭圆柱热源在均匀相变材料中的接触熔化过程，其理论推导与计算见前面相关章节。图 8-1-11 为 Kune 与 Robert[12]对当固化壳将下封头底部熔穿后，固化壳破裂，熔化物质从压力容器喷射出的情况描述。

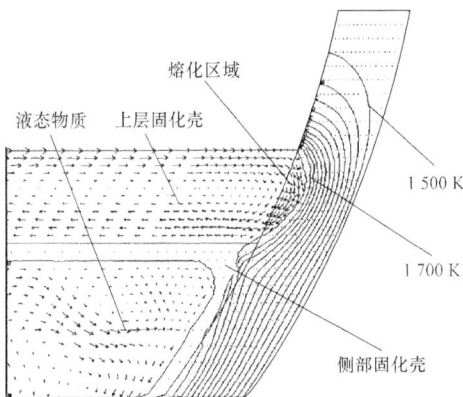

图 8-1-8　下封头侧部的熔化过程

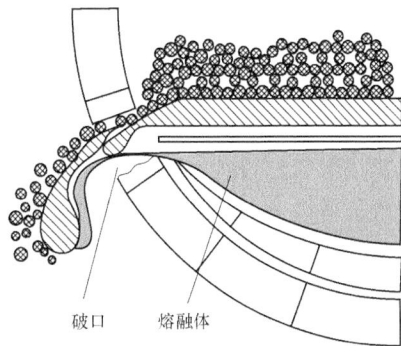

图 8-1-9　熔化燃料从下封头侧部流出

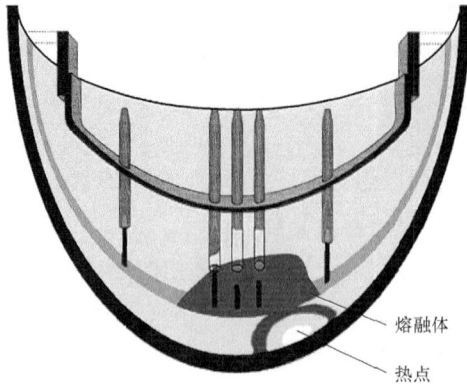

图 8-1-10　下封头底部的熔化过程

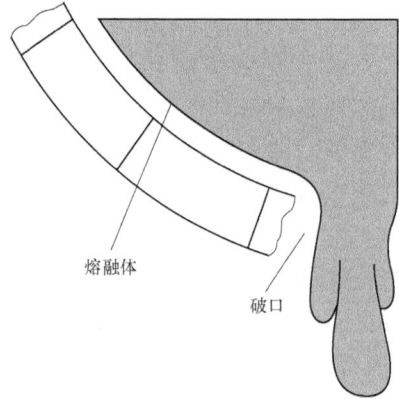

图 8-1-11　熔化燃料从下封头底流出

三、堆芯底部构件熔化过程

堆芯熔化过程中交替或同时发生的物理化学现象数量多且复杂，主要有衰变热释放、金属材料与水蒸气反应放热、堆芯材料受热蠕变、熔化和凝固等，且单个现象的发展也具有极大的不确定性。因此，这里对堆芯熔化过程中发生的接触熔化现象进行建模时仅对熔融体同不锈钢材料的熔化过程进行分析，而未考虑其他因素的作用结果。对于熔化区域固化壳几何模型，Jansen 与 Stepnewksi[18]提出将熔融体几何外形等效为平板进行分析，这里仿效其处理方式进行建模。

当发生严重事故，熔融体最初的形成位置很可能在温度相对较高的堆芯下部区域，并顺流到燃料组件下管板或堆芯下支撑板等部件顶部附近固化形成熔融池，进行聚集。随着熔堆过程的进一步发展，熔融池内的熔化燃料不断增加，其下表面固化壳将很有可能贴到组件表面对其产生熔蚀。由于堆芯下部组件一般开有流水孔或上表面较狭窄，熔融体可能两端悬空仅以中间部位同构件的不锈钢材料接触，并在自身重力作用下竖直向下对不锈钢进行熔化。该熔化过程可近似用水平平板热源在狭窄相变材料上的恒温差接触熔化模型来进行分析[19]。

（一）熔化模型和方程

取熔化过程截面，水平平板在狭窄相变材料上熔化的物理模型如图 8-1-12 所示：x、y 坐标轴上宽度为 $2l$，厚度为 H，长度为 W（$l \ll W$）的水平平板保持壁温 T_w，在竖直方向上受合力 F 作用下，以速度 U 在平均温度为 T_0 的长方体型相变材料中垂直向下熔化（相变材料设为不锈钢，其熔化界面温度为 T_m）。相变材料其宽度为 $2a$（$2a < 2l$）。边界层内熔化液体由相变材料顶部两端向外流出，边界层厚度为 δ。h、s 分别为对边界层内熔化液体流体所设的坐标，并赋予图中所示的方向。假设熔化液体边界层厚度 δ 很薄（$\delta \ll l, H$），则认为熔化液体内压力 p 在 s 方向上没有变化。忽略熔化钢液形

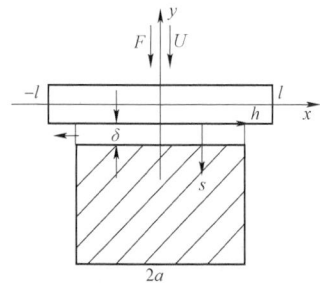

图 8-1-12　平板下熔化模型和坐标

成的边界层内惯性力与热对流的影响。

图 8-1-12 中平板的方程为：

$$-l \leqslant x \leqslant l \tag{8-1-1}$$

由于边界层内液体从平板两端流出，且边界层内各项参数值关于 y 轴对称，这里首先对 x 轴正半轴的边界层进行分析。熔化过程中边界层内控制方程为：

$$\frac{\partial u}{\partial h} + \frac{\partial v}{\partial s} = 0 \tag{8-1-2}$$

$$\mu \frac{\partial^2 u}{\partial s^2} = \frac{\mathrm{d}p}{\mathrm{d}h} \tag{8-1-3}$$

$$\frac{\partial^2 T}{\partial y^2} = 0 \tag{8-1-4}$$

此时边界条件应为：

$$s = 0 : u = v = 0, \ T = T_w$$
$$s = \delta : u = 0, \ v = -U, \ T = T_m \tag{8-1-5}$$

式中 u、v 分别为图 8-1-12 所示 h、s 方向熔化液体流速的分速度。在不锈钢材料熔化界面上，能量守恒方程为：

$$-\lambda \frac{\partial T}{\partial s}\Big|_{s=\delta} = \rho L_m U \tag{8-1-6}$$

其中 $L_m = L + c_p(T_m - T_0)$，为相变材料的当量熔化潜热。由于压力 p 在 s 方向的分量为零，所以可将 $\mathrm{d}p/\mathrm{d}h$ 当作常数对（8-1-3）式进行二次积分得：

$$\mu u = \frac{\mathrm{d}p}{2\mathrm{d}h} s^2 + C_1 s + C_2 \tag{8-1-7}$$

其中 C_1 和 C_2 为待定系数，代入（8-1-5）式得：

$$u = \frac{1}{2\mu} \frac{\mathrm{d}p}{\mathrm{d}h}(s^2 - s\delta) \tag{8-1-8}$$

令平板微元大小为 $\mathrm{d}x$，则 x 轴正半轴部分边界层质量守恒方程应为：

$$\int_0^\delta u\mathrm{d}s = \int_0^a U\mathrm{d}x \tag{8-1-9}$$

将（8-1-8）式代入（8-1-9）式得：

$$\frac{\mathrm{d}p}{\mathrm{d}h} = -\frac{12\mu Ua}{\delta^3} \tag{8-1-10}$$

由于在模型中物理意义相同，可认为 $\mathrm{d}h = \mathrm{d}x$，对（8-1-10）式进行积分得：

$$p = -\frac{12\mu aU}{\delta^3} x + C_3 \quad (0 \leqslant x \leqslant a) \tag{8-1-11}$$

对上式代入边界条件：$x = a$；$p = 0$ 得：

$$p = \frac{12\mu aU^4}{\alpha^3 Ste^3}(a - x) \quad (0 \leqslant x \leqslant a) \tag{8-1-12}$$

由于模型关于 y 轴对称且熔化钢液从两端以相同的速度流出,所以 x 轴负半轴边界层内压力分布为:

$$p = \frac{12\mu a U^4}{\alpha^3 Ste^3}(a+x) \quad (-a \leqslant x \leqslant 0) \tag{8-1-13}$$

综上可得水平平板热源熔化过程中边界层内的压力分布为:

$$p = \frac{12\mu a U^4}{\alpha^3 Ste^3}(a-|x|) \quad (-a \leqslant x \leqslant a) \tag{8-1-14}$$

因为平板下的边界层很薄,可设其内温度按 s 线性分布,即设 $T = C_3 s + C_4$(其中 C_3 和 C_4 为待定系数),由(8-1-5)式得:

$$T = T_w + (T_m - T_w)\,s/\delta \tag{8-1-15}$$

将(8-1-6)式代入(8-1-15)式可得水平平板热源熔化过程中边界层厚度分布为:

$$\delta = \frac{\lambda(T_w - T_m)}{\rho L_m U} = \frac{\alpha Ste}{U} \tag{8-1-16}$$

其中 $Ste = c_p(T_w - T_m)/L_m$, $\alpha = \lambda/(cp)$。作用在平板上的力 F 为:

$$F = \int_{-a}^{a} p\mathrm{d}x = \frac{6\mu a^3 U^4}{\alpha^3 Ste^3} \tag{8-1-17}$$

由上式推得描述恒温差平板热源在狭窄相变材料上熔化下陷速度 U 受外力 F 作用下的方程为:

$$U = \left(\frac{\alpha^3 Ste^3 F}{6\mu a^3}\right)^{\frac{1}{4}} \tag{8-1-18}$$

引入以下无量纲参数:

$$\delta^* = \delta/l; \quad x^* = x/l; \quad a^* = a/l$$
$$U^* = Ul/\alpha; \quad p^* = pl^2/\mu\alpha; \quad F^* = Fl/\mu\alpha \tag{8-1-19}$$

将(8-1-19)式代入(8-1-16)、(8-1-14)和(8-1-18)式,整理后得:

$$\delta^* = \frac{Ste}{U^*} \tag{8-1-20}$$

$$p^* = \frac{12U^{*4}a^*}{Ste^3}(a^* - |x^*|) \quad (-a^* \leqslant x^* \leqslant a^*) \tag{8-1-21}$$

$$U^* = (Ste^3 F^*/6a^{*3})^{\frac{1}{4}} \tag{8-1-22}$$

(8-1-20)、(8-1-21)和(8-1-22)式即为描述水平平板状熔融物在堆芯底部构件处熔化下陷过程的无量纲方程组。方程组中 a^* 的取值范围为 $0 < a^* < 1$,未知数有 p^*、δ^*、U^*,且熔化速度同外力的关系受相变材料宽度 a 的影响。

(二)熔化计算和结果

这里主要考虑熔化过程基本参数随 x^* 的变化关系以及 Ste 和 a^* 对其的影响。针对核电站反应堆构件材料主要为奥氏体不锈钢,可取 1Cr18Ni9Ti 不锈钢的物性参数为例进行计算，其数值见表 8-1-1[20, 21]。

表 8-1-1　1Cr18Ni9Ti 不锈钢的物性参数

密度 ρ_f / (kg/m³)	导热系数 λ_f / (W/m·K)	比热容 c_{pf} / (J/(kg·K))	熔化潜热 L_f / (J/kg)	动力黏度系数 μ_f / (kg/(m·s))	熔点 T_m /K
7 900	26.8	580	$2.72×10^5$	$5.9×10^{-3}$	1 700

对于恒温差绝热模型，Ste 和温度的关系为：

$$Ste = \frac{T_w - T_m}{L_f / c_{pf} + T_m - T_0} \qquad (8-1-23)$$

T_0 为不锈钢的温度。由上式代入不锈钢的温度值及物性参数可估算出堆内 Ste 的取值范围在 0～3。虽然熔化（U，Zr）O₂ 温度为 2 810 K[9]，但计算中考虑到熔融池材料的热阻较大及蒸气的冷却作用，可将固化壳外表面温度可能的取值范围设定为：1 700～2 250 K。固化壳外表温度实际上相对 UO₂ 的熔点要低得多，一般同钢的熔点比较接近[14]，所以在计算中将 Ste 的取值设在 0～1。

由于熔融体内一般都混合有锆和钢[18]，所以其密度相对纯 UO₂ 稍小，这里取熔融体密度为 10 000 kg/m³ 进行近似计算。

由（8-1-20）式可知，熔化界面形成的边界层厚度相对于 x 为一恒值。将（8-1-22）式代入（8-1-20）式消去 U^* 可得边界层厚度 δ^* 在外力 F^* 一定的情况下，Ste 数和 a^* 对其在 x 轴分布的影响。如图 8-1-13 与图 8-1-14 所示，当 Ste 数增大时，熔化模型的边界层厚度随之增大；当相变材料宽度变窄时，熔化模型的边界层厚度随之减小。

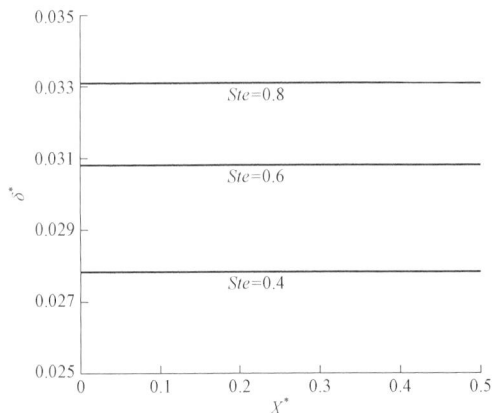

图 8-1-13　F^*=5×10⁵，a^*=0.5 时，不同 Ste 值对 δ^*–x^* 曲线的影响

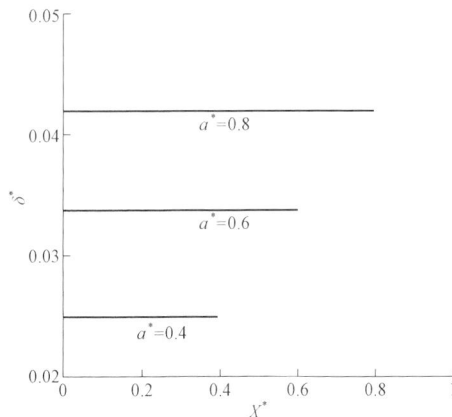

图 8-1-14　F^*=5×10⁵，Ste=0.5 时，不同 a^* 值对 δ^*–x^* 曲线的影响

同样，将（8-1-22）式代入（8-1-21）式消去 U^*，可得：边界层内压力 p^* 在外力 F^* 一定的情况下，Ste 数和 a^* 对其在 x 轴分布的影响，如图 8-1-15 与图 8-1-16 所示，边界层内的压力分布基本不随 Ste 数变化；对于 a^*，当其值较小时，在 x=0 处边界层内的压力值

较大，随着 x 的增大，p^* 值迅速减小。在 $x=a^*$ 处，$p^*=0$。并且在此过程中，边界层内压力将会在某一 x 值处低于 a^* 值较大的压力曲线。

图 8-1-17 与图 8-1-18 为 Ste 数和 a^* 对 U^*-F^* 曲线的影响。对于 Ste，当 F^* 值一定时，熔融体的下降速度 U^* 值显然随着 Ste 值的增大而增大；而 a^* 与之相反，熔融体下降速度随着其值的增大而减小。

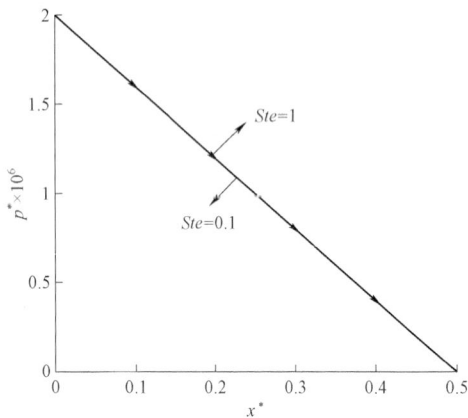

图 8-1-15　$F^*=5\times10^5$，$a^*=0.5$ 时，不同
Ste 值对 p^*-x^* 曲线的影响

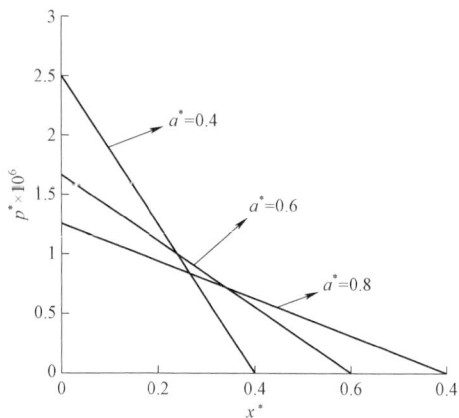

图 8-1-16　$F^*=5\times10^5$，$Ste=0.5$ 时，
不同 a^* 值对 p^*-x^* 曲线的影响

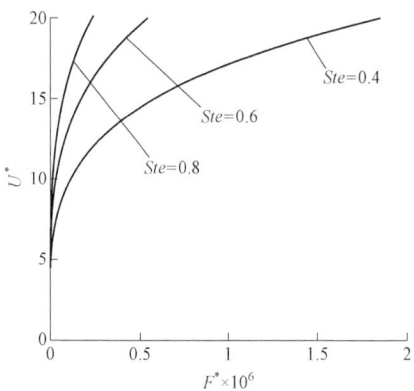

图 8-1-17　$a^*=0.5$ 时，不同 Ste 值对
U^*-F^* 曲线的影响

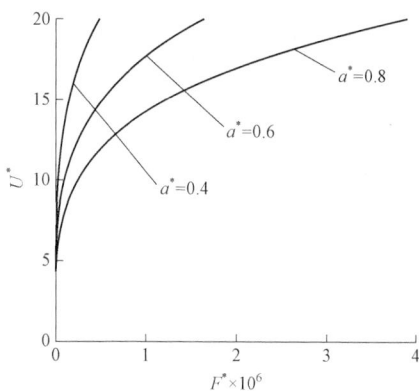

图 8-1-18　$Ste=0.5$ 时，不同 a^* 值对
U^*-F^* 曲线的影响

第二节　核废料自埋的接触熔化

核能的发展必然带来核废料（包括乏燃料）的处置问题，这是核能发展八十多年来一直没有很好解决的问题。核能正在大力开发与发展，核废物储存量也不断增加，然而最终安全处置核废物（尤指高放废料）的手段一直没有找到，大大滞后于核能的发展。如果在近期找不到较好的解决办法，在可以预测的未来核能大发展过程中，这种处置核废料的问题

将会越来越突出，有人甚至预测核废料将会给人类带来巨大的灾难。

一、核废料及其处理问题

众所周知，核燃料的制造、反应堆运行过程中都要产生一定量的核废料，反应堆的乏燃料更是高放废料的主要来源。这些核废料相对于火电站产生的废渣废气数量要少得多，然而核废料由于自身的特殊性即放射性与化学毒性，其处理和安全储存问题一直困扰着各国政府和人民，至今没有得到很好的解决，从而对人类及其生存环境构成了威胁[1]。以往的解决办法一是直接将核废料转移到发展中国家，二是将核废料抛到公海里（如福岛核电站核废料），还有在国内荒芜地区设法处理、储存。但是，无论哪一种方法都是暂时的缓解措施，都不能圆满地解决这一问题，存在广泛的争议。所以，这些危险的核废料何去何从，成为了国家上面对的问题。核废物的安全处理与最终处置，在很大程度上影响着核工业的前途和生命力，制约着核工业特别是民用核工业的进一步应用与发展。对核废物进行有效处理与处置之前，需对核废物进行合理的分类，但目前国内外尚无统一的分类方案。通常按照放射性水平的不同，核废物可分为高放废物（HLW）、中放废物（ILW）和低放废物（LLW）[22]。

通常我们所说的中低放射性核废料主要指核电站在发电过程中产生的具有放射性的废液、废物，占到了所有核废料的99%。高放射性核废料则是指从核电站反应堆芯中换出来的燃烧后的核燃料，因为其具有高度放射性，俗称为高放废料，通常活度大于10^{13} Bq。

中低放射性核废料危害相对较低，其安全处理和处置问题已从技术上得到解决，并在不少国家实践验证，处理的主要问题是减容以降低处理成本。放射性废气的净化方法有过滤、吸附、洗涤、滞留衰变等。对于低、中水平放射性废物按照核安全相关要求主要进行近地表或者中等深度处置[22]，为此世界上已建有一百多个处置场。截至2018年，我国建成的三座废物处置场中，两座为军工遗留废物配套，北龙处置场建成十几年未处置废物[22]。

高放废物的概念并不完全统一。按美国核管理委员会（NRC）1981年的定义，高放废物包括下列各类核废物：不处理的乏燃料，乏燃料后处理第1循环萃取的溶液或随后萃取循环的浓缩废物，高放废液的固化体；其中的主要核素有铯、锶及钇、镅、锔等超铀元素[23]。高放废物的放射性水平高、化学毒性大、发热量大，而其中超铀元素的半衰期很长，这是高放废物处理的最主要难度。这些高放射性元素的半衰期长达数万年到百万年不等，如果不能妥善处置将会给当地环境带来毁灭性影响。因此，高放废物的处理与处置是核废物管理中最为重要也最为复杂的课题。正因为其处理的困难，没有找到经济有效的处理方法，核废料的处理问题一直是各国关注的焦点。为此各国专家学者研究提出了多种处置的思想方法。德国鲁尔大学物理学家开发出了一种新技术，能缩短将核废料变成无害物质的时间。这项新技术的原理是，将核废料置于金属容器中，使其冷却到超低温，这样放射性物质衰变的速度就会加快，其半衰期也就缩短。参与研究的物理学家说，利用这种技术可在数十年而不是上千年的时间内使核废料成为无害物质。俄国有学者提出用火箭将核废料发射到太阳上，从而实现一劳永逸地解决问题。俄罗斯莫斯科生态海洋工程大学高级研究员亚历山大·依里因[23]，曾提出了利用海底大陆上的沉积层来掩埋核废料的构想，将核废料置于海沟之中，再使用水下爆破，产生人工滑坡，从而达到掩埋核废料的目的。还有学者提出使用微生物对核废料实现无害化处理，消除其放射性[24]。但上述方法尚不成熟，只是处于概念研究阶段或者风险过大，有的还有悖于相关国际法，例如用火箭发射到太阳上，技术上也难以实现。

长寿命高放射性的处置目前研究较多、在近阶段比较成熟可行的有两种途径，一是通过嬗变处理将长寿命核素变成短寿命核素；二是深地质处置，这也是我国《核安全法》明确指出的"高水平放射性废物实行集中深地质处置，由国务院指定的单位专营"[25]。这里重点介绍后者。

1. 深地层埋存的概念

所谓深地层埋存就是深地质处置的一种，就是将高放废物处理成固化的玻璃块后装入特制容器（如不锈钢容器或水泥容器），选择稳定的地质层打洞深埋，使这些固化块或容器与外界环境隔绝，阻断放射性物质进入生物链的途径。目前国际核能界公认这种方法是有效的。高放废物深地层埋存系统是人类利用自然地质环境而设计、构造的由工程屏障和地质屏障所组成的复合屏障系统，其目的是尽可能长时间地阻隔高放射性核素在系统内的迁移。

高放废物深地层埋存系统是一个庞大的系统，该系统由处置库、地质环境及地质环境与生物圈的接触界面三个子系统构成[26]。高放废物深地层埋存的处置库是处置系统的核心，一般选择在地壳稳定性好、含水性差、远离人类活动区的地区。由地表打竖井至深部（一般在地表 500 m 以下），而后由竖井底部开凿水平坑道再在水平坑道中打竖井或支坑道，作为废物的存放场所，地下处置库便是由这些坑道、竖井构成的工程设施。高放废物深地层埋存一般采用多屏障系统的设计，即设置一系列天然和人工屏障于废物本身和生物圈之间，以增强处置的可靠性和安全性。这些屏障包括：废物包装、工程屏障和天然屏障，就是把废物储存在容器中，外面包裹回填材料，再外为围岩。

如前所述，处置库的地下设施、废物容器及回填材料统称为工程屏障，它与周围的地质介质一起阻止核素迁移。废物容器是防止放射性核素从工程屏障中释放出去的第一道防线，一般认为容器保持完好的时间可持续千年以上。回填材料作为高放废物处置库中的工程屏障充填在废物容器和围岩之间，也可以用它封闭处置库，充填岩石的裂隙，对地下处置系统的安全起着保护作用。良好的工程屏障将大大延迟核素向地质介质、向生物圈迁移的时间，对保证处置库的安全运行是十分必要的。在这样的体系中，地质介质起着双重作用，既保护源项，也保护生物圈。具体地说，它保护人工屏障不使人类闯入，免受风化作用；在相当长的地质时期内工程屏障提供稳定的物理和化学环境；通过一系列物理化学作用，如吸附作用、生物作用、稀释作用等，限制放射性核素向生物圈迁移。可见，圈闭系统中的三重屏障之间具有相互加强的作用，其中天然屏障对长期圈闭起至关重要的作用，地下基岩的长期稳定至关重要。天然屏障保护工程屏障不受地表、近地表环境条件骤然变化所造成的破坏，还能提供一种使工程系统所用材料延年益寿的有利环境。深部地质介质的演化十分缓慢，只要避开某些地区，如现代火山地区和强烈构造活动地区等就能够保证放射性核素在限定期内有效圈闭。

2. 深层埋存需要做的工作

前面已经指出，对于高放废物的处置，国际国内公认的方法，是深地质处置，但是至今尚未有一座高放废物处置库运营。原因一方面是长寿命高放废物的深地质处置技术上极其复杂，还有许多问题需要解决。而一般要求处置库可确保埋存的放射性废物与人类生活圈安全地隔离 10 万年，时间跨度太长，带来了很多的不确定性。也正是由于这种复杂性、不确定性导致了地质处置难于得到公众的信任和政府的支持，这是推迟的另一个重要原因甚至是主要原因。因此核废料深地层埋存的实施还有很多的工作要做，从技术层面主要有以下几个问题：

（1）地质研究、选址

选址的目的选择合适的场地（即有利的天然屏障），为处置库提供一个安全稳定的天然屏障，是处置准备工作的关键。在场址的自然条件方面，其地质稳定性是关键的关键，其核心技术是地质学（构造地质学、地震地质学和水文地质学）的区域地壳稳定性评价技术和水文地质评价和模拟技术。利用该技术可评价场址在未来 1 万～10 万年内是否稳定、是否会发生火山、地震、活动断裂等灾害、地下水是否会对处置库有毁灭性影响、地下水流动是否有利于阻滞核素等。火山、地震、活动断裂带是处置库场址要避开的，而地下水的活动情况也是选址研究的重点。对于高放废物深地质处置的各种方案而言，最有可能使处置库系统中放射性核素释放并进入生物圈的机制是地下水的作用[26]。

选址的另一方面是处置库岩石的类型。处置库的岩石类型是关系到处置库能否长期安全运行及有效隔离核废物的关键。多年来，世界各国对处置库的可能围岩进行了详细研究，通过对比对花岗岩、黏土、岩盐的适宜性达成了共识。当然一个国家最终选择什么样的岩石作为处置库围岩还要根据本国的地质条件和国情而定，如美国选择内华达州的凝灰岩、得克萨斯州的岩盐和华盛顿州的玄武岩作为高放废物处置库的围岩，并进行了大量的研究。

（2）场址的综合评价

在确定了几个候选地址后，要做的就是对场址作特性评价。场址特性评价的目的是：① 确定此地是否适宜建造处置库以保护公众和工作人员的健康和安全；② 确定该处置库是否能有效隔离废物，使之不会进入人类可触及的环境中。

评价就是按照一定的标准要求对场址的综合性能做出评估，最后决定取舍。许多国家的处置计划中开发了综合性的场址特性评价方法。例如开发了使场址特性评价方法达到最佳选择的概率技术，美国和其他一些国家进行了规范的系统评价，其特点是把实验和设计工作的重点放在有可能提高系统安全与置信度的那些领域。现在人们已经意识到，必须建立一个综合互动式的计划管理机制。这样就能够在场址调查的计划与实施、场址性质的具体评价计划、性能评价方法的开发以及这些方法在广泛综合评价中的应用之间进行有效的协调。

特性评价的内容相当广泛深入，例如美国对尤卡山处置场址的特性评价工作包括以下几部分：① 地球化学研究；② 水文地质学研究；③ 岩石特性研究；④ 气候学研究；⑤ 剥蚀研究；⑥ 构造地质研究；⑦ 人类干扰研究；⑧ 气象学研究；⑨ 岩石的热和机械力学性质研究。

上述研究项目中，最主要的是地球化学、构造地质、水文地质（地下水是否会上升）和热性能。目前的各国的场址评价工作也正集中在这几个方面。由于地下水对于核素迁徙的核心影响，场址评价的重点放在满足安全性和研究导水断裂特征及其中的地下水流特征方面。

（3）地下实验室的选址、建造、相关实验研究

地下实验室（Underground Research Laboratory，URL）是为支持高放废物和长寿命核素废物地质处置计划而建立的地下研究机构，以确保地质处置能够安全地隔离高水平放射性废物和长寿命低中放废物，保护人类和环境。地下实验室的关键作用是提供接近实际处置的地质环境条件，为建立地质处置库提供参考资料，实践经验，人员培训，公众沟通和国际合作，从而为地质处置库的设计建造，运行和关闭等实践提供可行性论证和优化方案。其主要功能有[27]：① 场址特性鉴定；② 现场试验；③ 技术开发；④ 处置库性能验证。

地下实验室分为普通地下实验室和特定场址地下实验室。普通地下实验室仅为研究和实验目的，获取支持地质处置的技术和经验，将来不打算用作处置废物的设施，这类实验室大部分是利用已存的洞穴巷道改建而成。特定场址地下实验室除了用于研究和试验目的以外，将来可能要用作废物处置库或废物处置库的一部分。这样实验室的地质环境与处置场的完全相同，具有最好的互通性和可信度。

（4）废物的整备、储存罐材料、系统评价

对于深地层埋存，当前对乏燃料处置主要有两种方案：一是将乏燃料先行储存、冷却，而后进行深地层埋藏；二是进行后处理，回收绝大部铀和钚，剩下的高放废液作为高放废物，经过固化、冷却，进行深地层埋藏。无论哪种方案都涉及废物的整备。深埋处置的地质整备主要指废物的固化和装罐。早期固化主要使用沥青，当前越来越强调玻璃和陶瓷制品，玻璃化工艺广泛使用。储存罐是废物库工程屏障的一部分，各国对储存罐的选材、设计很重视，新材料新设计被大量运用于储存罐的设计制造，如瑞典和芬兰研制成功钢制内胆外套铠铜的乏燃料罐；日本研制了钛与钢或铜与钢的多层罐用于高放废物；美国研制的双层金属处置罐既用于乏燃料也用于高放废物。处置库概念设计的另一重要方面是回填材料的选取和试验。选取和试验主要要求回填材料具有良好的吸附性、热稳定性、化学稳定性、导热性和低透水性以及与储存罐材料的相容性等。日本人经过分析、比较和相关实验认为以蒙脱石为主要成分的膨润土是最合适的材料[28]。在人工回填材料方面也有大量的研究，如瑞士和英国开发出专用配方制造、以水泥为主的多孔回填材料。

高放废物深地层埋存系统安全评价的总体目标是评价深埋处置方案的安全性和可行性。由于深埋处置属于时变的长时间尺度和复杂的非均质空间系统，给深埋处置系统安全评价带来了许多不确定因素。这些不确定因素可分为三大类：情景的不确定性、模型的不确定性和数据资料的不确定性。高放废物深埋处置系统安全评价有别于一般固体废物处置系统的安全评价，对现有经济、技术条件下的技术方法，从精度和工程经验上都是一次严峻的考验。

西方国家特别是美国对于处置库系统的安全评价非常重视，为进行性能评价，花费许多经费开发了大量的计算机程序，如 RIP 和 ARREST 程序。美国法律规定，只有完成了性

能评价，并预测出处置库在建成后的 10 万年之内是安全的，并经 NRC（National Referral Center）批准，处置库才能建造和运营。

以上深地层埋存的工作是所有深地质处置方式需要做的。

目前高放废物和长寿命核素的处置的压力越来越大，要求越来越迫切。人们为此开展了广泛深入的研究，采取了或设计了多种处置措施，但这些措施都因为各自的原因而难于付诸大量实施而不带来环境问题。研究表明分离-嬗变是一种较好的处置方式，但是这种处置方式目前的技术条件还难以实施，并且这种方式的二次产物仍然需要处理。目前，各重要的有核国家都把深地质处置列入废料处置计划中，深地层埋葬处置的研究也因此取得了实质性进展，按照当今的安全标准已经基本可以付诸实施。

二、自埋处置

核废物的自埋处置方式，即利用核废物的衰变热熔化岩石，使自身埋入岩层中。这种方法似乎有些不可思议，然而这种思想却由来已久，并且经过一些学者的研究、计算表明这种处置方式在理论上和现实技术上是可行的[29-31]。自埋处置方式，也是一种深地质处置方式，这种自埋的处置方式与深地层埋葬处置方式有相同点，也有其自身的特点和优点，是一种更安全更可靠的处置方式，并越来越受到关注，可能在不远的将来成为一种理想的处置核废料方式。

类似自埋的处置思想最早在 20 世纪 50 年代由法国的两位科学家在北约的一次会议上提出的，之后苏联学者提出了"热滴"的思想，即将 100 t 重的核废料装入一个直径为几米的大型钨球里，钨球依靠核废料发出的衰变热会将自身的温度提高到 1 200 ℃。这么高的温度足以熔化坚硬的岩石，这样，钨球就会轻松地陷进地球深处。之后他们又将该方案做了改进：挖掘深几公里深井，在井底部深处引爆一颗小型炸弹，炸出一个直径 5 m 的圆坑，核废料直接放到那个坑里，核废料容器依靠其发出的衰变热加热地层后，在重力作用下会熔向地球深处。这是关于自埋研究的最早期的报道，没有考虑地下水可能导致的灾害。

这种自埋处置暂且称之为深地层熔化自埋处理。而文献［29～31］研究的是废物储存罐位置基本不变的就地处置方式，这种处置方式首先在处置场址挖掘一定深度的竖井，将废物储存罐置于井底，靠废物的衰变热熔化周围岩层。这个过程与文献［32］的深度不断加大的自埋方式有相同方面。但由于其热量较小，部分熔化周围岩石之后，没有更多的热量使熔化长期进行而是逐渐冷却下来，部分熔化的岩石冷却后重结晶。在这个熔化和重结晶的过程储存罐周围形成四道屏障，即外围水合反应带、地质变质带、熔化物重结晶形成的石棺和储存罐本身，防止地下水接近核废料。这四道屏障形成的机理与深地层熔化方式最终形成四道屏障的机理相同。这种处置方式的深度由初始挖掘的深井决定，储存罐的位置基本固定不变。并且这种处置方式可以在一个深井中处置多个储存罐，处置完毕后用回填材料填充深井。这种方式暂且称之为储存罐深度固定的熔化自埋方式。目前的核废物自埋处置研究的主要就是以上储存罐深度固定的熔化和深地层熔化自埋两种方式。

三、自埋的机理和特性

（一）机理

从前面的表述可以看到，深地质熔化核废物自埋处置方式具有更好的安全性，这里介绍的就是这种处置方式。在经过勘探选择的场址上开凿直径适当的深井，深度由当地的地质环境确定，例如 2 km[29]，这个深度比一般处置库的深度要深得多，但比储存罐固定的熔化处置方式需要的深井要浅。带有临时冷却系统的储存罐装满核废料，由专门的传输工具传送到井底。为了填充储存罐与井底之间的空隙需要人为地加入一些填充材料，如颗粒状的铝[29]，以加强导热，如图 8-2-1 所示（图中 1、2、3、4、5 分别是储存罐、冷却管、深井壁、人工填充材料、临时封口）。随后将临时的冷却系统切除，储存罐开始升温。首先周围岩石的温度逐渐升高，等温线从储存罐向外不断推移，直至储存罐壁面与岩石的交界面处达到岩石的熔点，熔化产生。随着熔化物的增多，形成边界层，因为密度差，储存罐在重力的作用下向下熔化，储存罐壁面的温度进一步升高达到最高值，而熔化面上的温度为岩石的熔点。这就是熔化产生的机理，也就是接触熔化产生的过程。图 8-2-2 是储存罐熔化示意图。熔化产生以后，周围岩层的热变化根据岩层本身的开裂与否分两种情况。在讨论这两种情况之前首先简单地介绍一下对深地层研究的发现。任何大陆地壳上层的大块结晶岩体要完全没有裂缝的可能性很小。地质研究和地下钻井都确认深入地壳几千米会出现岩石裂缝带，而这些裂缝带常被大量相对没有开裂的岩石分开[33]，形成各个含水的

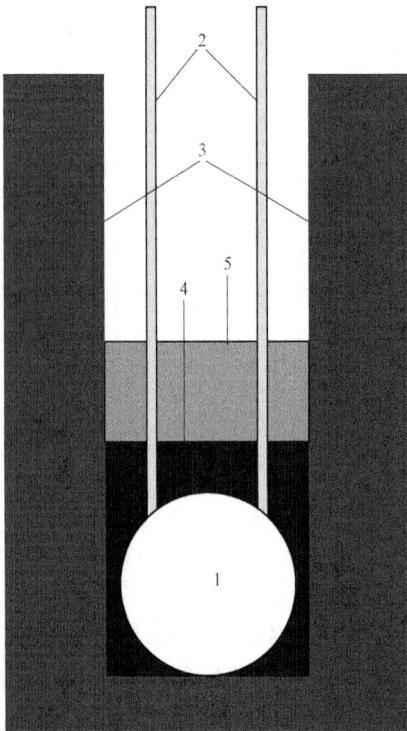

图 8-2-1 深井中带临时冷却的核废料储存罐示意图

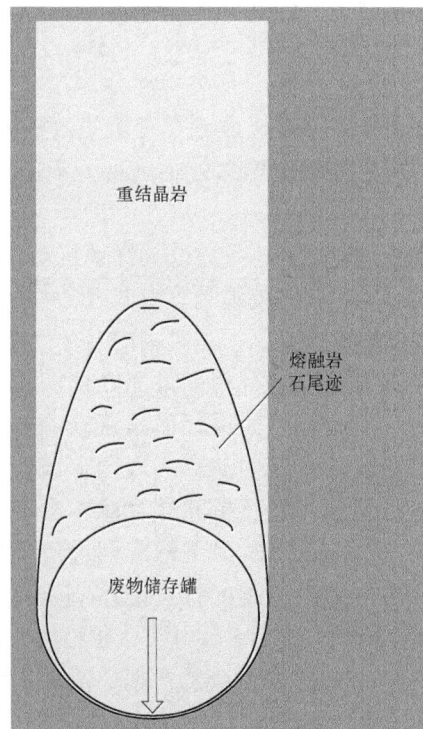

图 8-2-2 储存罐熔化下降示意图

裂缝带，这些裂缝带是分层的，近地表水是淡水而深岩层的盐碱度很高[34]。由于岩层的低导热性和成分密度的稳定性，大深度处盐碱化的岩层在物理和化学上各自独立，并且和近地表水分开，这样的状况已经持续了几百万年。由此可见，由于深地层的分隔，储存罐可能出现在裂缝带与分隔带，其所处环境的含水量会有很大的不同，即裂缝带是含水的，但分隔带却基本没有水。假如处在含水的裂缝带，那么熔化过程中，从外到内会形成三个不同的岩层热处理带。最外层为水合反应层，这种反应在温度高于 200～250 ℃以后会变得非常的迅速，由于在这样的深度岩石的导水性很差，水的消耗将比产生的快。水合反应生成的化合物体积膨胀将填塞几乎所有的裂缝通道，直至水完全不能渗入，水合反应停止。往内一层是热变质作用带，这层中退火后的亚结晶和缓慢的冷却产生了岩石块，这些岩石块中裂缝极难产生。而任何产生的裂缝将会被封闭，至少是从这个变质带的内侧被部分熔化产生的液体岩石固化而封闭。再往内一层是熔化层，熔化物随着储存罐的向下熔化温度降低而逐渐冷却，由于储存罐熔化速度缓慢，对整个冷却环境有加热作用，因此冷却极为缓慢。在这缓慢的冷却条件下，熔化物的重结晶极难产生裂缝[35]。当熔化结束后储存罐外边将形成坚实、致密的石棺。往外是亚结晶层，最外是水合反应层，这样包括储存罐在内就形成了四道屏障，保护核废物免受地下水的侵蚀，这就是所谓的四道近场屏障。近场是相对于整个深层地质屏障而言。假如储存罐处在层与层之间的分隔带上，则不会产生水合反应，也就不会有水合反应层。另外两层依然会形成，而在分隔带上由于没有地下水，无须考虑地下水的侵蚀。由此可见，当熔化达到最终，核废料将会有真正的多重屏障保护。只要这多重屏障的任何一层保持完好，就能保证核废料与地下水的有效隔离。而前文已经论述了地下水是放射性核素回到生物圈的最主要因素，因此隔绝地下水就能够保证核废物的安全储存。更进一步，最糟糕的情况是假使地下水突破四道屏障，最终到达了核废物，放射性核素因此而被滤取出进入地下水系统。然而在上万米的地下，侧向流动将会在裂缝带中产生，但是稳定的密度会阻止垂直流动，保证核素保持在与上层分离的含水层中，要到达近地表地下水进入生物圈更是几乎不可能的事。而这种各个含水层相互隔离的状况已经持续了几百万年。显然，在这几百万年间的气候、地质和水文地质的变化都没有打破深度大于 2 000 m 地下的这种分隔是安全的。所以，在安全处置高放废物所需的几万年的时间里，各种变化会打破这些水流的分离的可能性很小。

（二）两种熔化方式的比较

如前文所述,储存罐深度固定的熔化和深地层熔化自埋这两种方式各有自己的特点和优势。两者共同的特点是可以形成四道屏障即外围水合反应带、地质变质带、熔化物重结晶形成的石棺和储存罐本身,防止地下水接近核废料。储存罐深度固定方式的优势是① 处置过程中只要求部分熔化岩石,储存罐的温度不会很高,因此也对储存罐性能的要求可以降低;② 由于储存罐的位置固定,并且已知,如果需要可以对储存罐的核废料是否泄漏进行监测。其缺点主要是所需的埋存井很深,工作量大,并且井实际上成了地下各个含水层之间的一个通道,井的存在就人为地打破了几个原本相互隔离的地下含水层的隔离状态,人工的一些填埋措施也不一定能够确保核废物处理所要求的时间跨度内的安全;对于深地质熔化自埋处置方式,其优势是① 深度更大,可以达到 10 km 以上[29],受各种地质变化影响更小，安全性更高，并且这样的深度不需要预先挖很深的井，靠自身熔化达到，大大节约处置成本；② 由于熔化尾迹的冷却结晶，无须人工填埋，更重要的是完全封闭了地下深处各含水层之间的通道，安全性更高；但其缺点是熔化的时间长、温度高、要求储存罐具有经受高温能力和抵御由于熔化和再结晶引起的压力带来的影响等。可见，深度变化的自埋处置方式在安全上更有优势。接触熔化研究的背景就是这种处置方式。

（三）与深地层埋存的比较

对任何的放射性废物地质处置而言，首先要求是保证在放射性核素在剂量衰变到可以接受的水平之前，不能有任何迁徙到生物圈的可能性。对于高放废物这种隔离期一般认为是在一万到十万年之间。国际上目前的核废物处置方式是将其埋存在人工挖掘的、多层屏障的处置库中的深埋处置方式。尽管这种方式常被称作"深"地质处置，然而对于地质而言，这样的深度却是很浅的。所谓的"深"地质埋存对于中低放废物有其优势，但也存在不少问题。在这些问题中，值得注意的是当今地质埋存的方案所要求的低温、地质和水文的不确定性以及没有最大限度地利用地质屏障等方面的问题。绝大多数处置库都像瑞典在Aspo 研究的设计方案一样，要求废物储存罐中和它周围保持低温，通常低于 150 ℃。这主要是考虑包围核废料的普通储存罐的腐蚀问题，低温可以减小腐蚀，同时也防止地下水在处置库中和处置库周围形成热对流。假如温度进一步升高，达到 240 ℃，这个温度就有可能导致回填的膨润土与容器的反应[36]。这些温度的要求限制了一个储存罐中高放废物的属性（主要是指放射性强度）和数量，以及储存罐之间摆放的距离。而且所谓的多重屏障，对于可能的地下水来说却只有储存罐这一道屏障，突破储存罐后，放射性核素就会被滤取到地下水中。因为尽管玻璃固化体中的核素封闭于多重屏障系统内，但不管该系统的设计多么完美，也不能永远地阻止核素向生物圈扩散、迁移。因为一旦工程屏障损坏，核素就将随地下水一起向地质介质迁移，通过地质介质，最终到达生物圈。核素从处置库向生物圈迁移的过程可以设想为：首先，虽然处置库一般建在地下水贫乏且渗透性很低的岩体中，但深度一般为 500～1 000 m 的地下深处，这个深度一般均属于饱水带。在处置库运行的初期，地下水将从周围压力较高的地区向处置硐室低压区运动，而地下水最先接触的将是回填材料。穿过回填层的水随后将与废物容器接触。一旦容器破损或腐蚀，地下水便直接与玻璃固化体接触，于是水与固化体间的相互作用便开始。固化体中的核素或溶于地下水，或以微粒的形态转移到水中。与此同时，整个处置库便达到完全饱水的程度，于是，处置库硐室中的水压力与围岩体中的水压力达到平衡状态。从这一平衡点开始，地下水的运动将不再是由周围岩体流向处置库，而是开始受控于处置库地区的地下水流场。一般由补给区流向排泄区，于是转移到地下水中的核素便通过破损的容器沿水流方向返回到回填层中。在回填层中，某些核素被吸附或生成沉淀，但回填材料的吸附容量是有限的，很快核素将随地下水一起穿过回填层进入到地质介质中，在天然屏障中开始向生物圈的迁移。

要选择一个按照目前的标准是安全的场址，建造一个处置库，不仅要非常详细地确认水文地质状况和地质化学状况，而且处置库对上述两个状况的影响也要非常详细地进行长时间的预测和规划，这是非常艰难的工作。经济方面的和其他方面的约束，决定了储存库的深度通常只有几百米，例如：美国的计划处置深度是 350 m，法国为 400～1 000 m，德国为 660～900 m。这样的深度虽然能够提供了相当坚固的地质屏障，但是这个深度有可能是不够的。因为在这个深度，基岩中的地下水流通常是与近地表地下水系统互相渗透的[26]。而前面已经提到，地下水是放射性核素迁徙至生物圈的最重要的途径。由于地质屏障是人们唯一有些把握能够经受如此长的时间跨度的屏障，因此，最大限度地利用地质屏障显得特别的重要。正是由于这些问题，尽管美国的尤卡山处置库建设已经投入大量资金，做了广泛深入的论证，但是仍不乏反对的声音。

而对于深地层熔化自埋深地质处置，上述深埋处置存在的问题都可以得到克服。对于核废物放热导致地质环境温度高的问题，显然自埋处置的方式正是利用了这个衰变热，并且热量要达到一定的值熔化才能够发生[37]。只要能够产生需要的热量，任何形式的高放废物都可以用这种方式处理。初步的计算表明[31]，所需的热量比没有经过多年冷却的乏燃料所产生的热量要小，而却比目前准备用于低温储存的玻璃化的高放废物（例如，英国 Sellafield 处理厂的玻璃化废物），所具有的热量大。虽然这种高温处置周围环境的温度会比较高，但是由于多重屏障的存在，并且各个含水层的相互隔离，地下水只能有侧向的流动，而不可能产生垂直方向的对流，更不可能因对流而将放射性核素传输回地面。再一个是深度大大加深，达到几千米至几万米，地质屏障得到了充分的利用。这样的大深度能够大大提高储存罐幸免于地震、地壳变迁及其他危险的机会。即便假如发生一些地质的变迁，如断层作用，导致了储存罐和所有近场屏障的破裂，基岩中裂缝水流层之间的隔离也遭到破坏的可能性很小。

与深地质埋存相比，深地层熔化自埋方式还有另外两个好处。一个是反应堆里卸下的乏燃料不需经过长时间冷却，就可以处置，如 Logan[29]计算的是卸料后半年。要追求大深度，卸料到自埋的时间越短越好。另一个好处是在一个深井中可以间隔处置多个核废料储存罐，即这些罐可以重叠[29, 30]。这种重叠放置大大节约了空间，可以减少单位核废料处置的费用。而对于深地质埋存，考虑到要保持环境低温，这种叠放一般是不允许的。

关于所有深地质处置方式的一个主要的争议是，这种处置方式使核废物的取回变得很难甚至不可能，对于深地层熔化自埋方式也一样。安全性与可取回性显然是一种此消彼长的关系，随着处置深度的增加，必然提出取回是否重要的问题。现在看来取回没有任何科学和技术上的依据，而这主要是一种政治的约束，或考虑到将来会有一种解决这个问题的更好的办法。要反驳这种取回的问题，必须考虑不能取回或者取回的难度很大可能是件好事，因为这样就消除了任何出于盗窃、恐怖主义、阴谋破坏等的目的而有意为之的可能性，也大大减小了意外闯入的风险。

总结起来，这种深地层熔化自埋的方式有以下的特点：

① 处置深度大，一般的地质处置不可能达到，但它能够最大程度地利用天然屏障，大大减轻地震、地层断裂等地质灾害的破坏作用；在大深度上处于盐碱水层，与近地表地下水系天然隔离。

② 处置安全性好，不仅处置深度大，远离生物圈，远场屏障可靠，而且有多重近场屏障。

③ 处置费用相对较低，可充分利用空间，需挖掘的处置井较少，埋存后无须管理费用。

④ 利用核废物衰变热，无须考虑衰变热的破坏作用。

⑤ 深度大，取回的可能性不存在。

⑥ 对于储存罐的材料性能要求高。

四、自埋还需要做的工作

深地质熔化自埋处置核废料仍然在发展中，在许多方面需要更详细地研究，特别是在地质勘探、岩石高温特性、地质化学和材料科学领域，例如对于地质勘探和特定岩石的高温特性（主要是熔化与结晶特性）的研究取得了一些成果。然而，由于各个场址的不同，岩层、水文条件等均有很大差别，对特定场地要进行仔细全面的了解。对于岩石，结晶的过程中有很少部分没有完全结晶并不一定带来很大的问题，但是结晶程度越高抵御长期侵蚀的能力越强。因此，对特定岩石的熔化和结晶特性要知道的比较清楚。花岗岩的熔化和相平衡关系作为温度、压力的函数对于有限的天然和合成的成分是比较清楚的，对于液态花岗岩在不间断冷却下的结晶却知道的相对较少，并且花岗岩的成分也差别很大，而对于其他的岩石知道的就更少。

在材料方面，储存罐高的材料性能是个需要保证的前提。最内层的近场屏障是储存罐，在整个处置的高温阶段和冷却完以后的很长时间内要求储存罐保持物理完好性。要达到这样的目标，储存罐必须具有经受高温、抵御由于熔化和再结晶引起的压力作用的能力，并且还要能够与高放废物和花岗岩的熔融物在长期高温下共存。目前用于传统核废物储存和处理的金属罐材料，例如钢质的、铜质的或钢铝合金的材料，都很难满足这样的要求。在材料的选择上，各种耐火陶瓷是可以选择的材料。但最有前途的是基于矿物材料，因为矿物材料是唯一已知在处置的整个温度压力变化范围内能够与硅酸盐熔融物共存，并且确信能够在地质需要的时间跨度上保持完好的材料。

当然这个方案的许多方面可以利用和借鉴原子能工业和石油工业开展的有关处置库的研究的研究的成果。例如开凿深井的技术，向井内输送废物罐的技术等。

再有一个就是自埋熔化传热的问题。深地质熔化自埋的过程实质就是一个相变材料围绕热源的接触熔化过程，是接触熔化应用于核技术的例子[38,39]。因此接触熔化是研究深地层熔化自埋的理论基础。尽管我们有接触熔化的基础，并且国内外学者对于围绕热源的接触熔化也做了广泛深入的研究。例如，熔化的发生需要热源有一定的热量，这就是热量阈值[37]，这个阈值由核废物容器形状、容器体积和相变材料的物理性质所决定。热量阈值是自埋熔化首先要解决的问题，得到热量阈值以后才能够根据核废料的衰变热变化情况得到熔化的时间，进而由熔化的速度积分得到熔化的深度。熔化深度是自埋的一个重要指标，只有达到相当的深度，这种方法才有显著的优势。另外熔化的储存罐表面温度也是一个重要的参数，它部分地决定了储存罐的材料选择。可以认为，前面几章有关接触熔化的分析方法与结果，为自埋熔化传热分析提供了一个基础。

第三节 围绕衰变热源的自埋熔化

一、球热源

围绕球热源的接触熔化，所考虑的物理模型结构与图 2-3-1 相同。热源的单位质量发热率为 q，并假定热源外壁保持等温 T_w（温度随时间变化），以 U_0 速度向下熔化。其过程的基本假设同前，则基本方程，即连续，动能与能量方程仍为：

$$\frac{\partial u}{\partial h} + \frac{\partial v}{\partial s} = 0 \tag{8-3-1}$$

$$\mu \frac{\partial^2 u}{\partial s^2} = \frac{dp}{dh} \tag{8-3-2}$$

$$u \frac{\partial T}{\partial h} + v \frac{\partial T}{\partial s} = a \frac{\partial^2 T}{\partial s^2} \tag{8-3-3}$$

边界条件：

$$\begin{aligned} s = 0: \quad & u = v = 0, \, u = 0, \, T = T_w \\ s = \delta: \quad & v = -U_0 \cos\phi, \, T = T_m \end{aligned} \tag{8-3-4}$$

由（8-3-2）式与（8-3-4）式可得：

$$u = \frac{1}{2\mu} \frac{dp}{dh}(s^2 - s\delta) \tag{8-3-5}$$

由于液膜厚度很薄，其内温度可认为是线性分布，可以得到温度的表达式为：

$$T = T_w + \frac{T_m - T_w}{\delta} s \tag{8-3-6}$$

设从熔化面传出的热量为 Q'。由前面假设与实验结果[40]可以认为传热面是与热源相同半径的半球面，而不会对计算带来很大的误差。则熔化面的热传导方程为：

$$-\lambda \frac{\partial T}{\partial s}\bigg|_{s=\delta^-} = -\lambda \frac{T_m - T_w}{\delta} = U_0 \rho_m L \cos\phi - \lambda \frac{\partial T}{\partial s}\bigg|_{s=\delta^+} \tag{8-3-7}$$

其中，L 为熔化潜热 J/kg，ρ_m 为岩石密度 kg/m^3。$-\lambda \frac{\partial T}{\partial s}\big|_{s=\delta^-}$ 与 $-\lambda \frac{\partial T}{\partial s}\big|_{s=\delta^+}$ 分别是熔化面上与熔化面下的单位面积导热量。该式考虑了熔化过程中热源向环境传递热量，是与国内外接触熔化相关文献推导过程的最主要区别，也是这里重点考虑的问题之一。从这个式子出发就不会得到相关文献中当 $\phi = \pi/2$ 时边界层厚度为无限大的结果。

对于球体由于其温度场的对称性，$-\lambda \frac{\partial T}{\partial s}\big|_{s=\delta^+} = \frac{Q'}{A}$，则可以得到：

$$-\lambda \frac{\partial T}{\partial s}\bigg|_{s=\delta^-} = -\lambda \frac{T_m - T_w}{\delta} = U_0 \rho_m L \cos\phi + \frac{Q'}{A} \tag{8-3-8}$$

其中，A 为传热面积，即下半球的表面积。由（8-3-8）式得到边界层厚度：

$$\delta = \frac{-\lambda(T_m - T_w)}{U_0 \rho_m L \cos\phi + \dfrac{Q'}{A}} \tag{8-3-9}$$

该边界层厚度的表达式在 $\phi = \dfrac{\pi}{2}$ 时不会得到边界层为无穷大，较之相关文献的表达式[32]，例如（2-3-14）式、（2-3-31）式等是一个改进，在物理上更合常理。根据接触熔化接触面传热率高的特点，假设热量全部从下半面传出[32]，则其传出的热量为：

$$Q = \int_0^{\frac{\pi}{2}} 2\pi R^2 \sin\phi \left(-\lambda \frac{\partial T}{\partial s}\bigg|_{s=0}\right) \mathrm{d}\phi = \int_0^{\frac{\pi}{2}} 2\pi R^2 \sin\phi \left(U_0 \rho_m L \cos\phi + \frac{Q'}{A}\right) \mathrm{d}\phi$$
$$= \pi R^2 U_0 \rho_m L + 2\pi R^2 \frac{Q'}{A} = \pi R^2 U_0 \rho_m L + Q' \tag{8-3-10}$$

球的总衰变放热量为：

$$Q = \frac{4}{3}\pi R^3 \rho_H q \tag{8-3-11}$$

其中，ρ_H 为热源平均密度 $\mathrm{kg/m^3}$，$q = 0.005 P_0 a [t^{-b} - (T+t)^{-b}] / M$ [41]，即单位质量发热量。M 为核废料总质量，P_0 为堆运行的功率，a、b 为常数，取值分别为 27.43 和 0.296 2 [41]。由（8-3-10）式和（8-3-11）式可以求得熔化速度为：

$$U_0 = \frac{\dfrac{4}{3}R\rho_H q - 2\dfrac{Q'}{A}}{\rho_m L} = \frac{\dfrac{4}{3}\pi R^3 \rho_H q - Q'}{\pi \rho_m L R^2} \tag{8-3-12}$$

由（8-3-12）式可见用于熔化的热量是球的发热量减去沿下半球面导出的热量，该式表明熔化不会一直进行下去，而是有个热量阈值[37]。

由边界层内的质量守恒可以得到：

$$2\pi R \sin\phi \int_0^{\delta} u \, \mathrm{d}s = \int_0^{\phi} 2\pi R^2 U_0 \sin\phi \cos\phi \, \mathrm{d}\phi \tag{8-3-13}$$

对上式积分并简化得到：

$$\int_0^{\delta} u \, \mathrm{d}s = \frac{1}{2} U_0 R \sin\phi \tag{8-3-14}$$

将（8-3-5）式代入（8-3-14）式，积分可得：

$$\frac{\mathrm{d}p}{\mathrm{d}h} = \frac{-6\mu U_0 R \sin\phi}{\delta^3} \tag{8-3-15}$$

该式与 Emerman 与 Turcotte[32]的相应表达式相同。代入条件 $\mathrm{d}h = R\mathrm{d}\phi$ 以及（8-3-9）式，积分后可以得到：

$$p = \frac{3\mu R^2 \left(U_0 \rho_m L \cos\phi + \dfrac{Q'}{A}\right)^4}{2\lambda^3 (T_w - T_m)^3 \rho_m L} + C \tag{8-3-16}$$

其中 C 为一常数，由边界条件 $p\big|_{\phi=\frac{\pi}{2}} = 0$ 可以得到：

$$C = \frac{-3\mu R^2 \left(\dfrac{Q'}{A}\right)^4}{2\lambda^3 (T_w - T_m)^3 \rho_m L}$$

将 C 带入（8-3-16）式得：

$$p = \frac{3\mu R^2 \left(U_0 \rho_m L \cos\phi + \dfrac{Q'}{A}\right)^4}{2\lambda^3 (T_w - T_m)^3 \rho_m L} - \frac{3\mu R^2 \left(\dfrac{Q'}{A}\right)^4}{2\lambda^3 (T_w - T_m)^3 \rho_m L} \tag{8-3-17}$$

在球的底面对 p 积分，得到球底部总的受力为：

$$F_d = 2\pi R^2 \int_0^{\frac{\pi}{2}} p \cos\phi \sin\phi \, \mathrm{d}\phi \tag{8-3-18}$$

将（8-3-16）式与（8-3-17）式代入（8-3-18）式积分得到：

$$F_d = \frac{\pi\mu R^4 \left(\dfrac{1}{2} U_0^4 \rho_m^3 L^3 + \dfrac{12Q'}{5A} U_0^3 \rho_m^2 L^2 + \dfrac{9Q'^2}{2A^2} U_0^2 \rho_m L + \dfrac{4Q'^3}{A^3} U_0\right)}{\lambda^3 (T_w - T_m)^3} \tag{8-3-19}$$

同时，根据受力平衡，F_d 等于重力与浮力差，则：

$$F_d = \frac{4}{3}\pi g R^3 (\rho_H - \rho_m) \tag{8-3-20}$$

由（8-3-19）式和（8-3-20）式可以求得表面温度为：

$$T_w = T_m + \left[\frac{\mu R \left(\dfrac{3}{8} U_0^4 \rho_m^3 L^3 + \dfrac{9Q'}{5A} U_0^3 \rho_m^2 L^2 + \dfrac{27Q'^2}{8A^2} U_0^2 \rho_m L + \dfrac{3Q'^3}{A^3} U_0\right)}{g\lambda^3 (\rho_H - \rho_m)}\right]^{\frac{1}{3}} \tag{8-3-21}$$

由温度的表达式显然有当 $U_0 = 0$ 时 $T_w = T_m$，此时热源的放热量就是阈值，热源表面温度等于岩石的熔点，熔化停止。并且从（8-3-9）式还可以看出，此时的边界层已经消失，即不再有熔化物存在，也就是自埋结束，这在物理意义上也是很容易理解的。

熔化结束后 T_w 应该按照 $Q \approx 4\pi\lambda R(T_w - T_\infty)$ [42] 计算得到：

$$T_w = T_\infty + \frac{Q}{4\pi\lambda R} \tag{8-3-22}$$

其中，Q 为衰变热功率。取岩层参数[32]为：$\lambda = 0.042 \text{ Jcm}^{-1}\text{s}^{-1}\text{℃}^{-1}$，$\rho_m = 2.7 \text{ gcm}^{-3}$，$v = 0.01 \text{ cm}^2\text{s}^{-1}$，$c_p = 1.05 \text{ Jg}^{-1}\text{℃}^{-1}$，$L = 420 \text{ Jg}^{-1}$，$T_\infty = 0 \text{ ℃}$，$T_m = 1\,200 \text{ ℃}$。以典型反应堆 AC-600[43] 为例，热功率 1 930 MW，燃料材料为 UO_2，堆芯装铀量 66.8 t，换料周期 18 个月。假设换料时乏燃料的质量和平均密度与初装燃料相比不变，则核废料质量为 66.8 t，密度 $\rho = 10 \text{ g/cm}^3$。把这些核废料装到一个球体中，则这个球体的半径为 $r = 116.9 \text{ cm}$，得到熔化的热量阈值为 74 kW，衰变热达到阈值时间为 4.94 年。

由 $\dfrac{Q'}{A} = \dfrac{\lambda(T_m - T_\infty)}{R}$ 可见，半径越大，熔化面传出的热流密度越小，$R = r$、$2r$、$3r$、$4r$ 时热流密度分别为 0.431 1、0.215 6、0.143 7、0.107 8 w/cm^2。而对于分别取 $R = r$、$2r$、$3r$、$4r$ 满足熔化阈值条件的时间随半径的增大而增长，熔化时间分别为 4.94、15.72、30.00

和 47.18 年。图 8-3-1 为不同半径衰变热变化及阈值比较。将反应堆 AC-600 的数据以及 $R = r$ 代入（8-3-12）式得到：

$$U_0 = 0.198\ 6a[t^{-b} - (46\ 656\ 000 + t)^{-b}] - 0.000\ 76 \qquad (8\text{-}3\text{-}23)$$

同样可以得到 $R = 2r$、$3r$、$4r$ 时 U_0 随时间的变化关系式。图 8-3-2 为 $R = r$、$2r$、$3r$、$4r$ 时 U_0 随时间变化的曲线，时间是从 $T_s = 0.5$ 年到各自达到熔化阈值的时间，T_s 为乏燃料从卸料到开始熔化的储存时间。图 8-3-3 为 $T_s = 0.5$ 年时，$R = r$、$2r$、$3r$、$4r$ 球体的自埋深度随时间变化，最终深度分别为 12 020 m、62 520 m、149 300 m、273 220 m。图 8-3-4 为 $T_s = 1$ 年时 $R = r$、$2r$、$3r$、$4r$ 球体的自埋深度，最终深度分别为 8 990 m、56 810 m、140 830 m、261 890 m。图 8-3-5 为 $T_s = 2$ 年时球体的自埋深度随时间的变化，最终深度分别为 4 550 m、48 650 m、128 800 m、246 030 m。可见球的半径对于球体的最终自埋深度影响很大，而乏燃料的储存时间也是一个影响因素，但影响不是特别明显。在自埋实施时可以适当延长储存时间，特别是对于大体积的球体。

增加球体的半径能够显著增加熔化深度，这个结论与 Logan 所得结果[29]相同。并且增加容器半径可以增长达阈值时间，从而可以延长核废料库存时间，使衰变热尽量降低，便于运输。深度是深底层熔化自埋处置方式追求的一个目标，因此，若容器强度、制造等实际条件允许，可以尽量增大容器体积，增加核废料装量，以增加熔化深度或延长允许储存时间。另外考虑到真正装入容器用于熔化的核废料是玻璃化的，含有大量非放射性物质，故其单位体积的发热量会下降，具体问题可以具体再行计算。

图 8-3-6 至图 8-3-8 分别是乏燃料储存时间 T_s 为 0.5 年、1 年、2 年时 $R = r$、$2r$、$3r$、$4r$ 球体熔化时表面温度的变化曲线。由这些图可见在 0.5 年开始熔化，半径 $4r$ 的球表面温度达到 1 800 ℃ 以上，这是目前大多数材料难以承受的，尽管 2 年时这个表面温度迅速下降到 1 350 ℃ 以下。而对应 T_s 为 0.5 年、1 年、2 年三个时间的半径为 r 的球体表面温度在 1 270 ℃ 到 1 200 ℃ 之间。可见，增大球体的半径，缩短乏燃料储存的时间会显著增加熔化时球体表面的温度。因此，为了降低球表面温度，又要达到足够的深度，对于半径大的球尽量延长乏燃料储存时间，对于半径小的球体则相反。

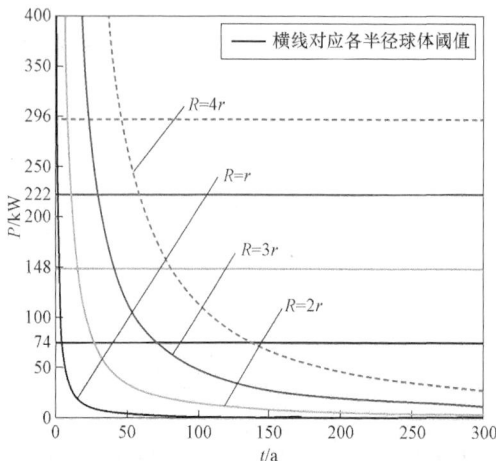

图 8-3-1　不同半径热源衰变热变化及对应阈值

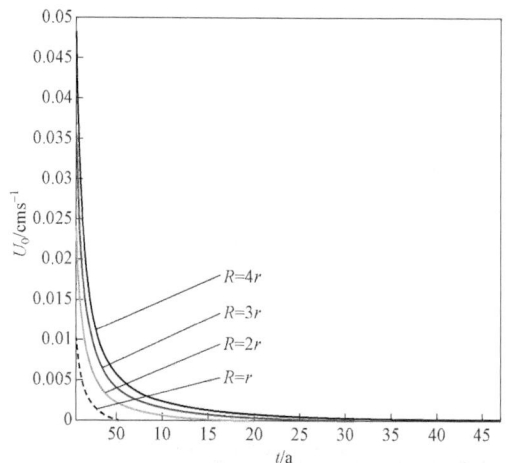

图 8-3-2　不同半径球体自埋速度

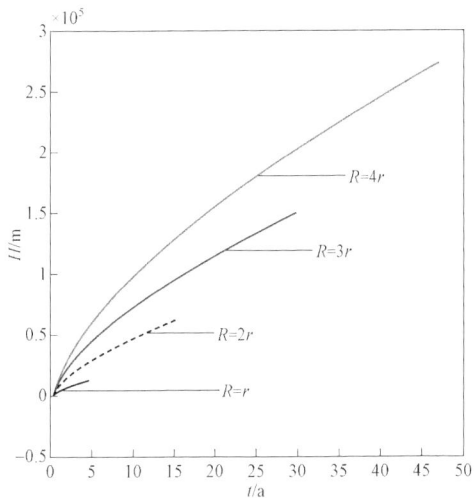

图 8-3-3　T_s=0.5 年时不同半径球体熔化深度比较

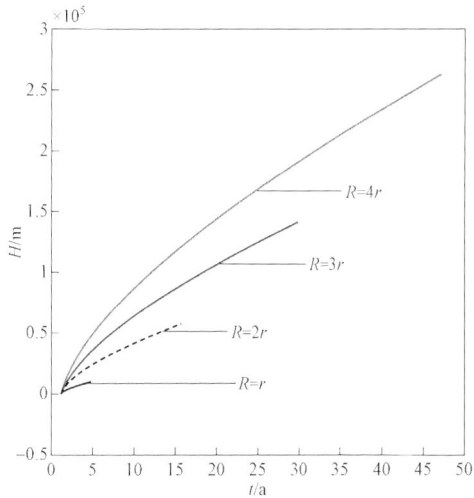

图 8-3-4　T_s=1 年时不同半径球体熔化深度比较

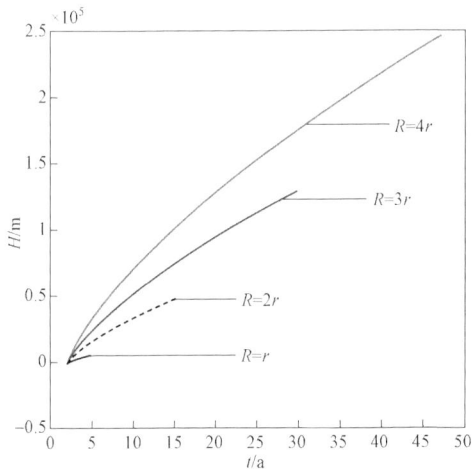

图 8-3-5　T_s=2 年时不同半径球体熔化深度比较

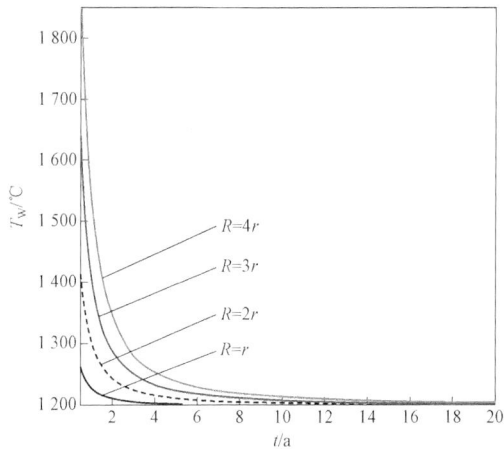

图 8-3-6　T_s=0.5 年时不同半径球体熔化表面温度

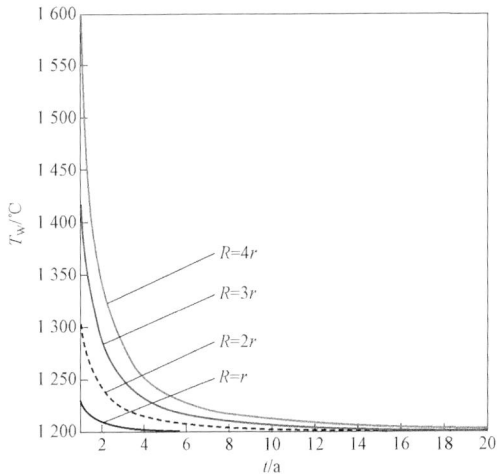

图 8-3-7　T_s=1 年时不同半径球体熔化表面温度

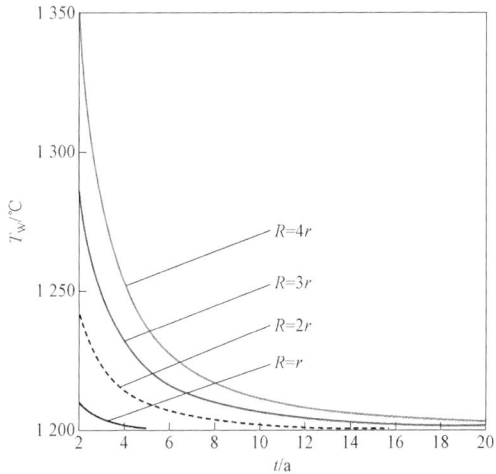

图 8-3-8　T_s=2 年时不同半径球体熔化表面温度

二、旋转体热源

设旋转体由曲线 $y = f(x)$ 绕 y 轴旋转而成，最大半径为 R，其他假设同前，则基本方程及边界条件都相同，不再赘写。旋转体的体积为 $V = \int_0^R \pi x^2 f'(x)\,dx$，表面积为 $A = \pi R^2 + \int_0^R \dfrac{2\pi x}{\cos\phi}\,dx$，其中 ϕ 为曲线的切线与 x 轴的夹角，$\cos\phi = \dfrac{1}{\sqrt{1 + f'^2(x)}}$。由基本方程和边界条件有：

$$u = \frac{1}{2\mu}\frac{dp}{dh}(s^2 - s\delta) \tag{8-3-24}$$

h，s 为熔化界面上的坐标。由边界层内温度线性分布和能量守恒得到：

$$-\lambda\frac{\partial T}{\partial s}\bigg|_{s=\delta^-} = -\lambda\frac{T_m - T_w}{\delta} = U_0\rho_m L\cos\phi - \lambda\frac{\partial T}{\partial s}\bigg|_{s=\delta^+} \tag{8-3-25}$$

其中 $-\lambda\dfrac{\partial T}{\partial s}\bigg|_{s=\delta^+} = \dfrac{Q'}{A}$，则边界层厚度为：

$$\delta = \frac{-\lambda(T_m - T_w)}{U_0\rho_m L\cos\phi - \lambda\dfrac{\partial T}{\partial s}\bigg|_{s=\delta^+}} = \frac{-\lambda(T_m - T_w)}{U_0\rho_m L\cos\phi + \dfrac{Q'}{A}} \tag{8-3-26}$$

则从旋转面传出的总热量为：

$$
\begin{aligned}
Q &= -2\pi\int_0^R \frac{x}{\cos\phi}\lambda\frac{\partial T}{\partial s}\bigg|_{s=0}\,dx = -2\pi\int_0^R \frac{x}{\cos\phi}\lambda\frac{\partial T}{\partial s}\bigg|_{s=\delta^-}\,dx \\
&= 2\pi\int_0^R \frac{x}{\cos\phi}\left(U_0\rho_m L\cos\phi - \lambda\frac{\partial T}{\partial s}\bigg|_{s=\delta^+}\right)dx \\
&= \pi R^2 U_0\rho_m L + Q'
\end{aligned}
\tag{8-3-27}
$$

同时旋转体总的放热量为 $Q = V\rho_H q$，则可以得到熔化速度：

$$U_0 = \frac{\dfrac{k}{3}\pi R^3\rho_H q - Q'}{\pi R^2\rho_m L} \tag{8-3-28}$$

其中，k 为系数。由边界层内的质量守恒得到：

$$\int_0^\delta ux\,ds = \int_0^h U_0\cos\phi x\,dh \tag{8-3-29}$$

将（8-3-24）式代入（8-3-29）式可以得到：

$$\frac{dp}{dh} = -\frac{6\mu U_0 x}{\delta^3} \tag{8-3-30}$$

由条件 $dh = \dfrac{dx}{\cos\phi}$，将（8-3-26）式代入（8-3-30）式可以得到：

$$\mathrm{d}p = \frac{-6\mu U_0 x \left(U_0 \rho_m L \cos\phi + \dfrac{Q'}{A} \right)^3}{\lambda^3 (T_w - T_m)^3 \cos\phi} \mathrm{d}x \tag{8-3-31}$$

对（8-3-31）式积分，并且利用边界条件 $p|_{x=R} = 0$，可以得到 p 的表达式。在旋转面对 p 积分得到旋转面总的受力为：

$$F_d = 2\pi \int_0^R px \cos\phi \mathrm{d}h = 2\pi \int_0^R px \mathrm{d}x \tag{8-3-32}$$

同时，F_d 等于重力与浮力差，有：

$$F_d = Vg(\rho_H - \rho_m) \tag{8-3-33}$$

再由（8-3-32）式和（8-3-33）式可求得表面温度。

（一）圆锥体

如果旋转体是底面半径为 R 的倒置圆锥体，圆锥由 $y = kx$ 的直线绕 y 轴旋转而成，因此有 $f(x) = kx$，而体积为 $V = \dfrac{1}{3}\pi k R^3$，而圆锥的表面积为 $A = \pi R^2 + \pi R^2 \sqrt{1 + k^2}$。

圆锥热源总的衰变热量为：

$$Q = \frac{k}{3}\pi R^3 \rho_H q \tag{8-3-34}$$

利用（8-3-31）式和（8-3-32）式求得：

$$p = \frac{3\mu U_0 R^2 \left(U_0 \rho_m L \cos\phi + \dfrac{Q'}{A} \right)^3}{\lambda^3 (T_w - T_m)^3 \cos\phi} - \frac{3\mu U_0 x^2 \left(U_0 \rho_m L \cos\phi + \dfrac{Q'}{A} \right)^3}{\lambda^3 (T_w - T_m)^3 \cos\phi} \tag{8-3-35}$$

$$F_d = 2\pi \int_0^R px \mathrm{d}x = \frac{3\pi\mu U_0 R^4 \left(U_0 \rho_m L \cos\phi + \dfrac{Q'}{A} \right)^3}{2\lambda^3 (T_w - T_m)^3 \cos\phi} \tag{8-3-36}$$

再由（8-3-33）式求得：

$$T_w = T_m + \left(\frac{9\mu U_0 R \left(U_0 \rho_m L \cos\phi + \dfrac{Q'}{A} \right)^3}{2\lambda^3 gk(\rho_H - \rho_m)\cos\phi} \right)^{\frac{1}{3}} \tag{8-3-37}$$

为了求 Q'，假定圆锥面与球面按面积等效，即相同表面积的球体与相同表面积的圆锥，当表面温度相同且环境温度恒定时散热率相同。这个假设基于在无限大介质中的导热问题。经数值计算两者相差不大，并且由于熔化后期的速度很小，因此熔化深度的计算误差也很小。

取 $k = 4$，则圆锥与相同半径的球的体积相同。此时圆锥的表面积为 $A = \pi R^2 + \sqrt{17}\pi R^2$。半径分别取 $R = r$、$2r$、$3r$、$4r$（$r = 116.9$ cm），以便于比较，则达到的阈值分别约等于 94.8 kw、189.6 kw、284.4 kw、379.2 kw。达阈值时间则分别为 3.97 年、12.86 年、24.66 年和 38.84 年，较之相同体积的球体有较大下降。分析表明，圆锥初始熔化速度与球体大致相当。

计算 $T_s = 0.5$ 年时，$R = r$、$2r$、$3r$、$4r$ 的圆锥，最终达到的熔化深度分别为 9 610 m、53 800 m、129 940 m、238 600 m，可见圆锥的体积对于熔化深度影响很大，体积越大熔化深度越深，与球体相同。而 $T_s = 1$、$T_s = 2$ 年时，相应半径的圆锥最终达到的熔化深度分别为 6 510 m、48 050 m、121 450 m、227 340 m 与 1 940 m、39 830 m、109 380 m、211 360 m。与相同体积的球比较，圆锥体的熔化深度要小得多。同时，半径越大熔化时表面温度越高，并且相同体积的圆锥比球体的温度低。

（二）抛物体

当旋转体为抛物体时，假设其最大半径为 R，壁温为 T_w，它由 $y = kx^2$ 的抛物线旋转而成，则其体积为 $V = \dfrac{1}{2} k\pi R^4$，其表面积为 $A = \pi R^2 + \dfrac{\pi}{6k^2}\left[(1 + 4k^2 R^2)^{\frac{3}{2}} - 1\right]$。

而抛物体的总衰变热量为：

$$Q = \frac{\pi}{2} kR^4 \rho_H q \tag{8-3-38}$$

利用（8-3-31）式、（8-3-32）式求得：

$$p = \frac{-6\mu U_0}{\lambda^3 (T_w - T_m)^3}\left[\frac{U_0^3 \rho_m^3 L^3 \ln(1 + 4k^2 x^2)}{8k^2} + \frac{3U_0^2 \rho_m^2 L^2 \sqrt{1 + 4k^2 x^2}\, Q'}{4k^2 A}\right.$$
$$\left. + \frac{3U_0 \rho_m L x^2 Q'^2}{2A^2} + \frac{\sqrt{(1 + 4k^2 x^2)^3}\, Q'^3}{12k^2 A^3}\right] + C \tag{8-3-39}$$

其中：

$$C = \frac{6\mu U_0}{\lambda^3 (T_w - T_m)^3}\left[\frac{U_0^3 \rho_m^3 L^3 \ln(1 + 4k^2 R^2)}{8k^2} + \frac{3U_0^2 \rho_m^2 L^2 \sqrt{1 + 4k^2 R^2}\, Q'}{4k^2 A}\right.$$
$$\left. + \frac{3U^0 \rho_m L R^2 Q'^2}{2A^2} + \frac{\sqrt{(1 + 4k^2 R^2)^3}\, Q'^3}{12k^2 A^3}\right]$$

$$F_d = 2\pi \int_0^R p x \, \mathrm{d}x$$

$$= \frac{6\pi\mu U_0 R^2}{\lambda^3 (T_w - T_m)^3}\left[\frac{U_0^3 \rho_m^3 L^3 \ln(1 + 4k^2 R^2)}{8k^2} + \frac{3U_0^2 \rho_m^2 L^2 \sqrt{1 + 4k^2 R^2}\, Q'}{4k^2 A} + \frac{3U_0 \rho_m L R^2 Q'^2}{2A^2}\right.$$
$$\left. + \frac{\sqrt{(1 + 4k^2 R^2)^3}\, Q'^3}{12k^2 A^3}\right] - \frac{12\pi\mu U_0}{\lambda^3 (T_w - T_m)^3}\left\{\frac{U_0^3 \rho_m^3 L^3}{64k^4}[\ln(1 + 4k^2 R^2) + \right.$$
$$4k^2 R^2 \ln(1 + 4k^2 R^2) - 4k^2 R^2] + \frac{3U_0^2 \rho_m^2 L^2 Q'}{48k^4 A}[\sqrt{(1 + 4k^2 R^2)^3} - 1] + \frac{3U_0 \rho_m L Q'^2 R^4}{8A^2}$$
$$\left. + \frac{Q'^3}{240k^4 A^3}[\sqrt{(1 + 4k^2 R^2)^5} - 1]\right\}$$

$$\tag{8-3-40}$$

再由（8-3-33）式求得：

$$T_w = T_m + \left\{ \frac{12\mu U_0}{\lambda^3 gkR^2(\rho_H - \rho_m)} \left[\frac{U_0^3 \rho_m^3 L^3 \ln(1+4k^2 R^2)}{8k^2} + \frac{3U_0^2 \rho_m^2 L^2 \sqrt{1+4k^2 R^2} Q'}{4k^2 A} \right. \right.$$

$$+ \frac{3U_0 \rho_m LR^2 Q'^2}{2A^2} + \frac{\sqrt{(1+4k^2 R^2)^3} Q'^3}{12k^2 A^3} \right] - \frac{24\mu U_0}{\lambda^3 gkR^4(\rho_H - \rho_m)} \left\{ \frac{U_0^3 \rho_m^3 L^3}{64k^4} [\ln(1+4k^2 R^2) \right.$$

$$+ 4k^2 R^2 \ln(1+4k^2 R^2) - 4k^2 R^2] + \frac{3U_0^2 \rho_m^2 L^2 Q'}{48k^4 A} [\sqrt{(1+4k^2 R^2)^3} - 1] + \frac{3U_0 \rho_m LQ'^2 R^4}{8A^2}$$

$$\left. \left. + \frac{Q'^3}{240k^4 A^3} [\sqrt{(1+4k^2 R^2)^5} - 1] \right\} \right\}^{\frac{1}{3}}$$

$$\tag{8-3-41}$$

Q' 计算的假设与圆锥的相同。由于抛物体最大半径为 R，并由 $y = kx^2$ 的抛物线旋转而成，取 $kR = \frac{8}{3}$，则抛物体的体积与相同半径的球相同，此时抛物体的表面积为 $A \approx 4.72\pi R^2$。半径分别取 $R = r$、$2r$、$3r$、$4r$（$r = 116.9$ cm），则求得的阈值分别约等于 87.32 kw、174.64 kw、261.96 kw、349.28 kw。达阈值时间则分别为 4.27 年、13.75 年、26.32 年和 41.43 年，较之相同体积的球体略有下降，但是比相同体积的圆锥大。抛物体初始熔化速度与球体也大致相当。

计算表明，$T_s = 0.5$ 年时，$R = r$、$2r$、$3r$、$4r$ 的抛物体，最终达到的熔化深度分别为 10 380 m、56 580 m、136 100 m、249 590 m。可见抛物体的体积对于熔化深度影响很大，体积越大熔化深度越深，与球体相同。而 $T_s = 1$、$T_s = 2$ 年时，相应半径的抛物体最终达到的熔化深度分别为 7 300 m、50 850 m、127 620 m、238 340 m 与 2 870 m、42 650 m、115 560 m、222 370 m。同时，半径越大，熔化时表面温度越高，相同体积的抛物体与圆锥体、球体比较温度最低。

通过前面的分析、计算，我们可以得到结论：对于相同的容器，放射性容器体积越大，自埋的熔化时间越长，初始速度越大，深度越大，表面温度越高；相同体积的球、圆锥、抛物体的放射性容器初始熔化速度大致相当。球熔化时间最长，抛物体次之，圆锥体熔化时间最短。球熔化深度最大，抛物体次之，半球最小。球的表面温度最高，圆锥体次之，抛物体最小。可见，从自埋熔化深度的角度看，球是最佳的放射性熔化容器，而抛物体的优势是自埋的熔化温度低，对于材料的要求低；自埋熔化的速度、深度和表面温度受熔化岩石的熔化温度（熔点）影响很大。例如若以半径为 r 的球 $T_s = 0.5$ 年为例，其他参数假设不变，取岩石的温度为花岗岩的典型熔点 900 ℃，则其初始自埋的速度由 0.012 cm/s 增加到 0.012 3 cm/s，最后自埋的深度由 12 020 m 增加到 14 920 m，初始表面温度由 1 228 ℃ 降低至 910 ℃。可见选择熔点较低的岩石可以显著降低自埋容器的表面温度，有利于自埋容器材料的选择；自埋的熔化深度可以达到几千米以上，随体积增大而增大，自埋的处置方式是能够实现核废料安全处置的。

251

参考文献

[1] 陈文振，于雷，郝建立. 核技术与核安全 [M]. 北京：中国原子能出版社，2021.

[2] Wang Meng, Chen Wenzhen, Tao Yinyong. Analysis of AP1000 severe accident induced by SBO using MAAP5 [J]. Progress in Nuclear Energy，2021，132：103615.

[3] Wang Meng, Chen Wenzhen. The transient performances of AP1000 core debris in-vessel retention system under the conservative scenario of DVI line break [J]. Annals of Nuclear Energy，2022，165：108778.

[4] Herranz L E，et al. Overview and outcomes of the OECD/NEA benchmark study of the accident at the Fukushima Daiichi NPS（BSAF）Phase 2-Results of severe accident analyses for Unit 1 [J]. Nuclear Engineering and Design，2020，369：110849.

[5] Wang Meng, Chen Wenzhen. The detection and diagnosis model for small scale MSLB accident [J]. Nuclear Engineering and Technology，2021，53（10）：3256-3263.

[6] 濮继龙. 压水堆核电厂安全与事故对策 [M]. 北京：原子能出版社，1995.

[7] 宫淼. 严重事故下堆芯熔化过程分析 [D]. 武汉：海军工程大学硕士学位论文，2007.

[8] 赵树峰，罗锐，王洲，等. 钠冷快堆中熔融池模型的建立与验证 [J]. 核科学与工程，2007，27（2）：113-119.

[9] 朱继洲，奚树人，单建强，等. 核反应堆安全分析 [M]. 西安：西安交通大学出版社，2004.

[10] 苏光辉，田文喜，张亚培，等. 轻水堆核电厂严重事故现象学 [M]. 北京：国防工业出版社，2016年.

[11] Kune Y S，Robert E H. Debris interactions in reactor vessel lower plena during a severe accident II integral analysis [J]. Nuclear Engineering and Design，1996，166：165-178.

[12] Kune Y S，Robert E H. Debris interactions in reactor vessel lower plena during a severe accident I predictive model [J]. Nuclear Engineering and Design，1996，166：147-163.

[13] Sehgal B R，Karbo J A，Giri A. Assessment of reactor vessel integrity [J]. Nuclear Engineering and Design，2005，235：213-232.

[14] Christoph M W. Review of debris bed cooling in the TMI-2 accident [J]. Nuclear Engineering and Design，2006，236：1965-1975.

[15] Yukimitsu O，Tamio K，Yoshitaka Y. Modeling of debris cooling with annular gap in the lower RPV and verification based on ALPHA experiments [J]. Nuclear Engineering and Design，2003，223：145-158.

[16] Krieg R，Devos J，Caroli C. On the prediction of the reactor vessel integrity under severe accident loadings（RPVSA）[J]. Nuclear Engineering and Design，2001，209：117-125.

[17] 陈志云，徐少华，陈文振. 反应堆严重事故中安全壳底板熔穿失效分析模型 [J]. 核动力工程，2010，31（s1）：4-7.

[18] Jansen G，Stepnewksi D D. Fast reactor fuel interactions with floor material after a hypothetical core melt-down [J]. Nuclear Technology，1973，17：85-96.

[19] 陈文振，杨强生. 冰在平板下接触熔化的分析 [J]. 太阳能学报，1999，20（5）：162-166.

［20］ 《汇编》编写小组. 反应堆用材料性能资料汇编［M］. 北京：原子能出版社，1975：160-176.

［21］ 崔小朝，晋艳娟，张柱. 板坯连铸内外复合冷却流场和温度场耦合数值模拟［J］. 钢铁研究学报，2007，19（8）：14-18.

［22］ 陆浩，刘华，王毅韧，等. 中华人民共和国核安全法解读［M］. 北京：中国法制出版社，2018.

［23］ 苏云天. 掩埋核废料的新构想［J］. 全球科技经济瞭望. 2001，9：10.

［24］ 张安. 用微生物对核废料进行无害化处理介绍［J］. 环境保护科学，2003，29（119）：34-35.

［25］ 法律出版社. 中华人民共和国核安全法［M］. 北京：法律出版社，2017.

［26］ 郭永海，王驹. 高放废物地质处置库预选场址水文地质研究进展［J］. 世界核地质科学，2005，22（2）：63-67.

［27］ 罗上庚. 地下实验室—高放废物地质处置的重要研究设施［J］. 辐射防护，2003，23（6）：366-371.

［28］ Second Progress Report on Research and Development for the Geological Disposal of HLW in Japan，Support Report 2：Repository Design and Engineering Technology［R］. Japan：Japan Nuclear Cycle Development Institute，2000.

［29］ Logan S E. Deep self-burial of radioactive wastes by rock-melting capsule［J］. Nuclear Technology，1974，21：111-124.

［30］ Gibb F G F. High-temperature，very deep，geological disposal：a safer alternative for high-level radioactive waste［J］. Waste Management，1999，19：207-211.

［31］ Gibb F G F. A new Scheme for the very deep geological disposal of high-level radioactive waste［J］. Journal of the Geological Society，2000，157：27-36.

［32］ Emerman S H，Turcotte D L. Stokes's problem with melting［J］. International Journal of Heat Mass Transfer，1983，26（11）：1625-1630.

［33］ Borevsky L V，Vartanyan G S，Kulikov T B. The super deep well of the Kola Peninsula［J］. Hydro-geological Essay. 1987：271-287.

［34］ Moller S M，Weise E，Althus，et al. Paleofluids and recent fluids in the upper continental crust：results from the German continental deep drilling program［J］. Journal of Geology Research，1997，102（18）：233-245.

［35］ Attrill P G，Gibb F G F. Partial melting and recrystallization of granite and their application to deep disposal of radioactive waste：part 2-Recrystallization［J］. Lithos，2003，67：119-133.

［36］ Banwart S，Wikberg P，Olsson O. A test bed for underground nuclear repository design［J］. Environmental Science and Technology，1997，31：510-514.

［37］ 陈志云，陈文振，宫淼. 放射性核废料自埋过程中热量阈值问题的分析［J］. 原子能科学技术，2006，40（sl）：179-182.

［38］ 陈文振，程尚模，顾玉明. 抛物体核废料容器自埋过程时传热问题的研究［J］. 核技术，1995，18（1）：40-44.

［39］ Chen Wenzhen，Hao Jianli，Chen Zhiyun. A study of self-burial of a radioactive waste container by deep rock melting［J］. Science and Technology of Nuclear Installations，2013，Volume 2013，Article ID 184757.

［40］　陈志云. 放射性废物自埋接触熔化研究［D］. 武汉：海军工程大学硕士学位论文，2006.

［41］　张法邦. 核反应堆运行物理［M］. 北京：原子能出版社，2000.

［42］　程尚模. 传热学［M］. 北京：高等教育出版社，1990.

［43］　马昌文，徐元辉. 先进核动力反应堆［M］. 北京：原子能出版社，2001.